イントロダクション1　ネットワーク・マシン作り放題

イントロダクション1

映像や音を自在に伝達！セキュリティもばっちり

ラズベリー・パイでネットワーク・マシン作り放題

編集部

第1部　大容量Wi-Fi利用のライブ・カメラづくり

HDMI端子付きモニタ

歩道に置いたカメラの画像を

8Fにあるオフィスでリアルタイムにばっちり見られる

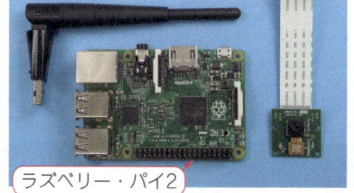

ラズベリー・パイ2

Wi-Fiのアクセス・ポイント

ライブ・カメラの主な構成

スマホにも生中継

第2部　外出先からOK！ネットワーク・カメラづくり

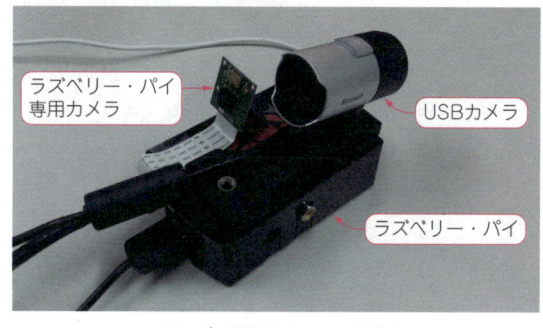

ラズベリー・パイ専用カメラ

USBカメラ

ラズベリー・パイ

ベランダに設置したカメラ画像を

メジロ

事務所で見られる．さらにカラス撃退も

1

イントロダクション1

第3部 音声パケット交換サーバづくり

- Chiffonをインストールした Androidスマホ
- Linphoneをインストールした iPad
- 端末同士がラズベリー・パイによるパケット交換機を介して通話できる
- 外出先から自宅に設置したラズパイのI/Oも叩ける
- ヘッドセットを接続してX-LiteをインストールしたWindows PC
- オープン・ソースの内線交換機Asteriskをインストールしたラズベリー・パイ
- ラズベリー・パイが通話時のパケット交換器になる

オープン・ソースのソフトウェアAsteriskでラズベリー・パイが音声パケット交換サーバに！IP電話が作れちゃう

第4部 外出先から自宅LANに接続 セキュリティ・サーバづくり

- ラズベリー・パイ
- ルータへ

ラズベリー・パイで作った自分専用VPNサーバ

- 自宅LANに接続中
- Wi-FiテザリングでPC通信
- スマホのLTEでネットに接続

外出先の公園から自宅LANに入った

第5部 趣味のサーバづくり その1：自動ウェブ・データ収集器

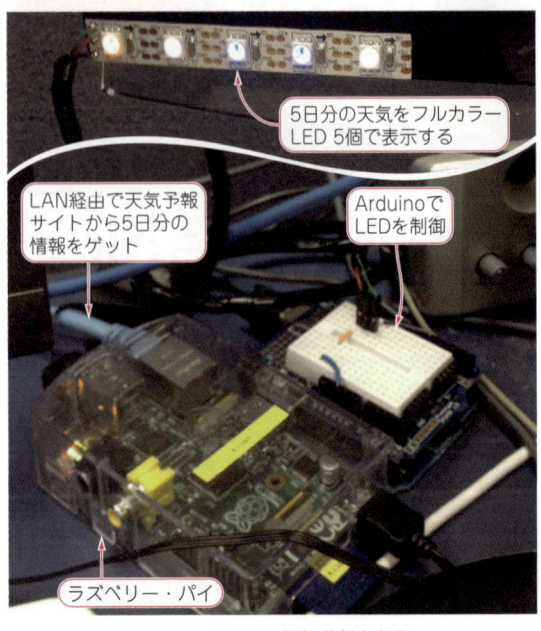

- 5日分の天気をフルカラーLED 5個で表示する
- LAN経由で天気予報サイトから5日分の情報をゲット
- ArduinoでLEDを制御
- ラズベリー・パイ

LEDで5日ぶんの天気予報を表示

第5部　趣味のサーバづくり　その2：ベランダで受信して[...]

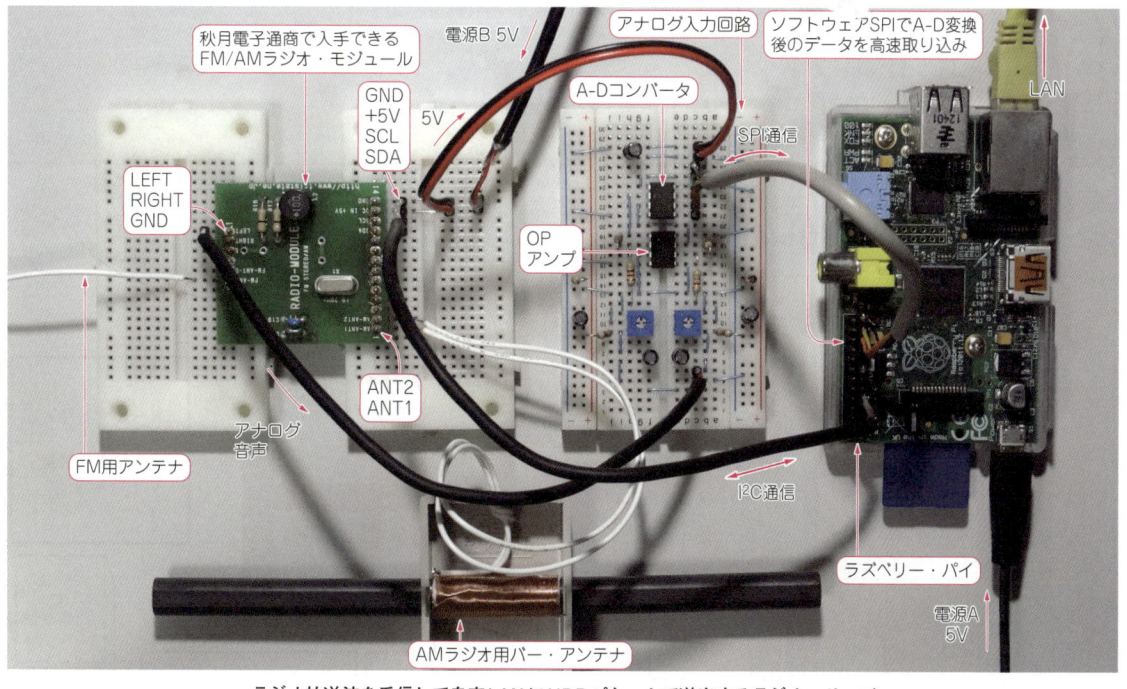

ラジオ放送波を受信して自宅LANにUDPパケットで送出するラジオ・サーバ

画像内ラベル：
- 秋月電子通商で入手できるFM/AMラジオ・モジュール
- 電源B 5V
- アナログ入力回路
- ソフトウェアSPIでA-D変換後のデータを高速取り込み
- LAN
- GND +5V SCL SDA
- 5V
- A-Dコンバータ
- SPI通信
- LEFT RIGHT GND
- OPアンプ
- ANT2 ANT1
- アナログ音声
- FM用アンテナ
- I²C通信
- ラズベリー・パイ
- AMラジオ用バー・アンテナ
- 電源A 5V

第5部　趣味のサーバづくり　その3：ハイレゾ・オーディオ送受信器

Wi-Fiを利用してハイレゾを飛ばす（受信側）

画像内ラベル：
- オーディオ・アンプに接続
- ラズベリー・パイ2やD-Aコンバータで音楽データを受信
- 音楽データ保存用ネットワーク接続HDD NAS
- Wi-Fiルータ
- 送信側は市販品でOK

第6部　ネットワーク解析ツールづくり

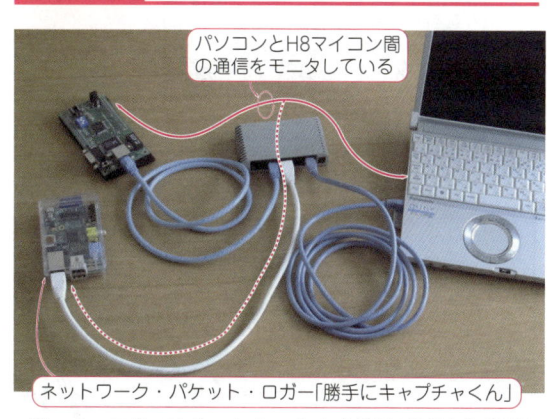

パケット・ロガーでパソコンとマイコンとの間の通信内容を記録

画像内ラベル：
- パソコンとH8マイコン間の通信をモニタしている
- ネットワーク・パケット・ロガー「勝手にキャプチャくん」
- 接続の確からしさが分かる
- ラズベリー・パイ
- pingなんでも応答くん
- ケーブルやハブがつながっているかを確かめるping応答マシン

イントロダクション2

なんでもネット接続！
IoT時代のコモンセンス

もののインターネット

編集部

世の中 IoT（Internet of Things）っていわれている

● Linuxボード

● ワンチップ・マイコン

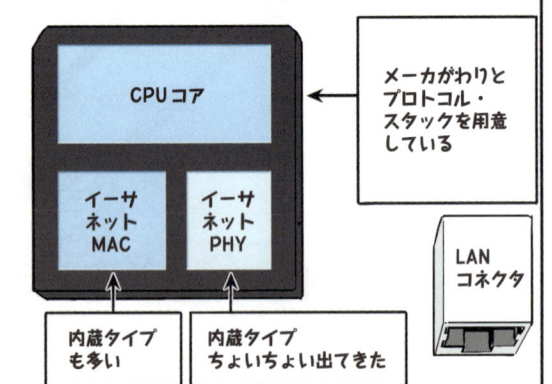

CPUコア

イーサネットMAC　イーサネットPHY

メーカがわりとプロトコル・スタックを用意している

LANコネクタ

内蔵タイプも多い　内蔵タイプちょいちょい出てきた

● マイコン・ボード

LANコネクタ

コネクタ

道具はそろっている！

● Wi-Fiモジュール

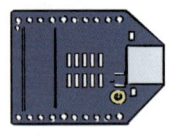

新しいことができるポテンシャル満載！

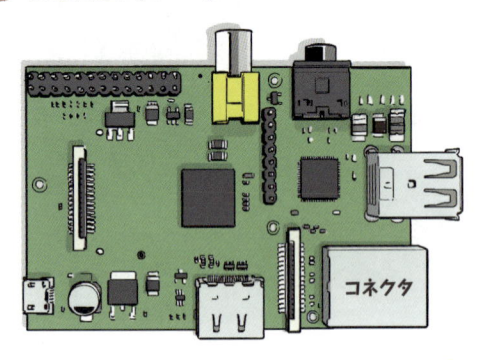

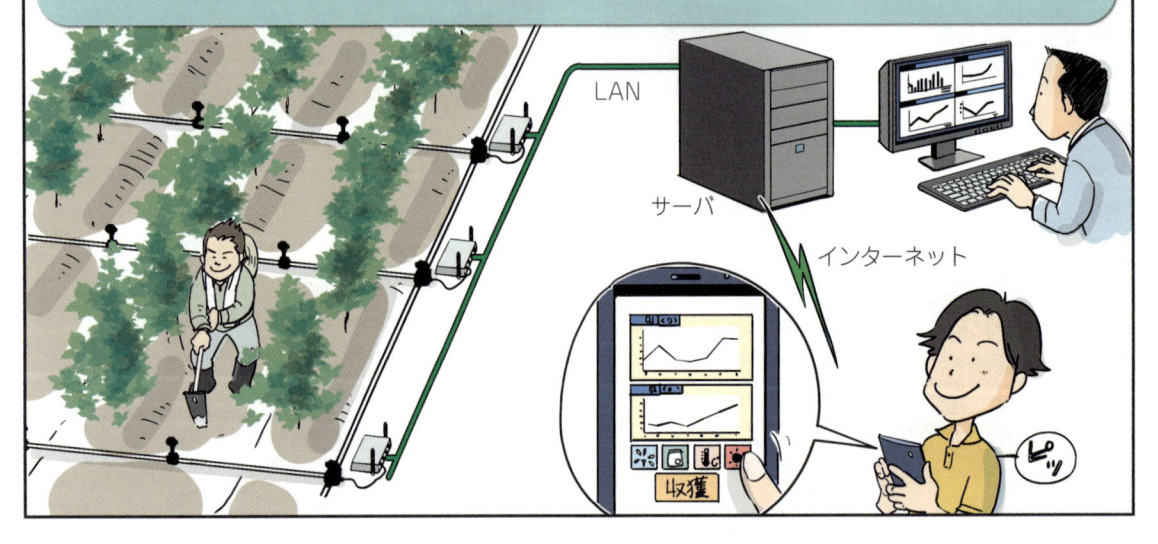

LAN

サーバ

インターネット

収穫

ピッ

こんなことができるようになる!?

自作ハイビジョン・カメラ・システム

自作ハイレゾ・リラックス・オーディオ

イントロダクション3

スマホ表示も！ラズベリー・パイ×Wi-Fiでライブ映像カメラを作れる

矢野 越夫

(a) モニタに映し出された地上の画像 　　(b) 撮影中の装置

写真1 ワイヤレスだから持ち運びOK！街中（地上）からオフィス（8F）までハイビジョン・ライブ映像を飛ばす

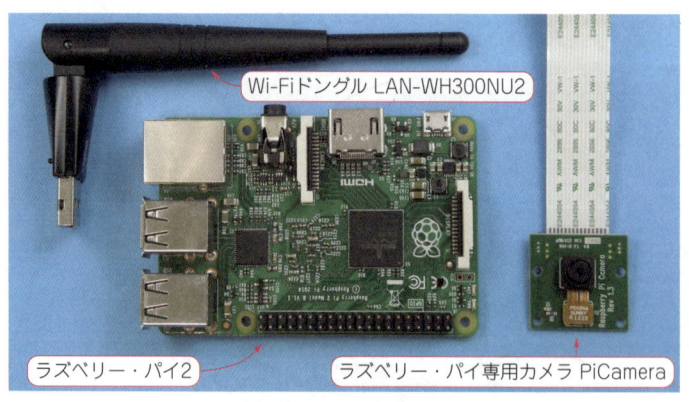

(a) 使用したハードウェア 　　(b) 組み立てたようす

写真2 送信側：ライブ映像をWi-Fiで飛ばすラズベリー・パイ撮影装置
ラズベリー・パイ専用カメラは1920×1080画素のフルハイビジョンで撮影できる

第1部で作るもの

　低価格Linuxコンピュータ・ボードのラズベリー・パイ2と専用カメラで撮影した映像をディジタル・テレビにWi-Fi無線で送るハイビジョン・ライブ・カメラ・システムを製作します（**写真1**，**写真2**，**写真4**）．さらにライブ映像をスマホに送って閲覧できるようにします（**写真3**）．

（a）ラズベリー・パイ用カメラで撮影した人物をスマホでチェック

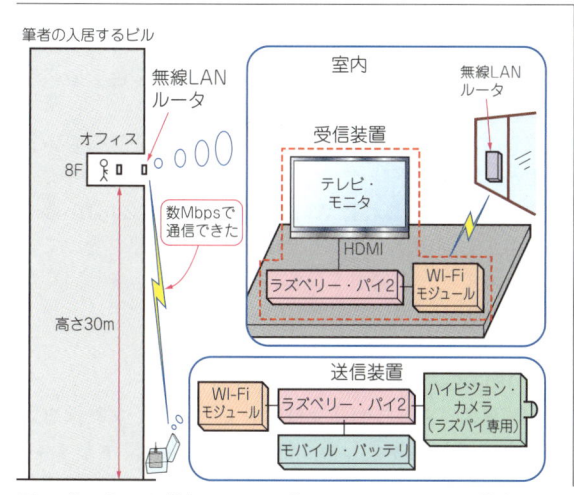

図1 作ったハイビジョン・ライブ・カメラ・システムの構成

（b）カメラ＆ラズベリー・パイの設置場所

写真3 ラズベリー・パイ＆専用カメラで撮影したライブ映像をスマホに飛ばす

● LinuxとWi-Fiの組み合わせがIoTにピッタリ

　最近は，ラズベリー・パイをはじめとする小型Linuxコンピュータ・ボードが非常に低価格になっています．ネットワーク通信やファイルの取り扱いが簡単に行えますし，カメラやディスプレイとつなぐのも簡単です．

　IoT（Internet of Things；モノのインターネット）時代といいますが，自作装置をネット接続するとき，無線で飛ばせてネットワークに直接つなげられるWi-Fiは欠かせません．数Mbps以上（～100Mbps程度）の高速伝送を行える無線通信は，ほぼWi-Fiしかありません．

イントロダクション3

（a）使用したハードウェア　　　　（b）組み立てたようす　　　　（c）Wi-Fiのアクセス・ポイント

写真4　受信側：ライブ映像をWi-Fiで受信してハイビジョン・テレビに表示するラズベリー・パイ受像装置

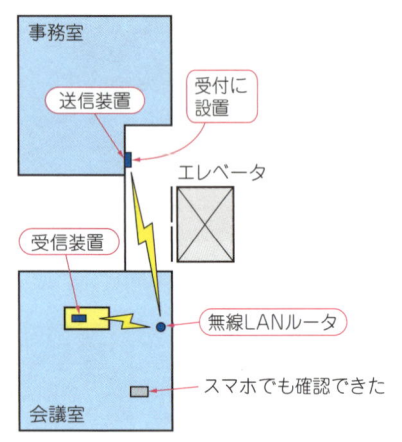

図2　スマホに映像を飛ばしたときの実験構成

ラズベリー・パイなどの小型Linuxコンピュータ・ボードに，1000円程度で入手できるWi-Fi USBドングルを組み合わせれば，非常に低価格で高機能・高性能なIoT端末を簡単に作ることができます．

このBESTな組み合わせを使って，本書では，ディジタル・テレビやスマホにライブ映像を飛ばせるカメラ・システム作りに挑戦してみます．

● 送信装置＆受信装置を作る

今回ラズベリー・パイを使って製作したハイビジョン・ライブ・カメラ・システムの構成を図1に示します．作ったものは主に次の二つです．

▶その1：カメラ側（送信側）装置…専用カメラ，ラズベリー・パイ2，Wi-Fiモジュール（**写真2**）
▶その2：ディスプレイ側（受信側）装置…ラズベリー・パイ2（送信側とは別の1台），Wi-Fiモジュール，HDMI端子付きテレビ・モニタ（**写真4**）
▶その他使用した装置：移動表示用スマートフォン，中継用無線LANルータ

実験のようす

● 飛ばした映像をハイビジョン・テレビに映す

写真1に示すのは，筆者の入居するビルの表通りに設置した送信装置の映像を，ビルの8Fにある受信装置に表示させたようすです．（a）はモニタ画面を撮影したものですが，それでも実物（b）とそん色ない画像が得られています．

カメラ側は30フレーム/sでデータを送信していますが，受信撮影時のフレーム・レートは5フレーム/sくらいです．これはWi-Fiモジュールに2.4GHz帯を利用する品を使っているため，干渉の影響を受けているためです．夜間および休日であればもう少し高くなるでしょう．

● 飛ばした映像をスマホに映す

写真3のように会社受付に設置し，ライブ映像をスマホに映してみました．位置関係を図2に示します．会議室から受付のようすをリアルタイムに観察できます．近距離なので撮影時のフレーム・レートは30フレーム/sでした．これなら受付に誰も居なくても会議を続けられます．さらに，スマホでも画像を受け取れます．これならどこにいても来客を確認できます．

やの・えつお

すぐに作れる！ラズベリー・パイ×ネットワーク入門

		映像や音を自在に伝達！セキュリティもばっちり		
イントロダクション1		ラズベリー・パイでネットワーク・マシン作り放題	編集部	1
イントロダクション2		なんでもネット接続！IoT時代のコモンセンス	編集部	4
イントロダクション3		スマホ表示も！ラズベリー・パイ×Wi-Fiでライブ映像カメラを作れる		
			矢野 越夫	6

第1部　大容量Wi-Fi利用のライブ・カメラづくり

第1章　用意するもの　矢野 越夫, 仙田 智史 …… 15
開発環境や自作ソフトウェア
- ラズベリー・パイ2とスマホそれと専用カメラ …… 15

第2章　ハードウェアの構成　矢野 越夫 …… 19
Wi-Fiなら高画質なハイビジョン映像を30フレーム/秒で送れる
- コンピュータ・ボードにラズベリー・パイ2を使うメリット …… 19
- Wi-FiモジュールにUSB接続タイプを使うメリット …… 20
- ラズベリー・パイ2の特徴 …… 20
- **column** 1Gbpsの信号伝送も余裕！カメラ専用インターフェース MIPI-CSI …… 22

第3章　ソフトウェアの構成　仙田 智史 …… 24
GPUを使ったH.264エンコード/デコードに挑戦！
- ライブ転送全体のフロー …… 24
- カメラ側（送信側）プログラム …… 25
- ハイビジョン・ディスプレイ側（受信側）プログラム …… 28
- 内蔵GPUを使うマルチメディアAPI…OpenMAX/IL …… 28
- **column** 内蔵GPU操作に使えるもう一つのAPI…MMAL …… 29

第4章　実験成功！ハイビジョン・ライブ映像を飛ばす　仙田 智史 …… 32
Wi-Fiドングルなら伝送速度や周波数帯を変えるのも簡単！
- 実験1：送信と受信で同じ周波数帯を使う…通信レートが上がらない …… 33
- 実験2：送信に2.4GHz帯を，受信に5GHz帯を使ってみる…快調！ …… 33
- **column** 私もライブ・カメラを動かしてみました …… 34

第5章　スマホ対応 映像送信プログラムを作る　仙田 智史 …… 36
RTPプロトコルでリアルタイム・ストリーム転送
- スマホ・アプリで視聴できるデータの構造 …… 36
- スマホ・アプリで視聴するために…RTP送信プログラムを作る …… 38
- 成果確認…スマホでライブ映像を再生してみる …… 40

Appendix 1　大容量通信向けアクセス・ポイントの選び方　矢野 越夫, 仙田 智史 …… 41
対応周波数/フィルタ/暗号化…快適に使うための勘どころ

Appendix 2　リアルタイム・データ転送向けRTPプロトコル　矢野 越夫 …… 44
UDPと組み合わせて使うと便利！パケットの順番を管理してくれる

Appendix 3　無線通信の伝送速度比較…数Mbpsを送れるのはWi-Fiだけ！　松江 英明 …… 49
IoTに欠かせない！大容量&ネットワーク直結OK

本書関連プログラムの入手先
http://www.cqpub.co.jp/hanbai/books/47/47101.htm

第2部　外出先からOK！ネットワーク・カメラづくり

第6章　その1：IPアドレス通知装置の製作
自宅サーバ公開時の必須アイテム！ダイナミックDNS　蕪木 岳志 …… 51

- 自宅サーバをただで公開する方法 …… 51
- 自宅サーバは手のひらLinuxボードで超便利な時代に！ …… 52
- 製作の前に①…グローバルIPアドレスとLAN内IPアドレスを変換するしくみ …… 53
- 製作の前に②…ドメイン名とグローバルIPアドレスを変換するしくみ …… 55
- IPアドレス通知装置のプログラム …… 57
- いよいよサーバを公開 …… 59

第7章　その2：Webサーバの構築
別の装置からブラウザでアクセスすると画像やテキストを渡してくれる　蕪木 岳志 …… 60

- ラズベリー・パイで使えるWebサーバ・ソフトウェア …… 60
- Apacheサーバ構築をやってみよう …… 61
- Raspbian向けApacheのちょっと変わった特徴 …… 63
- **column** HTTPでWebサーバからデータをとってくる流れ …… 61

第8章　その3：いざ動画配信
インターネットで外出先からいつでも見られる　蕪木 岳志 …… 65

- 手順1：ウェブ・サーバで画像を表示できるようにする …… 65
- 手順2：撮影画像を保存する …… 66
- 手順3：とりあえず完成！インターネット経由でアクセスできるようにする …… 67
- 手順4：動画配信に挑戦！ …… 68

第9章　改良：I/O機能をプラスしてホームIoTにチャレンジ
外出先から泥棒へ警告したり部屋の電気を灯けたり　蕪木 岳志 …… 70

- Linux×PICちょこっとリアルタイム・コントローラを作ったきっかけ …… 70
- PICマイコンの選定 …… 73
- ラズベリー・パイ-PICマイコン間通信 …… 74
- Linux側デーモン-コマンドライン間通信プログラム …… 76
- PIC同士のI^2C通信プログラム …… 79
- ユーザ希望回路をカチャ！PICマイコン側のセンシング・プログラム …… 79
- **column** Linuxは決まったパルス幅を送受信する赤外線リモコン通信が苦手 …… 72

Appendix 4　わたしのネットワーク生活…気象オープンデータでI/O
外出時に傘を鞄にセットしてくれる　井原 大将 …… 83

第3部　音声パケット交換サーバづくり

第10章　その1：IP電話のしくみ
オープンソースのソフトウェアAsteriskでオレ流LINEができちゃう！　水越 幸弘 …… 89

- 無料通話アプリLINEのしくみ …… 89
- オレ流LINEがうれしいこと …… 90
- オープン・ソースなのに商用レベル！電話交換ソフトウェアAsterisk …… 91
- 呼制御プロトコルSIP入門 …… 91
- VoIPで使われる音声コーデック …… 96
- ラズベリー・パイに内線交換サーバAsteriskをセットアップ！ …… 96
- SIPクライアント・ソフトフォンをセットアップ …… 99
- Asteriskを使ってみよう!! …… 102
- Asteriskの設定ファイル …… 103

本書関連プログラムの入手先
http://www.cqpub.co.jp/hanbai/books/47/47101.htm

10

CONTENTS

第11章　その2：遠隔I/Oにトライ　水越 幸弘 …………………………… 106
外出先から自宅のエアコンやシャッタをON/OFFできるようになる
- インターネット・アクセスの前に…ルータのしくみ ………………………………… 107
- 自宅内ラズパイSIPサーバが外部ネットワークとつながる際の課題 ……………… 108
- 固定IPアドレスがなくても自宅の機器を宅外から呼べるようにする方法 ……… 111
- 追加機能1：電話でGPIO制御に挑戦 ………………………………………………… 112
- 外部電話回線からのLチカを試す …………………………………………………… 114
- 追加機能2：日本語テキストから応答ガイダンスを音声合成 ……………………… 114

第4部　セキュリティ・サーバづくり

第12章　スマホ/ノートPCを自宅LANに接続OK! VPNサーバ　木村 実 …………… 116
オープンソース・ソフトウェアSoftEther VPN Serverでサッ
- VPN通信のしくみ ……………………………………………………………………… 117
- オープンソースの定番VPNサーバ・ソフトウェアSoftEther VPN Server ……… 119
- SoftEther VPN Serverのインストール ……………………………………………… 122
- インストールしたSoftEther VPN Serverの設定 …………………………………… 123
- 使ってみる…外出先から自宅LANにアクセス ……………………………………… 125
  - column　VPNの方式は2種類 ………………………………………………………… 117
  - column　VPN接続のメリット ………………………………………………………… 119
  - column　VPNサーバの応用例…裏技！自宅の電話を外出先から使う ………… 124

第5部　趣味のサーバづくり

第13章　その1：自動ウェブ・データ収集器　倉田 正 ………………………… 126
インタプリタ言語Rubyで高速開発! DNSやTCP/IPを動かす
- 5日ぶんの天気予報データを収集してLEDで表現する ……………………………… 126
- Arduino用ソフトウェア ………………………………………………………………… 128
- ラズベリー・パイ用ソフトウェア …………………………………………………… 129
- ラズベリー・パイとWebサーバとのやりとり ……………………………………… 133
- 代表的なネットワーク通信方法 TCP/IPのしくみ …………………………………… 137

第14章　その2：ベランダで受信して屋内へ! ラジオ中継器　渕田 信一 …… 143
さすがI/Oコンピュータ! I^2C/SPI/LANの組み合わせが楽々
- A-Dコンバータ用連続SPI通信プログラム …………………………………………… 146
- ラジオ・モジュール用ソフトウェアI^2Cプログラム ……………………………… 148
- サーバ・プログラム …………………………………………………………………… 150
- パソコン用クライアント・プログラム ……………………………………………… 151

第15章　その3：ハイレゾ・オーディオ送受信器　西新 貴人 ………………… 154
192kHz/24ビットの大容量FLACフォーマットも楽に飛ばせる
- 使用した音楽再生ソフトウェア ……………………………………………………… 157
- 音楽データ・フォーマット別データ転送テスト結果 ……………………………… 159
  - column　オーディオ用Linux RuneAudioをラズベリー・パイ2にインストールする方法 …… 156

第6部　ネットワーク解析ツールづくり

第16章　実験でステップ・バイ・ステップ! ネットワーク通信超入門　坂井 弘亮 …… 161
手づくりパケット送信＆受信環境で脱モヤモヤ
- 本章の目的…ネットワーク通信の脱モヤモヤ! ……………………………………… 161
- その1：FreeBSD側送受信プログラムの作成 ………………………………………… 162
- その2：Linux側送受信プログラムの作成 …………………………………………… 165

本書関連プログラムの入手先
http://www.cqpub.co.jp/hanbai/books/47/47101.htm

送受信実験1…まずは適当なパケットを作って送受信してみる ……………………… 168
送受信実験2…イーサネット・フレームを手づくりして送受信してみる ………… 169
送受信実験3…ルータを突破して世界とつながるために！IPパケットを手づくりして送受信してみる 170
送受信実験4…アプリとつながる！UDPパケットを手づくりして送受信してみる …………… 171
送受信実験5…手づくりUDPパケットをソケット通信してみる ……………… 172
column パケット生成ツールの応用のヒント…独自パケット通信プロトコルの開発にも 162
column 持っている人は大切に！LAN通信テストの便利アイテム「リピータ・ハブ」 163
column VirtualBox環境でうまく通信できないときあり… 168

Appendix 5
ネットワーク通信の基本中の基本
定番ソケットを利用したUDP通信プログラムの自作　坂井 弘亮 …………… 174

Appendix 6
MACアドレス/IPアドレス/UDP/TCP
とりあえずこれだけは！イーサネット＆IP超入門　坂井 弘亮 …………… 176

Appendix 7
専用機器はわかっているほど性能が出せる！
PCと組み込みシステムのネットワーク・パケット処理の違い　坂井 弘亮 …… 181

第17章
よくあるMAC＆IPアドレスの重複やデータ誤りなどをサッと発見！
ネットワーク・パケット解析環境の構築　坂井 弘亮 ……………………… 183
その1…イーサ＆IPヘッダの自作簡易アナライザ　183
その2…UDP/TCPもOKでフリー！プロの定番ネットワーク・アナライザWireshark　186
その3…自作のネットワーク・パケット・ロガー・ソフト　189

第18章
自宅でネットワーク上達の近道！
後から解析も簡単！ラズベリー・パイで作るパケット・ロガー　坂井 弘亮 …… 192

第19章
受信/送信/解析/変換…組み合わせていろいろ使える！
フリーのパケット操作プログラム群pkttools　坂井 弘亮 ………………… 195

Appendix 8
ネットワーク・パケット操作プログラムpkttools活用例
つながっているかを確認できるping応答マシンの製作　坂井 弘亮 ……… 197

第20章
フリーのパケット操作ソフトpkttoolsで物理層の接続確認がパッ！
ping応答ソフトで試して合点！ARP＆ICMPのメカニズム　坂井 弘亮 …… 198
ping応答を試す　199
pingのための二大プロトコルARP&ICMP　200
ping応答ソフトウェアの作成　204

第7部　実験研究！Wi-Fi USBドングルの使い方＆実力

第21章
LinuxならUSBも無線LANもネットワークも楽々！
Wi-Fiドングル用Linuxドライバ入門　矢野 越夫 ………………………… 207

第22章
2.4GHz帯も5GHz帯もいろいろ試してみました
ピッタリ！ラズベリー・パイにWi-Fiドングルをつなぐ　仙田 智史, 矢野 越夫 …… 210

第23章
ドライバをゲットして改造
LinuxでいろいろなWi-Fiドングルを動くようにする方法　仙田 智史 ……… 216
方法1：USBのID情報を登録する　216
方法2：ドライバを見つけてきてインストールする　217

本書関連プログラムの入手先
http://www.cqpub.co.jp/hanbai/books/47/47101.htm

CONTENTS

第24章 公称値だけじゃなくて実力もスゴかった！
最高100Mbps級！2.4GHz帯＆5GHz帯Wi-Fiドングル通信速度の実力
仙田 智史 ………… 222

第25章 数Mbpsで済むような小型モバイル用途向け
Wi-Fiモジュール図鑑　奥原 達夫 ………………………………… 226
　SPIでちょっと高速なWi-Fi版のXBee! XBee Wi-Fi (S6B) ……………… 227
　カメラ＆LCDが試せる！評価キットの一部 STM32F4DIS-WIFI ……… 227
　2.4GHz＆5GHzに対応！WVCWB-R-003 ……………………………… 228
　USB/SDIOでもつながる！BP3591/BP3595/BP3599 ………………… 228
　SDIO接続で最高150Mbps! WYSAAVDX7/WYSAGVDX7 …………… 228
　HTTPなどの上位プロトコルやWi-Fi Direct/WPS対応！GS2011M … 228
　ウェブ・サーバ機能も！CC3100MOD ………………………………… 229
　ホスト・マイコン不要の直プログラミング・タイプ！CC3200MOD … 229
　内蔵Cortex-M3に直接プログラミング！WYSAAVKXY-XZ-I ………… 229

Appendix 9 USBホスト付きマイコンだからといってそう簡単にドングルが使えない理由
Wi-FiドングルとWi-Fiモジュールの違い　奥原 達夫 ……………… 230

付録…初めての人へ

Appendix 10 OSの準備や書き込み/設定など
ラズベリー・パイ×ネットワークを始める前に　大谷 清 …………… 232

Appendix 11 無料で揃う
リモート接続で快適！ネットワーク実験向きユーティリティ・ソフト
大谷 清 ………… 238

著者略歴 ………… 246

本書関連プログラムの入手先
http://www.cqpub.co.jp/hanbai/books/47/47101.htm

初出一覧

本書の下記の章は，『Interface』誌，『トランジスタ技術』誌に掲載された記事を元に加筆，再編集したものです．

本書における章番号	掲載月号	著者名	掲載時の記事タイトル
イントロダクション3	Interface 2015年9月号	矢野 越夫	特集 Appendix 2 今回作るラズパイ×スマホ ライブ映像カメラ
第1章	Interface 2015年9月号	矢野 越夫	特集 Appendix 3 用意するもの
第2章	Interface 2015年9月号	矢野 越夫	特集 第1章 使用したハードウェア
第3章	Interface 2015年9月号	仙田 智史	特集 第2章 ライブ映像転送のためのソフトウェア
第4章	Interface 2015年9月号	仙田 智史	特集 第3章 実験成功！ハイビジョン・ライブ映像を飛ばす
第5章	Interface 2015年9月号	仙田 智史	特集 第4章 成功！ラズパイ・カメラ映像をスマホで見る
Appendix 1	Interface 2015年9月号	矢野 越夫	特集 Appendix 4 大容量通信向けアクセス・ポイントの選び方＆使い方
Appendix 2	Interface 2015年9月号	矢野 越夫	特集 Appendix 5 リアルタイム・データ転送向けRTPプロトコル
Appendix 3	Interface 2015年9月号	松江 英明	特集 Appendix 1 数Mbpsを送れるのはWi-Fiだけ！無線通信の伝送速度
第6章	Interface 2014年8月号	蕪木 岳志	特集 第6章 スッテプ1：自宅サーバ公開の必須アイテム！IPアドレス通知装置の製作
第7章	Interface 2014年8月号	蕪木 岳志	特集 第7章 ステップ2：初心者向けApacheで本格Webサーバの構築
第8章	Interface 2014年8月号	蕪木 岳志	特集 第8章 ステップ3：インターネット常時接続のライブ・カメラづくり
第9章	Interface 2015年2月号	蕪木 岳志	PICと二人三脚！ラズベリー・パイちょこっとリアルタイム・コントローラ
Appendix 4	Interface 2016年5月号	井原 大将	気象オープンデータ×ラズベリー・パイでI/O
第10章	Interface 2015年10月号	水越 幸弘	遠隔LチカOK!オレ流LINEづくり＜前編＞
第11章	Interface 2016年3月号	水越 幸弘	遠隔LチカOK!オレ流LINEづくり＜後編＞
第12章	Interface 2014年8月号	木村 実	特集 第10章 スマホ／ノートPCを自宅LANに接続OK！手のひらVPNサーバづくり
第13章	トランジスタ技術 2014年7月号	倉田 正	特集 第9章 世界のサーバから自動取得＆LED表示！おもてなし天気予報電子看板
第14章	Interface 2015年2月号	渕田 信一	ラズベリー・パイで作るMyラジオ・サーバ
第15章	Interface 2015年9月号	西新 貴人	特集 第5章 好きな部屋でジャジャーン！ワイヤレス・ハイレゾ・オーディオ
第16章	Interface 2014年8月号	坂井 弘亮	特集 第1章 実験でステップ・バイ・ステップ！ネットワーク通信超入門
Appendix 5	Interface 2014年8月号	坂井 弘亮	特集 Appendix 2 定番ソケットを利用したUDP通信プログラムの自作
Appendix 6	Interface 2014年8月号	坂井 弘亮	特集 Appendix 3 とりあえずこれだけは！イーサネット＆IP超入門
Appendix 7	Interface 2014年8月号	坂井 弘亮	特集 Appendix 4 PCと組み込みシステムのネットワーク・パケット処理の違い
第17章	Interface 2014年8月号	坂井 弘亮	特集 第2章 ネットワーク・パケット取り込み&解析環境の構築
第18章	Interface 2014年8月号	坂井 弘亮	特集 第3章 後から解析も簡単！ラズベリー・パイで作るパケット・ロガー
第19章	Interface 2014年8月号	坂井 弘亮	特集 第4章 フリーのパケット操作プログラム群pkttools
Appendix 8	Interface 2014年8月号	坂井 弘亮	特集 Appendix 5 つながっているか確認もイチコロ！Ping応答マシンの製作
第20章	Interface 2014年8月号	坂井 弘亮	特集 第5章 ping応答ソフトで試して合点！ARP＆ICMPのメカニズム
第21章	Interface 2015年9月号	矢野 越夫	特集 第6章 Wi-Fiドングル用Linuxドライバ入門
第22章	Interface 2015年9月号	仙田 智史、矢野 越夫	特集 第7章 ピッタリ！ラズベリー・パイにWi-Fiドングルをつなぐ
第23章	Interface 2015年9月号	仙田 智史	特集 第8章 Linuxでいろんなwi-Fiドングルを動くようにする方法
第24章	Interface 2015年9月号	仙田 智史	特集 第9章 最高100Mbps級！2.4GHz帯＆5GHz帯Wi-Fiドングル通信速度の実力
第25章	Interface 2015年9月号	奥原 達夫	特集 第10章 Wi-Fiモジュール図鑑
Appendix 9	Interface 2015年10月号	奥原 達夫	Wi-FiドングルとWi-Fiモジュールの違い

第1部　大容量Wi-Fi利用のライブ・カメラづくり

開発環境や自作ソフトウェア

第1章　用意するもの

矢野 越夫，仙田 智史

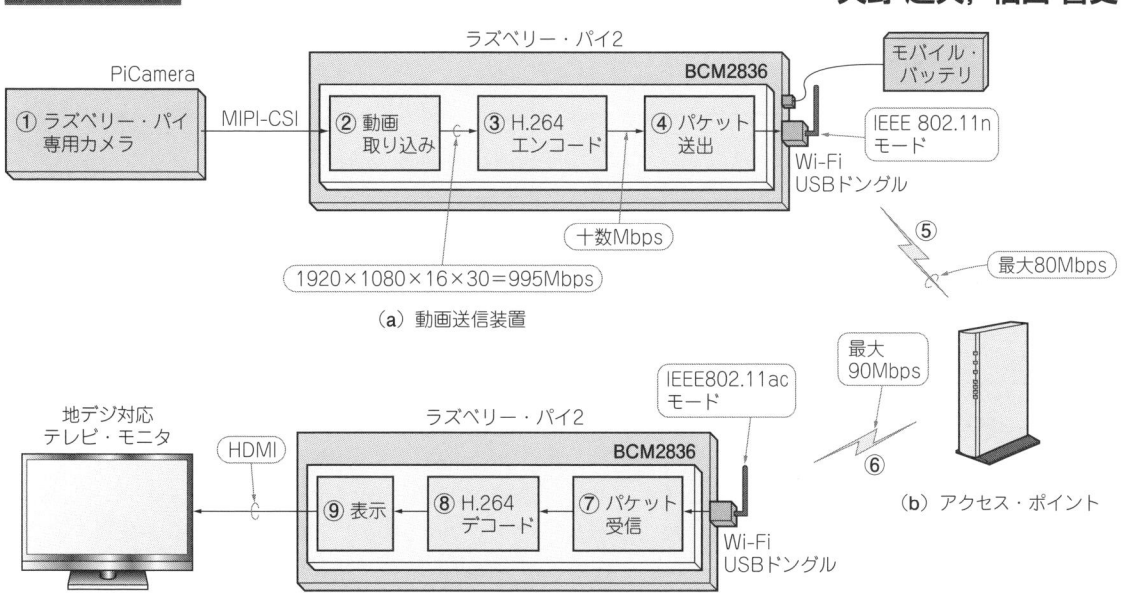

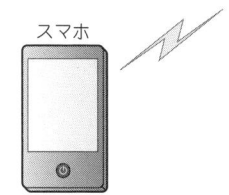

図1　10M～20Mbpsでデータを転送する装置の構成

(a) 動画送信装置
(b) アクセス・ポイント
(c) 動画受信装置その1…ラズベリー・パイによるもの
(d) 動画受信装置その2…スマートフォン

ラズベリー・パイ2とスマホ それと専用カメラ

第1部で作成するラズベリー・パイHDライブ・カメラ・システムの送受信装置の構成を紹介します．作る装置はカメラ側（送信側）とディスプレイ側（受信側）の二つです．

図1に装置の構成を示します．信号（動画）の流れを次に示します．

● その1：送信側…専用カメラ×ラズベリー・パイ撮影装置

①ラズベリー・パイ専用のカメラPiCameraで撮影
②ラズベリー・パイ2で撮影動画取り込み
③ラズベリー・パイ2で動画をH.264にエンコード
④ラズベリー・パイ2でパケット化
⑤ラズベリー・パイ2に接続したWi-Fi USBドングルで無線LANアクセス・ポイントに動画を転送

● その2：受信側…ラズベリー・パイ×ハイビジョン・テレビ表示装置

⑥無線LANアクセス・ポイントのパケットを，もう1台のラズベリー・パイ2で受け取る
⑦ラズベリー・パイ2でパケットを圧縮動画データに変換
⑧ラズベリー・パイ2でH.264をデコードし非圧縮動画に
⑨ラズベリー・パイ2のHDMI端子から動画をテレビ・モニタに送出
⑩テレビ・モニタで動画を表示

● その他：受信用スマートフォン

スマートフォンにVLCプレーヤ（VLC for Android）

表1 使用パーツ一覧

(a) 動画送信装置

項目	名称	メーカ	入手先
ラズベリー・パイ専用カメラ	PiCamera	ラズベリー・パイ財団	RSコンポーネンツなど
ラズベリー・パイ2（送信側）	Raspberry Pi 2 Model B	ラズベリー・パイ財団	RSコンポーネンツなど
Wi-Fi USBドングル（受信側）	LAN-WH300NU2	ロジテック	Amazonなど
モバイル・バッテリ	cheero Power Plus 3 13400mAh 大容量 モバイルバッテリー	cheero	Amazonなど

(b) アクセス・ポイント

項目	名称	メーカ	入手先
無線LANルータ	Aterm WF1200HP	NEC	Amazonなど

(c) 動画受信装置1

項目	名称	メーカ	入手先
Wi-Fi USBドングル（送信側）	GW-450S	プラネックス	Amazonなど
ラズベリー・パイ2（受信側）	Raspberry Pi 2 Model B	ラズベリー・パイ財団	RSコンポーネンツなど
受信側電源	5V 2.5A	—	Amazonなど
テレビ・モニタ（HDMI端子付きなら何でも良い）	—	—	—
USBキーボード	—	—	—

(d) 動画受信装置2

項目	名称	メーカ	入手先
スマートフォン	Xperia Z3	ソニーモバイルコミュニケーション	各携帯キャリアなど

をインストールして上記⑥～⑩をVLCプレーヤで実行します．

ハードウェア

表1に使用した装置，ボードの一覧を示します．今回はラズベリー・パイ2を使いましたが，普通のラズベリー・パイでも手順は同じです．

▶その1：カメラ側装置

送信側のラズベリー・パイは専用カメラとWi-Fi USBドングルを接続し，モバイルを意識して携帯充電用の大容量バッテリで駆動させました．このときモニタは接続できないので，別パソコンからsshにてログインすることによって細かい設定を行います．

▶その2：ディスプレイ側装置

受信側のラズベリー・パイは携帯用の5V電源を接続し，HDMIモニタとキーボードを接続しています．

▶受信用スマートフォン

Android端末Xperia Z3を使用しました．

ソフトウェア

表2にソフトウェアの構成を示します．ほとんどのソフトウェアはラズベリー・パイに用意されています．自分で用意する必要のあるソフトウェアを次に示します．

▶送信装置

OpenMAX/omxcamライブラリを使用したユーザ・プログラムが必要です．

▶受信装置その1（ラズパイ）

OpenMAX/ILライブラリを使用したユーザ・プログラムが必要です．

▶受信装置その2（スマホ）

無料のメディア・プレーヤ VLCプレーヤ（VLC for Android）をインストールします．

PiCameraからの画像取り込みや動画圧縮・伸張はOpenMAX/ILライブラリから自在に使えます．omxcamライブラリを使うと，動画取り込みから圧縮までをさらに簡単に実装できます．自らコードを書かなければならないのは，画像圧縮データをパケットに詰め込んで実際にネットワークに流す部分，またはその逆にネットワークからパケットを抜き出す部分だけです．ソフトウェアの呼び出し関係を図2に示します．

開発環境

● ラズベリー・パイだけで開発できる

今回作成したテスト・プログラムはラズベリー・パイ実機だけでコンパイルできるようにソース・コードとMakefileを記述しています．

実際のテスト・プログラム開発は，Debian LinuxをインストールしたPCでクロス・コンパイル環境を作成して開発しました．クロス・コンパイル環境では開発用PC上でEclipseによる統合開発環境が使えるので，関数定義位置の参照やブレーク・ポイントを使ったデバッグ作業など，便利な機能を利用できます．また，コンパイルも高速に実行できます．

ただ，クロス・コンパイル環境はラズベリー・パイとは別に開発用PCが必要なことや，開発用OSのバージョン，Eclipseのバージョン，ネットワーク環境の違いなどによってうまく動かないケースも散見されるなど，少しハードルが高いのが難点です．実際に，筆

表2 使用したソフトウェア

状態	ツール名	説明
専用カメラへの設定	omxcamライブラリ	omxcamの初期設定．デフォルトのまま使用
専用カメラからの画像取り込み	omxcamライブラリ	omxcamの初期設定．キャプチャ・サイズとフレーム・レートを設定
動画圧縮	omxcamライブラリ	omxcamの初期設定．圧縮コーデックを設定
パケット化UDP版	testcap_main.c	自作した．詳細は第3章
パケット送出UDP版	testcap_main.c	自作した．詳細は第3章
パケット化RTP版	testcap-main_diff.c	自作した．詳細は第5章
パケット送出RTP版	testcap_main_diff.c	自作した．詳細は第5章

(a) カメラ側動画送信装置

状態	ツール名	説明
アクセス・ポイントからのパケット受信	testdisp_main.c	自作した．詳細は第3章
パケットから圧縮動画データに戻す	testdisp_main.c	自作した．詳細は第3章
圧縮動画を伸張	OpenMAX/ILライブラリ	OpenMAX/ILライブラリの初期設定．圧縮コーデックを設定
表示	OpenMAX/ILライブラリ	OpenMAX/ILライブラリの初期設定．画面への描画を設定

(b) ディスプレイ側動画受信装置

状態	ツール名	説明
アクセス・ポイントからのパケット受信	VLC for Android	クロス・プラットフォームで動作するメディア・プレーヤ．Android端末ならGooglePlayから無償で入手できる
パケットから圧縮動画データに戻す	VLC for Android	
圧縮動画を伸張	VLC for Android	
表示	VLC for Android	

(c) 受信用スマートフォン

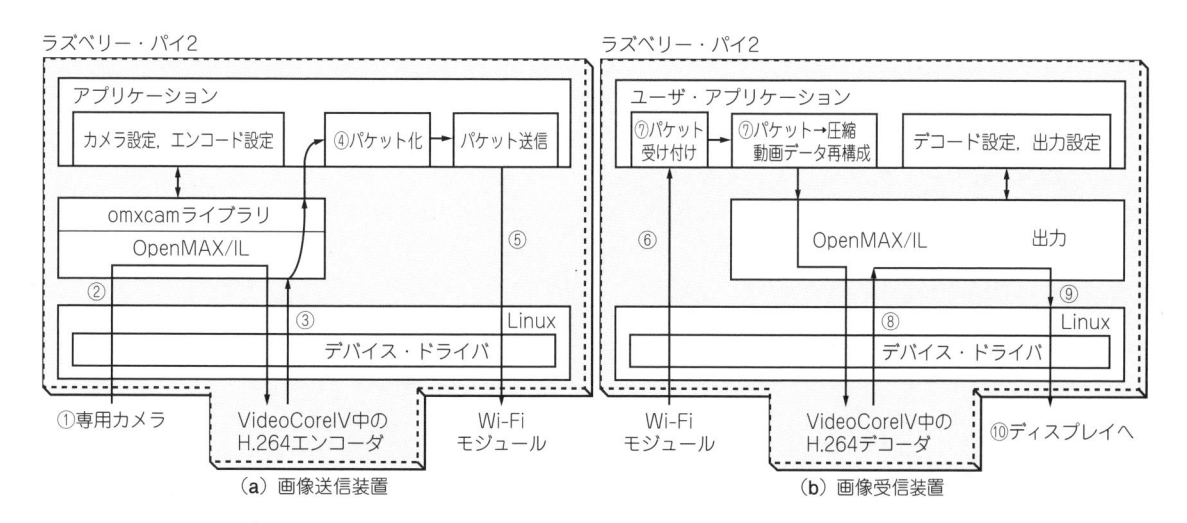

図2 OpenMAX/ILライブラリを利用したソフトウェア
入手先はhttp://www.cqpub.co.jp/hanbai/books/47/47101.htm

者はデスクトップPCとノートPCの2カ所で開発環境を作りましたが，ノートPCの方はなぜかリモート・デバッグがうまくつながらず苦労しました．

以下，ラズベリー・パイ実機による開発環境についてまとめておきます．

● 開発に使ったソフトウェア（パッケージ）

RaspbianのようなDebian系Linuxでは，gccによる基本的なC言語開発の環境はbuild-essentialというパッケージにまとめられています．Raspbianにはデフォルトでインストールされています．

テスト・プログラムの準備

　表示用テスト・プログラムtest_dispは，ラズベリー・パイの公式gitから取得したuserlandのサンプルに含まれる，ilclientをライブラリとして使っています．ilclientはuserlandのファイルを参照しているため，userland自体をビルドしておく必要があります．このためには，build-essential以外にcmakeパッケージが必要です．

　また，送信用テスト・プログラムtest_capでは，PiCameraのキャプチャからエンコードまでの実装にomxcamライブラリを使っています．こちらのビルドには特殊なツールは必要ありませんが，ilclientと同じようにuserlandをあらかじめビルドしておく必要があります．

▶ディストリビューション標準で使えるもの
build-essential…gcc, makeなど標準的なC言語開発環境を含みます．Raspbianにはインストール済みです．

▶追加インストールしたもの
cmake…userlandをビルドするために必要です．

▶外部ライブラリ
・userland
https://github.com/raspberrypi/userland
・omxcam
https://github.com/gagle/raspberrypi-omxcam

● userlandのビルド

　テスト・プログラムをビルドする前に，userlandをビルドしてインストールしておく必要があります．gitでソースを取得すると，トップ・ディレクトリにbuildmeというビルド用スクリプトがありますので，これをroot権限で実行します．

　buildmeはビルド後に/opt/vc/へのインストール作業も行いますが，/opt以下はrootでないと書き込みできません．

● テスト・プログラムのファイル構成

　テスト・プログラムのソース・ファイル構成は以下のようになっています．

build.sh	すべてビルドするスクリプト
+test_cap/	映像送信用プログラム
+omxcam/	omxcamライブラリ
testcap_main.c	メイン・プログラム
udpsend.c	非RTP（勝手プロトコル）のUDP送信処理
rtpavcsend.[ch]	H.264解析/RTP送信処理
+test_disp/	映像表示用プログラム
+ilclient/	ilclientライブラリ
testdisp_main.c	メイン・プログラム

　先頭にあるbuild.shを実行すると，bin/ディレクトリが作成されてそこにビルド結果の実行バイナリがコピーされます．

+bin/	build.shを実行すると作成される
test_cap_udp	送信プログラムUDP版
test_cap_rtp	送信プログラムRTP版
test_disp	表示プログラム

実行コマンド

　実行ファイルは./プログラム名で実行します．

● **カメラ（送信）装置**（UDP通信ラズパイ・プログラム，ハイビジョン・テレビ向け）

./test_cap_udp "送信先のIPアドレス" "ポート番号"

● **カメラ（送信）装置**（UDP+RTP通信ラズパイ・プログラム，スマホ向け）

./test_cap_rtp "送信先のIPアドレス" "ポート番号"

● **ディスプレイ（受信）装置**（ラズパイ・プログラム）

./test_disp "ポート番号"

● **スマホ**（VLCプレーヤ・アプリ＆SDP設定ファイル）

　スマートフォンにインストールしたVLCプレーヤで動画を再生するにはまず，数行のSDP（Session Description Protocol）ファイルを作成しておく必要があります．SDPファイルは，RTSP（Real Time Streaming Protocol）などで使うSDPのテキスト・データを，ファイルとして保存したものです．

　再生の手順としては，SDPファイルの中身をメモ帳で書いて保存します．次に拡張子を.txtから.sdpに変更します．パソコンで書いた場合はそれをUSBケーブルを使ってスマホの/sdcard/media/などに，test_cap.sdpとして保存します．

　次にVLCプレーヤの「MRLを開く」をタップし，「ネットワークMRLを入力」に，

file:///sdcard/media/test_cap.sdp

と入力します．詳細は第5章で解説します．

やの・えつお，せんだ・さとし

Wi-Fiなら高画質なハイビジョン映像を30フレーム/秒で送れる

第2章 ハードウェアの構成

矢野 越夫

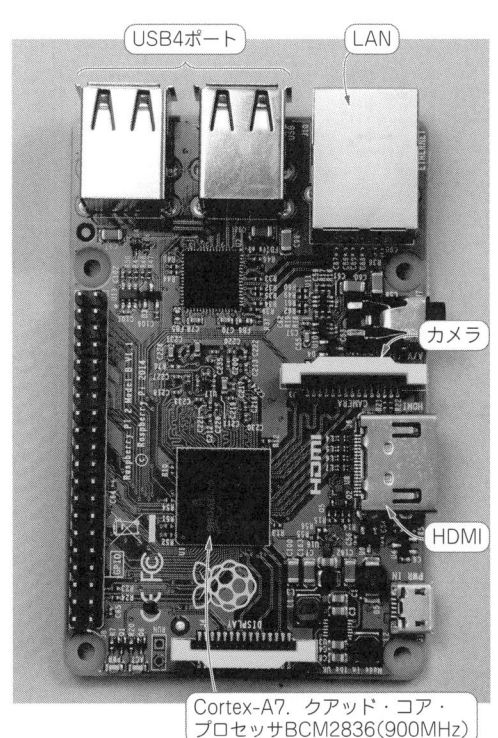

写真1 実験に使う主なハードウェア

(a) ラズベリー・パイ2
Cortex-A7. クアッド・コア・プロセッサBCM2836(900MHz)
USB4ポート／LAN／カメラ／HDMI

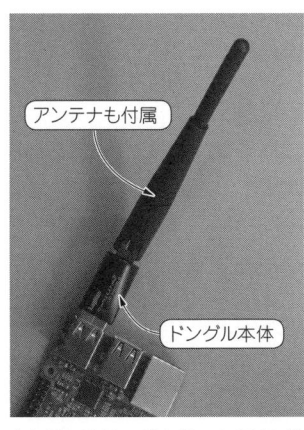

(b) Wi-Fiドングル①…2.4GHz帯 LAN-WH300NU2
アンテナも付属／ドングル本体

(c) Wi-Fiドングル②…2.4GHz帯/5GHz帯デュアル! GW-450S

(d) ラズベリー・パイ専用カメラ

(e) 5GHz/2.4GHz対応無線LANルータ

コンピュータ・ボードにラズベリー・パイ2を使うメリット

今回実験に使った主なハードウェアを写真1に示します．大容量データ転送の実験には小型Linuxボードであるラズベリー・パイ2を選択しました．

▶処理が速い

900MHz動作のARM Cortex-A7プロセッサと1Gバイトの RAM を搭載しているので，Wi-Fiモジュールを用いたネットワークへのデータ送信/受信実験の際に，足を引っ張ることはないでしょう．

▶専用ハイビジョン対応カメラがある

ラズベリー・パイには，ハイビジョン30フレームで動画を提供できる専用カメラが用意されています．これを使えばイントロダクション3で紹介したような1920×1080画素（712Mbps）のフル・ハイビジョン動画を取得できます．さらに，このハイビジョン動画をH.264でエンコードするためのハードウェアも搭載しています．

▶HDMIで画面出力できる

受信側はH.264デコーダ搭載のPCでもスマホでもよいのですが，とりあえずHDMI端子付きモニタとともに，ラズベリー・パイ2で実現しました．

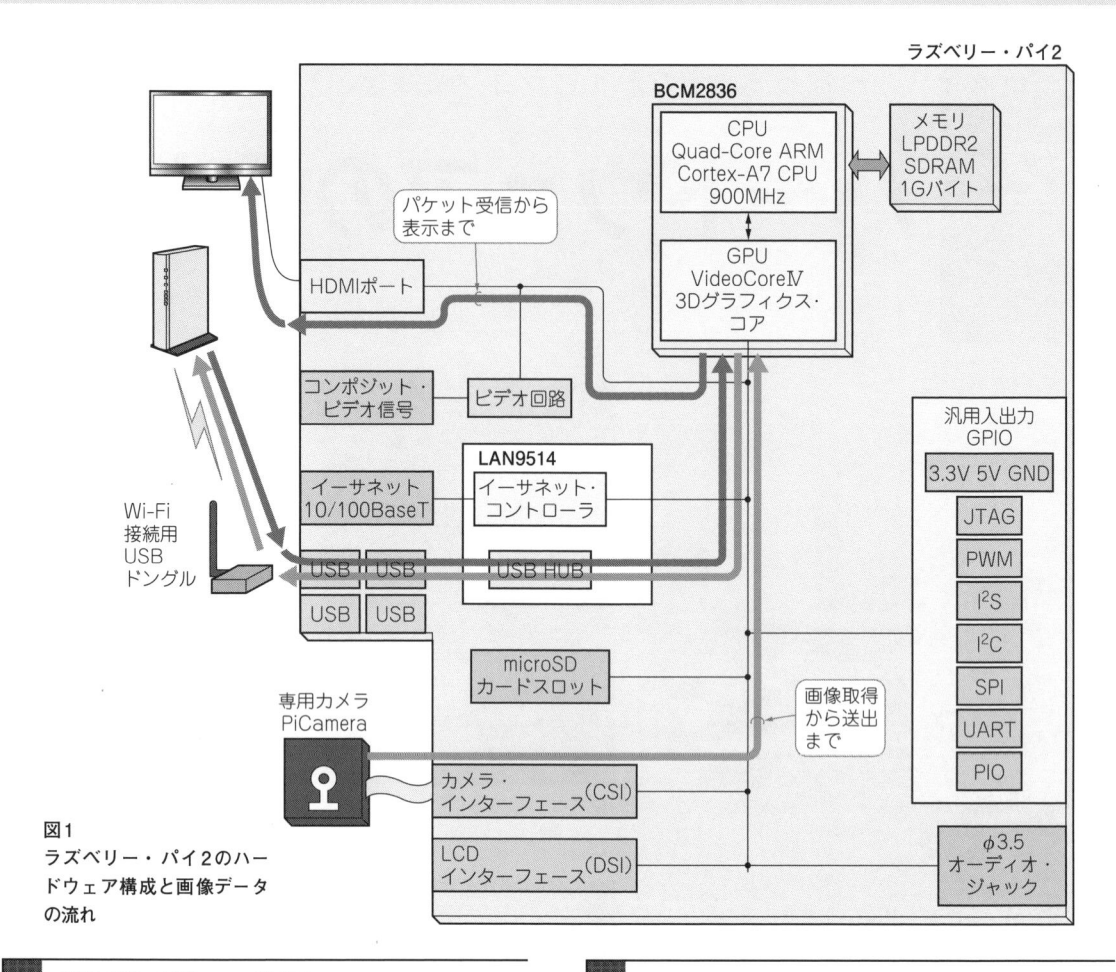

第1部 大容量Wi-Fi利用のライブ・カメラづくり

図1 ラズベリー・パイ2のハードウェア構成と画像データの流れ

Wi-FiモジュールにUSB接続タイプを使うメリット

Wi-Fiモジュールの接続方式には，USB，SDIO，UART，SPI，I2Cなどがあります．UART，I2Cはバスの速度の上限から，必然的に選択の対象から外れます．SPI接続のWi-FiモジュールはTCP/IPプロトコル・スタックを搭載したCPUが載っているモジュールが多く，UDP/RTPなどのプロトコルを実装できません．さらにSPIは速度も遅いのでSPIも選択から外します．microSD用のWi-Fiモジュールも発売されていますが，入手しにくいのでSDIOも選択から外しました．

残るはUSBタイプのモジュールです．Linuxで使えるドライバが提供されているWi-Fiチップを使っているモジュールを選択する必要があります．現実的にはWi-Fi USBドングルが一番数多く発売されており，価格が1,000円からとこなれています．汎用的なWi-Fiチップを使っていれば，Linuxのドライバを発見する確率も高くなります．そういった基準で選択しました．この後の実験で明らかになるのですが，通信速度は11n対応のモジュールで80Mbpsほど出ています．

ラズベリー・パイ2の特徴

●クアッドコア900MHz

図1にラズベリー・パイ2のハードウェア構成を示します．表1に仕様を示します．ラズベリー・パイ1のCPUは，ARM11（ARMv6アーキテクチャ）をベースにしていましたが，ラズベリー・パイ2ではARM Cortex-A7（ARMv7アーキテクチャ）のクアッドコアです．これを900MHzで駆動しています．

外付けメモリには1Gバイトの LPDDR2（B8132B4PB，マイクロン）を採用し，RAM容量はラズベリー・パイ1の2倍となっています．

● 画像の圧縮や表示に関するハードウェアを搭載

さらに24GFLOPSのGPU，JPEGエンコーダ/デコーダ，ビデオ・エンコーダ/デコーダを内蔵しています．

カメラ入力専用のコネクタCSI（Camera Serial Interface）や，出力側としてDSI（Display Serial Interface）のコネクタも用意されており，LCD表示器を接続できます．

表1 ラズベリー・パイ2の仕様
価格はRaspberry Pi Shop (KSY, http://raspberry-pi.ksyic.com) 調べ, 2015年12月26日

型名		Raspberry Pi 2	参考：Raspberry Pi	
モデル		Model B	Model B	ModelB+
CPU	型名	BCM2836	BCM2835	
	コア	Cortex-A7	ARM1176JZF-S	
	コア数	4	1	
	クロック	900MHz	700MHz	
RAM［バイト］		1G	512M	
コネクタ数	USBポート	4	2	4
	NTSCコンポジット出力	0	1	0
	HDMI出力	1	1	1
	イーサネット	1	1	1
電源		5V, 900mA	5V 700mA	
重さ		45g		
外形寸法		85.6mm×56.5mm		
参考価格		5,292円	4,266円	3,510円

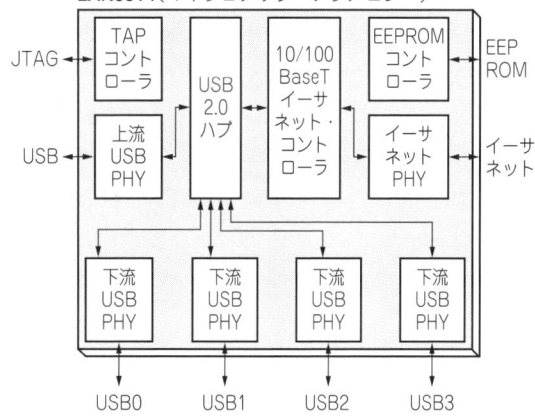

図2 LANコントローラLAN9514はUSBハブやイーサネット・コントローラを搭載する

　ビデオ出力はアナログとディジタルが用意されていて，ハイビジョン画像をHDMIコネクタから得ることができます．
　GPIO (General Purpose I/O) コネクタにはいろいろな種類の入出力信号が同居しています．ディジタル・オーディオ用にI²Sが用意されており，A-DコンバータやD-Aコンバータを簡単に接続できます．また，制御用にI²C/UART/SPIの入出力や，PWM出力もあります．もちろんパラレル入出力も用意されています．
　CPUやGPU関連，ビデオ・インターフェース，USBやGPIOなどほとんどの機能は，BroadcomのBCM2836という1チップの中に納まっています．ラズベリー・パイの詳細は参考文献(1)を参照してください．

● USBドライバを介してLANコントローラとつながる
　LAN9514（マイクロチップ・テクノロジー）は，話題になることが少ないのですが，USBハブやイーサネット・コントローラなどの入出力制御を納めたチップです（図2）．EEPROMコントローラを内蔵しているので，EEPROMに書き込んだプログラムからも起動できます．
　また，TAPコントローラというのはJTAG制御のためのコントローラです．JTAGに関する詳細は参考文献(2)を参照してください．

Wi-Fi無線機器

● Wi-Fi通信のためのUSBドングル
　送信側は持ち運ぶことを考え，少しでも距離をかせげるようにアンテナ搭載品 LAN-WH300NU2（ロジテック）を選びました．802.11nで2.4GHzを使います．
　受信側は，5GHzの802.11acが使え，ドングルの中にアンテナも内蔵しているGW-450S（プラネックスコミュニケーションズ）を使いました．第9章で説明しますが，送信側に2.4GHz帯，受信側に5GHz帯を利用することで，チャネル干渉を防ぎます．

● 無線アクセス・ポイント
　Wi-Fiで通信するにはアクセス・ポイントが必要になります．なるべく転送速度が速いアクセス・ポイントが大容量転送に向いています．最近の携帯電話は，Wi-Fi接続で動画を見たり，かなりの大容量通信を使っています．メーカもそのへんをよく考えてますから，大抵のアクセス・ポイントは値段なりの速度で動作します．今回はお手ごろなAtermWF1200HP（NEC）を使用しました．

周辺機器

● 専用カメラ PiCamera
　ラズベリー・パイ2には，カメラ入力としてMIPI-CSI (Camera Serial Interface) の15ピン・コネクタが付いています．このコネクタに接続される専用カメラの仕様を表2に示します．

▶ USBカメラではフレーム・レートが足りない
　次章で説明するOpenMAX/ILライブラリには，市販のUSBカメラ向けにもドライバが用意されていて，物理的には使うことが可能です．
　ただし，フル・ハイビジョンの場合，カメラの生データをYUV420と仮定しても，30フレーム/秒でも700Mbpsになります．USB 2.0は最大で480Mbpsな

表2 ラズベリー・パイ専用カメラPiCameraの主な仕様

項目	仕様
イメージ・センサ	OV5647（オムニビジョン）
イメージ・センサ・サイズ	1/4型
画素数	2592×1944（約504万画素）
画素サイズ	1.4μ×1.4μm 裏面照射型
フレーム・レート	30fps：1080p 120fps：QVGA
出力フォーマット	8または10ビット，RGB RAW
出力インターフェース	MIPI CSI-2，2レーン

ので，とても間に合いません．こう考えるとD-PHYのすごさ（コラム参照）が分かります．

さらに今回はUSBポートにWi-Fiドングルを接続しますので，USBの帯域をすべて使ってしまうわけにはいきません．通信ができなくなります．VGA画像程度なら，USBカメラでも計算上は余裕で動作するでしょう．

● モバイル・バッテリ

ラズベリー・パイを正常に動作させるには5V/2A以上の電源が必要です．最近は携帯電話の高速充電用に2A程度のリチウム・イオン・バッテリが数多く発売されています．今回はcheero Power Plus 3を使いました．これは容量が13400mAhもあるので，ラズベリー・パイ2を少なくとも6時間程度は動かせることになります．重さと容量はほぼ比例するので，使用時間により選択すればよいでしょう．

● HDMIケーブル

ラズベリー・パイ2は，CEC（Consumer Electronics Control）としてHDMIを用意しています．HDMI-CECは，各種リモート・コントロール機能を実現しています．これは業界標準AV.linkプロトコルを使っています．

ラズベリー・パイ2では，HDMIのバージョン1.3と1.4がサポートされています．ほとんどのモニタをHDMIケーブルで接続できます．ごく標準的なHDMIコネクタが付いています．詳しく知りたい人は参考文献(3)を参照してください．

特筆すべきは，HDMI描画処理がラズベリー・パイ2の総合チップBCM2836の中に含まれているということです．GPUやエンコーダはビデオ・メモリを通じて，チップ内部でHDMIポートに接続されているので，ほとんどCPUの負荷を掛けずに映像を出力できそうです．

◆参考文献◆

(1) お手軽ARMコンピュータ ラズベリー・パイでI/O，CQ出版社．
(2) 坂巻 佳壽美；JTAGテストの基礎と応用，CQ出版社．
(3) 長野 英生；高速ビデオ・インターフェースHDMI&Display Portのすべて，CQ出版社．
(4) DRAFT MIPI Alliance Specification for CSI-2, MIPI Alliance,Inc.
http://electronix.ru/forum/index.php?act=Attach&type=post&id=67362
(5) MIPI D-PHY Interface IP Reference Design RD1182, Lattice Semiconductor Corp.
http://www.latticesemi.com/~/media/LatticeSemi/Documents/ReferenceDesigns/JM/MIPIDPHYInterfaceIP.pdf?document_id=50110

やの・えつお

---

column　1Gbpsの信号伝送も余裕！カメラ専用インターフェースMIPI-CSI　矢野 越夫

CSIはMIPI（Mobile Industry Processor Interface）Allianceという非営利団体が取り決めたカメラ・インターフェースで，そもそもは携帯電話のためのものでした．CSIには1，2，3の三つがあり，ラズベリー・パイ2はCSI-2を使っています．図AにCSI-2の信号を示します．

カメラ側は2本のデータ信号と，1本のクロック信号によりデータを送り出します．三つの信号はすべてD-PHYと呼ばれるLVDSによく似た差動伝送方式でホストに送られます．

SCLとSDAはカメラを制御するためのI²Cインターフェースです．このように，CSI-2規格は，カメラとホストCPUとの間のデータ受け渡しと制御手順を定義しています．

このCSIで1Gbps程度の信号は軽く受け取ることができるので，フル・ハイビジョン・カメラでも十分です．

図BにMIPIが定めたCSI-2のプロトコル階層を示します．まず，カメラ側は受光した画像の画素をバイト単位でデータ・パケットに詰め込みます．次の低レベル・プロトコル層では，パケット単位にデータを送信します．MIPIではデータの伝達通路をレーンと呼びます．レーン管理層では，1レーン当たりの速度を考えて，データ伝送に使うレーンを割り振ります．ラズベリー・パイ2の場合は2レーンしかないので，どちらかのレーンが常に使われま

第2章 ハードウェアの構成

す．再下位層は図Bに示すD-PHY層です．

図CにD-PHYの信号とクロックの関係を示します．ラズベリー・パイ2のCSIは2レーンのD-PHYデータを持っています．クロックもデータも1.2VのLVCMOS差動信号です．ビデオ・データはクロックの立ち上がりと立ち下がりの両方に同期して送られます．

表AにD-PHY (V1.2) の物理的な特性を示します．

表A D-PHY (V1.2) の物理的特性

項 目	内 容
クロック方式	DDRソース同期クロック
チャネル補償	データ補償相対制御
最小構成	1レーンとクロック
最小ピン	4
最大波高値	LP：1300mV，HS：360mV
速度/1レーン	80M～2.5Gbps
帯域幅/2レーン	～5Gbps

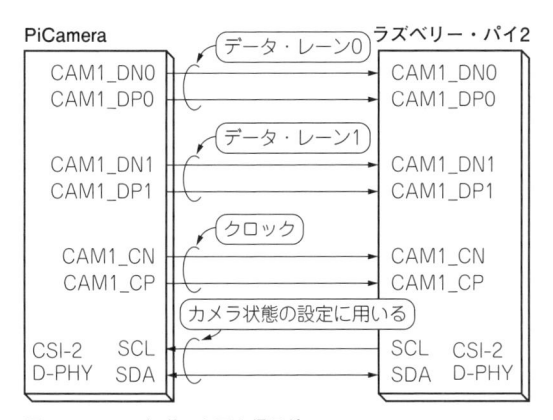

図A CSI-2の伝送に必要な信号線

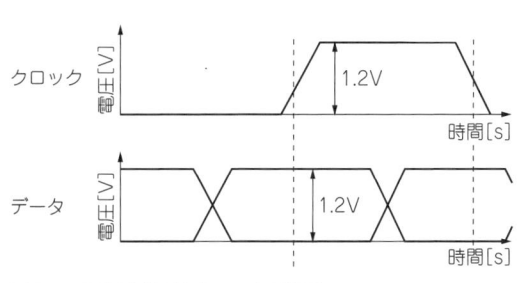

図C D-PHYの信号とクロックの関係

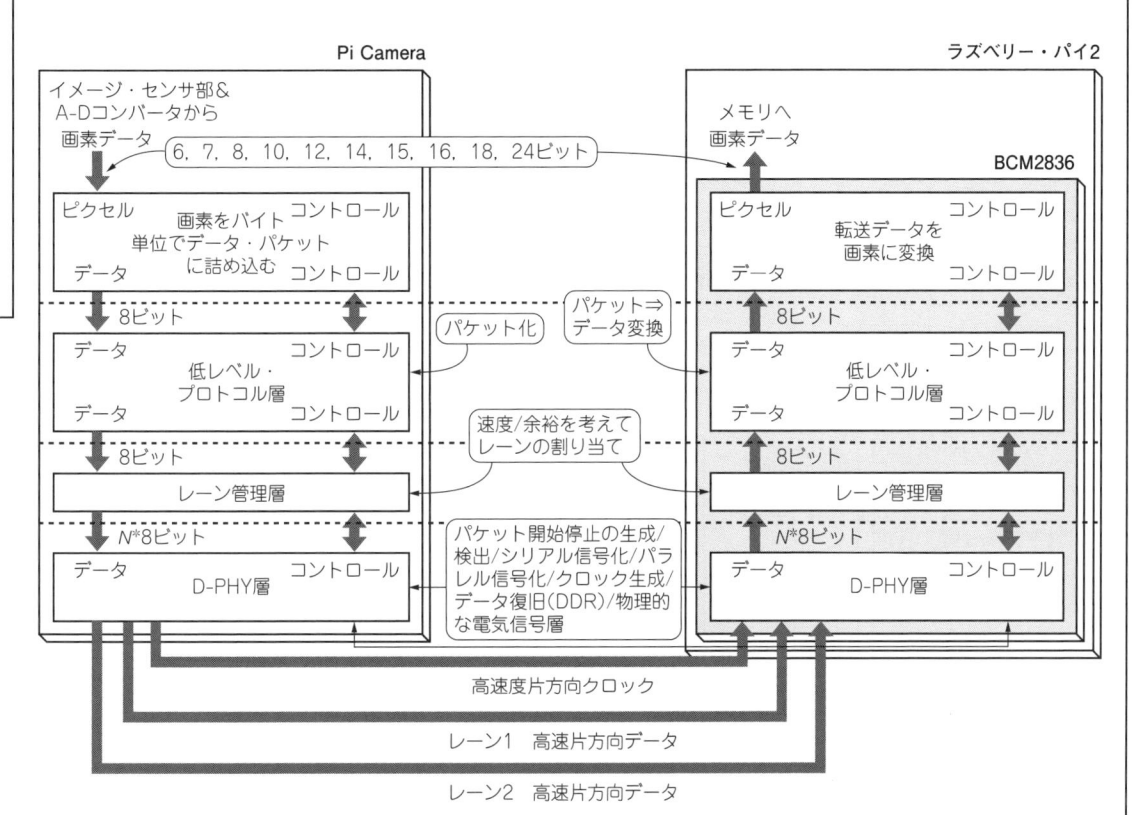

図B MIPIが定めたCSI-2のプロトコル階層

第1部 大容量Wi-Fi利用のライブ・カメラづくり

GPUを使ったH.264エンコード/デコードに挑戦！

第3章 ソフトウェアの構成

仙田 智史

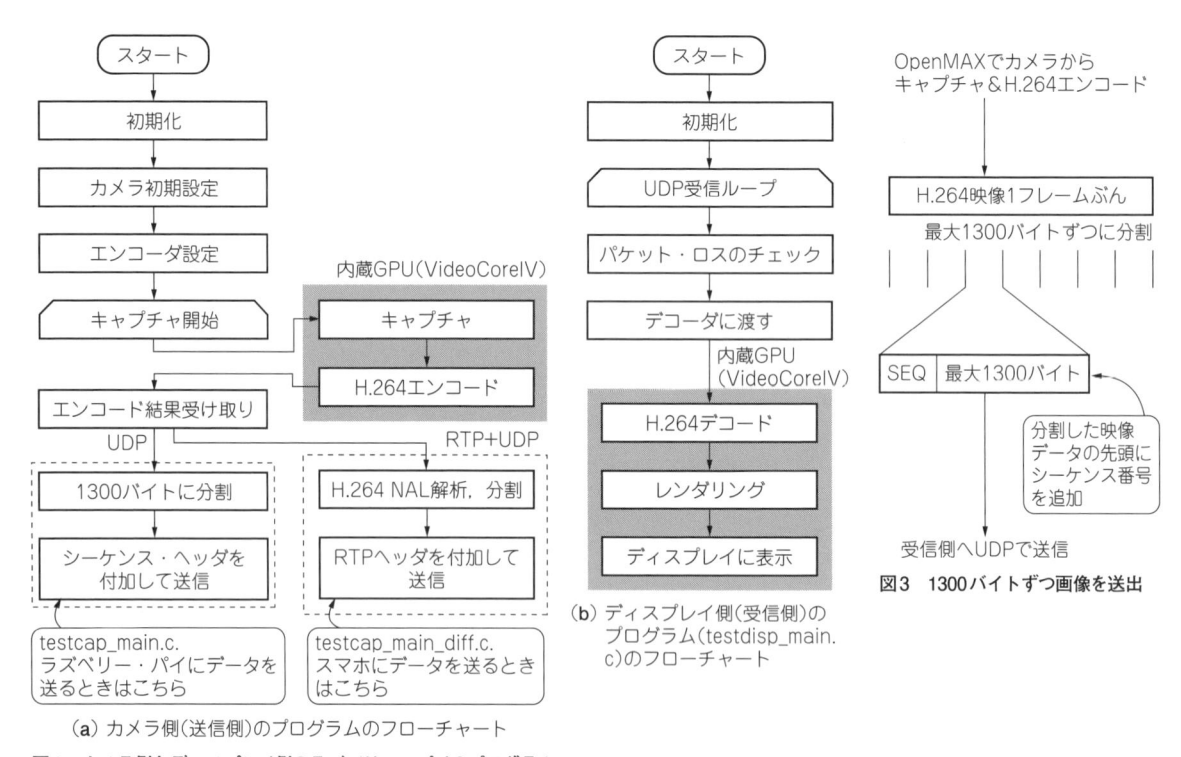

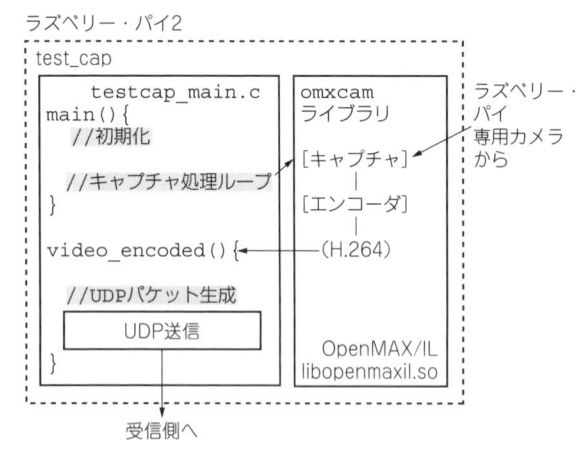

図1 カメラ側とディスプレイ側のラズベリー・パイ2プログラム

(a) カメラ側（送信側）のプログラムのフローチャート

testcap_main.c．ラズベリー・パイにデータを送るときはこちら

testcap_main_diff.c．スマホにデータを送るときはこちら

(b) ディスプレイ側（受信側）のプログラム（testdisp_main.c）のフローチャート

図3 1300バイトずつ画像を送出

図2 カメラ側（画像送信側）ラズベリー・パイ2のソフトウェア構成

ライブ転送全体のフロー

ラズベリー・パイ2を使った大容量データ転送装置のソフトウェア・フローチャートを図1に示します．送信側はラズベリー・パイ専用カメラでキャプチャした動画を，H.264エンコードして，Wi-Fiモジュールから送信します．受信側は，Wi-Fiモジュール経由でデータを受信して，H.264デコードして，HDMI端子からディスプレイに表示します．

専用カメラからの画像キャプチャとH.264エンコードには，BCM2836搭載GPUのVideoCoreを利用します．H.264デコードおよび表示については，受信側もBCM2836搭載GPUのVideoCoreを利用します．パケット送受信のためのプロトコルにはUDPを使います．

第3章　ソフトウェアの構成

リスト1　データ送信のメイン・プログラム

```c
#include <stdio.h>
#include <stdlib.h>
#include <string.h>
#include <unistd.h>
#include <sys/socket.h>
#include <netinet/in.h>
#include <arpa/inet.h>

#include "omxcam/omxcam.h"

static int sock_createcl(const char* addr, int port);
static int sock_write(int sock, const unsigned char*
buff, unsigned int bufflen);
static void sock_close(int sock);
static void video_encoded(omxcam_buffer_t buff);

int main (int argc, char **argv)
{
  int sock;   // 送信用ソケット
  omxcam_video_settings_t videoset = {};
  if (argc < 3) {
    printf("Usage: %s <peer_addr> <recv_port>\n",
                                        argv[0]);
    exit(1);
  }

  // ソケット初期化
  sock = sock_createcl(argv[1], atoi(argv[2]));
  if (sock < 0)
    return __LINE__;

  // キャプチャ初期化
  omxcam_video_init(&videoset);
  videoset.on_data = video_encoded;
                    //1フレームごとにエンコード結果をコールバック
  // カメラ設定 ←──①
  videoset.camera.width = 1920;
  videoset.camera.height = 1080;
  videoset.camera.framerate = 30;
  // エンコーダ設定 ←──②
  videoset.h264.bitrate = 12*1000*1000;  //12Mbps
  videoset.h264.idr_period = 30;  //30フレームごとにIDR

  // キャプチャ開始
  omxcam_video_start(&videoset,
                        OMXCAM_CAPTURE_FOREVER);

  sock_close(sock);
  return 0;
}
//=========================== omxcam用
// エンコード結果を受け取るコールバック
static void video_encoded(omxcam_buffer_t buff)
{
  // 1300バイトずつ送信 ←──③
  while (buff.length > 0) {
    int l = buff.length > 1300 ? 1300 : buff.length;
    sock_write(sock, buff.data, l);
    buff.data += l;
    buff.length -= l;
  }
}
//=========================== ソケット送信用
// sock_createcl()で相手のアドレスをs_peerに覚えておく
static struct sockaddr_in s_peer;
static int sock_createcl(const char* peer_addr, int
port)
{
  int s;

  memset(&s_peer, 0, sizeof(s_peer));
  s_peer.sin_family = AF_INET;
  s_peer.sin_addr.s_addr = inet_addr(peer_addr);
  s_peer.sin_port = htons(port);

  // パラメータのチェック
  if (s_peer.sin_addr.s_addr == 0 || s_peer.sin_addr.
                              s_addr == 0xffffffff) {
    fprintf(stderr, "Invalid address(%s)\n", peer_
                                                addr);
    return -1;
  }
  if (port <= 0 || port > 65535) {
    fprintf(stderr, "Invalid port(%d)\n", port);
    return -1;
  }

  s = socket(AF_INET, SOCK_DGRAM, 0);
  if (s < 0) { perror("socket"); return -1; }

  return s;
}
// UDPパケット送信．先頭にシーケンス・ヘッダを付けてs_peerに送る．
static int sock_write(int sock, const unsigned char*
                             buff, unsigned int bufflen)
{
#define SOCKHEADER_SIZE   2
        // UDPパケットの先頭に付けるヘッダのサイズ．シーケンス番号だけ．
  static unsigned short seqno = 0;
  unsigned char buff2[1500];
  // 先頭2バイトにシーケンス番号 ←──④
  ((unsigned short*)buff2)[0] = seqno++;
  memcpy(buff2+SOCKHEADER_SIZE, buff, bufflen);
  return sendto(sock, buff2, bufflen+SOCKHEADER_SIZE,
       0, (struct sockaddr*)&s_peer, sizeof(s_peer));
}

static void sock_close(int sock)
{
  close(sock);
}
```

ラズベリー・パイ同士の転送では，H.264データ・パケットを固定長で分割するだけですが，相手がスマホの場合はRTPを使います．

カメラ側（送信側）プログラム

カメラ側（画像送信側）のプログラム構成を**図2**に，メインとなるtestcap_main.cのソース・コードを**リスト1**に示します．omxcamライブラリ（後述）を使っているため，細かい実装は特にありません．

● 処理の流れ

main()の中で，①カメラのキャプチャに関する設定と②H.264エンコードに関する設定を行います．

omxcamからのエンコード完了コールバック関数video_encoded()の中で，③1300バイトずつ分割して，UDP送信関数のsock_write()で④シーケンス・ヘッダを付けて送ります（**図3**）．

● 画像データは一定サイズに分割して送信する

UDPで送る際にMTU（Maximum Transmit Unit）サイズよりも小さい1300バイトに分割していますが，これには理由があります．

25

リスト2 データ受信のメイン・プログラム

```c
#include <stdio.h>
#include <stdlib.h>
#include <string.h>
#include <sys/socket.h>
#include <netinet/in.h>
#include <arpa/inet.h>

#include "bcm_host.h"
#include "ilclient.h"
#define SOCKHEADER_SIZE   2
        // UDPパケットの先頭に付けるヘッダのサイズ．シーケンス番号だけ．

static int sock_createsv(int port);
static int sock_read(int sock, unsigned char* buff,
                                 unsigned int bufflen);
static void sock_close(int sock);

int main (int argc, char **argv)
{
  if (argc < 2) {
    printf("Usage: %s <recv_port>\n", argv[0]);
    exit(1);
  }
  bcm_host_init();   // OpenMAXを使う前に必要

  OMX_VIDEO_PARAM_PORTFORMATTYPE format;
  OMX_TIME_CONFIG_CLOCKSTATETYPE cstate;
  enum Component_E { COMP_DEC=0, COMP_SCHE, COMP_REND,
                                 COMP_CLOCK };
  COMPONENT_T *clist[5];
               // コンポーネントのインスタンス配列（＋NULL終端）
  enum Tunnel_E { TUN_DECOUT=0, TUN_RENDIN, TUN_
                                              CLOCKOUT };
  TUNNEL_T tunnel[4];   // トンネルのインスタンス配列（＋終端）
  ILCLIENT_T *client;
  unsigned int data_len = 0;
  int err = 0;
  int sock;

  memset(clist, 0, sizeof(clist));
  memset(tunnel, 0, sizeof(tunnel));

  // 初期化処理
  if ((sock = sock_createsv(atoi(argv[1]))) < 0)
                                 // 受信用ソケット作成
    exit(1);
  if ((client = ilclient_init()) == NULL)
    exit(1);
  if (OMX_Init() != OMX_ErrorNone) {
    ilclient_destroy(client);
    exit(1);
  }

  // コンポーネント作成
  if (ilclient_create_component(client,
                       &clist[COMP_DEC], "video_decode",
      ILCLIENT_DISABLE_ALL_PORTS | ILCLIENT_ENABLE_
                             INPUT_BUFFERS) != 0)
    err = __LINE__;
  if (!err && ilclient_create_component(client,
                       &clist[COMP_REND], "video_render",
      ILCLIENT_DISABLE_ALL_PORTS) != 0)
    err = __LINE__;
  if (!err && ilclient_create_component(client,
                       &clist[COMP_CLOCK], "clock",
      ILCLIENT_DISABLE_ALL_PORTS) != 0)
    err = __LINE__;
  if (!err && ilclient_create_component(client,
                       &clist[COMP_SCHE], "video_scheduler",
      ILCLIENT_DISABLE_ALL_PORTS) != 0)
    err = __LINE__;

  // クロックの設定
  memset(&cstate, 0, sizeof(cstate));
  cstate.nSize = sizeof(cstate);
  cstate.nVersion.nVersion = OMX_VERSION;
  cstate.eState = OMX_TIME_
                            ClockStateWaitingForStartTime;
  cstate.nWaitMask = 1;
  if (!err && OMX_SetParameter(ILC_GET_
                       HANDLE(clist[COMP_CLOCK]), OMX_
  IndexConfigTimeClockState, &cstate) != OMX_ErrorNone)
    err = __LINE__;

  // トンネルの設定
  set_tunnel(&tunnel[TUN_DECOUT],    clist[COMP_DEC],
                            131, clist[COMP_SCHE], 10);
  set_tunnel(&tunnel[TUN_RENDIN],    clist[COMP_SCHE],
                            11, clist[COMP_REND], 90);
  set_tunnel(&tunnel[TUN_CLOCKOUT], clist[COMP_
                       CLOCK],80, clist[COMP_SCHE], 12);

  if (!err && ilclient_setup_tunnel(&tunnel[TUN_
                           CLOCKOUT], 0, 0) != 0)
    err = __LINE__;
  if (!err) {
    ilclient_change_component_state(clist[COMP_CLOCK],
                                 OMX_StateExecuting);
    ilclient_change_component_state(clist[COMP_DEC],
                                 OMX_StateIdle);
  }

  // デコーダの設定
  memset(&format, 0, sizeof(OMX_VIDEO_PARAM_
                                 PORTFORMATTYPE));
  format.nSize = sizeof(OMX_VIDEO_PARAM_
                                 PORTFORMATTYPE);
  format.nVersion.nVersion = OMX_VERSION;
  format.nPortIndex = 130;
  format.eCompressionFormat = OMX_VIDEO_CodingAVC;

  if (!err &&
    OMX_SetParameter(ILC_GET_HANDLE(clist[COMP_DEC]),
         OMX_IndexParamVideoPortFormat, &format)
                           == OMX_ErrorNone &&
    ilclient_enable_port_buffers(clist[COMP_DEC], 130,
                           NULL, NULL, NULL) == 0)
  {
    OMX_BUFFERHEADERTYPE *buf;
    int port_settings_changed = 0;
    int first_packet = 1;

    // デコーダの開始  ←①
    ilclient_change_component_state(clist[COMP_DEC],
                                 OMX_StateExecuting);

    while ((buf=ilclient_get_input_buffer(clist[COMP_
                       DEC], 130, 1)) != NULL) {
     // デコーダの入力ポートからバッファをもらって．
                                 ビデオ・データをセットする ←②
      unsigned char *dest = buf->pBuffer;
      data_len += sock_read(sock, dest, buf->nAllocLen-
                                 data_len);

      if (port_settings_changed == 0 &&
        ((data_len > 0 && ilclient_remove_event
         (clist[COMP_DEC], OMX_EventPortSettingsChanged,
                            131, 0, 0, 1) == 0) ||
         (data_len == 0 && ilclient_wait_for_event
          (clist[COMP_DEC], OMX_EventPortSettingsChanged,
                            131, 0, 0, 1,
ILCLIENT_EVENT_ERROR | ILCLIENT_PARAMETER_CHANGED,
                                 10000) == 0)))
      { //初回
        port_settings_changed = 1;
        // DECODER -> SCHEDULER トンネル
        if (ilclient_setup_tunnel(&tunnel[TUN_DECOUT],
                                 0, 0) != 0) {
          err = __LINE__; break;
        }
        ilclient_change_component_state(clist[COMP_
                       SCHE], OMX_StateExecuting);
```

```c
    // SCHEDULER -> RENDER トンネル
    if (ilclient_setup_tunnel(&tunnel[TUN_RENDIN],
                              0, 1000) != 0) {
      err = __LINE__; break;
    }
    ilclient_change_component_state(clist[COMP_
                      REND], OMX_StateExecuting);
    }
    if (!data_len)
      break;

    buf->nFilledLen = data_len;
    data_len = 0;

    buf->nOffset = 0;
    if (first_packet) {
      buf->nFlags = OMX_BUFFERFLAG_STARTTIME;
      first_packet = 0;
    }
    else
      buf->nFlags = OMX_BUFFERFLAG_TIME_UNKNOWN;

    // デコーダの入力ポートにビデオ・データを渡す   ③
    if (OMX_EmptyThisBuffer(ILC_GET_
    HANDLE(clist[COMP_DEC]), buf) != OMX_ErrorNone) {
      err = __LINE__; break;
    }
  }

  buf->nFilledLen = 0;
  buf->nFlags = OMX_BUFFERFLAG_TIME_UNKNOWN | OMX_
                                 BUFFERFLAG_EOS;

  if (OMX_EmptyThisBuffer(ILC_GET_HANDLE(clist[COMP_
                    DEC]), buf) != OMX_ErrorNone)
    err = __LINE__;

  // wait for EOS from render
  ilclient_wait_for_event(clist[COMP_REND], OMX_
      EventBufferFlag, 90, 0, OMX_BUFFERFLAG_EOS, 0,
          ILCLIENT_BUFFER_FLAG_EOS, 10000);

  // need to flush the renderer to allow clist[COMP_
                  DEC] to disable its input port
  ilclient_flush_tunnels(tunnel, 0);

  ilclient_disable_port_buffers(clist[COMP_DEC],
                        130, NULL, NULL, NULL);
}

sock_close(sock);

ilclient_disable_tunnel(&tunnel[0]);
ilclient_disable_tunnel(&tunnel[1]);
ilclient_disable_tunnel(&tunnel[2]);
ilclient_teardown_tunnels(tunnel);

ilclient_state_transition(clist, OMX_StateIdle);
ilclient_state_transition(clist, OMX_StateLoaded);

ilclient_cleanup_components(clist);

OMX_Deinit();

ilclient_destroy(client);

if (err != 0)
    fprintf(stderr, "Error occurred (%d)\n", err);
  return err;
}
//========================= ソケット受信用
static int sock_createsv(int port)
{
  int v;
  struct sockaddr_in sin = {AF_INET};
  int sock = socket(AF_INET, SOCK_DGRAM, 0);
  if (sock < 0) { perror("socket"); return -1; }

  sin.sin_addr.s_addr = INADDR_ANY;
  sin.sin_port = htons(port);
  if (bind(sock, (struct sockaddr*)&sin, sizeof(sin))
                                               < 0) {
    perror("bind"); return -1;
  }
  v = 1;
  setsockopt(sock, SOL_SOCKET, SO_REUSEADDR,
                        (char*)&v, sizeof(v));
  v = 1024000;   // 受信バッファを1Mバイトに
  setsockopt(sock, SOL_SOCKET, SO_RCVBUF, (char*)&v,
                                       sizeof(v));
                                                   ④
  return sock;
}

static int sock_read(int sock, unsigned char* buff,
                             unsigned int buflen)
{
  // パケットのヘッダからシーケンス番号をチェックする
  static unsigned long long total_packets = 0;
  static unsigned short prev_seqno = 0;
  static int first = 1;
  unsigned short seq;
  unsigned char tmp[1500];
  int recved = recvfrom(sock, tmp, sizeof(tmp), 0,
                                    NULL, NULL);
  if (recved < 0)
    return -1;
  total_packets ++;

  // 先頭2バイトにシーケンス番号
  seq = ((unsigned short*)tmp)[0];
  if (!first) {
    if ((unsigned short)(seq - prev_seqno) != 1)
                            // 連続性をチェック   ⑤
      fprintf(stderr, "seqno [%d]->[%d] : total[%llu]\
            n", (int)prev_seqno, (int)seq, total_packets);
  }
  else
    first = 0;
  prev_seqno = seq;
  recved -= SOCKHEADER_SIZE;   // ヘッダの分スキップ

  if (recved > buflen)
    recved = buflen;
  memcpy(buff, tmp+SOCKHEADER_SIZE, recved);
  return recved;
}

static void sock_close(int sock)
{
  close(sock);
}
```

▶理由1：送信タイミングを調整可能にするため

一つは，アプリケーションからデータを送るタイミングを調整できるようにするためです．UDPでMTUサイズよりも大きいデータを流そうとすると，ネットワーク・ドライバが自動的にデータを分割して送る（IPフラグメント）ため，動画データでは何十パケットにも分割される場合があります．

IPフラグメントされたデータは間隔をあけずに連続して送信されるので，パケット・ロストの原因となる場合があります．送信時に先に分割しておくこと

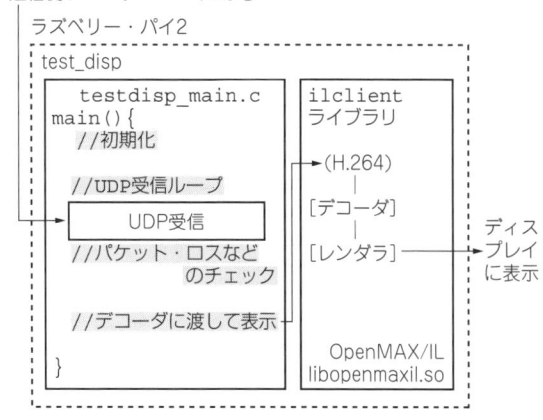

第1部　大容量Wi-Fi利用のライブ・カメラづくり

図4　ディスプレイ側（画像受信側）ラズベリー・パイ2のソフトウェア構成

```
送信側ラズベリー・パイ2から
 ↓
ラズベリー・パイ2
┌─────────────────────────────────┐
│ test_disp                        │
│ ┌──────────────────┐ ┌────────┐ │
│ │ testdisp_main.c  │ │ilclient│ │
│ │ main(){          │ │ライブラリ│ │
│ │  //初期化         │ │         │ │
│ │                  │ │(H.264) │ │
│ │  //UDP受信ループ  │ │         │ │
│ │  ┌────────────┐  │ │[デコーダ]│ │ディ
│ │  │ UDP受信    │  │ │         │ │スプ
│ │  └────────────┘  │ │[レンダラ]│ │レイ
│ │  //パケット・ロスなど│ │         │ │に表
│ │    のチェック     │ │         │ │示
│ │  //デコーダに渡して表示│ │       │ │
│ │                  │ │OpenMAX/IL│ │
│ │ }                │ │libopenmaxil.so│ │
│ └──────────────────┘ └────────┘ │
└─────────────────────────────────┘
```

で，アプリケーションが送信パケット数に応じて少し間隔をあけるなどの処理を挟むことができます（と言いつつも今回はそこまでやってない）．

▶理由2：受信側バッファ・サイズを固定するため

もう一つの理由は，受信側で recvfrom() する際のバッファを固定できる点です．UDPパケットを受信する際に，送信時に指定したバイト数が全て入るだけの「十分大きなバッファ」を，受信側が用意しなければなりません．送信側で最大サイズを固定していれば，十分大きなバッファのサイズが明確になります．

ハイビジョン・ディスプレイ側（受信側）プログラム

ハイビジョン・ディスプレイ側（画像受信側）のプログラム構成を**図4**に，メインとなる testdisp_main.c のソース・コードを**リスト2**に示します．こちらはOpenMAX + ilclient（後述）部分が送信側の omxcam と比べると複雑になっています．

● 処理の流れ

OpenMAXでコンポーネントの構築やポートの接続を行ったあと，**リスト2**中の①でデコーダを実行状態にして，画像データを受信して表示するループを開始します．

②でデコーダの入力ポートからもらったバッファに対して，UDPで受信したデータをセットしています．バッファのヘッダにいくつか情報を書き込むと，③のOMX_EmptyThisBuffer()で，デコーダにビデオ・データを渡します．Emptyと言うとバッファを空にする関数のように見えますが，意味的には「このバッファを（処理して）空にしてね」とコンポーネントに伝えるものです．

UDPの受信処理では，ソケット作成時にrecvfrom()で取りこぼしを減らすために，受信バッファを1Mバイトに設定しています④．Raspbianの標準カーネルでは，SO_RCVBUFに設定できる最大値が163840なので，実際にはそこまで大きくは増えませんが，デフォルトの81920バイトから比べると倍にはなります．

それでも受信側の処理負荷が高くて recvfrom() を取りこぼす場合は，カーネルのパラメータを変更して最大値を増やしてからSO_RCVBUFを増やす必要があります．

データを受信すると，送信時に付けたシーケンス番号の連続性をチェックします⑤．パケット・ロストが発生した場合はそのぶん番号が飛びます．パケットの入れ替わりが発生した場合は番号の大小が入れ替わります．

内蔵GPUを使うマルチメディアAPI…OpenMAX/IL

● 画像取り込みやH.264エンコード/デコードはGPUに任せる

H.264やMPEG2へのエンコード/デコードといった機能は，BCM2836内蔵のGPUであるVideoCoreで実現されています．ユーザ・アプリケーションからVideoCoreを操作するためのインターフェースとして

```
(a)
┌──────────┐
│ユーザ・アプリ│ } ユーザ・プログラム
└──────────┘
     ↓
┌──────────┐
│OpenMAX/IL│ } 画像の圧縮，再生，
└──────────┘   加工，表示に関する
     ↓        API
┌──────────┐
│カーネル・ドライバ│ } OSに含まれるデバイス・ドライバ
└──────────┘
     ↓
  VideoCoreへ

  画像キャプチャや
  エンコード/デコード
```

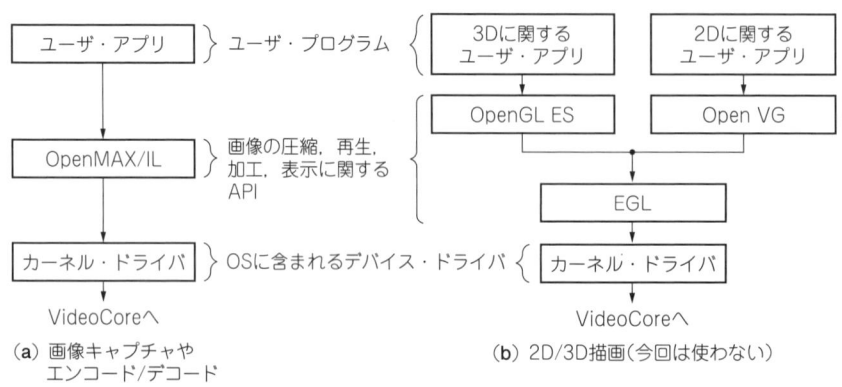

```
(b)
┌──────────┐ ┌──────────┐
│3Dに関する  │ │2Dに関する  │
│ユーザ・アプリ│ │ユーザ・アプリ│
└──────────┘ └──────────┘
     ↓             ↓
┌──────────┐ ┌──────────┐
│OpenGL ES │ │ Open VG  │
└──────────┘ └──────────┘
     ↓             ↓
     └──┐     ┌───┘
        ↓     ↓
      ┌──────┐
      │ EGL  │
      └──────┘
         ↓
   ┌──────────┐
   │カーネル・ドライバ│
   └──────────┘
         ↓
     VideoCoreへ

   2D/3D描画（今回は使わない）
```

図5　VideoCoreの操作APIとしてOpenMAXが提供されている
VideoCoreを利用して3D描画を行うためにはOpenGL ESが必要

OpenMAXを利用しています（**図5**）．

OpenMAXはプラットホームに依存しないマルチメディア・ライブラリの標準化仕様で，OpenGL ESなどを策定しているクロノス・グループによって仕様が公開されています．

OpenMAXの仕様は**図6**のような3階層に分かれていて，このうちラズベリー・パイ上で開発できるのは，OpenMAX/ILと呼ばれる層を使ったアプリケーションです．

● アプリの作り方…用意された機能を組み合わせる

OpenMAX/ILを利用する際には，キャプチャやデコーダといった一つずつの機能を「コンポーネント」として実装します．コンポーネントには入出力の「ポート」があり，一つのコンポーネントの出力ポートから別の入力ポートへ「トンネル」で接続していくことで，アプリケーションを構築します．ビデオ関連の主なコンポーネント名と機能の一覧を**表1**に示します．

このしくみは，Windowsでメディア・アプリケーションを実装する際に使用するDirectShowのフィルタ/ピンの構造によく似ています．

OpenMAX/ILによるマルチメディア制御は，Androidでも採用されており，ARM-Linuxベースの組み込み

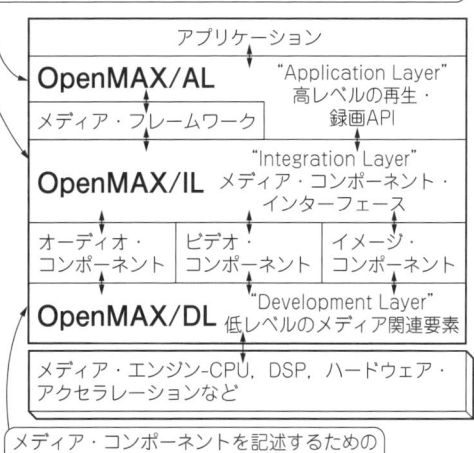

図6 OpenMAXの3階層のうちラズベリー・パイ用Linuxからは OpenMAX/ILが使える
上に行くほど抽象度が高い

---

column 内蔵GPU操作に使えるもう一つのAPI…MMAL

Piカメラから動画キャプチャやエンコードをするためのコマンドraspividなどの実装を見てみると，OpenMAX/ILと似たインターフェースでMMAL（Multi Media Abstraction Layer）と呼ばれるAPIを使っています．

また，汎用メディア・プレーヤのコマンドomxplayerは，MMALではなく標準のOpenMAX/ILを採用しており，VideoCoreの制御には少なくとも2系統の方法があります（**図A**）．

▶ MMALは便利だが開発者向けではない

MMALはSoCを提供しているブロードコムが作っているAPIですが，内部の仕様や動作に非公開な点があり，またヘッダ・ファイルのバージョンが0.1Draftになっていたりと，あまり一般開発者向けのAPIとは言えません．

raspividなどのMMALを使ったアプリケーションは高機能で，使いこなせれば大変魅力的なのですが，今回の画像伝送装置の実装にはより汎用的なAPIであるOpenMAX/ILを使用しました．

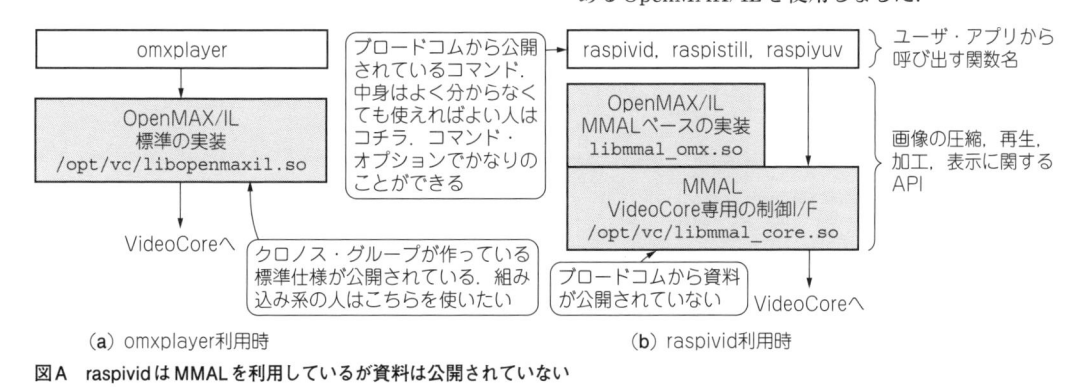

(a) omxplayer利用時　　(b) raspivid利用時
図A　raspividはMMALを利用しているが資料は公開されていない

第1部 大容量Wi-Fi利用のライブ・カメラづくり

表1 ビデオ関連の主なコンポーネント名と機能の一覧

コンポーネント名	機　能
read_media	メディア・ファイルの入力デマルチプレクサ
write_media	メディア・ファイルの出力マルチプレクサ
video_decode	ビデオ・デコーダ
video_encode	ビデオ・エンコーダ
video_render	ビデオ・レンダラ（ディスプレイに描画）
egl_render	ビデオ・レンダラ（EGLサーフェスに描画）
video_scheduler	ビデオの表示タイミング調整．clockとつなぐ
clock	同期用クロック
camera	カメラ制御．プレビュー，キャプチャ，スチル出力ポートを持つ

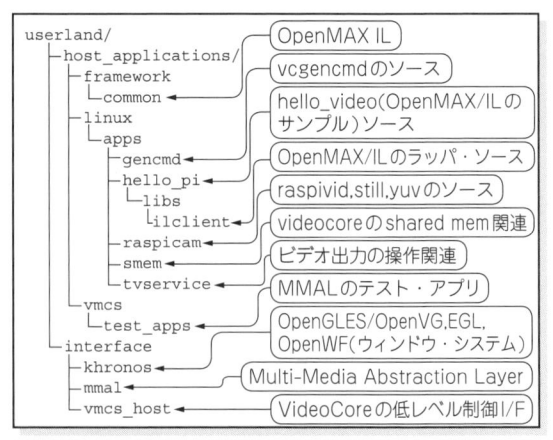

図7 userlandの中でビデオ処理アプリケーションを開発するのに関係ありそうなソース（抜粋）

OSとの相性が良いものです．

ソフトウェア作成の手順

● OpenMAX/IL用APIを利用するためにuserlandソースを入手する

OpenMAX/ILでの実装にあたって，githubからuserlandリポジトリを取得しておきます．userlandには，OpenMAX/ILを簡潔に使用するためのラッパAPI（ilclient）やその実装サンプルが含まれているのでこれを利用します．

ラズベリー・パイがuserlandリポジトリを取得するには，

```
~$ git clone --depth=1 https://github.com/raspberrypi/userland.git
```

と入力します．

● システムは更新しておく

また，ラズベリー・パイのファームが古いと，gitで取得した最新のuserlandと合わない可能性があ

るので，システムも更新しておきましょう．

```
pi@raspi2ss~$ sudo apt-get update
pi@raspi2ss~$ sudo apt-get upgrade
pi@raspi2ss~$ sudo reboot
```

userlandの中で，アプリケーションを開発するのに関係ありそうなところの概要を図7に示します．

ilclientライブラリはuserlandのhello_piサンプルで使われていて，/opt/vc/libには含まれていないので，まずはuserland全体をビルドしておきます．

▶userland全体のビルド方法

userlandのビルドを実機で行うには，gitから取得したソース・ツリーのトップ・ディレクトリでbuildmeスクリプトを実行します．

```
pi@raspi2ss~$ cd userland
pi@raspi2ss~/userland$ ./buildme
```

userlandはそんなに大きいものではないので，ラ

リスト3 ilclientを使うことでOpenMAX/ILを直接使うよりも簡潔にコードを記述できる

```
COMPONENT_T *video_decode, *video_scheduler, *video_render, *clock;
TUNNEL_T tnl_dec_sche, tnl_sche_render, tnl_clk_sche;

// 初期化
ilclient_init();
OMX_Init();

// 各種コンポーネント作成
ilclient_create_component("video_decode", &video_decode);
ilclient_create_component("video_render", &video_render);
ilclient_create_component("clock", &clock);
ilclient_create_component("video_scheduler", &video_scheduler);

// クロックのステータスを開始待ち状態に．
OMX_SetParameter(clock, OMX_IndexConfigTimeClockState, OMX_TIME_ClockStateWaitingForStartTime);

// トンネル構築：コンポーネント同士の接続設定
setup_tunnel(&tnl_dec_sche,    video_decode,     131, video_scheduler, 10);
setup_tunnel(&tnl_sche_render, video_scheduler,  11,  video_render,    90);
setup_tunnel(&tnl_clk_sche,    clock,            80,  video_scheduler, 12);
```

表2 ビデオ処理用API ilclientで使用する主な関数

関数名	概　要
ilclient_init	インスタンスを生成する
ilclient_create_component	コンポーネントを作成する
ilclient_change_component_state	コンポーネントのステータスを変更して開始・停止を制御する
ilclient_setup_tunnel	入出力ポート間にトンネルを作成する
ilclient_enable_port_buffers	ポートにバッファを割り当てる
ilclient_get_input_buffer	入力ポート用のバッファを取り出す
OMX_SendCommand	コンポーネントにコマンドを送る
OMX_SetParameter	コンポーネントに属性値をセットする
OMX_EmptyThisBuffer	入力ポート・バッファにデータを入れて渡す
OMX_FillThisBuffer	出力ポート・バッファにデータを入れてもらう

ズベリー・パイ2なら10分程度でビルドできます．

● より簡潔に書けるOpenMAX/ILお助けライブラリilclient

　OpenMAX/IL開発では，各種コンポーネントの構成とコンポーネント同士をつなぐポートやトンネルの設定によってアプリケーションを構築していきます．ilclientを使うことで，OpenMAX/ILを直接使うよりも簡潔にコードを記述できます（**リスト3**）．ilclientで使用する主なAPIを**表2**に挙げます．

　userlandのソースに含まれるhello_videoサンプルでは，ilclientを使ってH.264ビデオのファイルを読み込んでラズベリー・パイ上に動画表示しています．これを画像転送装置の表示側アプリケーションのベースとして，ファイル読み込み部分をネットワークから読み出すようにします（**図8**）．

　図8の中で，ポートの番号が130とか90とか一見適当な数字が割り当てられているように見えますが，これらはラズベリー・パイのOpenMAXコンポーネントの仕様として決められた値です[1]．ポートの番号によって OMX_SetParameter() などで提供される機能に違いがあります．

● カメラ画像のキャプチャにはomxcamを利用

　画像送信装置のカメラ側アプリケーションの実装ですが，userlandには，OpenMAXでカメラを制御するサンプルがありません．

　例によって，githubにカメラ制御とH.264エンコードのOpenMAX実装があるので，カメラ側はそちらを使うようにします[2]．

　こちらはilclientよりもさらに高レベルのAPIに

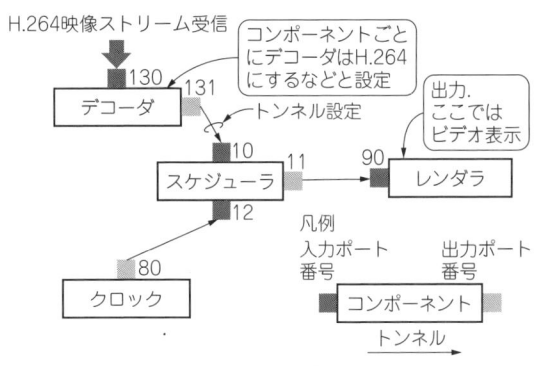

図8 ilclientを使ったOpenMAXアプリケーション開発はソフトウェア・コンポーネントを組み合わせるだけでOK！

リスト4　omxcamを使うと数行でキャプチャ＋エンコード・データ取得ができる
READMEから抜粋したコード

```
#include "omxcam.h"

void on_data (uint8_t* buffer, uint32_t length){
  //buffer: the data
  //length: the length of the buffer
}

int main (){
  //The settings of the video capture
  omxcam_video_settings_t settings;

  //Initialize the settings with default values
                           (h264, 1920x1080, 30fps)
  omxcam_video_init (&settings);

  //Set the buffer callback, this is mandatory
  settings.on_data = on_data;

  //Two capture modes: with or without a timer
  //Capture 3000ms
  omxcam_video_start (&settings, 3000);

  //Capture indefinitely
  omxcam_video_start (&settings, OMXCAM_CAPTURE_
                                           FOREVER);

  //Then, from anywhere in your code you can stop
                                    the video capture
  //omxcam_stop_video ();
}
```

なっていて，READMEから抜粋したコード（**リスト4**）に示す通り，数行でキャプチャ＋エンコード・データ取得ができるようになっています．画像送信装置としては，これのコールバックでネットワークへデータを流すことになります．

◆参考文献◆
(1) Chapter 7 OpenMAX Components,Jan Newmarch.
   http://jan.newmarch.name/RPi/OpenMAX/Components
(2) OpenMAX camera abstraction layer for the Raspberry Pi,GitHub,Inc.
   https://github.com/gagle/raspberrypi-omxcam

せんだ・さとし

第1部 大容量Wi-Fi利用のライブ・カメラづくり

第4章 実験成功！ハイビジョン・ライブ映像を飛ばす

Wi-Fiドングルなら伝送速度や周波数帯を変えるのも簡単！

仙田 智史

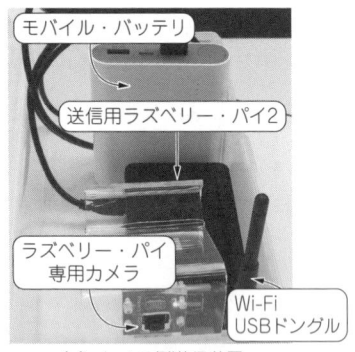

(a) カメラ側送信装置
- モバイル・バッテリ
- 送信用ラズベリー・パイ2
- ラズベリー・パイ専用カメラ
- Wi-Fi USBドングル

(b) ディスプレイ側受信装置
- HDMI端子付きモニタ
- HDMI対応モニタ
- 受信用ラズベリー・パイ2

(c) 距離が離れるとフレームレートは落ちてしまうがビルの外の画像を撮ることも可能
- ラズベリー・パイ2
- Wi-Fi USBドングル

写真1 実験成功！ハイビジョン・ライブ映像を飛ばしてみた

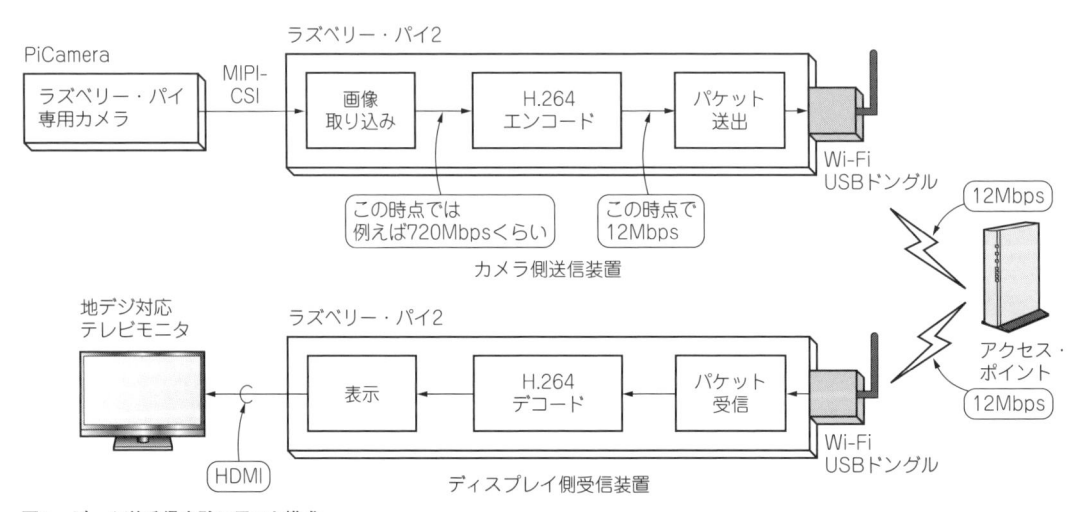

図1 データ送受信実験に用いた構成
コマンドを入力したいときは必要に応じてラズベリー・パイ2にキーボードなどを付ける

カメラ側送信装置：PiCamera（ラズベリー・パイ専用カメラ）→ MIPI-CSI → ラズベリー・パイ2（画像取り込み → H.264エンコード → パケット送出）→ Wi-Fi USBドングル
この時点では例えば720Mbpsくらい
この時点で12Mbps
12Mbps → アクセス・ポイント → 12Mbps

ディスプレイ側受信装置：Wi-Fi USBドングル → ラズベリー・パイ2（パケット受信 → H.264デコード → 表示）→ HDMI → 地デジ対応テレビモニタ

第4章 実験成功！ハイビジョン・ライブ映像を飛ばす

リスト1 topコマンドの結果

```
top - 19:21:59 up  7:41,  3 users,  load average: 0.03, 0.10, 0.13
Tasks:  92 total,   1 running,  91 sleeping,   0 stopped,   0 zombie
%Cpu0  :  0.0 us,  0.7 sy,  0.0 ni, 98.9 id,  0.0 wa,  0.0 hi,  0.4 si,  0.0 st
%Cpu1  :  0.7 us,  7.4 sy,  0.0 ni, 91.9 id,  0.0 wa,  0.0 hi,  0.0 si,  0.0 st   ← 一つのCPUコアに処理が集中している
%Cpu2  :  0.3 us,  0.7 sy,  0.0 ni, 99.0 id,  0.0 wa,  0.0 hi,  0.0 si,  0.0 st
%Cpu3  :  0.0 us,  0.0 sy,  0.0 ni,100.0 id,  0.0 wa,  0.0 hi,  0.0 si,  0.0 st
KiB Mem:    754436 total,    142144 used,    612292 free,    17928 buffers
KiB Swap:   102396 total,         0 used,    102396 free,    81788 cached

  PID USER      PR  NI    VIRT    RES    SHR S %CPU %MEM     TIME+ COMMAND    CPU使用率 10.6%
 3938 pi        20   0   60532    864    744 S 10.6  0.1   7:37.14 test_cap
```
(a) データ送信側

```
  PID USER      PR  NI    VIRT    RES    SHR S %CPU %MEM     TIME+ COMMAND    CPU使用率 19.8%
 2720 pi        20   0   53852   1864   1564 R 19.8  0.2  16:12.87 test_disp
```
(b) データ受信側

データ送信装置→アクセス・ポイント→受信装置という構成で，動画の伝送を行ってみました．測定時のようすを**写真1**に，構成を**図1**に示します．伝送する動画はH.264でエンコードされたフル・ハイビジョン映像です．テレビと同じ30フレーム/sで，ビット・レートは12Mbps固定としました．

実験1：送信と受信で同じ周波数帯を使う…通信レートが上がらない…

まず送信と受信ともに5GHz帯IEEE 802.11ac対応Wi-FiドングルGW-450S（プラネックスコミュニケーションズ）を使って，一つのアクセス・ポイントにつないでみました．すると，パケットの転送が全く間に合わず映像がかなり乱れる状況でした．

送信と受信ともに2.4GHz帯IEEE 802.11b/g/n対応Wi-FiドングルLAN-WH300NU2を使ったところ，5GHz同士ほどではないもののやはり映像がブロック・ノイズで乱れ，映像の更新も1秒に数回程度にまで下がっていました．このときifconfigコマンドでネットワーク状態を確認したところ，wlan0の受信（RX）側でdroppedが大量に発生していました．

同じ周波数帯で送受信（上り/下り）を同時に行うと，極端にビット・レートが下がってしまう現象が起きてしまっていると考えられます（第24章 実験参照）．特に実験場所が狭い室内だったため，干渉しやすかったのかもしれません．

実験2：送信に2.4GHz帯を，受信に5GHz帯を使ってみる…快調！

そこで送信と受信を別々のストリームに分けて伝送を行えばビット・レートが上がるのではないかと考え，送信に2.4GHz帯のIEEE 802.11n対応のドングルを，受信に5GHz帯のIEEE 802.11ac対応のドングルを使ってみました．

すると調子よく動いています．ifconfigコマンドでwlan0の状況をみても，droppedは0のままで安定しているようです．カメラの前で手を振って，映像がモニタに表示されるまでの遅延時間を簡易的に測ったところ，約200ms程度でした．

ただネットワーク的にはロストはしていないのですが，受信側でUDPの受け取りが間に合わず画像が乱れる現象がみられました．これは受信プログラム側でUDP受信後にそのままデコーダへ流し込んだために，デコーダの処理に時間がかかると次のパケット受信処理が実行されないため，ソケットの受信バッファがあふれていたものと考えられます．

VLCプレーヤなどのRTPプロトコルを受信・表示できる一般的なアプリケーションでは，シーケンス番号以外にタイムスタンプ値やマーカなども利用して，映像の乱れを低減させる工夫がされています．このようなプレーヤに対応させるために，第5章で送信側のプログラムをRTPで配信させる実装を行って対策します．

topコマンドでCPU使用率を確認したところ，送信で9～14%，受信側で20～27%程度となっていました．

送信側がCPUコア四つのうち一つに負荷が集中しているのに対して，受信側の負荷は比較的四つに分散しているようです．

リスト1（a）にデータ送信側のtopコマンドの結果を，**リスト1**（b）にデータ受信側のtopコマンドの結果を示します．これくらいCPUに余裕があると，画像処理などを入れることも可能です．

せんだ・さとし

第1部 大容量Wi-Fi利用のライブ・カメラづくり

| column | 私もライブ・カメラを動かしてみました | 大谷 清 | 一見さんでもOK!? |

（a）野球のキャッチャー

（b）キャッチャー・マスクの上に取り付ける

（c）ピッチャーの投球をライブで楽しめる！はず

写真2　ライブ・カメラが活躍できるシーン

写真1
ライブ・カメラの実験環境
Wi-Fi＋Bluetooth USBドングル：BT-Micro 3H2X（Plantronics），モバイル・バッテリ：Lithiumu Battery-4000（多摩川電子工業），無線LANルータ：WHR-G54S/U（バッファロー）

　ここでは，ラズベリー・パイを使い慣れていない人向けに，第1部で紹介したライブ・カメラの動かし方を補足解説します．　　　　（編集部）

準備

▶ラズベリー・パイ2を起動

　`$startx`でX Window Systemを起動します．/home/pi/CQディレクトリを作成して本書ダウンロード・ページ（http://www.cqpub.co.jp/hanbai/books/47/47101.htm）から入手したtest-cap.gzをコピー保存します．

▶`test-cap.gz`を展開

　解凍用のソフトウェアは使い慣れたものでかまいません．

▶`Github/raspberrypi/userland`をダウンロードしてコンパイル

`https://github.com/raspberrypi/userland`

にブラウザでアクセスして，「download zip」をクリックすると，userland-master.zipとして全ファイルをまとめてダウンロードできます．

　ダウンロードしたファイルをラズベリー・パイ2の/home/pi/CQにコピーし，同じディレクトリに展開します．展開すると`userland-master`ディレクトリが生成されます．

▶cmakeをインストール
```
$ sudo apt-get install -y cmake
```
▶userlandをルート権限でコンパイル
```
$ cd /home/pi/CQ/userland-master/
$ sudo su
# ./buildme
```
▶test-cap.gzをコンパイル
```
$ cd /home/pi/CQ/raspi-testcap/
```
で作業ディレクトリを移動します.
```
$ ls
```
で以下のファイルがあることを確認します.
```
bin    build.sh    makefile.common
test_cap    test_disp
$ ./build.sh
```
でコンパイルを開始します.
　最後の表示が***Copy Binary to bin/となればコンパイル成功です.実行ファイルは/home/pi/CQ/raspi-testcap/bin/にコピーされます.

有線LANで動作確認

　最初は無線接続せずに，送信側ラズベリー・パイ→無線ルータ(兼HUB)→受信側ラズベリー・パイの順にLANケーブルを接続して動作確認します.

● SDカードの準備

　受信側ラズベリー・パイのSDカードに送信側ラズベリー・パイのSDカードでコンパイルしたディレクトリをそのままコピーしておきます.簡単に行うには，USB-SDカード・アダプタを使って受信側のSDカードをUSBに挿入します./media/の下に挿入したSDカードが見えるので,/home/pi/CQ以下の必要ファイルをコピー&ペーストします.

● 送信プログラム起動
```
$ cd /home/pi/CQ/raspi-testcap/bin/
```
に移動します.
```
$ ./test_cap_udp
```
を入力します.
　コマンド応答として,
```
Usage: ./test_cap_udp <peer_addr> <recv_port>
```
が出れば正常です.
　次に受信側のラズベリー・パイのIPアドレスを確認してpeer_adrs値に設定します.recv_portは任意で良さそうなので5000にしました.
```
$ ./test_cap_udp 192.168.1.55 5000
```
　これを入力するとPiCameraのLEDが点灯して送信を開始します.

● 受信プログラム起動
```
$ cd /home/pi/CQ/raspi-testcap/bin/
```
に移動します.
```
$ ./test_disp
```
を入力します.
　コマンド応答として,
```
Usage: ./test_disp <recv_port>
```
が出れば正常です.
　次に動いてくれるのを期待してrecv_portに送信側で設定した5000を入れてみます.
```
$ ./test_disp 5000
```
と入力します.画面全体にHD画像でカメラ撮影の動画が表示されるようになります.
　/boot/config.txtにおいて，hdmi_groupとhdmi_modeの組み合わせ設定でフル・ハイビジョン以外の画面，例えば1024×768画素などに設定した場合は，画面の上限が切れた画像になります.

Wi-Fi接続

　LANケーブル接続で動画伝送を確認できたら無線LAN接続します.写真1のような環境で実験しました.
　無線LANは使用するWi-Fi USBドングルによって接続がうまくいかない場合があります.通常は/etc/network/interfacesファイルの中身を編集して環境を構築していきます.正しく設定できないと動かないので初心者にはハードルが高い設定の一つです.
　今回は動画送受信の検証が目的なので，簡単に設定できる方法にしました./etc/network/interfacesファイルは変更しません.
　コマンドラインを使わずにGUIで操作できるソフトウェアを使って無線LANの設定をしました.
▶Wicd Network Managerをインストール
```
$ sudo apt-get install -y wicd
```
でインストールします.
　Menu⇒Internet⇒Wicd Network Managerを起動します.
　一番下のStatus LineにConnectedが出るまで設定内容やPassphraseを変更し，Connectボタンをクリックします.Consoleの/etc/network/interfacesファイル設定と違って，リブートしなくてもリトライできるのがメリットです.無線LANでConnectedが確認できたら，LANケーブル接続と同じように送受信してみます.
　写真2にライブ・カメラの応用例を示します.

おおたに・きよし

第1部 大容量Wi-Fi利用のライブ・カメラづくり

第5章

RTPプロトコルでリアルタイム・ストリーム転送

スマホ対応 映像送信プログラムを作る

仙田 智史

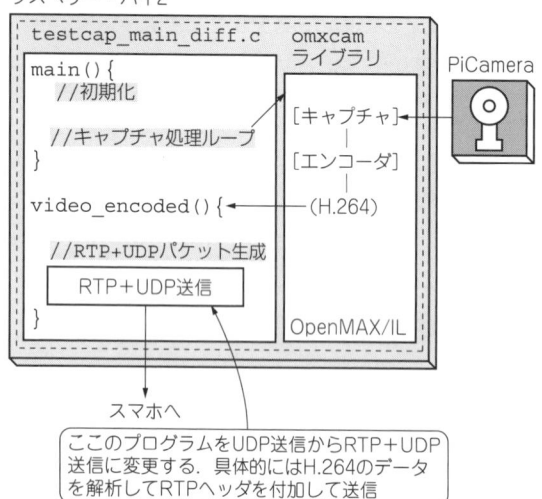

図1 やること…ハイビジョン・ライブ映像カメラ・システムをスマホ・アプリで視聴できるようにソフトウェアを変更する

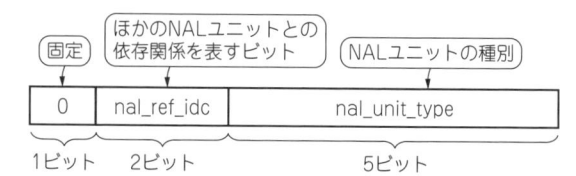

図2 H.264ストリーム・データを構成する単位NAL unitの先頭1バイトのヘッダ…NALユニット・ヘッダ

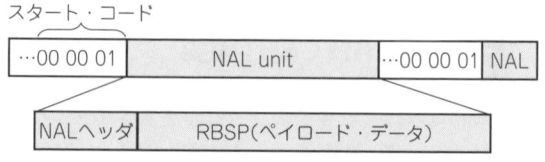

図3 H.264バイト・ストリームの中でNALユニット・ヘッダを探し出せるようにスタート・コードが埋め込まれている

ここまで紹介してきたハイビジョン・ライブ映像カメラ・システムのプログラムを改造して，スマホのメディア・プレーヤ・アプリで再生できるようにします．

具体的には，UDPで送るパケットの中身をRTP（Realtime Transport Protocol）にします．H.264のストリーム・データをRTPで送信するための取り決めRFC3984（RTP Payload Format for H.264）[1]に沿うことになります．

表1 NALユニットの種別はnal_unit_typeの値で表される

値	意味
0	無規定
1～5	映像データ
6	付加拡張情報（SEI）
7	シーケンス・パラメータ・セット（SPS）
8	ピクチャ・パラメータ・セット（PPS）
9	アクセス・ユニット境界（AUデリミタ）
10～23	その他データ（予約を含む）
24～31	無規定

● スマホ・アプリでライブ映像を視聴できるようにするためのソフトウェアの変更点

ソフトウェアの変更点を図1に示します．第3章で作成した，testcap_main.c中のUDPパケット生成に関する部分を変更し，RTPで送信するようにしました（リスト1）．

スマホ・アプリで視聴できるデータの構造

● H.264データをRTPで配信するためのフォーマット

RFC3984では，H.264映像データをRTPパケットで配信する方法が定義されています．これを理解するにはまず，H.264データの構成について知っておく必要があります．

▶H.264ストリーム・データの最小単位…NAL

H.264のストリーム・データはNAL（Network Abstraction Layer）unitと呼ばれる単位で構成されています．

NAL unitは，先頭1バイトのNALヘッダ（図2）と，それに続くペイロード・データ（RBSP）からなります．

▶NAL unitのヘッダ

NALヘッダの先頭1ビットは0固定です．続く2

第5章　スマホ対応 映像送信プログラムを作る

リスト1　PiCameraから画像を取得しH.264エンコードしてUDPパケットで送信するプログラムの変更点

```
（略）

#include "rtpavcsend.h"     // RTP送信用ヘッダを追加 ←①

static int sock_createcl(const char* addr, int port);

static struct sockaddr_in s_peer;
static RtpSend* rtpsock;    // RTP送信用のインスタンス ←②

// エンコード結果を受け取るコールバック
static void video_encoded(omxcam_buffer_t buff)
{
  AvcAnalyzeAndSend(rtpsock, buff.data, buff.length); ←
  // エンコードされたデータはそのまま新しい関数に渡す    ③
}

int main (int argc, char **argv)
{
  omxcam_video_settings_t videoset = {};
  if (argc < 3) {
    printf("Usage: %s <peer_addr> <recv_port>\n",
                                                argv[0]);
    exit(1);
  }

  // ソケット初期化
  int sock = sock_createcl(argv[1], atoi(argv[2]));

  if (sock < 0)
    return __LINE__;

  // キャプチャ初期化
  omxcam_video_init(&videoset);
  videoset.on_data = video_encoded;
  // カメラ設定
  videoset.camera.width = 1920;
  videoset.camera.height = 1080;
  videoset.camera.framerate = 30;
  // エンコーダ設定
  videoset.h264.bitrate = 12*1000*1000;  //12Mbps
  videoset.h264.idr_period = 30;  //30フレームごとにIDR
  videoset.h264.inline_headers = OMXCAM_TRUE;
                                         // SPS/PPSを挿入

  // RTP初期化を追加 ←④
  rtpopen(&rtpsock, 1/*SSRC*/, 96/*payload_type*
                                    /, sock, &s_peer);
  // キャプチャ開始
  omxcam_video_start(&videoset, OMXCAM_CAPTURE_
                                             FOREVER);

  rtpclose(rtpsock);
  return 0;
}
（以下略）
```

ペイロード・タイプに96を割り当てた

RTP送信時のNAL unitヘッダ（1バイト）

0または1	nal_ref_idc	Type
1ビット	2ビット	5ビット

図4　RTP送信時のNALユニット・ヘッダ

表2　RTP送信時はNALユニット・ヘッダの種別を拡張する

値	意　味
0	無規定
1～23	H.264によるNAL unitタイプ
24～27	集合パケット・タイプ （複数のNALをまとめる場合に使う）
28	分割パケット・タイプ-A （一つのNALを分割する場合に使う）
29	分割パケット・タイプ-B
30～31	無規定

ビットはnal_ref_idc（NAL Reference Indicator）と呼ばれ，ほかのNALユニットがこのNALユニットを参照している場合に非0となります．最後の5ビットがこのNALユニットの種別（**表1**）を表しています．

RTPで配信する際には，このNALユニット種別によってパケットの構成を変える必要があります．

● RTP送信時のNALユニット

通常，**図3**に示すように，エンコーダから出力されるH.264バイト・ストリームには，NALユニット・ヘッダの前にスタート・コードが付きます．スタート・コードは，00 00 01の3バイトからなり，この3

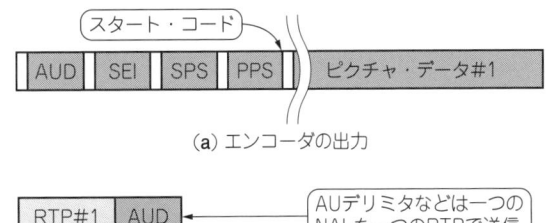

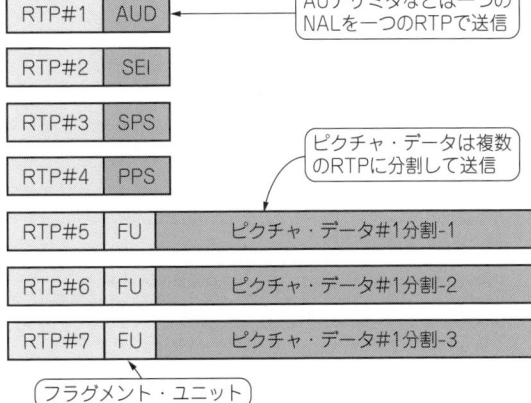

(a) エンコーダの出力

スタート・コード

AUD | SEI | SPS | PPS | ピクチャ・データ#1

(b) RTPストリーム出力

RTP#1 | AUD
RTP#2 | SEI
RTP#3 | SPS
RTP#4 | PPS
RTP#5 | FU | ピクチャ・データ#1分割-1
RTP#6 | FU | ピクチャ・データ#1分割-2
RTP#7 | FU | ピクチャ・データ#1分割-3

AUデリミタなどは一つのNALを一つのRTPで送信

ピクチャ・データは複数のRTPに分割して送信

フラグメント・ユニット

図5　ピクチャ・データをパケットに分割するフラグメント処理

バイトを検索することで，NALユニット・ヘッダを探し出せるようになっています．

▶NALユニット・ヘッダ拡張

NALユニット・ヘッダが見つかれば，NAL全体を取り出し，その種別に応じて分割したり結合したりしながらRTPペイロードを生成します．このため，**図2**のNALユニット・ヘッダの種別を，**図4**，**表2**に示す

第1部 大容量Wi-Fi利用のライブ・カメラづくり

ように拡張します．

● ピクチャ・データをパケットに分割するフラグメント処理

実際にRTPで送信するには，バイト・ストリーム

0または1	nal_ref_idc	Type=28
1ビット	2ビット	5ビット

(a) 1バイト目：「FU・インジケータ

S	E	Reserved	NALユニット・タイプ
1ビット	1ビット	1ビット	5ビット

Startビット．1で開始
Endビット．1のとき終了
0固定
分割元のNALユニットのペイロード・タイプ

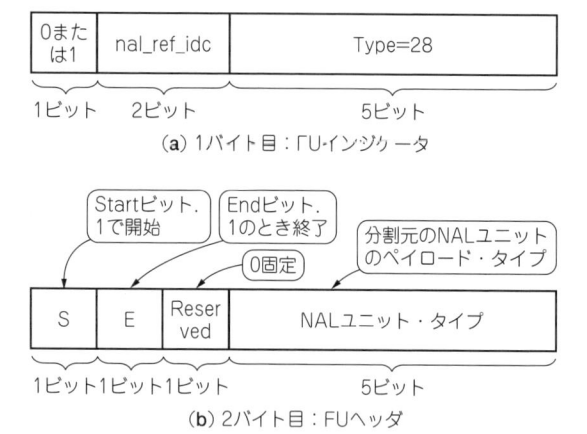

(b) 2バイト目：FUヘッダ

図6 RTP送信時のフラグメント・ユニットType-Aヘッダ

のスタート・コードを取り除いたあと，種別がSEI/AUD/SPS/PPS以外のNALユニットに対して，フラグメント（＝分割）処理を行います（**図5**）．

フラグメントの種別はAとBの2種類ありますが，分割方法が単純なタイプAを使用します．

分割したピクチャ・データは，RTPペイロードの先頭にFU（フラグメント・ユニット）を挿入して，それに続けて送信されます．

FUは2バイトからなり，先頭のFUインジケータはNALユニット・ヘッダと同じ形式になっています．2バイト目のFUヘッダには分割データの先頭または終端フラグと，元のNALユニット・タイプが含まれています（**図6**）．

スマホ・アプリで視聴するために… RTP送信プログラムを作る

PiCameraから画像を取得し，H.264エンコード後，UDPパケットで送信するプログラム（testcap_main.c）をベースに，RTPパケットを送信するプロ

リスト2 NAL解析処理とRTP送信部分のソース・コード

```
#include <stdio.h>
#include <string.h>
#include <stdlib.h>
#include <unistd.h>
#include <sys/time.h>
#include <sys/socket.h>
#include <netinet/in.h>
#include <arpa/inet.h>

#include "rtpavcsend.h"

static int rtpsend_nal(RtpSend* ctx, const unsigned
    char* data, int datalen, unsigned long timestamp);

#pragma pack(1)   // 余計なパディングが入らないようにする
// RTPヘッダ
typedef struct rtphead_t {
  unsigned char head1;      // v=2/p=0/x=0/cc=0
  unsigned char ptype;
                            // MSB=Marker，残り7bit=payload_type
  unsigned short seqno;     // sequence number
  unsigned long timestamp;  // タイム・スタンプ（90kHz）
  unsigned long ssrc;       // SSRC値
} RtpHead;
#pragma pack()

/**
 * RTP送信用ソケットとコンテキストを作成する  ← ⑤
 */
int rtpopen(RtpSend** pctx_out, unsigned long ssrc,
            int ptype, int sock, struct sockaddr_in *peer)
{
  RtpSend* ctx = (RtpSend*)malloc(sizeof(RtpSend));
  memset(ctx, 0, sizeof(RtpSend));
  // コンテキストのパラメータを初期化
  memcpy(&ctx->peer, peer, sizeof
                           (struct sockaddr_in));
  ctx->seqno = 1;      // 本当は乱数
  ctx->ssrc  = ssrc;
  ctx->ptype = ptype;
  ctx->sock  = sock;
  *pctx_out = ctx;
  return 0;
}

void rtpclose(RtpSend* ctx)
{
  close(ctx->sock);
  free(ctx);
}

// RTPタイム・スタンプ値(90kHz)を現在時刻から生成する
static unsigned long make_timestamp()
{
  struct timeval tv;
  gettimeofday(&tv, NULL);
  unsigned long long ts64 = (unsigned long long)
           tv.tv_sec * 90000 + tv.tv_usec*90/1000;
  return (unsigned long)(ts64 & 0xffffffff);
}

// H.264バイト・ストリームを解析してNALごとにRTPで送信する  ← ⑥
int AvcAnalyzeAndSend(RtpSend* ctx, const unsigned
                      char* data, int datalen)
{
  const unsigned char _startcode[] = {0,0,1};
  const unsigned long ts = make_timestamp();
                       // タイム・スタンプは1NAL内で共通
  int nal;    // nalの先頭位置
  int i;      // 現在の解析位置
  int begin;  // 今回startcodeを探索開始する位置

  if (ctx->pending_len == 0) {
    // 初回．startcodeを探してそこまでは破棄
    for (i=0; i<datalen-sizeof(_startcode); i++) {
      if (memcmp(data+i, _startcode,
                 sizeof(_startcode)) == 0) {
        // startcodeが見つかった -> その次がNALの先頭
        i += sizeof(_startcode);
        memcpy(ctx->pending_buff, data+i, datalen-i);
        data = ctx->pending_buff;
        datalen = ctx->pending_len = datalen-i;
        begin = 0;
        break;
      }
    }
    if (ctx->pending_len == 0)   // 見つからなかった
```

第5章　スマホ対応 映像送信プログラムを作る

グラムを作成します．カメラ・キャプチャからH.264エンコードまではtestcapとほぼ同じで，RTP用の初期化処理の追加とエンコード結果のコールバックを変更しています（**リスト1**）．

● H.264エンコーダから結果データを受け取る

④の初期化処理では，SSRCを1固定としていますが，本来は乱数から生成します．また，RTPペイロード・タイプは，ダイナミック・ペイロード・タイプとして96を割り当てています．これは特に決まりがあるわけではないので，再生側のプレーヤに対して，ペイロード・タイプ96がH.264ビデオであることを知らせる必要があります．

③でomxcamライブラリからキャプチャ・エンコードされたH.264ストリームは，基本的にはNAL単位で区切られていますが，IDRフレームなどの長いデータは分割してコールバックされます．このため，ここから呼び出すAvcAnalyzeAndSend()では，NAL単位になるようバッファリングして再構成してから，RTP送信します．

```c
    return 0;
  }
  else {
    begin = ctx->pending_len - sizeof(_startcode)+1;
                           // 前回の最後からstartcode分手前
    if (begin < 0) begin = 0;
    // すでにデータが入っている -> 続きに追加
    memcpy(ctx->pending_buff + ctx->pending_len, data,
                                                 datalen);
    data = ctx->pending_buff;
    datalen = ctx->pending_len = ctx->pending_len +
                                                 datalen;
  }

  nal = 0;
  for (i=begin; i<datalen-sizeof(_startcode); i++) {
    // startcodeを探す
    if (memcmp(&data[i], _startcode, sizeof(_
                                      startcode)) != 0)
      continue;
    else {
      // startcodeが見つかったのでその手前までを送信する
      int pre0 = 0;// startcodeの前にある0の個数
      while (nal < i-pre0 && data[i-pre0-1] == 0)
                                                  pre0++;
      const int nallen = i-nal - pre0;
      if (nallen > 0)
        rtpsend_nal(ctx, &data[nal], nallen, ts);
    }
    nal = i + sizeof(_startcode);// 次のNAL先頭
    i = nal-1;
  }
  if (nal > 0 && datalen - nal > 0) {
                           // 残った分をpending_buffに
    memmove(&ctx->pending_buff[0], &data[nal],
                                            datalen-nal);
    ctx->pending_len = datalen - nal;
  }

  return 0;
}

/**
 * NAL 1つをRTPパケットに入れて送信する．
 *                      必要に応じてフラグメント処理 ←⑦
 */
static int rtpsend_nal(RtpSend* ctx, const unsigned
      char* data, int datalen, unsigned long timestamp)
{
  unsigned char nal_unit_type;
  unsigned char* payload;
  unsigned char buff[4096];
  int single_NAL = 1;
  RtpHead *head = (RtpHead*)buff;
  head->head1 = 0x80;
  head->ptype = ctx->ptype;
  head->seqno = htons(ctx->seqno);
  head->timestamp = htonl(timestamp);
  head->ssrc = htonl(ctx->ssrc);

  payload = (unsigned char*)(head+1);
                             // RTPペイロードの書き込み位置
  nal_unit_type = data[0] & 0x1f;
  // NAL unit type
  switch (nal_unit_type) {
  case 7://SPS
  case 8://PPS
  case 6://SEI
  case 9://AUD
    break;
  default:
    if (datalen > 1300)
      single_NAL = 0;
                    // 1300バイトよりい多いときはフラグメント化
    break;
  }
  if (single_NAL) {
    // フラグメントせずにNALをコピーしてそのまま送る
    memcpy(payload, data, datalen);
    // RTPパケット送信
    if (sendto(ctx->sock, buff, datalen+sizeof
         (RtpHead), 0, (struct sockaddr*)&ctx->peer,
                              sizeof(ctx->peer)) < 0)
      return -1;
    ctx->seqno++;
    return 0;   // フラグメントじゃないのはここで終了
  }

  //フラグメント
  payload[0] = ((data[0]&0x60) | (28/*FU-A*/&0x1f));
              // FUindicator: nal_ref_idcはそのままコピーして
                                          NALtypeを28に
  payload[1] = (data[0]&0x1f);
                             // FUheader:NALtypeをコピー
  data++; datalen--;    // 元のNALユニット・ヘッダをスキップ

  payload[1] |= 0x80;
                    // 初回はFUheaderのStartビットを立てる
  while (datalen > 0) {
    int len = datalen < 1300 ? datalen : 1300;
                             // 最大でも1300バイト
    memcpy(payload+2, data, len);
                             // FUの後ろにデータをコピー
    if (len == datalen) {//最後のデータ
      payload[1] |= 0x40;  // FUheaderにEndフラグを立てる
      head->ptype |= 0x80; // マーカ・ビットも立てる
    }
    // RTPパケット送信
    if (sendto(ctx->sock, buff, sizeof(RtpHead)+2+len,
                0, (struct sockaddr*)&ctx->peer, sizeof
                                      (ctx->peer)) < 0)
      return -1;
    ctx->seqno++;   //次に送るシーケンス番号を更新
    head->seqno = htons(ctx->seqno);
    payload[1] &= 0x7f;  // Startビットをクリア
    data += len; datalen -= len;
  }

  return 0;
}
```

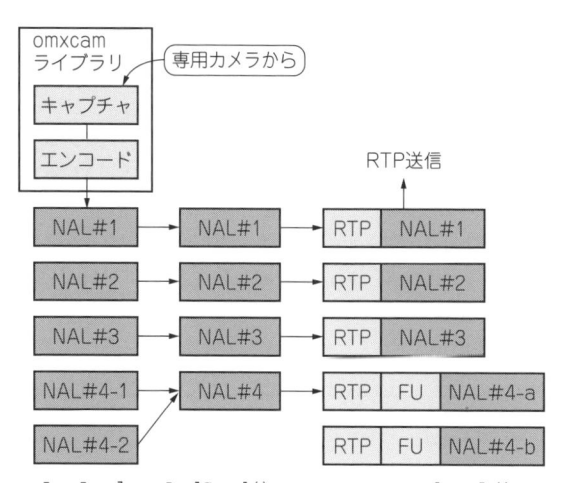

第1部　大容量Wi-Fi利用のライブ・カメラづくり

図7　RTP送信処理ではNALのタイプとペイロード長に応じてフラグメント処理を行ったあとRTPヘッダを付けてUDPで送信

写真1　ラズベリー・パイでキャプチャした映像をスマートフォンで再生できた

リスト3　VLCプレーヤに渡すSDPファイルの例

```
c=IN IP4 192.168.0.5
m=video 40000 RTP/AVP 96
a=rtpmap:96 H264/90000
```

● NAL解析とRTPパケット送信

　NAL解析処理とRTP送信部分のソース・コードをリスト2に示します.
　⑤の初期化処理で，NALを再構成するためのバッファを確保しておきます．⑥でエンコード結果のデータをバッファに追加してから，スタート・コードを検索してNAL単位に分割します．
　スタート・コードを取り除いたNAL単体を，⑦のRTP送信関数に渡します．RTP送信処理では，NALのタイプとペイロード長に応じてフラグメント処理を行ったあと，図7のようにRTPヘッダを付けてUDPで送信します．

成果確認…スマホでライブ映像を再生してみる

● iPhoneでもAndroidでも使えるアプリVLCプレーヤを使う

　今回は再生側のメディア・プレーヤとして，VLCプレーヤ(VideoLAN Client)[2]を使用しました．VLCはAndroidとiPhoneともに動作する動画プレーヤとして代表的なものです．VLCを使って，写真1のようにラズベリー・パイでキャプチャした映像をスマートフォンで再生することができました．

● 再生に必要な情報を記したSDPファイルを作る

　VLCプレーヤで上記のRTPパケットを直接再生するには，まずSDP(Session Description Protocol)ファイルを作成しておく必要があります．SDPファイルは，RTSP(Real Time Streaming Protocol)などで使うSDPのテキスト・データを，ファイルとして保存したものです．
　H.264をRTPで転送するときのRTPペイロード・タイプは，ダイナミック・ペイロード・タイプなので値が決まっていません．このため通常は映像配信開始時にRTSPなどの制御プロトコルを使って，ペイロード・タイプとして何番を使用するのかを事前にネゴシエーションしておきます．
　今回のように制御プロトコルを使わずにいきなりRTP/H.264を配信する場合，VLCプレーヤはSDPデータをファイルとして読み出すことで，再生ができるようになります．最もシンプルなSDPファイルの例はリスト3のようになります．
　192.168.0.5はtest_capを実行してRTPを配信するラズベリー・パイのIPアドレスです．40000は受信するポート番号，96がペイロード・タイプです．

● VLCプレーヤで読み出すSDPファイルを指定する

　再生の手順としては，SDPファイルの中身をエディタなどで書いて保存します．次に拡張子を.txtから.sdpに変更します．パソコンで書いた場合は，それをUSBケーブルを使ってスマホの/sdcard/media/などにtest_cap.sdpとして保存します．
　次にVLCプレーヤの「MRLを開く」をタップし，「ネットワークMRLを入力」に，
`file:///sdcard/media/test_cap.sdp`
と入力します．

◆参考文献◆
(1) S. Wenger, RTP Payload Format for H.264 Video.
　　https://tools.ietf.org/html/rfc3984
(2) VLC media player, VideoLAN organization.
　　http://www.videolan.org/

せんだ・さとし

第1部 大容量Wi-Fi利用のライブ・カメラづくり

対応周波数/フィルタ/暗号化…快適に使うための勘どころ

Appendix 1 大容量通信向けアクセス・ポイントの選び方

矢野 越夫，仙田 智史

写真1　5GHzと2.4GHzを同時利用OK！ 実験で使用したアクセス・ポイント AtermWF1200HP

表1　使用したアクセス・ポイント AtermWF1200HP（NEC）

項　目		スペック
対応規格		IEEE 802.11ac/n/a（5GHz帯）&IEEE 802.11n/g/b（2.4GHz帯）同時利用可能
ストリーム数		2
アンテナ数		5GHz用×2，2.4GHz用×2
速度	無線	867Mbps（11ac/5GHz帯）＋300Mbps（11n/2.4GHz帯）
	有線	100BASE-TX

　本章では，少しでも多くのデータを転送するためのWi-Fiアクセス・ポイントの設定に関して解説します．ここではルータとしての設定内容は省略します．

● 大容量通信の必須条件…ストリーム数が2以上あること

　今回，データ送信側，受信側ともに無線LANドングルを使ってアクセス・ポイント経由で通信しています．伝送する動画はH.264で，伝送レートはおよそ12Mbpsに設定しました．

　実験当初，送受信ともにIEEE 802.11ac（5GHz）対応のWi-FiドングルGW-450S（プラネックスコミュニケーションズ）2個を使って，1台のアクセス・ポイントにつなぎました．ところが，パケット転送が間に合わず，まともに通信できない状況でした．2.4GHz対応のWi-Fiモジュール同士でも同じ現象が起きました．`ifconfig`コマンドで確認したところ，`wlan0`の受信（RX）側で`dropped`が大量に発生していました．

　これは送信と受信で同じ周波数帯を使うため電波が干渉し合って，極端にビット・レートが下がってしまっていると考えられます．

　今回の実験は，動画送信側は2.4GHz，動画受信側

は5GHz帯を利用しています．したがってアクセス・ポイントは，2.4G/5GHz両方の周波数帯を利用できることが求められます．使用したアクセス・ポイントAtermWF1200HP（写真1，NEC）の仕様を表1に示します．

● たいていはデフォルト設定で十分使える

　ほぼすべての家庭用アクセス・ポイントは，買ってきて電源とネットワークの線をつなぎ，スイッチを入れるだけで使えます．ラズベリー・パイ側でSSIDと暗号キーを入力すれば設定完了です．

　Wi-Fi大容量転送だから特別な設定をしなければならない，というようなことは一切ありません．普通のWi-Fiアクセス・ポイントの設定で十分です．最近は，Wi-Fi接続の携帯端末で動画を見ても，数Mbpsとかなりの大容量通信になっています．アクセス・ポイントの開発者もそのへんをよく考えていますから，たいていはデフォルトで最適な設定を実現できます．もちろん筆者の利用したAtermWF1200HP（NEC）も同じです．

● SSIDと暗号化キー

　ほとんどのアクセス・ポイントは，デフォルトのSSIDがきょう体表面に貼ってあります．それに対応する暗号化キーも貼られているので，そのとおりに暗号化キーを入力するのが一番簡単です．

● WPSを使えば暗号化キー入力を省ける

　暗号化キーの入力が簡単になるのが，WPS（Wi-Fi Protected Setup）[注1]です．WPS対応のアクセス・ポ

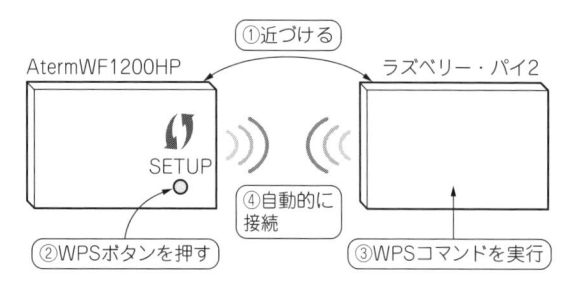

図1 いちいち暗号化キーを入力せずにすむWPS機能の使いかた

イントなら，SSIDすら入力する必要がありません．図1に使いかたを示します．

ラズベリー・パイのWi-FiもWPSをサポートしています．アクセス・ポイントのWPSボタンを押して，ラズベリー・パイ側で次に示すコマンドを実行するだけです．

```
sudo wpa_cli wps_pbc
```

WPSの実行終了は，アクセス・ポイントにより異なりますが，たいていはLEDが点灯するとか色が変わるとか，点滅が点灯に変わるとかです．

WPSが終了したら，リスト1のiwconfigコマンドによって，Wi-Fiが接続されたことを確認してください．

ちょっと便利に使うための設定

● 使用チャネルの固定設定

ほとんどのアクセス・ポイントでは，デフォルトでは自動チャネル検索になっています．ところが，常時検索してるわけではなく，アクセス・ポイントを設置したとき，たまたま空いているチャネルに落ち着きます．

どうも近ごろWi-Fiが遅いと感じるときは，Wi-Fiの電波状態をモニタするスマホ・アプリWifi Analizer[1]などで，空いているチャネルを探します．

注1：WPSは無線LANの機器同士の暗号設定を簡単に行うための規格．これまでは暗号キーを手で入力する作業が必要だったのに対し，WPS対応品どうしならボタンを押すだけで設定できる．

他に競合の少ないチャネルが見つかった場合は，そのチャネルに固定しましょう．

● チャネル幅の設定

20MHzや40MHzを選択できます．もちろん広い方が通信速度が速くなります．ただし，クライアントが広帯域チャネル幅に対応している必要があります．また，都会のオフィス街では電波が混み混みなので，広くすると周りに迷惑をかけ，皆が広くすると皆が遅くなります．都会ではWi-Fiはそれほど使いやすい通信方式ではありません．各自が節度を持って共有財産である電波を有効に利用したいものです．

● MACアドレス・フィルタの設定…これが一番のセキュリティ対策！

デフォルト設定のアクセス・ポイントでは，誰でも接続できるようになっています．これをMACアドレスで制限できます．

クライアント側のMACアドレスを調べて，アクセス・ポイントに設定しておきます．設定されたMACアドレス以外のクライアントから接続できなくなります．

MACアドレス・フィルタをいちいち設定するのは面倒ですが，これが一番のセキュリティ対策です．

アクセス・ポイントの選びかた

図2にアクセス・ポイントの選択ポイントを示します．

● 通信速度

ほとんどのアクセス・ポイントは，仕様に全体の速度が書かれています．例えば1000Mbps + 300Mbpsのように，アンテナごとに速度が書かれています．300Mbpsのアンテナに10台のクライアントが接続されれば，1台当たり30Mbpsの速度になります．

たくさんのクライアントを接続する場合は，全体速度の速いアクセス・ポイントがいいでしょう．利用する速度や接続台数に応じた速度のアクセス・ポイントを購入してください．

リスト1 iwconfigコマンドによりWi-Fiが接続されたことを確認する

```
pi@raspi2ss ~ $ iwconfig wlan0        ←iwconfigコマンド
wlan0     IEEE 802.11bgn  ESSID:"RasPITestSSID"  Nickname:"<WIFI@REALTEK>"
          Mode:Managed  Frequency:2.437 GHz  Access Point: A4:12:42:73:AB:CE
          Bit Rate:144.4 Mb/s   Sensitivity:0/0
          Retry:off   RTS thr:off   Fragment thr:off
          Encryption key:****-****-****-****-****-****-****-****   Security mode:open
          Power Management:off
          Link Quality=100/100  Signal level=93/100  Noise level=0/100
          Rx invalid nwid:0  Rx invalid crypt:0  Rx invalid frag:0
          Tx excessive retries:0   Invalid misc:0   Missed beacon:0
```

Appendix 1　大容量通信向けアクセス・ポイントの選び方

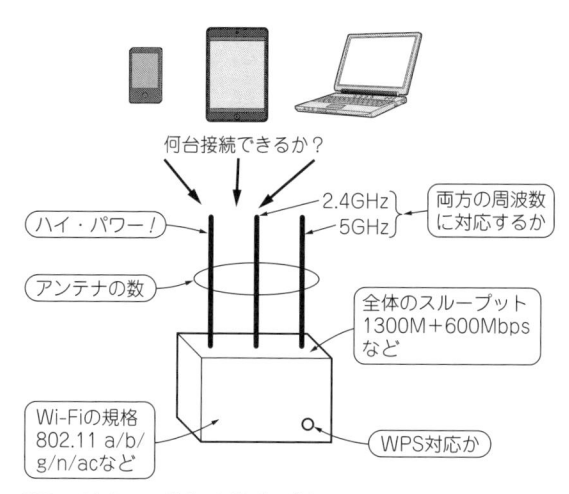

図2　アクセス・ポイント選びのポイント

表2　使用した無線LANルータ(AtermWF1200HP)の暗号化設定の種類

名称	プロトコル	暗号化方式
WEP	WEP	RC4
WPA/WPA2-PSK (TKIP)	WPAまたはWPA2	RC4 (TKIP)
WPA/WPA2-PSK (AES)	WPAまたはWPA2	AES
WPA2-PSK (TKIP)	WPA2	RC4 (TKIP)
WPA2-PSK (AES)	WPA2	AES
WPA-PSK (TKIP)	WPA	RC4 (TKIP)
WPA-PSK (AES)	WPA	AES

● 電界強度

　Wi-Fiは発射できる電界強度が電波法で厳しく規定されているので，ハイ・パワーと称するアクセス・ポイントの詳細は，筆者にも分かりかねます．電波法はアンテナから出た電波が対象ですから，アンテナにゲインを与えるのは禁じ手になります．ただし受信側を工夫して感度を上げるのは自由です．ですが，現在のWi-Fiの方式では，受信感度はもう限界近くまで上がっていると思われます．

暗号化設定

　今回の実験で，アクセス・ポイントの設定については，ほぼデフォルト設定のまま使っています．デフォルトの暗号化設定では，プライマリのSSIDが「WPA/WPA2(AES)」でセカンダリSSIDが「WEP」となっています．
　プロトコルとしては，WEP<<WPA<WPA2の順にセキュリティが強化されていきます．WPAはWPA2へ移行する前の方式なので，そのうち廃れそうですが，WPAしか使えないデバイスというのが意外とまだ出回っているようで，WPA/WPA2どちらも可能な設定が汎用的といえます．

● WPA/WPA2(AES)を選ぶ

　スマホ・ノートPCの通信や監視カメラ映像のようにセキュリティに強い通信が必要な場合，暗号化の設定がいくつもあって「何を設定すれば安全なの？」と思われるかもしれません．結論から言ってしまうと，現状のWi-Fi規格ではWPA/WPA2(AES)を選んでおけば，まず問題はないと思います．
　今回使用した無線LANルータの暗号化設定の種類をざっくりとまとめて，表2に示します．その筋の専門家には突っ込みどころのある表かと思いますが，通信手順(プロトコル)と暗号化方式の組み合わせになっている，という点が重要です．
　名称欄のWPAなんちゃらの後ろに付いている-PSKは，無線LAN製品によっては付いてなかったり，WPA2-Personalのような表記の場合がありますがこれらは同じものです．これに対して企業向けの製品ではWPA-EAPとかWPA-Enterpriseというのが選択できる製品もあります．
　暗号化方式のセキュリティ強度としてはRC4≒RC4(TKIP)で，これらは既に脆弱性が明らかになっているため，意図的な攻撃者からは無防備です．AESはそれよりも強力な暗号化方式で，今のところ標準的な最強の暗号化方式といえます．AESが使えるならTKIPを選択する理由はありません．

● これは危険！ WEP

　「WEPはセキュリティ強度が低くて危険」という認識はかなり広まっていると思いますが，一部の携帯型ゲーム機のように「WEPしか使えない＆傍受されてもいいや」という環境ではまだ需要があると思われます．WEPは暗号化なしと同じだと思っておいた方が良いでしょう．

◆参考文献◆
(1) WiFi analyzer, farproc.
 http://a.farproc.com/wifi-analyzer

やの・えつお，せんだ・さとし

第1部 大容量Wi-Fi利用のライブ・カメラづくり

Appendix 2

UDPと組み合わせて使うと便利！パケットの順番を管理してくれる

リアルタイム・データ転送向けRTPプロトコル

矢野 越夫

TCP/IP階層	プロトコル			
アプリケーション層	（ユーザ・アプリケーション）			
	SIP		RTP/RTCP	
トランスポート層	TCP	UDP		ICMP
インターネット層	IP			
データ・リンク層	ARP	RARP	PPP	...
物理層	Ethernt			

図1 リアルタイム・データ転送にはRTPプロトコルを使う
…よくUDPと組み合わせる

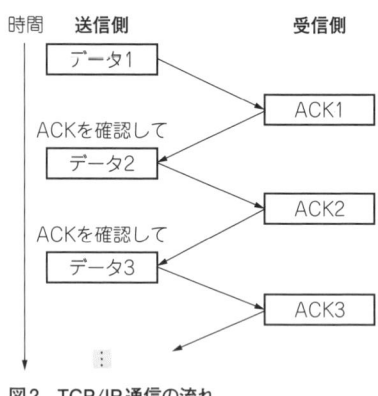

図2 TCP/IP通信の流れ

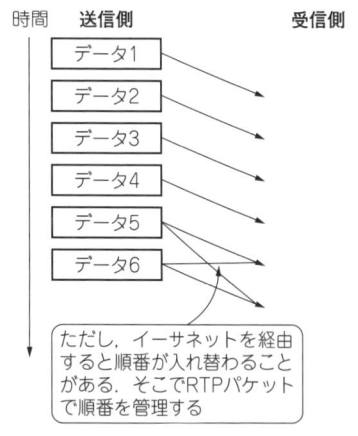

図3 UDP通信の流れ
ただし，イーサネットを経由すると順番が入れ替わることがある．そこでRTPパケットで順番を管理する

　これまで説明したように，送信側も受信側も自作すれば，動画配信のプログラムはいたって簡単です．動画ストリームをMTU（Maximum Transmission Unit）サイズ以下で区切り，UDPプロトコルとして送信するだけです．つまり，動画を配信するための最低限必要な要件を織り込んだ独自プロトコルを作るわけです．
　UDPプロトコルはTCPと異なりエラー時の再送手順を持ちません．パケットの消失や順番違いに対応するには，UDPの上位プロトコルで対応する必要があります．さらに，受信装置としてVLCメディア・プレーヤを使うなら，VLCが解釈できる上位プロトコルを採用しなければなりません．ここでRTP（Realtime Transport Protocol）の登場です（図1）．
　RTPを使った場合，受信側は各パケットの時間情報から，正しい順番と時間間隔で動画を再生できます．ただし，RTPパケットがインターネット経由で転送されている途中で消失した場合は，シーケンス番号で無くなったことが分かるだけです．この場合，さらに上位アプリケーションにて再送要求するなり，飛ばすなりの対応が必要です．
　RTP + UDPの組み合わせは，テレビ会議や電話によく使われています．
　第5章では，第3章で作ったUDPプロトコル上でRTPを実現し，受信側がデータの種類や順番を管理できるようにしました．ここでは，RTPについて解説します．

画像や音声の配信にUDPを使う理由

● TCP/IPは相手の返事を待つ
　TCP/IPは高品質な通信を提供するためのプロトコルで，相手にデータが届いたかどうか，いちいち確認し，もし届いてなかったら再送するようなしくみになっています．
　図2にTCP/IP通信の流れを示します．TCP/IPはデータを受け取ったということを送信側にACKメッ

column パケット・ロスにもきちんと対応したいときはRTCPプロトコルと組み合わせる

RTCP（Real-time Transport Control Protocol）は，RTPと組み合わせて使い，制御情報の提供に使うプロトコルです．RTPとRTCPのポート番号は隣同士で，RTPが偶数ポートを，その次の奇数ポートをRTCPが使います．RTCPは送信したバイト数やパケット数，ジッタといった情報を集める際に利用します．

RTCPはいくつかのパケット・タイプが定義されていますが，ここでは送信者が使うRTCP SR（Sender Report）と，受信者が発するRTCP RR（Receiver Report）の二つを説明します．詳細はRFC3550を参照してください．

● 送信側のSRパケット…時間情報や送信パケット数など

以下にRTCP SRパケットの内容を示します．

- 送信側のSSRC
- NTPタイム・スタンプ
- RTPタイム・スタンプ
- パケット・カウント
- オクテット・カウント

SSRCはRTPヘッダに入っている識別子です．NTPタイム・スタンプはタイム・サーバから得た現在時刻です．パケット・カウントは今回送信したパケット数で，オクテット・カウントは通信開始時からの全パケット合計数です．

● 受信側のRRパケット…欠落パケット数やジッタなど…

以下にRTCP RRパケットの内容を示します．

- 受信側のSSRC
- 送信側のSSRC
- 欠落率
- 累積欠落パケット数
- 最大拡張シーケンス番号
- パケット間隔ジッタ
- 最新SRのタイム・スタンプ（LSR）
- 最新SR経過時間（DLSR）

欠落率は，前のRRパケットを送出したときからの欠落パケット数を全パケット数で割った値です．累積欠落パケット数は，通信開始時からの欠落パケット数の合計です．

最大拡張シーケンス番号は，今までに受信した最大のRTPシーケンス番号を32ビットに拡張した値です．パケット間隔ジッタは，パケット間隔時間の揺れ幅を示します．

最新SRのタイム・スタンプは，最近受信したSRパケットの時刻です．最新SR経過時間（DLSR）にて，最新のSSパケットを受信してから自分がRRパケットを送り出すまでの経過時間を通知します．このDLSRを使って往復遅延時間 RTT（Round Trip Time）を計算できます．図Aに計算のようすを示します．

このように，RTPでのデータ通信は，送信側のCPUがRTCPのパケット内容や RTT の値から，自分のパケットの遅れ時間を賢く計算し，お互いの状況を推察して通信速度を決めていきます．

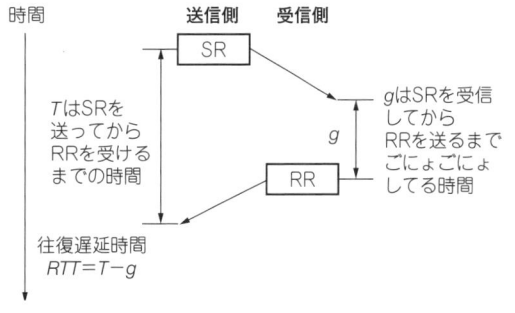

図A　往復遅延時間の求め方

セージで知らせます．送信側はこのACKメッセージを待っているので，送信側と受信側が離れていて伝送時間がかかるときは，1パケット送信するのに，必ず往復通信ぶんの時間がかかることになります．本当は複数パケットまとめて送り，通信速度を向上させる工夫もありますが，複雑になるので，ここでは考えないことにします．

● UDP/IPはどんどんデータを送る

図3にUDP通信の流れを示します．TCP/IPはACKが返ってこないと次のデータを送れません．これに対して，UDPはACKを待たずにドンドンと次のデータを送ることができます．通信距離が離れている場合でも，最初のパケットだけの遅延で，片方向通信できます．

UDPはデータ通達確認をしないので，途中で通信パケットが消えてしまうかもしれません．後述しますがRTPを利用する画像伝送は，途中で少しくらいパケットが落ちても，画像が少し飛ぶくらいで，それほど致命的な結果にはなりません．

```
┌──┬──┬──┬──────┐
│IP│UDP│RTP│ RTP │
│ヘッダ│ヘッダ│ヘッダ│ ペイロード │
└──┴──┴──┴──────┘
         └───RTPパケット───┘
     └─────UDPパケット──────┘
 └────────IPパケット──────────┘
```

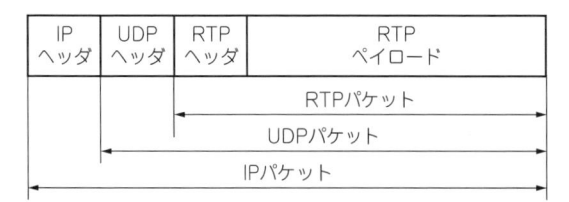

図4 RTPパケットの構成

UDPはデータが確実に届くより，データを次々に送り付けることができる利点を優先しています．この性質がRTPと非常に相性がよく，多くのRTPの下位プロトコルとして選択されています．

RTPパケットの構成

図4にRTPパケットの構成を示します．IPパケットの中にUDPパケットがあり，その中で，先頭にRTPヘッダを付与してRTPパケットを構成します．RTPヘッダがRTPペイロードの内容を定義します．つまりRTPとは，UDPでリアルタイム・データを送るための型枠だけを定義し，そのデータの中身はペイロードの書式により決まります．

ネットワーク世界でのペイロードとは，ヘッダを除いたデータ本体のことを表します．従ってネットワーク上を流れるデータは「ヘッダ＋ペイロード」で構成されます．

● たった12バイトのRTPヘッダ

表1にRTPヘッダの内容を示します．なるべくデータ通信の邪魔をしないように，最低12バイトと小さく作られています．

extensionは，1のとき拡張ヘッダを利用することを示します．それはペイロード・タイプにより拡張書式が定められています．もし使うときはcsrcの後ろに付加します．

markerはペイロードの種類により使い方が異なり，例えば音声の始まりや終了フレームなどの特別なパケットに付与します．

sequence numberは，パケット番号が順繰りに設定されていて，もしも途中でパケットが消失したら分かるようになっています．

ssrc（synchronization source identifier）は，同期送信元識別子と訳し，同期送信元を表す32ビットのランダムな識別子です．

csrc（contributing source identifier）は，寄与送信元識別子のことでオプションです．

csrc countがcsrcの数を表します．RTPでは複数の送信元から送られるパケットをミキシングする機能が定義されています．3者通話の電話を考えるとよく分かります．複数の話者のパケットを混ぜて一つのRTPパケットを作る場合，csrcに元のパケットのssrc識別子を列挙します．

● JPEGやGSMなどデータ形式を表すRTPペイロード・タイプ

表2に，RTPのペイロード・タイプ（Payload types）を示します．まだRTPで扱うデータ・フォーマットが少ないときは，一つずつ静的に割り当てていったのでしょうが，だんだん増えてきて7ビットじゃ足らなくなってきました．そこで，「よく考えてみるとすべてのRTPパケットに世界ユニークなペイロード・タイプ識別子を使う必要はない」と誰かが気づき，96番以降を動的に割り当てることにしました．

● ペイロード・フォーマット

96番以降のペイロード・タイプは決まってません．これらは，動的にペイロード・フォーマットを割り当てます．動的な番号は，そのRTP通信のときだけ有効な番号です．1回のRTP通信に何十種類のペイロード・タイプを使用することはないので，最初にペイ

表1 RTPヘッダの内容

項目名	長さ[ビット]	説明
version	2	現在のバージョンは2
padding	1	ペイロードの最後のパディングありなし
extension	1	RTP拡張ヘッダ利用
csrc count	4	csrcの数＝C
marker	1	重要なストリームの印
payload type	7	ペイロードの種類
sequence number	16	シーケンス番号
timestamp	32	タイムスタンプ
ssrc	32	同期送信元識別子
csrc	32×C	寄与送信元識別子

表2 RTPのペイロード・タイプ

ペイロード・タイプ	符号化方式	Audio/Video	クロック[Hz]	RFC定義
0	PCMU	A	8000	3551
3	GSM	A	8000	3551
4	G723	A	8000	3551
25	CelB	V	90000	2029
26	JPEG	V	90000	2435
28	nv	V	90000	3551
31	H261	V	90000	4587
32	MPV	V	90000	2250
33	MP2T	AV	90000	2250
34	H263	V	90000	Chunrong_Zhu

ロードの種類を区別するペイロード・フォーマットにペイロード・タイプの番号を割り当て，それをRTP通信中に使います．

ペイロード・フォーマットは，メディア・タイプといくつかのサブ・タイプが定義されています．

● 相手の状態に合わせて帯域制御する

RTPにおける回線の帯域制御，つまりデータ送出速度の制御方法を**図5**に示します．この図では，データ欠落が起これば，送信側にエラー情報として伝えます．送信側は，何らかの方法，例えば音声のサンプリング周波数を遅くするとか，画像のフレームの数を減らすとかの方法でデータ送出を制限します．このようにして，送出確認をしないRTPのデータをなるべく正確に届ける努力をします．

実際に用いられる帯域制御のプロトコルだと，大量のデータ欠落が起こる前に，お互いにどんな調子，余裕しゃくしゃくなのか，それともかなりキツイのかを通信時間などの統計をとりながら，相手の状態を予想します．

送信側は受信側の状態を察して送信速度を調整することになります．事前に相手の状態を察することは，RTP通信ばかりではなく，正しい人間関係を構築す

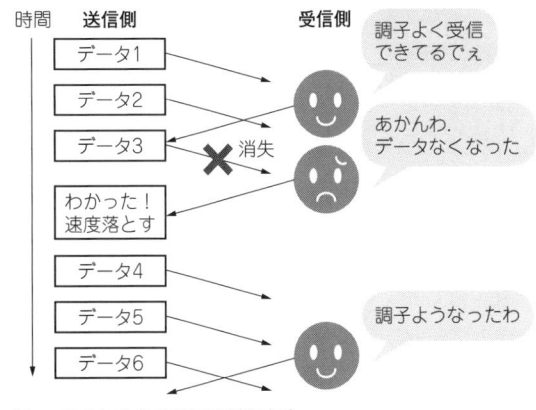

図5 RTPにおける速度の制御方法

ることにも役立ちます．

◆参考文献◆
(1) RFC1889, Internet Engineering Task Force.
https://www.ietf.org/rfc/rfc1889.txt
(2) RFC1890, Internet Engineering Task Force.
(3) RFC4288, Internet Engineering Task Force.
(4) RFC3550, Internet Engineering Task Force.

やの・えつお

---

column　基礎の基礎！ネットワーク階層とプロトコル

ネットワークで画像や音声をやりとりする際に必要なプロトコルを整理します．電波で通信するのと，ケーブルで通信するのとでは，何が異なるかを考えます．

● 電波やケーブルに相当する物理層

LANでデータ・パケットをやりとりするには，送信側と受信側とを通信ケーブルでつなぎます．ケーブルは糸でもよいし，電話線でもかまいません．ただし，糸電話では距離は短く，量もさほど送れません．通信路に応じた距離と速度で通信できることになります．

このような実際に通信する装置がある層を物理層と呼びます．

● 5層に分かれるプロトコル・スタック

図1に示すように，われわれがよく使うTCP/IP階層は5層に分かれています．それぞれが決められた仕事をします．これをプロトコル・スタックと呼びます．

仕事を階層的に決めておいた方が，通信をいろんな組み合わせで実現できるので便利だからです．

図Bに糸電話で相手を呼び出すようすを示してます．糸電話にはそれぞれ区別するアドレスが振られています．イーサネットの場合は，この物理的なアドレスをMACアドレス(Media Access Control address)と呼びます．ここでは，糸電話が通信の物理層になります．相手を呼び出して，相手の返事を確認すれば，通信が確立したことになり，これをデータ・リンク層と呼びます．

さらに，手紙のように，自分の住所と相手の住所を付けて通信すると，いろんな経路を通ってもデータが届きます．この仕事をする部分をインターネット層と呼び，住所はIPアドレスになります．

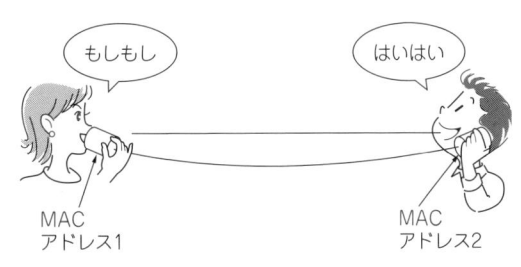

図B 物理層でつないだあとMACアドレスで相手を識別

column 基礎の基礎！ネットワーク階層とプロトコル（つづき）

トランスポート層はIP通信を使って，TCPやUDPなどの通信用途に向いた方式を選択します．

● 今回はデータ・リンク層が無線

Wi-Fiの場合，イーサネットのケーブルが無線になった感じです．SSIDを探して接続したり，無線周波数チャネルを決めたりする部分は，IP層からは見えません．IP層だけを見ると，ケーブルなのか無線なのかは分かりません．

IP層の下のリンク層がWi-Fiに関する全ての仕事を引き受けています．したがって，それより上の層は何も変更せずに普通に通信できることになります．

● RTPはアプリケーション層

一番上のアプリケーション層は，アプリケーションが独自で決めた通信プロトコルで，例えばウェブページを表示させるにはHTTPを使い，メールを送るにはSMTPを使います．もちろんアプリケーション同士で決めた独自プロトコルもありです．

LANで動画を送る用途には，RTPというアプリケーション層の通信方式を使います．

● プロトコル階層ごとにヘッダを付加する

プロトコル・スタックの各層の設定内容は，通信ヘッダの形で実装されます．物理層は物理的な通信を完遂するためのヘッダを持っています．リンク層も同じで，MACアドレスを中心にしたヘッダを持っています．リンク層からは物理層のヘッダに関与することはありません．

ネットワーク層は，IPアドレスを中心としたヘッダをリンク層のデータ部分先頭に記述します．次のトランスポート層も同じくヘッダを最初に記述します．

このようにプロトコル階層とは，ソフト的に見れば，ヘッダが追加されていくと考えればよいと思われます．

● プロトコル・スタックは誰が持つのか

プロトコル・スタックは，普通はOSの中に含まれます．今回のテーマであるLinuxにも入っています．もちろん，WindowsもAndroidやiOSもプロトコル・スタックをOSの中に持っています．

それぞれのOSは，いろいろな物理ネットワーク・デバイスをデバイス・ドライバという形で実装しています．デバイスを追加するには，必ずデバイス・

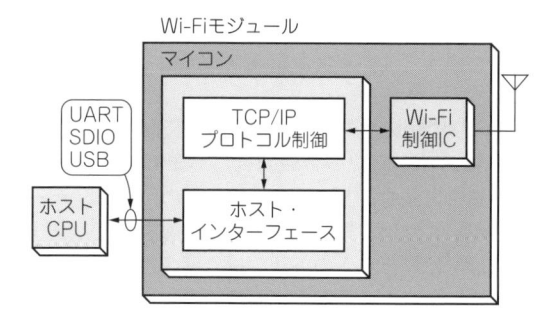

図C 組み込み向けのプロトコル・スタック付きの無線LANモジュール

ドライバをインストールしなければなりません．これがOSにデバイスを追加する上でのボトルネックになっています．どんな優れたデバイスでも，デバイス・ドライバが存在しないと使うことができません．

CPUが遅い時代，まだ，マルチ・タスクが簡単に実現できない時代は，別のハードウェアでプロトコル・スタックを実現してました．

今ではCPUが高速になり，OSのタスク切り替え機能も簡単に実現できます．外部のハードウェアは物理層までを受け持ち，それ以上の層はOS側で処理します．その方がいろんな上位層にいろいろ交換できるので便利だからです．例えば，TCP/IPプロトコル付きのモジュールを使ったハードウェアは，UDPは使えないことになります．

組み込み用途では，今でも，プロトコル・スタック付きのイーサネット・チップを使うことがあります．組み込みでは，CPUが貧弱だったりOSがなかったりするためです．

▶例…プロトコル・スタック搭載の無線LANモジュール

図Cに組み込み向けのプロトコル・スタック付きの無線LANモジュールを示します．TCP/IPの通信は，このモジュールの中で完結します．ホストCPUからの通信データのやりとりは，UARTを使ったり，SDIOやUSBポートを使ったりします．このモジュールを使うことにより，複雑なTCP/IP通信が簡単なシリアル通信になります．

ただし，ホストCPUとの通信速度が全体の通信速度になるため，あまり速い通信には向いていません．そもそもプロトコル・スタック搭載の無線LANモジュールは速度を追及するためのものではなく，製品開発の簡便さを求めるものだからです．

Appendix 3 IoTに欠かせない！大容量＆ネットワーク直結OK
無線通信の伝送速度比較…数Mbpsを送れるのはWi-Fiだけ！

第1部 大容量Wi-Fi利用のライブ・カメラづくり

松江 英明

表1 大容量の代名詞！映像データに求められる伝送速度

1フレーム当たりの画素数	1フレーム当たりの情報量（1画素当たり16ビット）	フレーム数[fps]	データ転送速度[Mbps]	圧縮による情報速度[bps]（JPEG-MPEG4-H.264）
1920×1080=207万	33.1Mビット	1～30	33～990	10M～100M
1280×960=123万	19.7Mビット	1～30	20～591	6M～60M
720×480=35万	5.6Mビット	1～30	5.6～168	1.7M～17M
720×240=17万	2.8Mビット	1～30	2.8～84	0.8M～8M
352×288=10万	1.6Mビット	1～30	1.6～48	0.5M～5M
160×120=1.9万	0.3Mビット	1～30	0.3～9	0.1M～1M

ラズベリー・パイ専用カメラ出力もこれ

H.264エンコードしてこのくらい

● 大容量データ転送の機会は増える一方

ウェブ・ページにアップロードされている動画を視聴したり，スマートフォンなどで友達とビデオ・チャットする機会が増えてきました．

その理由としては，光ファイバ網の増設やWi-Fi基地局の増設によって，ネットワークが高速になってきていることが挙げられます．市販品でも見守りカメラやWi-Fi対応のデジカメなど，ネットワーク接続できるカメラが散見されます．

カメラの情報量について考えてみます．一つの画面（これを1フレームという）が横と縦方向の画素から構成されていて，その数，つまり画素数により画面の分解能が決まります．

1画面は輝度と色を表現するために計16ビットの情報を持っていると仮定します．また，動画像では1秒当たりに伝送するフレーム数によって動画像の滑らかさが決まります．通常1枚から最大30枚となっています．その結果，画像信号の情報量が決まります（表1）．

そのままネットワークに入力すると非常に大きな情報量がネットワーク内に流れるため，ネットワークが急に混雑するなど大きな問題となります．そこで，情報量を削減するため帯域圧縮技術が用いられます．例えば，静止画の圧縮技術であるJPEG，動画像の圧縮技術であるMPEG4やH.264などが用意されています．帯域圧縮の結果，情報速度は数分の1から1/10程度に低減できます．表1の上段は高画質の例であり，1画面（フレーム）当たり横1920，縦1080，画素数は207万画素となり，各画素には16ビットの情報を持っているため，情報量は33.1Mビットになります．それが1秒当たり1枚から最大30枚のフレームを伝送すると，その情報速度は33Mbps（bit per second；ビット／秒）から990Mbpsと非常に高速な情報となります．

それをJPEG，MPEG4，H.264などの帯域圧縮技術を用いて圧縮することで10Mbps～100Mbps程度の情報速度になります．

また，下のほうへ行くと1フレーム当たり横160画素×縦120画素＝1.9万画素のものでは，帯域圧縮した結果は0.1Mbps～1Mbpsとなります．

以上のように，画質により情報速度は大きく異なりますが，最低でも0.1Mbps程度は必要であること，また，中程度の品質を得ようとした場合でも情報速度は数Mbps程度は必要です．このような高速な情報を伝送するためには，ネットワーク側でもこれ以上の情報伝送速度が求められます．

● 数Mbps以上を送れるのはWi-Fiだけ

各種無線通信システムの情報速度を比較したものを表2に示します．Bluethooth，Wi-Fi，そのほかの独自規格など多様です．Wi-Fiについてはその種類も多くなっており，ますます高速なものが出始めています．

例えば，当初のIEEE 802.11規格では最大2Mbpsでしたが，時とともに伝送速度は高速化されており，IEEE 802.11bの最大11Mbps，IEEE 802.11aおよびIEEE 802.11gの最大54Mbpsを経て，現在，最も使用されているIEEE 802.11nでは，最大600Mbpsが可能です．さらに昨年からIEEE 802.11acという最新のものも出始めていて，規格上，最大6.9Gbpsまで可能になります．

● 伝送距離もそこそことれる

伝送距離についてみると，Wi-Fiでは電波伝搬路における障害物などの程度により伝送距離は大きく異な

第1部　大容量Wi-Fi利用のライブ・カメラづくり

表2　無線規格と転送レートとの関係

無線規格	Wi-Fi						Bluetooth		独自/WiSUN/ZigBee(920MHz帯)	独自(429MHz帯)	独自(315MHz帯)
							Classic	Low Energy			
規格詳細	IEEE 802.11	IEEE 802.11a	IEEE 802.11b	IEEE 802.11g	IEEE 802.11n	IEEE 802.11ac			独自規格		
周波数帯	2.4GHz帯	5GHz帯	2.4GHz帯	2.4GHz帯	2.4G/5GHz帯	5GHz帯	2.4GHz帯		920MHz帯	429MHz帯	315MHz帯
周波数	2.400〜2.497GHz	5.15〜5.25GHz, 5.25〜5.35GHz, 5.47〜5.725GHz	2.400〜2.497GHz	2.400〜2.4835GHz	2.400〜2.4835GHz, 5.15〜5.25GHz, 5.25〜5.35GHz, 5.47〜5.725GHz	5.15〜5.25GHz, 5.25〜5.35GHz, 5.47〜5.725GHz	2.402〜2.480GHz	2.400〜2.4835GHz	916.0M〜928.0MHz	426.0250〜429.7375MHz	312M〜315.25MHz
伝送速度[bps]	最大2M	最大54M	最大11M	最大54M	最大600M	最大6.9G	1M/3M/24M(HS)	1M	50/100/200/500K	1200〜4800	200〜3000
通信距離	100m程度						1m〜10m		約5km	約10km	50m
送信出力	10mW	10mW/MHz	10mW	10mW/MHz			10mW以下	20mW以下	10mW	25μW以下	
1チャネル当たりの帯域幅	約20MHz	20MHz	約20MHz	20MHz	20MHz/40MHz	20MHz/40/80/160MHz	1MHz	200kHz	8.5kHz	1MHz	
利用可能なチャネル数	14注1	19注2	14注1	13注1	13注1+19注2	19注2	79	40	61	46	規定なし
送信時間の制限	なし									あり	
適合規格	ARIB STD-T66						ARIB STD-T108		ARIB STD-T67	ARIB STD-T93	
変調方式	DSSS/FHSS	OFDM	DSSS	DSSS/OFDM	OFDM		FSK		FSKなど	FSK, GFSKなど	AM, OKKなど

注1：2.4GHz帯ではチャネル当たり5MHz換算
注2：5GHz帯ではチャネル当たり20MHz換算

りますが，一般の2階建て家屋では一つのWi-Fiアクセス・ポイントでほぼ全ての部屋をサービス・エリアとすることができるため，各部屋に動画像信号を転送するには適しています．

オフィスでは，天井などの見通しのよい高所にWi-Fiアクセス・ポイントを設置することで，100〜数百mの距離を転送できます．もし，障害物のない空間であれば，最大1km程度まで伝送可能です．このようにWi-Fiのもう一つの魅力は，信号伝送距離が長くとれることです．

一方，2.4GHz帯を使用したBluetoothでは，通信速度は3Mbps（物理層において）であり，実効速度はその約半分程度と低速となります．また，伝送距離についてみると10mほどと近距離であるため，その用途も限定されます．一般には，隣り合う機器間の信号伝送が主な用途であり，このようなシステムをPAN（Personal Area Network）といいます．

920MHz帯を使用したWi-SUNでは，電力計などのセンサ情報の伝送が主な用途であるため，伝送距離は最大5kmと長距離伝送が可能です．しかし，伝送速度は500kbpsとなっており，動画像などの高速信号の伝送には適しません．

数Mbps以上の大容量データ伝送を行えるのは，Wi-Fiだけです．

まつえ・ひであき

第2部 外出先からOK！ネットワーク・カメラづくり

第6章

自宅サーバ公開時の必須アイテム！ダイナミックDNS

その1：IPアドレス通知装置の製作

蕪木 岳志

第6章～第8章では，ラズベリー・パイを使って自宅にWebサーバを構築するための技術を，ネットワーク・カメラを作りながら解説します（**写真1**）．

- **ステップ1** 世界から接続できる固有の名前を無料で入手
- **ステップ2** 画像やテキストを接続してきた端末に渡すためのWebサーバ構築
- **ステップ3** 画像配信カメラの作りかた

の順に解説します．

自宅サーバをただで公開する方法

● 固定IPを取得すると毎月お金がかかる

皆さんが仕事や電子工作のためにサーバを構築する場合，いくつかの実現方法があります．

- プロバイダが提供している専用サーバを借りる
- VPS（Virtual Private Server）やクラウド・サーバ[注1]といった仮想サーバなどを借りる
- 会社や自宅のLANに接続したパソコンやラズベリー・パイなどを利用する

プロバイダが提供しているサーバなら，最初から固定IPアドレス[注2]が割り当てられているので，そのIPアドレスを直接指定してアクセスしたり，ドメイン名

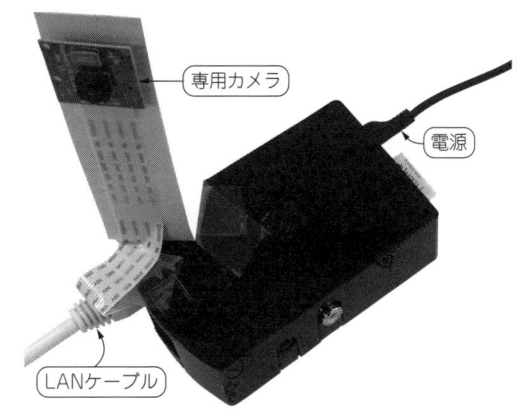

写真1 第6章～第8章でつくる画像配信カメラ
プロバイダから割り当てられているIPアドレスが変わってしまうため自宅カメラにIPアドレスで接続できない．ドメイン名とIPの結び付けをしてくれるサービスがあれば，自宅のカメラにはドメイン名でアクセスするだけ

を取得してそのIPアドレスと関連付けてアクセスすると思います．

では自宅の回線でサーバを運用する場合はどうでしょう？固定IPを用意しなければと考えるかもしれませんが，利用料が月額で千円程度で済むようになったとはいえ，私的な利用や実験で短い期間だけのためにコ

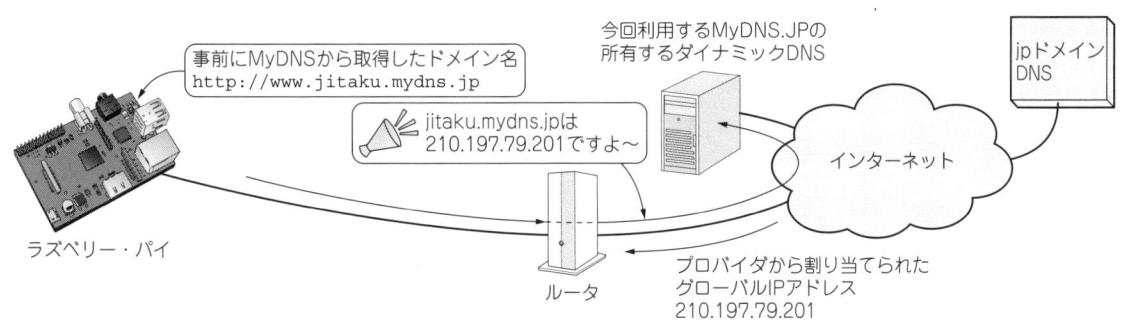

図1 ラズベリー・パイをただでサーバとして使うには…無料で使えるダイナミックDNSに登録してドメイン名を設定し，IPアドレスをダイナミックDNSに通知し続ければよい

注1：VPSとクラウド・サーバは少し異なる．提供される環境としてはクラウド・サーバの中でもIaaS（Infrastructure as a Service）がVPSと同じといってもよいが，クラウド・サーバの方がCPUやメモリ・リソースを必要に応じてより自由に変更できる．
注2：固定IPアドレスとしてIPv4だけでなくIPv6を割り当ててくれるサービスもある．

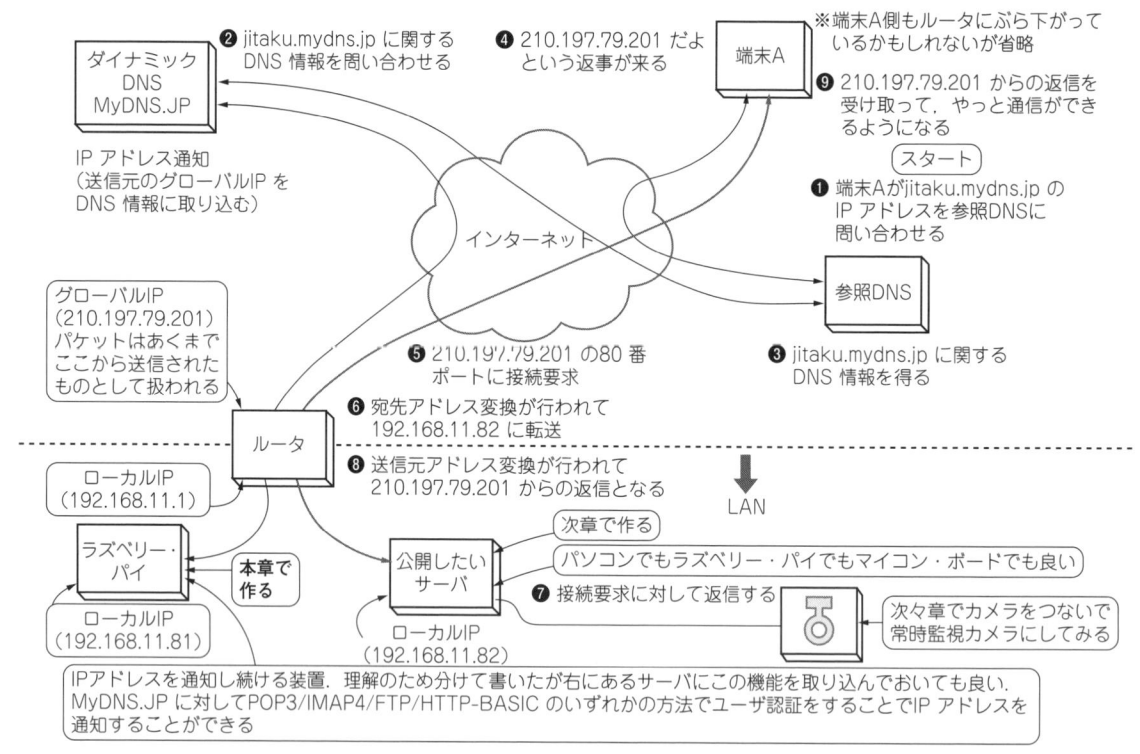

図2 ダイナミックDNSの動作

ストをかけることにためらうかもしれません．
　そんな皆さんにお勧めしたいのが，固定IPでなくても自宅の回線でサーバが運用できるダイナミックDNS（Domain Name System）です．

● 自宅ルータのIPアドレスは変わってしまう

　皆さんが普段インターネット接続に利用している回線のIPアドレスは，インターネット接続業者から自動的に割り当てられるIP（動的IP）で，どんなIPアドレスになるのかは分かりません．しかも，回線を接続し直すたびに変わる可能性があるため，サーバの運用には不向きです．しかし，最近の回線の安定性を考えると，たまにIPアドレスが変わったとしても，高速回線をサーバ運用に使わない手はありません．
　使い方は至って簡単です．ほとんどのダイナミックDNSは，無料で使えるドメインを用意しているので，それを利用します．自宅や会社の回線にグローバルIPアドレスが割り当てられていれば，そのIPアドレスを定期的にダイナミックDNSに通知するだけ（図1）で，自宅に設置したラズベリー・パイに，会社のパソコンやスマホからドメイン名（ホスト名）でアクセスできるようになるのです（図2）．

● ダイナミックDNSの利用手順はシンプル

　ダイナミックDNSを利用する手順は至ってシンプルです．

1．公開用サーバを用意する（ラズベリー・パイでも余っているパソコンでもOK）
2．ダイナミックDNSに登録し，使いたいドメイン名（ホスト名）を設定する
3．サーバをつないだ回線からダイナミックDNSサーバにIPアドレスを通知する

　今回はダイナミックDNSを含めたDNSのしくみと，ラズベリー・パイでの実際の利用方法について解説していきます．

自宅サーバは手のひらLinuxボードで超便利な時代に！

　サーバ構築というと，少し前まではそこそこの高性能，省電力，低発熱なパソコンを使うというのが定番でした．筆者もネットオークションで中古のノート・パソコンを何台も購入し，Linuxをインストールして本棚に並べて運用していました．
　その後はLinuxの仮想化技術が安定してきたこともあり，電気代と発熱対策として，仮想化に対応しているCPUを搭載した小型デスクトップを購入して，本棚のサーバを全て仮想マシン（VM）として収納し直しました．物理的には1台のサーバですが，その中でWindowsサーバを一つ，Linuxサーバを二つ運用しています．

現在は，パソコンよりもさらに低価格で，有線LANや無線LANを搭載したマイコン・ボードが販売されており，これらでサーバを運用することも可能になってきました．マイコン・ボードならGPIOなど外部機器を制御できるポートもあるので，Web上でボタンを押されたら，ライトが光ったりスイッチをOFF/ONしたり，逆に接続しているセンサの状態をWeb上に表示したりメールで通知したり，というような，よりフィジカル・コンピューティングなサーバを簡単に構築できます注3．

本書では既にいろいろなマイコン・ボードが取り上げられていますが，中でも皆さんの注目度が高いラズベリー・パイはとても安く，またいろいろなLinuxディストリビューションが動作するので，目的に応じたサーバを自由に構築できるためお勧めです（図3）．

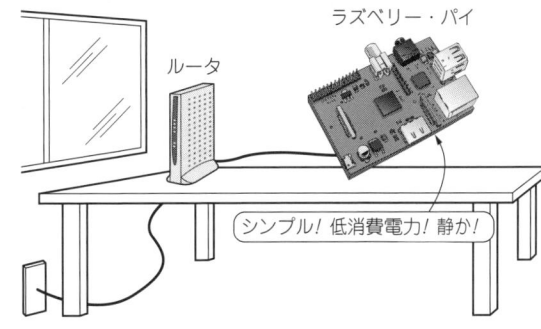

図3 いろいろなLinuxディストリビューションが動作するラズベリー・パイは自宅サーバにも使える

製作の前に①…グローバルIPアドレスとLAN内IPアドレスを変換するしくみ

● インターネット上の住所IPアドレス

サーバを自宅や会社の回線で公開する場合，そのサーバにアクセスするには，インターネット上の「住所」としてグローバルIPアドレスというものがプロバイダISPから割り当てられなければなりません注4．

前述のVPSやクラウド・サーバなどに対して提供されている固定IPアドレスもグローバルIPアドレスで，インターネットという一つのネットワーク上に同じものは存在しないユニークなIPアドレスのことです．インターネットに接続しているサーバなどのマシンは，データの送受信の送信元や宛先として，このグローバルIPアドレスを使用しているので，リクエストやデータが迷子になるということがありません．

● LAN内のIPアドレスは192.168.xx.xxを使うことで数不足に対処

インターネットで使われているIPv4アドレスは，符号なし32ビットで8ビット区切りで表され，その総数は約43億個と限られているため，接続しているマシン全てにグローバルIPアドレスを割り当てようとすると，あっという間に数が足りなくなってしまいま

す．そこで，このIPv4アドレスの一部を，プライベートIPアドレスとしてインターネット上では使用禁止として分離し，インターネット以外のローカル・ネットワーク（LAN）で使うこととしました．

このプライベートIPアドレスが192.168.xx.xxであり，ブロードバンド・ルータなどでグローバルIPアドレスと変換（NAPTやIPマスカレード）をしつつ通信することで，世界的なIPアドレス不足に対応することにしたのです注5, 注6．

● ブロードバンド・ルータがIPアドレスの変換をしてくれている

皆さんが自宅で使用しているブロードバンド・ルータも，プロバイダ経由でインターネットに接続すると，そのときに空いていたグローバルIPアドレスを自身に割り当ててもらっています．そしてルータは，ルータの内側つまりLAN内の任意のプライベートIPアドレスのマシンが，インターネット上のグローバルIPアドレスのマシンと通信するために，IPアドレスの変換をしているのです（図4）注7．

グローバルIPアドレスがブロードバンド・ルータに割り当てられているということは，インターネット上からそのルータに対して直接アクセスすることも可能ということになります．ですが，通常ブロードバンド・ルータは，グローバルIPアドレス側から自身にアクセス・リクエストが来ても，それを無視していま

注3：筆者も「GVC」（http://www.GVC-On.net/）というシステムを開発している．
注4：会社や自宅のインターネット回線でサーバを公開する場合，グローバルIPアドレスがISPから割り当てられなければいけないが，CATVの場合などは割り当てられるIPアドレスがプライベートIPの場合が多く，この場合はサーバ公開には一手間加える必要がある．
注5：数年前にニュースになりましたが，IPv4アドレスは日本が所属しているアジア地域ではもう新たな割り当てがなくなってしまったので，CATVなどの比較的新しいISPは，最初から「10.11.22.〜」といった数字で始まるプライベートIPアドレスを回線に割り当ててくる場合がある．残念ながらこのような場合にはその回線でのサーバ公開はそのままではできません．ただし，最近はPPTPなどのVPN接続で固定IPなどが使えるサービスもある．日本の現在の人口と出生率からすれば現在割り当てられているIPv4で十分足りるかもしれないが，世界的に見たら全く足りないので，128ビットでIPアドレスを表すIPv6が世界的には導入がどんどん進んでいくだろう．

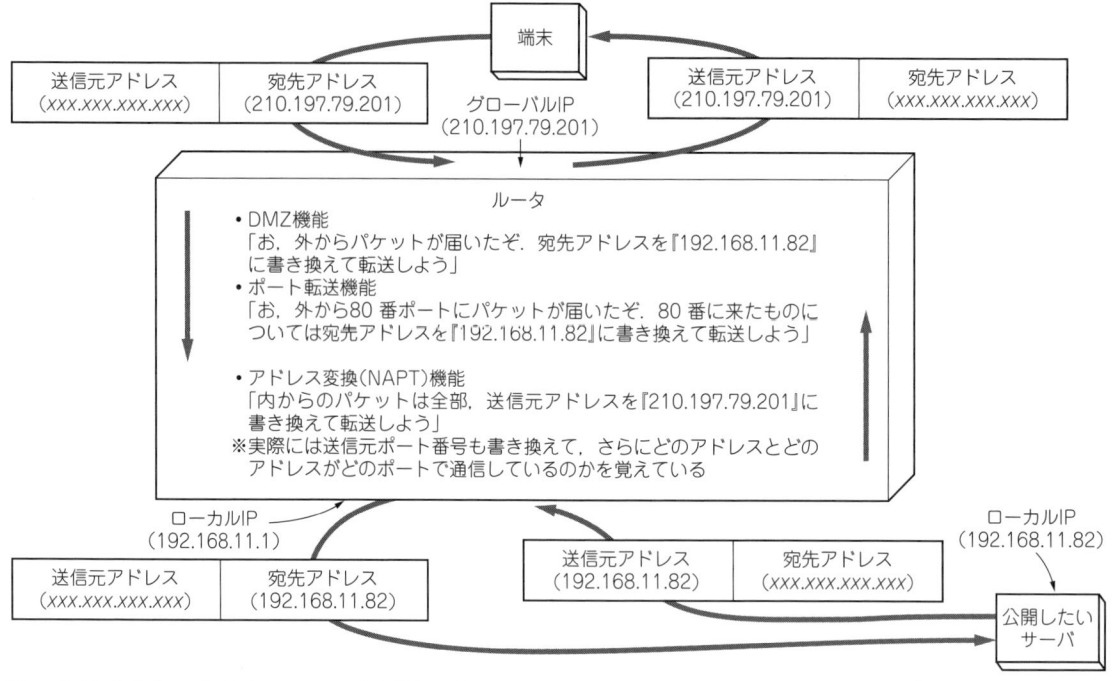

第2部 外出先からOK！ネットワーク・カメラづくり

図4 自宅にあるブロードバンド・ルータの主な働き…グローバルIPアドレスとLAN内IPアドレスを変換する

す．これを無視するのではなく，適切に変換をしてルータの内側のマシンと通信ができるようにしてやることで，自宅や会社の回線でもサーバを公開できるようになります．

このルータの外側と内側の通信を変換してくれる機能をDMZ（直訳は非武装地帯だが，実際には内側のLANとも切り離されている別のネットワークという意味）や，ポート転送といったりします．

DMZとは，外部からのアクセス・リクエストについてはルータで指定したDMZマシン（DMZホスト）のプライベートIPアドレスに全て転送する，という機能です．

これに対して，後述するポート転送は，指定した一部のポートへのアクセス・リクエストだけを，特定のプライベートIPアドレスの指定したポートへ転送するものです．

● メールやウェブ閲覧など役割で異なるポート番号

ポートとは，そのマシンで動いているサービス（デーモン）がリクエストを待ち受けている番号で，符号なし16ビットの整数で表します．例えるなら「一つのIPアドレスのショッピングモールには，約65,536個のテナントがある」ということになります．そしてその超大型ショッピングモールの所有者はサーバ構築をしている皆さんで，どこのポートでどんなサービスを提供するかは皆さん次第ということになります．Web（HTTP）なら80番，メール（SMTP）なら25番で提供しよう，という具合です（**図5**，**表1**）[注8]．

これらのサービスのポートに対してインターネット上の端末からアクセスしてもらうことになります．1台のマシン（一つのプライベートIPアドレス）で全てのアクセスを処理する場合は，DMZ機能でまとめて簡単に指定してしまえばよいのですが，最近の大型ショッピングモールと同じように，いくつもの建物

注6：プライベートIPアドレスの範囲
　　10.0.0.0 ～ 10.255.255.255，172.16.0.0 ～ 172.31.255.255，192.168.0.0 ～ 192.168.255.255
　　回線に割り当てられたIPアドレスがグローバルIPかどうかは，その回線に接続しているルータやパソコンそのもので知ることができる．インターネットに接続している状態で，ルータの場合にはWAN側IPアドレス，パソコンで直接接続している場合にはパソコンそのもののIPアドレス，これがプライベートIPアドレスでなければ，グローバルIPアドレスが割り当てられているということになる．

注7：NTTが提供しているフレッツ接続ツールのほか，LinuxでもPPPoEはできるので，有線／無線にかかわらず複数のネットワーク・ポートを用意して設定をすればラズベリー・パイをルータにすることもできる．

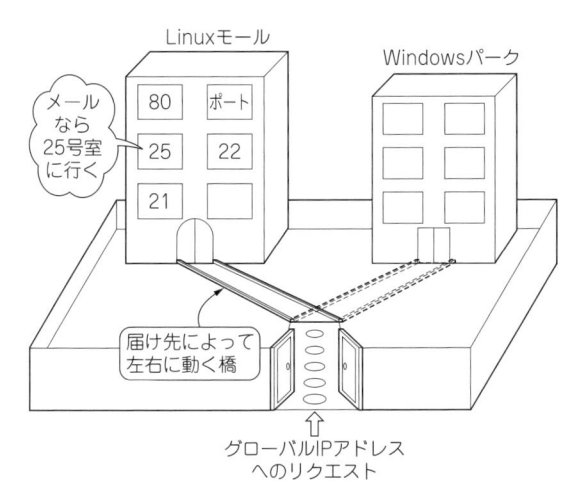

第6章 その1：IPアドレス通知装置の製作

図5 メールやウェブ閲覧など役割で異なるポート番号

表1　メールやウェブ閲覧など役割で異なるポート番号

ポート番号	サービス名	詳　細
21	FTP	ファイル転送サービス（平文でのやりとりなのでSCPやSFTPを使うことを推奨）
22	SSH	通信が暗号化されるコンソール・サービス（それ以外にも用途多数あり）
23	TELNET	コンソール・サービス（平文でのやりとりなのでSSHを使うことを推奨）
25	SMTP	メール送信サービス（メール・サーバ同士のためのものがクライアントでも使われている）
53	DOMAIN (DNS)	ドメイン・ネーム・サービス（名前解決など）
80	HTTP	ウェブ・サービス
110	POP3	メール受信サービス（メール・データは一度クライアント側で取得してから各種処理）
123	NTP	インターネット時刻同期サービス
143	IMAP	メール受信サービス（メール・データをサーバ側に置いたままで各種処理が可能）
161	SNMP	ネットワーク管理サービス
443	HTTPS	通信が暗号化されるウェブ・サービス
587	SUBMISSION	メール送信サービス（クライアントとのやり取りは本来こちら）

（マシン）にテナント（サービス）を分散させる場合には，ポート転送機能を使って，ポート別に転送先のマシンのプライベートIPアドレスを指定することになります．これらの設定はルータで行います．

DMZとポート転送，どちらの方式がよいかは，構築するサーバの方針によって変わります．1台しかないからといって安易にDMZ方式を選択すると，マシンにとって必要のないリクエストも含め，全てのアクセスがそのマシンに来るので，公開するサービスが決まっているならば，そのサービスに必要なポート番号のリクエストだけを転送することを強くお勧めします．

製作の前に②…ドメイン名とグローバルIPアドレスを変換するしくみ

● DNSは何台もあり役割も異なる

DNSとは，ホスト名やドメイン名とIPアドレスとの関連付けをしてくれているサービスです．前述のように，53番という一つのポートを使って提供しているサービスで，その動作により「権威DNS」と「キャッシュDNS」に大別できます．

権威DNSはDNS情報という大元の情報を提供していて，キャッシュDNSはリクエストがあると，そのDNS情報を権威DNSから取得して，皆さんのマシンに答えています（図6）注9．

例えば外部の人が，皆さんが作ったWebページにアクセスする場合，ブラウザにhttp://jitaku.mydns.jp/というURLを入力するとします．これはブラウザに対して「http」という手順（プロトコル）でjitaku.mydns.jpにアクセスをしなさい，と命令していることになります．

この命令を受けるとブラウザは，jitaku.mydns.jpという名前のホストのIPアドレスをOSに問い合わせます．OSは自身にあらかじめ指定されたDNSに対して，このホストのIPアドレスを問い合わせます．DNSは，そのホストのIPアドレスが見つかれば「210.197.79.201」などと返答してきます．

ここまできてやっとブラウザは「210.197.79.201」というIPアドレスのマシンの80番ポート（http://のデフォルト・ポートは80番，とOSであらかじめ設定されている）にアクセスをして，接続できたWebサーバ（HTTPサービス）に対して「jitaku.mydns.jpのコンテンツをください」とリクエストします．ちなみに，このときホスト名などの問い合わせ（参照）に利用しているDNSはキャッシュDNSですが，プロバイダによっては権威DNSとキャッシュDNSを同一マシンで動かしている場合もあります．

注8：ポート番号はTCPやUDPなどのトランスポート層で用いられ，一つのIPアドレスに対して0～65535の符号無し16ビットが利用可能．

注9：ダイナミックDNSのほとんどは権威DNSとしてだけ動作している．ダイナミックDNSを利用するからといって，サーバや皆さんが普段使っているパソコンなどの参照先DNSをダイナミックDNSにすると，自分がサーバで利用するために登録しているドメイン名（ホスト名）以外は，DNSは「分からない」と答えるので気をつけること．DNSキャッシュのしくみ…https://www.nic.ad.jp/ja/newsletter/No51/0800.html

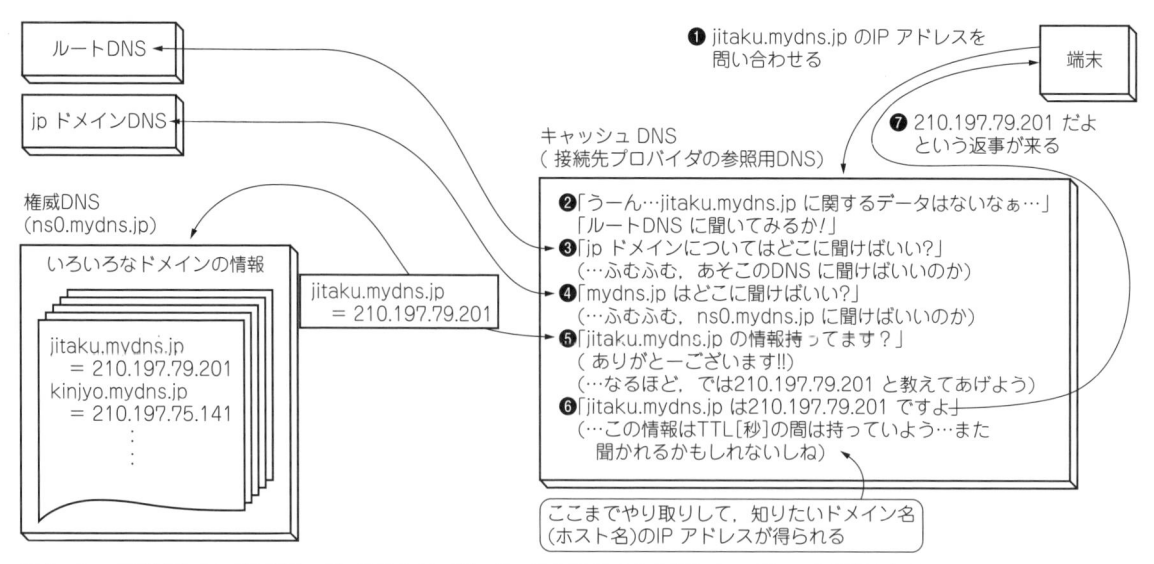

```
                                    ❶ jitaku.mydns.jp のIP アドレスを
    ルートDNS                           問い合わせる                    端末

    jp ドメインDNS                                                 ❼ 210.197.79.201 だよ
                              キャッシュ DNS                          という返事が来る
                            （接続先プロバイダの参照用DNS）
   権威DNS
   （ns0.mydns.jp）          ❷「うーん…jitaku.mydns.jp に関するデータはないなぁ…」
                             「ルートDNS に聞いてみるか!」
     いろいろなドメインの情報       ❸「jp ドメインについてはどこに聞けばいい?」
                             （…ふむふむ，あそこのDNS に聞けばいいのか）
                 jitaku.mydns.jp  ❹「mydns.jp はどこに聞けばいい?」
                 = 210.197.79.201  （…ふむふむ，ns0.mydns.jp に聞けばいいのか）
     jitaku.mydns.jp            ❺「jitaku.mydns.jp の情報持ってます?」
       = 210.197.79.201            （ありがとーございます!!）
     kinjyo.mydns.jp              （…なるほど，では210.197.79.201 と教えてあげよう）
       = 210.197.75.141         ❻「jitaku.mydns.jp は210.197.79.201 ですよ」
         ...                      （…この情報はTTL[秒] の間は持っていよう…また
                                    聞かれるかもしれないしね）

                              ここまでやり取りして，知りたいドメイン名
                              （ホスト名）のIP アドレスが得られる
```

図6　サーバに接続したい端末が持っているドメイン名はいろいろなDNSの力を借りてIPアドレスに変換される

権威DNSが提供しているDNS情報には，
- jitaku.mydns.jpという名前のサーバに対するIPアドレス（A, AAAAレコード）
- 別ホスト名（CNAMEレコード）や，そのドメインの権威DNS名（NSレコード）
- ～@jitaku.mydns.jpという宛先のメールの送り先ホスト（MXレコード）
- そのホストに関する付与情報（TXTレコード）

などがあります．これら以外にも，ホストでどのようなサービスが動いているのかというような情報を提供してくれる仕様もDNSプロトコルにはありますが，現在のインターネット上のDNSでは，実際にそれを利用している実装はほとんど見かけません．イントラネットでは使われているようですが，普段皆さんが利用しているDNSでは，サービスなどについては教えてくれないので，何番のポートに対してどんなプロトコルでアクセスすればよいかは，アクセスをする皆さんが決めなければいけません．

とはいえ，DNSは人間にとって覚えやすいドメイン名（ホスト名）と，マシンが実際にやりとりをするためのIPアドレスとの関連付けをしてくれるだけでも，とても便利なものです．

● ダイナミックDNSの誕生

普段皆さんが使っている回線にもグローバルIPアドレスが割り当てられるのだから，そのグローバルIPアドレスで（安定性はおいといても），できるだけ安価にサーバを運用したいというリクエストからダイナミックDNSが生まれました．理論的には，自分の回線のIPアドレスと自分が使うドメイン名（ホスト名）の関連付けを常に最新の情報で更新し続ければ，ころころと回線に割り当てられるIPアドレスが変更されたとしても，サーバが運用できることになります．

いくつかあるダイナミックDNSの中でも，今回紹介する「MyDNS.JP」（http://www.mydns.jp/）は，筆者が構築して既に十年以上もサービスを提供しています．無料で使えるドメイン名も十種類以上用意してあるほか，独自ドメインを持つならそれも無料で利用ができます．皆さんがサーバからIPアドレスの通知をすると，あらかじめ登録しているホスト名（ドメイン名）とすぐに関連付けてくれます．2014年03月現在で20,000以上のドメイン名が登録されており，IPv6でも1,000近くのサーバで利用されています．

利用方法は簡単で，Web上から必要事項を入力して登録すると，マスタIDとそのパスワードがメールで送られてきます．それでログインをして使いたいドメイン名を設定して，あとはIPアドレスの通知をするだけです．

肝心のIPアドレスの通知方法ですが，MyDNS.JPはインターネット上のほかのダイナミックDNSとは少し変わっています．

ダイナミックDNSにIPアドレスを通知する場合には，通知したいIPアドレスが割り当てられている回線からダイナミックDNSが指定するURLに対して，IDとパスワードでHTTP-BASIC（BASIC認証）でアクセスをするのが業界標準的な通知方法ですが，MyDNS.JPではこのほかに，POP3/IMAP4でのメール受信チェックや，FTPでのログインでもIPアドレスを通知できるので，通知できる機器が多岐にわたります．

リスト1　IPアドレスをダイナミックDNSに通知するようにcrontabというファイルに設定を追記する

```
### mydns111111 : IPv4/3min, IPv6/OFF, jitaku.mydns.jp
*/3 * * * * /usr/bin/wget -O - --http-user=mydns111111 --http-password=hogehoge http://ipv4.mydns.jp/login.html
&> /var/log/mydns111111_ipv4.log
###*/3 * * * * /usr/bin/wget -O - --http-user=mydns11111 --http-password=hogehoge http://ipv6.mydns.jp/login.
html &> /var/log/mydns111111_ipv6.log

### mydns222222 : IPv4/1hour, IPv6/1day, raspbian.mydns.jp
18 */1 * * * /usr/bin/wget -O - --http-user=mydns222222 --http-password=hogehoge http://ipv4.mydns.jp/login.
html &> /var/log/mydns222222_ipv4.log
34 21 * * * /usr/bin/wget -O - --http-user=mydns222222 --http-password=hogehoge http://ipv6.mydns.jp/login.html
&> /var/log/mydns222222_ipv6.log
```

吹き出し：
- 正常でもエラーでも，毎回結果をファイルに出力（URLの内容ではない）
- 3分ごと
- ファイル取得コマンド
- ファイルではなく標準出力
- ID
- パスワード
- アクセス先（取得）URL（IPv4アドレスを通知する場合）
- アクセス先URL（IPv6を通知する場合）
- 同一IPアドレスで別のドメインも使うことができる．MyDNS.jpでは，1ドメイン=1IDなのでIDの数だけ通知するようにする
- 21：34に（1日1回）
- 毎時18分に

IPアドレス通知装置のプログラム

実際にラズベリー・パイでMyDNS.JPを利用する方法を解説します．

ラズベリー・パイをサーバとして構築するには，RaspbianやPidoraといったLinuxディストリビューションを利用するのが便利です．これらLinuxにはサーバを構築するための各種コマンドやしくみが整っているので，少し設定をするだけでサーバとして公開できます．

● ダイナミックDNSへの登録

MyDNS.JPに登録すると，入力したメール・アドレスにマスタIDとパスワードを送ってくるので，これらを使ってあらためてMyDNS.JPにログインをします．ログインをしたら，「DOMAIN INFO」で利用したいドメイン名とホスト名を設定します．ドメイン名は無料で利用できるものの中から好きなものを選び，そのサブドメインを登録するのがよいでしょう．今回はmydns.jpというドメインのサブドメインとしてjitaku.mydns.jpを使うことにして，それぞれの項目に次のように入力します．

- DOMAIN：jitaku.mydns.jp
- MX：特に入力しない，自動的に補完される
- HOST：＊（アスタリスク1文字）注10

これで[CHECK]を押すと，既にjitaku.mydns.jpが使われていなければ[OK]が押せるので，これを押すと登録完了です．もしも設定できない場合は，ほかのユーザに既に使われている可能性があるので，ほかのドメイン名を検討しましょう．

● ラズベリー・パイで3分に1回IPアドレスを自動通知するように設定ファイルへ追記する

あとは実際にIPアドレスをラズベリー・パイから通知すればよいのですが，Linuxの場合には「cron + wget」によるHTTP-BASIC方式でのIPアドレスの通知をお勧めします．これはLinuxの自動実行サービスであるcronを利用し，数分に一度，wgetコマンドを利用してMyDNS.JPのIPアドレス通知用URLに対してHTTP-BASICでアクセスをする，というものです注11．

ダイナミックDNSへの登録設定が完了したら，あとはラズベリー・パイからMyDNS.JPにIPアドレスを通知します．なお，設定するラズベリー・パイ・サーバでは，皆さんは絶対の存在（神様）ですから，気兼ねなくrootになってcronの設定をしましょう．$ crontab -eでエディタ・ソフトによる編集画面になりますので，リスト1のように設定を追記してください．使用するLinuxディストリビューションによっては，大元のcrontabの設定に環境変数が設定されていないかもしれないので，コマンドや出力先はフルパスで書くようにしましょう．

リスト1の例では数分ごとにIPアドレスの通知をしていますが，VPSやCloudなどの固定IPアドレスが割り当てられているクラウド・サーバでMyDNS.JPを利用する場合には，1日1回程度の通知でよいでしょう．MyDNS.JPそのものは，IPアドレスが固定IPアドレスなのか動的IPアドレスなのかという判定はできません．VPSやクラウド・サーバだからといった制限もしていません．

● IPアドレスの通知成功！ 結果の例

IPアドレスの通知に成功すると，通知結果として

注10：「＊」（アスタリスク）1文字はワイルド・カードといい，どんなホスト名（～.jitaku.mydns.jp）でも同じIPアドレスを返すようになる．MyDNS.JPでは対応しているが，そのほかのDNSでも同じように対応しているわけではない．

注11：wgetそのものはFTPにも対応しているが，MyDNS.JPではFTPはパスワードが合っていてもログイン時にエラーとなり，通知が成功したかどうかが分かりにくいため，明確に判定できるHTTP-BASIC方式で通知した方がよいだろう．

リスト2 IPアドレスの通知に成功！通知結果が得られる

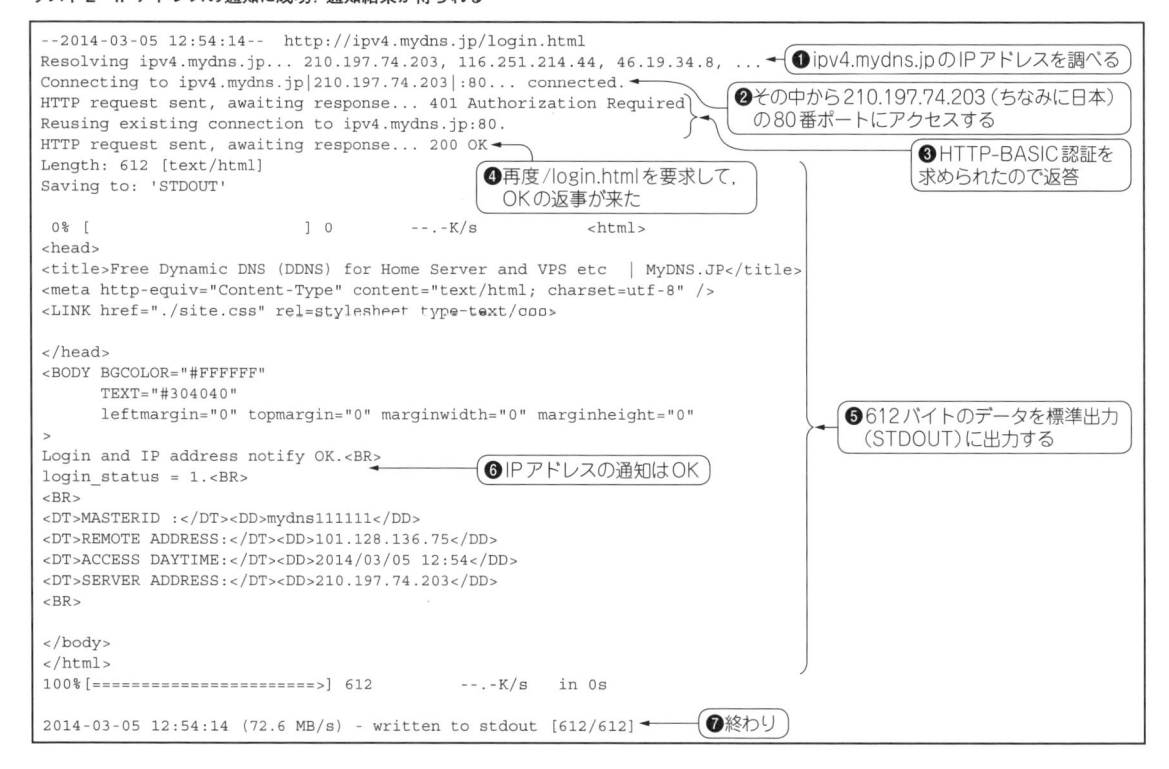

```
--2014-03-05 12:54:14--  http://ipv4.mydns.jp/login.html
Resolving ipv4.mydns.jp... 210.197.74.203, 116.251.214.44, 46.19.34.8, ...      ①ipv4.mydns.jpのIPアドレスを調べる
Connecting to ipv4.mydns.jp|210.197.74.203|:80... connected.                    ②その中から210.197.74.203（ちなみに日本）
HTTP request sent, awaiting response... 401 Authorization Required                 の80番ポートにアクセスする
Reusing existing connection to ipv4.mydns.jp:80.
HTTP request sent, awaiting response... 200 OK                                  ③HTTP-BASIC認証を
Length: 612 [text/html]                                                            求められたので返答
Saving to: 'STDOUT'
                                                                                ④再度/login.htmlを要求して，
 0% [                                  ] 0           --.-K/s      <html>           OKの返事が来た
<head>
<title>Free Dynamic DNS (DDNS) for Home Server and VPS etc  | MyDNS.JP</title>
<meta http-equiv="Content-Type" content="text/html; charset=utf-8" />
<LINK href="./site.css" rel=stylesheet type=text/css>

</head>
<BODY BGCOLOR="#FFFFFF"
      TEXT="#304040"
      leftmargin="0" topmargin="0" marginwidth="0" marginheight="0">           ⑤612バイトのデータを標準出力
Login and IP address notify OK.<BR>                                                (STDOUT)に出力する
login_status = 1.<BR>                            ⑥IPアドレスの通知はOK
<BR>
<DT>MASTERID :</DT><DD>mydns111111</DD>
<DT>REMOTE ADDRESS:</DT><DD>101.128.136.75</DD>
<DT>ACCESS DAYTIME:</DT><DD>2014/03/05 12:54</DD>
<DT>SERVER ADDRESS:</DT><DD>210.197.74.203</DD>
<BR>

</body>
</html>
100%[=====================>] 612           --.-K/s    in 0s

2014-03-05 12:54:14 (72.6 MB/s) - written to stdout [612/612]                  ⑦終わり
```

リスト2のような内容が出力されます．

`Login and IP address notify OK`や`login_status = 1`となっていれば通知は成功しています．また，通知した回線のグローバルIPアドレスはREMOTE ADDRESSで分かり，この例では101.128.136.75になっています．このIPアドレスがmydns111111というIDであらかじめ登録されているドメインjitaku.mydns.jpに関連付けられてDNS情報が生成，更新されます．

実用上の注意

● 参照DNSサーバが登録したドメイン名のIPアドレスを返すまで

今回利用するMyDNS.JPは，IPアドレスの通知があるとすぐにDNS情報を生成，更新します（図7）．これはMyDNS.JPで利用しているPowerDNSというDNSソフトウェアのおかげです．IPアドレスが通知されると，データベース（PostgreSQL）に反映をしますが，このPowerDNSはDNS情報の各レコードをデータベース内のレコードとして保持しているため，データベースを変更するということは，そのままDNS情報を変更するということになるからです．

ただし注意しないといけないのは，すぐにDNS情報を生成，更新するといっても，DNS情報にはTTLといわれる「キャッシュの有効時間」というものが存在することです．普段皆さんが参照しているプロバイダのDNSはキャッシュDNSだという話をしました．キャッシュDNSが権威DNSから取得したDNS情報にはTTLが設定されており，キャッシュDNSは権威DNSに頻繁に問い合わせにいかないよう，有効時間の間は新しいDNS情報を取得しません．通常のDNS情報はこのTTLを24時間などと長めに設定しているのに対して，ダイナミックDNSはIPアドレスがころころ変わることを想定して，TTLを数分と短めにしています．それでも古いIPアドレスが書かれたDNS情報がキャッシュDNSにある場合，新しいIPアドレスのDNS情報に替わるまでにはタイムラグがあります．

ホームページやサーバを引っ越しましたというときに，「DNS情報が浸透しない」とか，「DNS情報の浸透に時間がかかります」という話を聞いたことがあるかもしれません．このDNS情報の扱い方からすれば，浸透ではなく「キャッシュされたDNS情報の更新が遅い」（DNS情報を書き換える前にTTLを短くしなかったのでは!?）というオペレーション・ミスを疑うべきでしょう[注12]．

▶実際のTTLの例

実際にTTLがどのように処理されているかを見てみたいと思います．

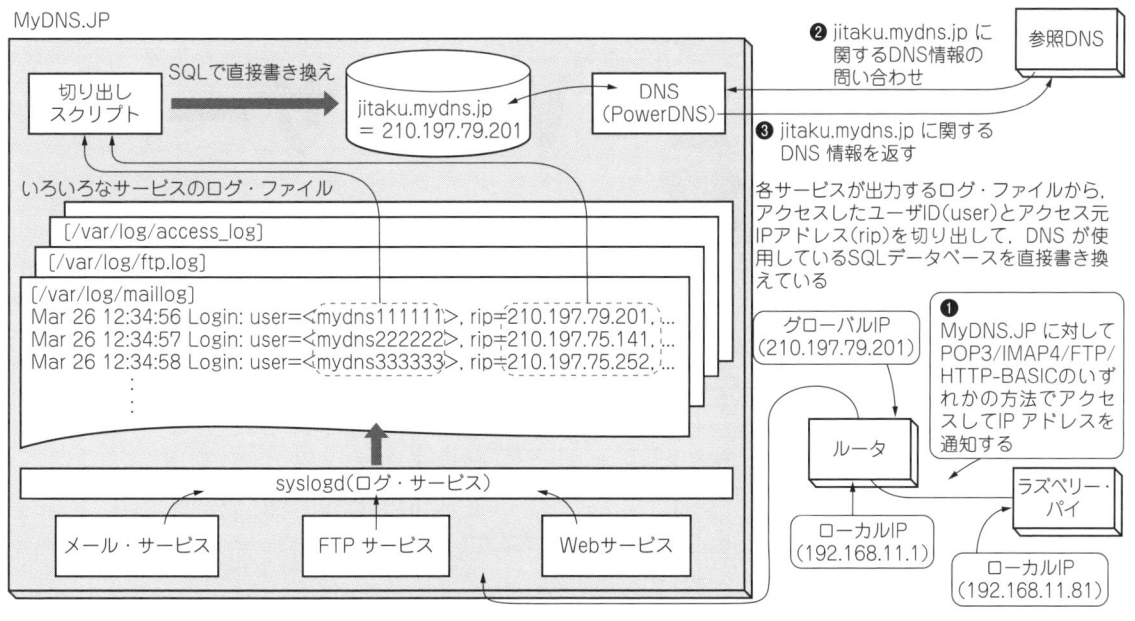

図7 MyDNS.JPが外部の参照DNSにIPアドレスを通知するしくみ

http://www.jitaku.mydns.jpというホストがあったとします．
$ dig␣www.jitaku.mydns.jp␣A␣↵
というコマンドで「www.jitaku.mydns.jp」のIPアドレス（Aレコード）を問い合わせてみると，キャッシュされているDNS情報がなかった場合には，
;; ANSWER SECTION:
www.jitaku.mydns.jp.　300　IN　A　101.128.136.75
となり，TTLが300［秒］であることが分かります．そしてキャッシュされている間はTTLがカウント・ダウンされていくので，少し経過してからもう一度同じコマンドを実行すると，
www.jitaku.mydns.jp.　281　IN　A　101.128.136.75
と，TTLが減っていることが分かります．
　なので，回線がよく切れるような場合，つまりIPアドレスが数分ごとに変わるような場合には，このTTLによるキャッシュのためにダイナミックDNSは使えないということになります．そのような回線に接続されているマシンの情報にアクセスをしたい場合には，データを自律的に外部にプッシュしたりするなどの別の方式を利用した方がよいでしょう．

いよいよサーバを公開

　無事にホスト名からIPアドレスが引けるようになったら，ラズベリー・パイがつながっている回線までは「ホスト名」でアクセスできるようになったので，あとはその回線で使っているルータでDMZないしはポート転送の設定をし，ラズベリー・パイのファイアウォールに穴を開け，公開したいポートにアクセスできるようにして，そのポートで動作するサービス（Webやメールなど）の設定をすることになります．

　　　　　　＊　　　＊　　　＊

　筆者が作成したラズベリー・パイ用のIPアドレス通知装置のブータブル・イメージ（ディストリビューション）をSourceForgeで公開しています．
　ブラウザから設定できるUIやそのためのネットワーク設定があらかじめできているものになるので，よろしければ活用してください．

▶mydnsjp-adapter

http://sourceforge.jp/projects/mydnsjp-adapter/releases/

かぶらぎ・たけし

注12：DNS情報を多く取り扱っているところでは，そもそもミスを起こさないようにするために，DNS情報については個別に設定させてくれないところが多い．

第2部 外出先からOK！ネットワーク・カメラづくり

第7章

別の装置からブラウザでアクセスすると
画像やテキストを渡してくれる

その2：Webサーバの構築

蕪木 岳志

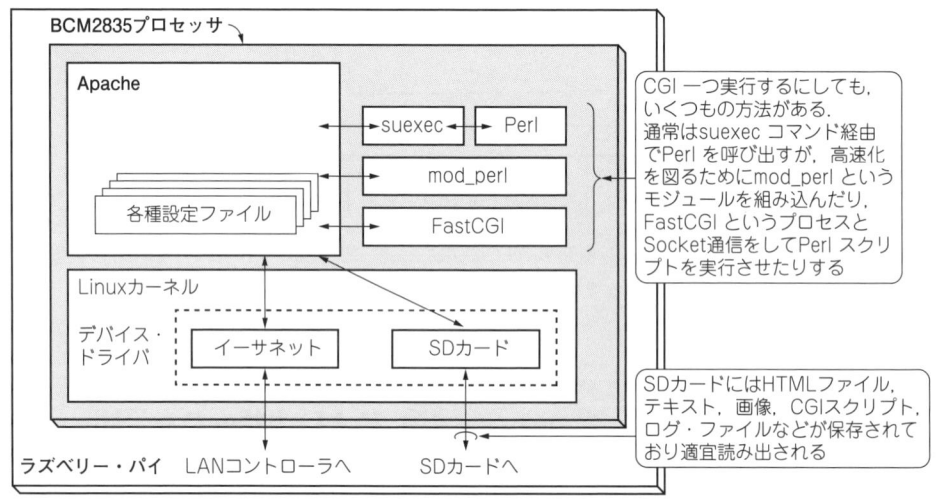

図1 本章でやること…定番ソフトウェアApacheを使ってラズベリー・パイをマイWebサーバにしてみる

ラズベリー・パイを使えば情報を世界に発信できるようになります．発信する情報は，HTMLで書かれた普通のWebページの自己紹介や，もう少しリッチにWordPressなどのCMSを利用したブログでもかまいません．ほかにはUSB接続したWebカメラやラズベリー・パイ専用カメラで撮影した画像，GPIOに接続した各種センサから取得した温度や湿度といった計測値でもよいかもしれません．

本章では，ラズベリー・パイを使って世界とつながる第1歩として，本格Webサーバの構築をしてみたいと思います（図1）．

ラズベリー・パイで使える Webサーバ・ソフトウェア

そもそもWebサーバとは，テキストや画像などのデータを，別の装置からブラウザというソフトウェアを使ってアクセスしてリクエストすると，送信してくれる装置＆ソフトウェアです．1990年代前半から，インターネットをわれわれにとって身近なものにしてくれた裏の立役者といってもよいかと思います．

Raspbianにもともと用意されているWebサーバ・ソフトウェア・パッケージとして，有名なApache（Ver.2系）があります．ほかにもコマンドラインで，

`$ apt-cache search 'web server'`

と入力すると，lighttpdやnginxなどをはじめ，ある用途に特化したWebサーバ・ソフトウェアがいろいろと見つかります（表1）．

表1以外にも，JavaScriptベースでHTTPの動作そ

表1 ラズベリー・パイはマイWebサーバに最適！ 専用Linux Raspbianに用意されたさまざまな特定用途向けWebサーバ・ソフト

サーバ名	特　徴
aolserver4	AOL（Ameria Online）製のWebサーバ．Coreと，データベースや各種モジュールなど複数のパッケージで構成
boa	シンプル処理のWebサーバ．同時大量接続などには向かない
didiwiki	Wikiを内蔵しているシンプルなWebサーバ
starman	Plack/PSGI（Perl Web Server Gateway Interface）に対応したPerlで書かれたWebサーバ
thin	Rubyで書かれた軽量高速なWebサーバ
webfs	静的コンテンツ向けのシンプルなWebサーバ
yaws	Erlangで書かれた軽量なWebサーバ

column　HTTPでWebサーバからデータをとってくる流れ

　Webサーバから画像や文字を取ってきてくれるのがHTTP（Hyper Text Transfer Protcol）というプロトコルです．普段私たちがブラウザで何気なくWebページにアクセスしているときにも，このHTTPに則ってWebサーバに対してデータを要求して，ブラウザはHTMLファイルを解釈して画面に表示したりしています（図A）．Webサーバやブラウザの事実上の標準は，当時からいろいろと変化してきましたが，HTTPというプロトコルはバージョンこそ上がれど，基本的な仕様は同じまま，ずっと使われています．

図A　HTTPに則ってWebサーバから画像や文字をとってくる流れ

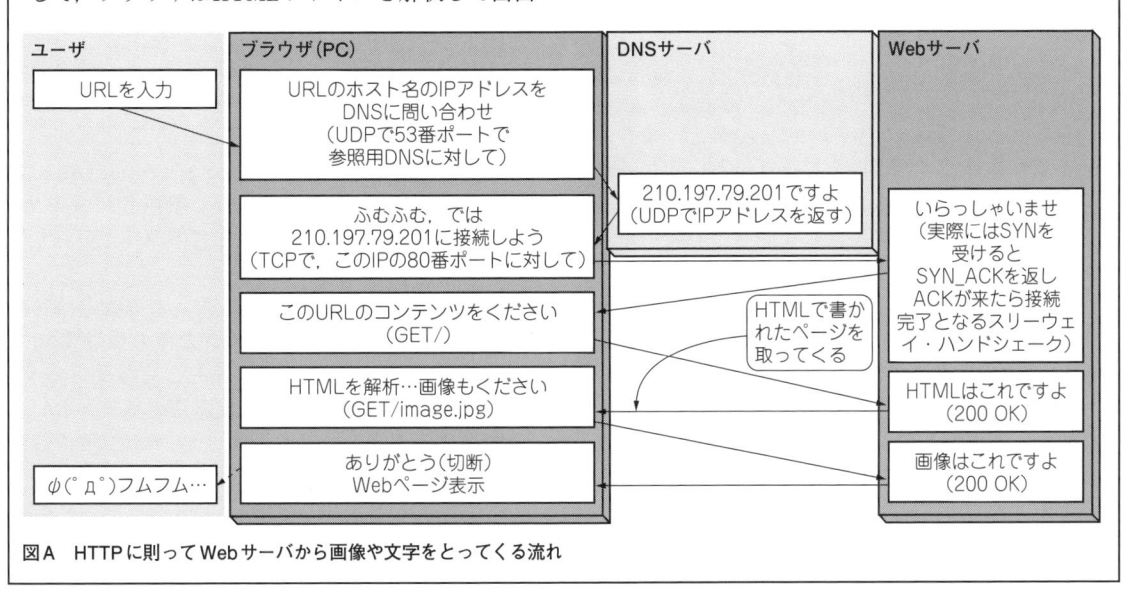

表2　Apacheの主な機能

機能	詳細
CGI/SSI	外部コマンドを実行し結果をクライアントに返す
SSLプロトコル対応	HTTPSプロトコルでデータをやりとりできる
バーチャル・ドメイン	同一IP/異なるIPで，バーチャル・ドメインの運用が柔軟に可能
ユーザ認証	各種認証方式に対応．各種データベースとも連携可能
リダイレクト	各種条件による柔軟なURLのリダイレクトが可能

表3　初心者はApacheが簡単！…Node.jsとの違い

項目	Apache	Node.js
JavaScript言語	知らなくても良い	知っている必要がある
HTTP（プロトコル）	知らなくても良い	知っている必要がある
WEBサーバとしての動作	知らなくても良い	知っている必要がある

のものを記述する話題の軽量Webサーバ・ソフトウェアNode.jsなども含めたら，いろいろなタイプが存在します．いずれもHTTPというプロトコルに従ってブラウザとデータをやりとりします．

● 初心者は定番Apacheがお勧め

　Apacheがここまで普及したのは，その多機能（表2）さと設定の柔軟さから，と言ってもよいかと思います．
　かなりのことが，簡単な設定でそれなりに動いてくれるので，最初に触るWebサーバとしてはお勧めです．話題のNode.jsと定番のApacheの違いを表3に示します．もしApacheでWebサーバを運用していて

メモリの消費量やリクエスト処理能力，クライアントとの通信方法，といったようなことに行き詰まった場合には，ほかのWebサーバに移行することも検討してみるとよいと思います．もっとも，その場合にはまずラズベリー・パイよりも高速なマシンにするということも忘れずに検討してください．

Apacheサーバ構築をやってみよう

● ステップ1…セキュリティの設定

　Apacheで情報を発信するポイントは，Webサーバがブラウザに送信できる状態，つまりテキストや画像などのファイルになっているものであれ

ば，どんなものでも簡単にアクセスできる＝誰にでもアクセスしてもらえる，ということです．

ただし，Raspbianの場合には初期状態ではファイアウォール機能すらもインストールされていません．同一LAN内から自分だけがアクセスするような，セキュリティ的な心配がない環境だったら，Webサーバを設定して起動しておけばよいのですが，世界に情報発信をする場合には，最低限のセキュリティに関する設定もしなければなりません．

- piのパスワードの変更
- root（SuperUser）のパスワード変更
- iptablesによるファイアウォールの設定

これくらいはしておいた方がよいでしょうし，できれば，不要なサービスの停止をしたりpiというユーザ名自体もなくしてしまった方がよいでしょう．せめて，sudoができるユーザにはしないなどの変更ぐらいは，本当はしてほしいです．

パスワードは英数大小文字に記号も織り交ぜれば，まずよいでしょう．間違っても簡単なパスワード（例えばabcd1234）というようなパスワードはやめてください．

● ステップ2…ファイアウォールの設定

さて，パスワードの変更をしたらファイアウォールも設定しましょう．Linuxには標準でiptablesというファイアウォール機能を設定するコマンドが用意されていますが，Raspbianには，さらに便利に設定できるパッケージとしてiptables-persistentがあるので早速これをインストールしてみます．

```
$ sudo apt-get -y install iptables-
  persistent
```

というコマンドを実行すると，もともとiptablesで設定されているものを保存するかどうかと聞かれますが，特に設定していない場合には"No"でかまいません．

▶ iptablesコマンドの詳細

Raspbianのベースは Debianなので，基本的な説明は Debian関連のサイトで入手できます．iptablesコマンドについても，DebianのWikiのページ（https://wiki.debian.org/iptables）にその説明とサンプルがあるので参照してみると，basic rules（基本的な設定）としてリスト1があります．

重要なところだけを説明すると，この設定はWebサーバがHTTPでのリクエストを待ち受ける80番ポートとHTTPSでのリクエストを待ち受ける443ポートは受け付ける．そしてSSH用のポートとして30000番ポートを書いておくけど，これは自身が設定した番号に合わせるようにと指示があります．

それ以外のポートへのアクセスなどは「iptables

リスト1　ファイアウォール機能を設定するiptablesコマンド

```
*filter
# Allows all loopback (lo0) traffic and drop all traffic to 127/8 that doesn't use lo0
-A INPUT -i lo -j ACCEPT
-A INPUT ! -i lo -d 127.0.0.0/8 -j REJECT

# Accepts all established inbound connections
-A INPUT -m state --state ESTABLISHED,RELATED -j ACCEPT

# Allows all outbound traffic
# You could modify this to only allow certain traffic
-A OUTPUT -j ACCEPT

# Allows HTTP and HTTPS connections from anywhere (the normal ports for websites)
-A INPUT -p tcp --dport 80 -j ACCEPT
-A INPUT -p tcp --dport 443 -j ACCEPT

# Allows SSH connections
# THE -dport NUMBER IS THE SAME ONE YOU SET UP IN THE SSHD_CONFIG FILE
-A INPUT -p tcp -m state --state NEW --dport 30000 -j ACCEPT

# Now you should read up on iptables rules and consider whether ssh access
# for everyone is really desired. Most likely you will only allow access from certain IPs.

# Allow ping
-A INPUT -p icmp -m icmp --icmp-type 8 -j ACCEPT

# log iptables denied calls (access via 'dmesg' command)
-A INPUT -m limit --limit 5/min -j LOG --log-prefix "iptables denied: " --log-level 7

# Reject all other inbound - default deny unless explicitly allowed policy:
-A INPUT -j REJECT
-A FORWARD -j REJECT

COMMIT
```

注釈：
- lo（ローカル・ループバック）からのアクセスならACCEPT（許可）するが，宛先が127.0.0.0/8（つまりローカル・ループバック内で完結）でないならREJECT（拒否）する
- パケットのステータスがESTABLISHEDもしくはRELATEDならACCEPT（応答パケットやFTPなどでの接続確立後のパケットのこと）
- 外に出て行くパケットはACCEPT
- 80番ポート（http）に来たパケット，443番ポート（https）に来たパケットはACCEPT．自分でほかにサービスを動かす場合には，同様にポート番号を指定してACCEPTにすればよい
- 新規パケット（NEW）が30000番ポート（sshがlistenしているポート番号に変更すること）に来た場合にもACCEPT．上記の80番や443番の設定もこのように書いてもよい
- ICMPパケット（TCPパケットではない）のタイプ8番（echo…つまりping）が来た場合にもACCEPT．これをDROPなどにすれば，pingには反応しなくなる
- 上記条件でACCEPTしなかったパケットはログへ出力されるがこの際の同一パケットについての出力を5回/分に制限している．さらに出力するときには「iptables denied:」を冒頭に付ける
- 上記条件でACCEPTしなかったものは，当マシン宛も，他のIPへの転送パケットも，全てREJECTする

denied：」という文字列とともにログ・ファイル（/var/log/syslog）に出力してから弾きますよ，となっています．

Webサーバの設定はこれでよいので，あとは必要に応じてSSH用のポート番号を22番などに変更するなどして，エディタ・ソフトで設定ファイル（/etc/iptables/rules.v4）を作成してください．

出力したらiptables-restore（IPv6の場合にはip6tables-restore）というコマンドで設定を取り込ませればよいです．

```
$ sudo iptables-restore < /etc/
  iptables/rules.v4
```

実際に設定が反映されたかどうかは

```
$ sudo iptables -L
```

で確認してください．

● ステップ3…IPアドレスを固定

続いてラズベリー・パイのIPアドレスを固定にしないといけないので，ネットワークの設定ファイル（/etc/network/interfaces）を編集します．第6章でルータの内側にあるマシンをインターネットに公開する方法を解説していますが，インターネットからのリクエストをルータからラズベリー・パイに転送する際に，ラズベリー・パイのIPアドレスがころころ変わってしまっては，ルータの設定もその都度変更しないといけません．これでは実際には使い物にならないので，通常DHCPでプライベートIPアドレスを取得しているラズベリー・パイを，常に同じIPアドレスを使用するように変更します（**リスト2**）．

変更したら，

```
$ sudo /etc/init.d/networking restart
```

としてネットワークの設定を反映させましょう．このとき，もし既にSSHでログインをしているならば，IPアドレスが変わって通信できなくなるので，いったん切断して再度，新しいIPアドレスでログインをしてください．

● ステップ4…いよいよサーバ・ソフトウェアApacheをインストール

ここまで来れば，サーバ・マシンとしての基本的な設定は終わったので，あとはWebサーバとしてApacheをインストールしてみましょう．

```
$ sudo apt-get -y install apache2
```

もし，Webサーバでphp5を使用する場合には，

```
$ sudo apt-get -y install apache2-
  mpm-prefork
```

```
$ sudo apt-get -y install php5 php5-
  devel php5-pear php5-apache2
```

これらのパッケージも最低限インストールしましょう．

リスト2 ラズベリー・パイのIPアドレスを固定するように設定変更しないといけない
DHCPでプライベートIPアドレスを取得しているラズベリー・パイを，常に同じIPアドレスを使用するようにネットワークの設定ファイル（/etc/network/interfaces）を編集

```
auto lo

iface lo inet loopback
iface eth0 inet dhcp

allow-hotplug wlan0
iface wlan0 inet manual
wpa-roam /etc/wpa_supplicant/wpa_supplicant.conf
iface default inet dhcp
```

（a）変更前…インストールしたままだと有線LAN（eth0）も無線LAN（wlan0）もdhcpで自動取得になっている

```
auto lo

iface lo inet loopback
###iface eth0 inet dhcp
auto eth0
iface eth0 inet static
        address 192.168.11.82
        netmask 255.255.255.0
        network 192.168.11.0
        broadcast 192.168.11.255
        gateway 192.168.11.1
        # dns-* options are implemented by the
                resolvconf package, if installED
        dns-nameservers 192.168.100.1

allow-hotplug wlan0
iface wlan0 inet manual
wpa-roam /etc/wpa_supplicant/wpa_supplicant.conf
iface default inet dhcp
```

（b）変更後…ラズベリー・パイのeth0を192.168.11.82/255.255.255.0にして，ゲートウェイ・アドレスを192.168.11.1として設定している

● ステップ5…Apacheの動作確認

インストールが完了すると「apache2」というWebサーバが既に動いている状態です．同じLAN内に接続したパソコン，またはラズベリー・パイ自身のブラウザでもよいので，Webサーバにアクセスをしてみましょう．「http://192.168.11.82/」に対してアクセスし，It works!という表示になれば，Webサーバの動作はOKです．

あとは，このIt works!を自分が発信したい情報に書き換えればよいです．

Raspbian向けApacheのちょっと変わった特徴

標準で出力されるページの内容を書き換えるにも，またApacheの動作を変更するにもApacheの設定ファイルなどを変更しなければなりません．Raspbian（Debian系）の場合には標準のApacheとは違い，ちょっと変わった設定ファイル構成になっています．

Apacheのメイン設定ファイルは，通常httpd.confですが，Raspbianではapache2.confとい

```
# /etc/apache2/
# ├── apache2.conf  ←──  [メイン設定ファイル]
# ├── ports.conf  ←──  [ポート関連の設定（どのポートでホスト名ベース
#                        のバーチャル・ドメインをするかなど）]
# ├── envvars  ←──  [設定ファイル用の
#                     環境変数設定など]
# ├── mods-enabled
# │   ├── *.load      ←──  [起動時に読み込む（load）モジュールと，そのモジュールの設定（conf）]
# │   └── *.conf
# ├── mods-available
# │   ├── *.load      ←──  [用意されているモジュールと，そのモジュールの設定．実際にはa2enmod/a2dismod
# │   └── *.conf             でmods-enabledからこの中のファイルに対してシンボリック・リンクを張る]
# ├── conf.d
# │   └── *           ←──  [文字コードやセキュリティ関連別の設定など]
# ├── sites-enabled
# │   └── *           ←──  [起動時に読み込むバーチャル・ドメインの設定]
# └── sites-available
#     └── *           ←──  [用意されているバーチャル・ドメインの設定]
```

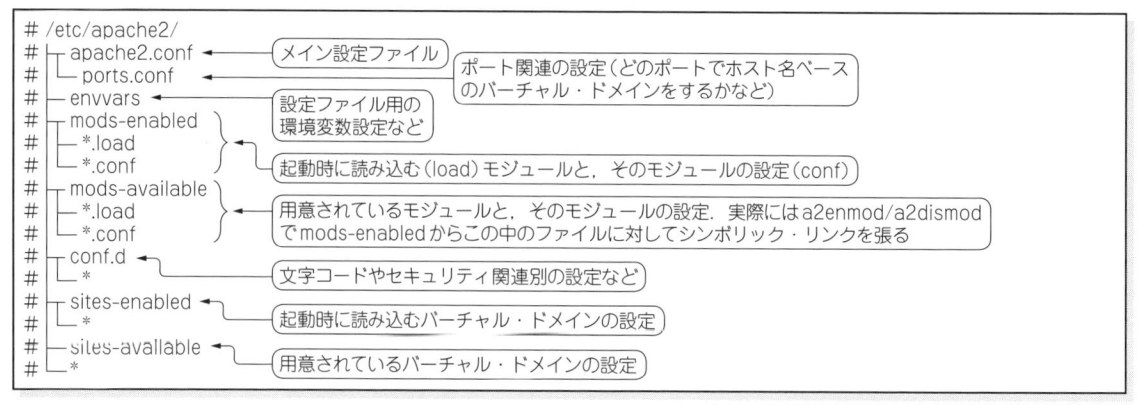

図2 ラズベリー・パイ上にインストールされたApacheのメイン設定ファイル

う名前にわざわざ変更されているほか，このメイン設定ファイル内で，外部のサブ設定ファイルが/etc/apache2（図2）のように設置されており，かつ環境変数や設定ファイル内の変数の設定が「envvars」に書かれています．

● RaspbianのApacheは必要最低限のモジュールだけ組み込まれている

さらにmods-enabledというディレクトリには，Apacheに組み込むための各種モジュールのシンボリック・リンクがあります．どのモジュールを組み込むか解除するかという操作についてはa2enmod（使用する）またはa2dismod（解除）というコマンドで行うことになっており，RaspbianのApacheは初期状態では最低限必要なモジュールのみ組み込むようになっています．

またsites-enabledというディレクトリにはこのマシンのバーチャル・ドメインの設定ファイルへのシンボリック・リンクがあります．こちらもモジュールと同じようにa2ensiteまたはa2dissiteというコマンドで操作します．

● 設定を変更したら反映させる

いずれにしても，これらのコマンドで設定変更をしたら，Apacheに実際に設定を反映させないといけません．

```
$ sudo service apache2 reload
```
（またはrestart）
でも，
```
$ sudo /etc/init.d/apache2 restart
```
（またはreload）

でも，どちらでもよいです注1注2．

筆者としては設定変更後の起動を確実に確認するためにrestart（再起動）をお勧めします．

● 設定が反映されているかを確認

さらに再起動したら，NGにならずに実際にApacheのプロセスが働いているかどうかを，
```
$ service apache2 status
```
や
```
$ ps awux | grep apache
```
といったコマンドで確認することを癖として身に付けるようにするとよいでしょう．

これはApacheに限った話ではありませんが，設定ファイルの構成や設定の仕方については，各ディストリビューションごとに大きく異なることがあります．それぞれでどのような構成になっているかを素早く理解するためには，起動するためのスクリプト・ファイルの中身を確認し，大元となっている設定ファイルの名称や設置場所を確認し，実際にどのような設定がされているのか，どの外部の設定ファイルを読み出す（Include）ようになっているのかなどを知る必要があります．

Apacheの細かい設定については省略しますが，Apacheは設定や組み込むモジュールにより細かい動作の制御ができるので，興味のある方はApacheのWebサイト注3をじっくりと見て，実際に設定を変更して振る舞いの違いを確認してみてください．

かぶらぎ・たけし

注1：/usr/sbin/serviceをcatなりmoreなりlessなりで見ると，実際には/usr/sbin/serviceから/etc/init.d/の中のそれぞれのサービスのスクリプト・ファイルを呼び出しているに過ぎない．新しいコマンドを作ることで誰が得をするの!?
注2：/etc/hostsに127.0.0.1（ラズベリー・パイ自身）のホスト名がFQDN = Fully Qualified Domain Name，つまりフルネームで書かれていないので，ワーニングが出る（とりあえずの動作には問題ない）．
注3：http://httpd.apache.org/ ドキュメントも精力的に和訳されている．

第8章 その3：いざ動画配信

インターネットで外出先からいつでも見られる

蕪木 岳志

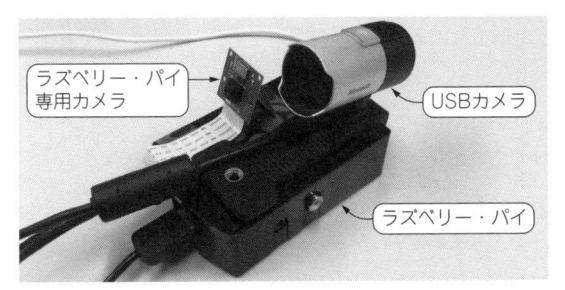

写真1 インターネットで外出先からいつでも見られるラズベリー・パイ・ライブ・カメラ

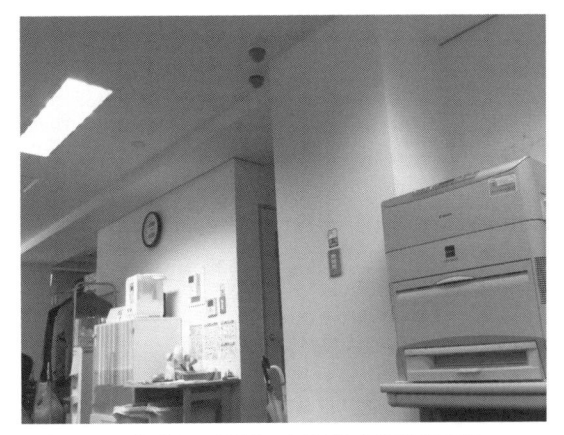

写真2 ライブ配信中！外出先から取得した事務所の画像

前章までで，ラズベリー・パイで自宅サーバを構築し，外部端末（PCやスマホ）からドメイン名でアクセスできるようになりました．本章ではこれらの環境を使って常時接続OKの画像配信カメラを作ります．**写真1**に制作した画像配信カメラを示します．**写真2**に撮影した画像を示します．

手順1：ウェブ・サーバで画像を表示できるようにする

まずは実際にラズベリー・パイで作ったWebサーバ内に置いたテキスト・ファイルや画像ファイルにアクセスができるようにしてみましょう．

RaspbianではApacheをインストールしただけだと**リスト1**で設定されているデフォルトのバーチャル・ドメイン・サイトが動きます．このバーチャル・ドメインは特にホスト名が設定されておらず，ほかに具体的なホスト名をServerNameなどで指定した別のバーチャル・ホストの設定もありません．この自宅サーバにブラウザでアクセスすると，**リスト1**のDocument Rootの設定に基づいて，Raspbianの/var/www/をトップページのディレクトリとしてコンテンツを返すことになります．つまり，

http://192.168.11.82/=Raspbianの/var/www/

になるということです．

● その①：直接データ・ファイルを置く場合

直接データ・ファイルを置く場合は，/var/wwwのroot権限が必要です．一般ユーザ（piなど）の権限では何もできません[注1]．

例えばラズベリー・パイ専用カメラPiCamで撮影したJPEG画像を見せたい場合には

```
$ sudo raspistill ¥
    --width 800 ¥
    --height 600 ¥
    -quality 75 ¥
    -awb fluorescent ¥
    --output /var/www/raspistill_
    picam001.jpg
```
（撮影の設定）
（/var/www/に置いている）

のようにすると，http://192.168.11.82/raspistill_picam001.jpgで撮影した画像を見ることができます．インターバルに撮影するなら，このコマンドをcrontabなどに設定をすればよいでしょう．

注1：混乱するようならsudoを多用するよりはsuコマンドでrootになって作業することをお勧めする．

リスト1 Apacheをインストールするとデフォルトで動くバーチャル・ドメイン・サイト

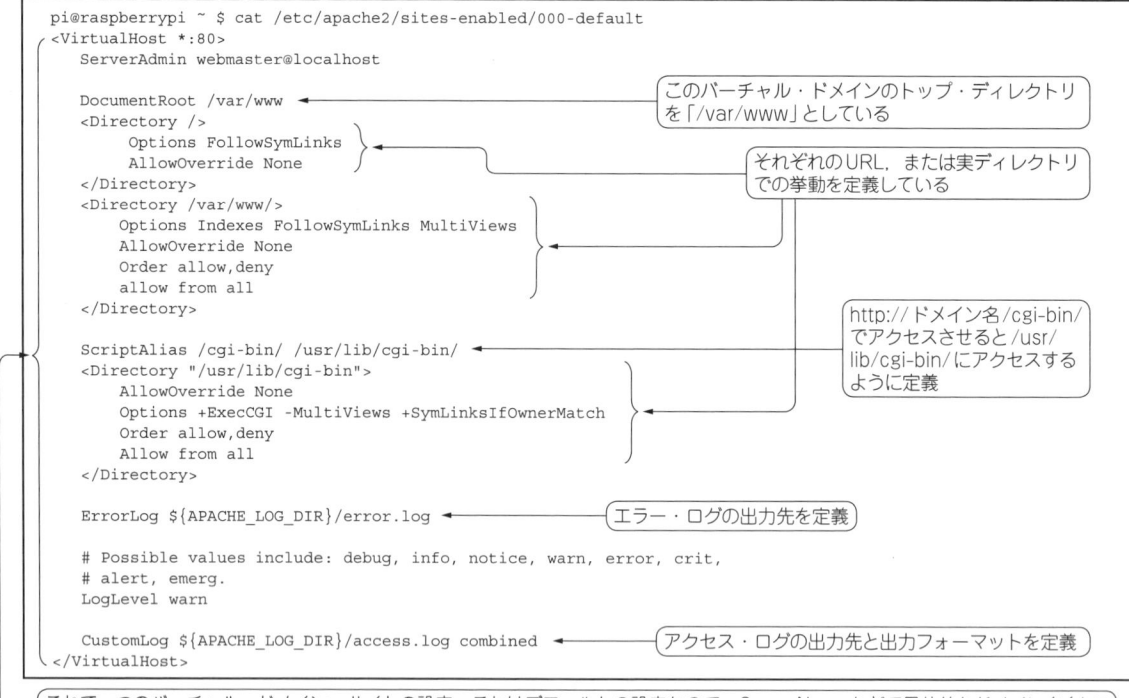

```
pi@raspberrypi ~ $ cat /etc/apache2/sites-enabled/000-default
<VirtualHost *:80>
    ServerAdmin webmaster@localhost

    DocumentRoot /var/www          ←  このバーチャル・ドメインのトップ・ディレクトリ
    <Directory />                      を「/var/www」としている
        Options FollowSymLinks
        AllowOverride None         ←  それぞれのURL，または実ディレクトリ
    </Directory>                       での挙動を定義している
    <Directory /var/www/>
        Options Indexes FollowSymLinks MultiViews
        AllowOverride None
        Order allow,deny
        allow from all
    </Directory>

    ScriptAlias /cgi-bin/ /usr/lib/cgi-bin/   ←  http://ドメイン名/cgi-bin/
    <Directory "/usr/lib/cgi-bin">                でアクセスさせると /usr/
        AllowOverride None                         lib/cgi-bin/にアクセスする
        Options +ExecCGI -MultiViews +SymLinksIfOwnerMatch   ように定義
        Order allow,deny
        Allow from all
    </Directory>

    ErrorLog ${APACHE_LOG_DIR}/error.log   ←  エラー・ログの出力先を定義

    # Possible values include: debug, info, notice, warn, error, crit,
    # alert, emerg.
    LogLevel warn

    CustomLog ${APACHE_LOG_DIR}/access.log combined   ←  アクセス・ログの出力先と出力フォーマットを定義
</VirtualHost>
```

これで一つのバーチャル・ドメイン・サイトの設定．これはデフォルトの設定なので，ServerNameなどで具体的なドメイン名（ホスト名）を指定していないため，他の設定ファイルで該当しないドメインに対してのアクセスは全てこの設定に基づいて表示される

● その②：HTMLでファイルへのリンクを書く場合

エディタ・ソフトで/var/www/rapistill_picam.htmlに，

```
<html>
<title>RasPi Still Image</title>
<body>
<img src="/raspistill_picam001.jpg"><br>
<br>
</body>
</html>
```

というHTMLで書いたWebページのファイルを置いて，あとはブラウザでhttp://192.168.11.80/raspistill_picam.htmlに対してアクセスをすると，画像が表示されます．

● その他：ラズベリー・パイのCPU温度も表示する

PiCamで映像を撮影して，かつCPUの温度もHTMLに出力するPerlスクリプトを書いてみます．ただしスクリプトは，一般ユーザ（pi）で動かすので，/var/www/からはシンボリック・リンクを張ることにします．

シンボリック・リンクを置く場合には ln -s コマンドでリンク・ファイルを作成します（リスト2）．

手順2：撮影画像を保存する

これで下準備ができたので，ラズベリー・パイ専用カメラPiCamで撮影した実際のファイルを/var/tmp/に出力するPerlスクリプトを作成します（リスト3）．

エディタ・ソフトで/home/pi/raspistill_picam_temp.plを作成して，このファイルに実行権限を付与します．

`$ chmod 700 /home/pi/raspistill_picam_temp.pl`

実行すると，リスト4のように/var/tmp/に実際のファイルが生成されます．それを指し示している/var/www/内のシンボリック・リンクも正しい表示になっています．

あとはこのコマンドを，crontabで5分ごとに動作させるようにします．

`$ crontab -e`

とすると，Raspbianならnano（エディタ・ソフト）でのcronの設定になるので，

```
# Make PiCam and Temp HTML
*/5 * * * * /home/pi/raspistill_picam_temp.pl
```

第8章 その3：いざ動画配信

リスト2　シンボリック・リンクを置く場合には「ln -s」コマンドでリンク・ファイルを作成する

```
pi@raspberrypi ~ $ sudo ln -s /var/tmp/raspistill_picam001.jpg /var/www/raspistill.jpg
pi@raspberrypi ~ $ sudo ln -s /var/tmp/raspistill_picam001.html /var/www/index.html
pi@monitor ~ $ ls -la /var/www/
total 292
drwxr-xr-x  4 root root   4096 May 23 19:25 .
drwxr-xr-x 13 root root   4096 Apr 25 18:05 ..
drwxr-xr-x  2 root root   4096 May 23 18:04 cgi-bin
lrwxrwxrwx  1 root root     33 May 23 19:25 index.html -> /var/tmp/raspistill_picam001.html
-rw-r--r--  1 root root    177 Apr 25 18:05 index.html.org
-rw-r--r--  1 root root    109 May 23 18:51 rapistill_picam.html
lrwxrwxrwx  1 root root     32 May 23 19:25 raspistill.jpg -> /var/tmp/raspistill_picam001.jpg
-rw-r--r--  1 root root 267267 May 23 19:22 raspistill_picam001.jpg
-rwxr-xr-x  1 root root    621 May 23 18:10 test.cgi
drwxr-xr-x  3 root root   4096 May 23 17:47 var
```

- シンボリック・リンクの作成先(Dest)
- シンボリック・リンクで参照される先(Source)
- 「-s」を付けるとシンボリック・リンクの作成．付けないとハード・リンクの作成になる
- シンボリック・リンクが張られていることが分かる

リスト3　PiCamで撮影してHTMLを出力するPerlスクリプト

```perl
#!/usr/bin/perl
#
# ----------
# Get NOW_TIME
# ----------
($sec,$min,$hour,$mday,$mon,$year,$wday,$yday,$isdst)
                    = localtime(time);
$NOW_TIME = sprintf("%04d/%02d/%02d %02d:%02d:%02d",$
            year+1900,$mon+1,$mday,$hour,$min,$sec);

# ----------
# Do raspistill command
# ----------
system("/usr/bin/sudo /usr/bin/raspistill --width 800
--height 600 --quality 75 --awb fluorescent --output
                /var/tmp/raspistill_picam001.jpg");

# ----------
# Get CPU Temp
# ----------
$TEMP = "--.--";
open(TEMP, '/sys/class/thermal/thermal_zone0/temp');
while(<TEMP>)
{
    chop $_;
    if ($_ =~ /^[¥d]{1,}$/)
    {
        $TEMP = $_ / 1000;
    }
}
close(TEMP);

# ----------
# Output HTML
# ----------
open(HTML, "> /var/tmp/raspistill_picam001.html");
print HTML<<EOF;
<html>
<head>
<title>RasPi Temp and Still Image</title>
<meta http-equiv="refresh" content="300">
</head>
<body>
Raspberry pi CPU Temp : $TEMP [C]<br>
<br>
<img src="/raspistill.jpg"><br>
<br>
Last modify : $NOW_TIME<br>
</body>
</html>
EOF
close(HTML);

exit 0;
```

- 実行したときに日時を取得
- 外部コマンド(raspistill)でJPEG画像を撮影
- ラズベリー・パイのCPU温度を取得
- 温度は1000倍(整数で表している)になっているので1000分の1にする
- HTMLを出力
- このようにopenしたファイル・ポインタにEOFまでの文字列をまとめて出力する．変数もそのまま書けたりするので，ちょっと長めのテキストの出力などに便利

というように，新しい行として追記してもらえればOKです．

あとは同じLANからブラウザでhttp://192.168.11.82/にアクセスをすれば，5分ごとに撮影された画像とそのときのラズベリー・パイのCPU温度を見ることができます．

手順3：とりあえず完成！インターネット経由でアクセスできるようにする

あとはこのラズベリー・パイに，インターネットからアクセスすればOKです．ここまでの解説で，既にラズベリー・パイのLAN内でのIPアドレスを固定しているので，ルータのDMZないしはポート転送の設定で，外部から特定のポートをラズベリー・パイのIPアドレスに転送すれば，つまりWAN側の80番ポート宛にきたアクセスは，LAN側の192.168.11.82の80番ポートに転送されれば，アクセスできるはずです．

▶セキュリティ対策は怠らないで

このとき，面倒だからとDMZ機能を使って，外部からのアクセスを全てラズベリー・パイに転送する，という設定にすることはお勧めしません．先にも書きましたが，Raspbianは初期状態ではファイアウォール機能がインストールされていないので，インターネットに公開したいポート以外も公開されてしまうことになり，とりあえずの状態で動かしているラズベリー・パイならあっという間にクラッキングされてしまうからです(なぜなら，ほとんどの人はpi/raspberryというIDとパスワードの組み合わせを知っていますよね)．

サーバをインターネットに公開することそのものはそんなに難しいことではありませんが，サーバを外部からの脅威から守る(セキュリティ対策をする)ことはとても大変なことです．筆者が毎月開催しているサーバ構築ハンズオンでも，受講される皆さんに何度も言っていますが，セキュリティ対策といってもいろ

リスト4　リスト3の実行により生成されたファイル

```
pi@monitor ~ $ ls -al /var/tmp/
total 4320
drwxrwxrwt  2 root root    4096 May 23 19:27 .
drwxr-xr-x 13 root root    4096 Apr 25 18:05 ..
-rw-r--r--  1 pi   pi       199 May 23 19:27 raspistill_picam001.html
-rw-r--r--  1 root root  266816 May 23 19:27 raspistill_picam001.jpg
-rw-r--r--  1 pi   pi   1723453 Apr 28 12:45 test001.h264
-rw-r--r--  1 pi   pi   2416584 Apr 28 15:24 test100.h264
prw-r--r--  1 pi   pi         0 May  2 11:52 test300.fifo
prw-r--r--  1 pi   pi         0 Apr 30 13:26 test301.fifo
pi@monitor ~ $ ls -la /var/www/
total 292
drwxr-xr-x  4 root root    4096 May 23 19:25 .
drwxr-xr-x 13 root root    4096 Apr 25 18:05 ..
drwxr-xr-x  2 root root    4096 May 23 18:04 cgi-bin
lrwxrwxrwx  1 root root      33 May 23 19:25 index.html -> /var/tmp/raspistill_picam001.html
-rw-r--r--  1 root root     177 Apr 25 18:05 index.html.org
-rw-r--r--  1 root root     109 May 23 18:51 rapistill_picam.html
lrwxrwxrwx  1 root root      32 May 23 19:25 raspistill.jpg -> /var/tmp/raspistill_picam001.jpg
-rw-r--r--  1 root root  267267 May 23 19:22 raspistill_picam001.jpg
-rwxr-xr-x  1 root root     621 May 23 18:10 test.cgi
drwxr-xr-x  3 root root    4096 May 23 17:47 var
```

いろな対策があります．不要なポートを閉じるのもセキュリティ対策の一つです．もっとも，閉じているポートに対してしつこくアクセスしてくる人（ボット?!）もいますので，それらを弾く対策も必要ですし，侵入検知，パスワード・クラックや成りすまし，書き換え検知，踏み台対策などいろいろと必須です．

なので今回のように静的なデータを「見せるだけ」であったとしても，それ以外のところをきちんと塞いだりトラップを仕掛けておいたり，安易にDMZにするのではなく，必要なポートだけをラズベリー・パイに振って処理するようにしてください．

● 外出先から接続して画像を表示してみる

ルータのポート転送の設定が終わったら，接続に使っている回線「以外」からアクセスをしてみましょう．

もしドメイン名でのアクセスができない場合には，問題の切り分けのためにグローバルIPアドレスでアクセスをしてみるとよいでしょう．実際にラズベリー・パイを接続しているルータに割り当てられているグローバルIPアドレスを調べるには，ルータの設定画面などにログインをして接続状態（ステータス）を見れば書いてあると思います．また筆者が提供しているダイナミックDNSのMyDNS.jp（http://www.MyDNS.jp/）にアクセスすると，ページの一番上に「You access from : xxx.xxx.xxx.xxx」としてIPアドレスが出ているので参考にしてみてください．

IPアドレス（例：210.197.79.201）が分かったら，あとはそこに対してブラウザでhttp://210.197.79.201/にアクセスをすれば，ルータの設定が間違っていなければ先ほどローカルなIPアドレスで確認したのと同じページが見えるはずです．

設定を間違えていると，ルータの設定画面にアクセスするためのIDとパスワードを聞いてきたりするので，もう一度ポート転送の設定を確認してみてください．

手順4：動画配信に挑戦!

静止画が見られるようになったら，動画も見たいですよね．ただし，ラズベリー・パイで「動画配信カメラ」といっても，意外と非力なラズベリー・パイでどのように動作させるのか，検討しないといけません．

● 動画撮影の前にカメラのおさらい

最近では30万画素で1,000円しないカメラでもUVC[注2]対応になっており，これらのほとんどはLinuxに接続すれば一発でビデオ・デバイスとして認識して「/dev/video0」[注3]というデバイス・ファイルが自動生成されます．以後，ソフトウェアで簡単にカメラにアクセスできます．

PiCamであれば，ラズベリー・パイのCPUであるBroadcom BCM2835へ直接CSI（Camera Serial Interface）で接続できます．1920×1080画素，プログレッシブ・スキャンで最大30フレーム/sという性能があるので，スムーズな動画を撮影することも可能です．ですが後述の理由により映像データを変換しなければなりません．

● 動画を配信するならUSBカメラを使う

いずれにしてもLinuxの場合にはカメラからの映像を「データ」として扱います．UVCカメラからはたいていMotion JPEG，専用カメラからはH.264で出力

注2：USB Video ClassというUSBで接続するカメラの規格で，Unix Video Classではないので注意．UVC対応のWEBCAMなら，Linuxに一発接続で利用可能．

注3：複数のカメラを接続すると「/dev/video1」「/dev/video2」…のように番号が増えていく．

第8章 その3：いざ動画配信

リスト5　動画配信ウェブ・サーバとして使えるmjpeg-streamerのインストール方法

```
sudo apt-get -y install gcc g++ make automake1.9 libc6-dev
sudo apt-get -y install subversion libjpeg8-dev imagemagick libv4l-dev
cd /usr/src/
sudo svn checkout https://svn.code.sf.net/p/mjpg-streamer/code/mjpg-streamer/ mjpg-streamer
cd mjpg-streamer/
sudo make USE_LIBV4L2=true clean all
sudo cp ./*.so /usr/lib/
sudo cp ./mjpg_streamer /usr/bin/
sudo mv ./www ./mjpg_streamer_www
sudo mv ./mjpg_streamer_www /var/
```

- mjpg-streamerのコンパイルに必要な各種パッケージのインストール
- mjpg-streamerをsvnコマンドで取得、そしてmjpg-streamerのコンパイル
- できあがったmjpg-streamerのライブラリや本体をコピー。さらにmjpg-streamer用のトップ・ディレクトリの名前を変更して/var/mjpg_streamer_wwwに設置

リスト6　5fpsの動画像を取得する際のUSBカメラの設定

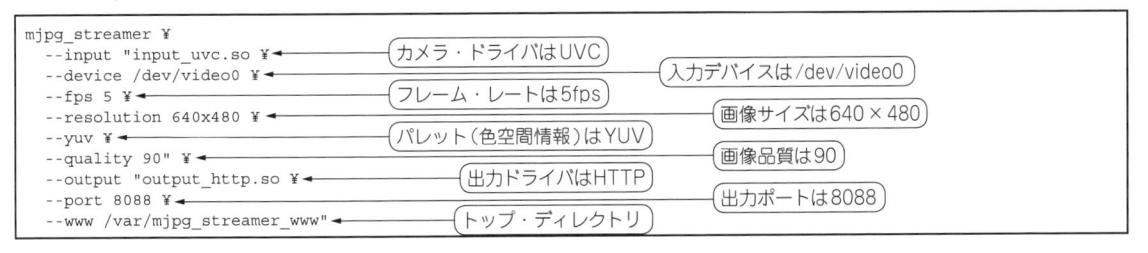

```
mjpg_streamer ¥
  --input "input_uvc.so ¥
  --device /dev/video0 ¥
  --fps 5 ¥
  --resolution 640x480 ¥
  --yuv ¥
  --quality 90" ¥
  --output "output_http.so ¥
  --port 8088 ¥
  --www /var/mjpg_streamer_www"
```

- カメラ・ドライバはUVC
- 入力デバイスは/dev/video0
- フレーム・レートは5fps
- 画像サイズは640×480
- パレット（色空間情報）はYUV
- 画像品質は90
- 出力ドライバはHTTP
- 出力ポートは8088
- トップ・ディレクトリ

されます．これらのデータをそのまま動画として見ることができるソフト（ビューワ）があればよいのですが，ない場合にはソフトを使ってこの動画データのフォーマットを変換（エンコード）する必要があります．

▶理由…専用カメラ出力のH.264動画にブラウザが対応していない

動画配信に専用カメラを使う場合，Webブラウザで動画を見ようとしても，H.264フォーマットの動画をそのまま見ることができるものはありません．したがってブラウザに再生できるプラグインを入れておくか，別途URLを入力できるビューワを使用するしかありません．なのでたいていはaconv（ffmpeg）などを使って，Motion JPEGなど別のフォーマットに変換することになります．

動画の変換にはかなりの処理能力が必要ですが，ラズベリー・パイのGPUを使ってハードウェアで処理（アクセラレーション）してくれるソフトウェアはまだまだこれからなので，スムーズな動画のエンコードをしたい場合には，データを外部のより高速なサーバに転送してそこで処理をさせる，というのも一つの手段でしょう．

● 動画配信ソフトウェアmjpg-streamerをウェブ・サーバに使う

ただし，外部サーバまで使って変換をするのは大げさなので，今回はそこそこの性能で手軽に使える動画配信ソフトウェアとしてmjpg-streamerを紹介します．mjpg-streamerはこれ自体がサーバとして動作して，複数の動画配信方式があらかじめ用意されていま

す．クライアント側の各種条件に合わせて使えるので数台で見るだけでしたらお勧めです．

さらに，ApacheはWebサーバとして動作させておきつつ，mjpg-streamerはApacheの80番ポートとは別のポートで動画配信サーバとして動作させる，という方法も可能です．どちらにするかは，実際に構築する皆さんが決めていただければと思います．

▶インストール

mjpg-streamerは，現時点ではRaspbianにはパッケージが用意されていないので，手動でインストールする必要があります．コンパイルなどが必要になるので，いくつかの必要なパッケージもインストールします．

リスト5のように手動でコンパイルしてインストールしたら，リスト6のように実行すると待機状態になるので，あとは同じようにLAN内からなら，

http://192.168.11.82:8088/

また，外部端末からなら，http://jitaku.mydns.jp:8088/のようにポートを指定してアクセスをすると，mjpg-streamerに対してアクセスができます．ただし，ファイアウォール:iptablesの設定で8088番ポートでもアクセスできるようにしておくことを忘れないようにしてください．

このときにアクセスしたmjpg-streamerが表示しているホームのHTMLを含めて，各メニューのHTMLについては/var/www/の中にあります．メニューを選択して表示されるページの解説はもちろん，実際にどのようにしてそれぞれのページが書かれているかも分かるので，サンプルとして参考にしてください．

かぶらぎ・たけし

第2部 外出先からOK！ネットワーク・カメラづくり

第9章

外出先から泥棒へ警告したり部屋の電気を灯けたり

改良：I/O機能をプラスしてホームIoTにチャレンジ

蕪木 岳志

写真1 ラズベリー・パイ＆USBカメラを使ったネットワーク鳥さんライブ・カメラ画像[1]
IoT時代にホントにやりたくなること…画像を見た後のちょこっと制御・計測．例えば，カラスがエサをとりに来ていたら追い払いたくなる

Linux×PICちょこっとリアルタイム・コントローラを作ったきっかけ

　本章では，ラズベリー・パイを使って，いろいろな遠隔制御をしていきます．
　第6章〜第8章で紹介したネットワーク・カメラを使って，いつも野鳥のエサをベランダに置いてから出勤し，会社に着いたらメジロやウグイス，ヒヨドリなどをライブで見ながら日々癒やされていました（写真1）．
　ある日，いつものように会社で鳥さんライブカメラを見てたら，なんと野鳥ではなく○○○が美味しそうにエサを食べているではありませんか！
　このときの会社で画面を見ながらもどうすることもできない悔しさをばねに，本章で紹介するLinux×PICマイコン・リアルタイム・コントロール・システムの開発を始めました．
　エサ泥棒への警告はもちろんですが，自宅に帰る前に部屋を明るくしたり，エアコンをONにしたり，といったことにも挑戦したいと思います．

できること

● IoTで必要になること…電子回路による制御・計測

　離れた場所から何かを操作する：遠隔制御というと皆さんはどんなものを想像するでしょうか？
　鍵の掛け忘れをしていないかな？部屋の明かりを消したかな？アイロンは？ガスコンロは？冷暖房は？といった確認でしょうか．
　あるいは，実際に施錠したり解錠したり，スイッチを切ったり入れたり，炊飯器を帰る前にONにしたり，お風呂を沸かしたり，洗濯機やお掃除ロボットを動かしたり，録画予約を忘れたので何時から何chの番組を録画したり…という制御も考えられます．
　遠隔操作でやりたいことのかなり大部分は，「確認」したり，何かを「ON/OFF」したりという単純作業で済ませることができます．そこで，ラズベリー・パイなどを使って安価に，でも確認やON/OFFなどの簡単なリアルタイム制御機能は備えた，汎用制御装置を製作したいと思います．既存の各メーカの家電制御なども簡単です．

● ラズベリー・パイだけでは難しいこと

　本章では，インターネット経由で自宅の中にあるラズベリー・パイにアクセスをし，遠隔制御の判断材料となる温度/湿度/照度などのセンサ値を「確認」する機能を搭載します．
　ラズベリー・パイは，GPIO[2]（汎用入出力，General Purpose Input/Output）を備えています．リアルタイム性を求められない用途で，ディジタル値（0/1，High/Low）を入出力するには便利ですが，苦手なこともいくつかあります．

▶その1：アナログ入出力
　A-D変換器やD-A変換器を備えていないため，例えばセンサが出力するアナログ電圧値を読むことができません．
　PICマイコン注1（Peripheral Interface Controller，マイクロチップ・テクノロジー）やAVRマイコン（ア

トメル）といったA-D変換器内蔵マイコンと比べると，少し不便に感じます．

A-D変換などはPICやAVRなどのワンチップ・マイコンなどに任せるのがベターです．

▶その2：リレーなどの電子回路/部品の駆動

ディジタル値を確認した後のスイッチなどの「ON/OFF」操作は，ラズベリー・パイだけではできません．外付けのリレー（スイッチ素子）を使って「回路の開/閉」を行ってみます．

▶その3：リアルタイム性が求められるパルス入出力

ラズベリー・パイなどのLinuxボードは，処理時間を守らないといけないリアルタイム処理が苦手です．例えば，赤外線リモコンが出力した十数μsのパルス信号を判定するには向きません．

PICマイコンなどと組み合わせれば，赤外線リモコン制御なども簡単なので，操作対象がかなり増えます．

● Linux×PICマイコンでちょこっとリアルタイム・コントロール

本章では，PICマイコンを使ってこれらの機能を実現する回路をモジュール化し，ラズベリー・パイとカチャカチャ組み合わせるだけで必要な機能を実現できるようにしてみます．構成を図1に示します．

製作したLinux×PICマイコン・リアルタイム・コントロール・システムを，筆者はGVC（Global Versatile Controller：汎用制御装置）と名付けました．ハードウェアもソフトウェアもオープンソースとして公開し

注1：DIPパッケージが用意されていて，秋葉原などで安価に入手できるため，電子工作でもよく使われる．いまだ限りない進化を続けているが，SOPやQFPといった小型パッケージはおじさんにははんだ付けしづらい（>_<）

ますので，誰でも試してみることが可能です．

全体像

● 意外と流用できるソフト&ハードがないので…自作することに決定

今回やりたいこと（要求仕様）は次の通りです．

- センサで計測した値をラズベリー・パイで取得する
- ラズベリー・パイから簡単なコマンド操作でON/OFF制御する
- ラズベリー・パイから簡単なコマンド操作で赤外線リモコンを制御する
- それぞれの機能を実現する回路をモジュール化して，必要なモジュールをラズベリー・パイと組み合わせるだけにする
- 各種モジュールにはPIC/AVRなどのマイコンを搭載して機能を実現する
- 各種モジュールを実現する回路（や基板パターン）も用意して，誰でも試しやすくする

オープンソースでハードウェアの制御までできるようなしくみやプロトコルが公開されていないのかな？と思って探してみましたが，なかなか見つかりませんでした．

Columnのような赤外線リモコン用Linuxアプリもなくはないですが，Linuxという非リアルタイムOS上で赤外線パルス幅13μs（38kHzの1波長）ごとにGPIOを制御するのはかなり無理があります．

ないものは自分で作るしかありません．どうせ作るなら，単にオープンソース，オープンハードというだけでなく，ドキュメントもきちんと書こうと思います．

データのやりとりの手順や得られるデータのフォーマット，各デバイス間（レイヤ間）のやりとりシーケ

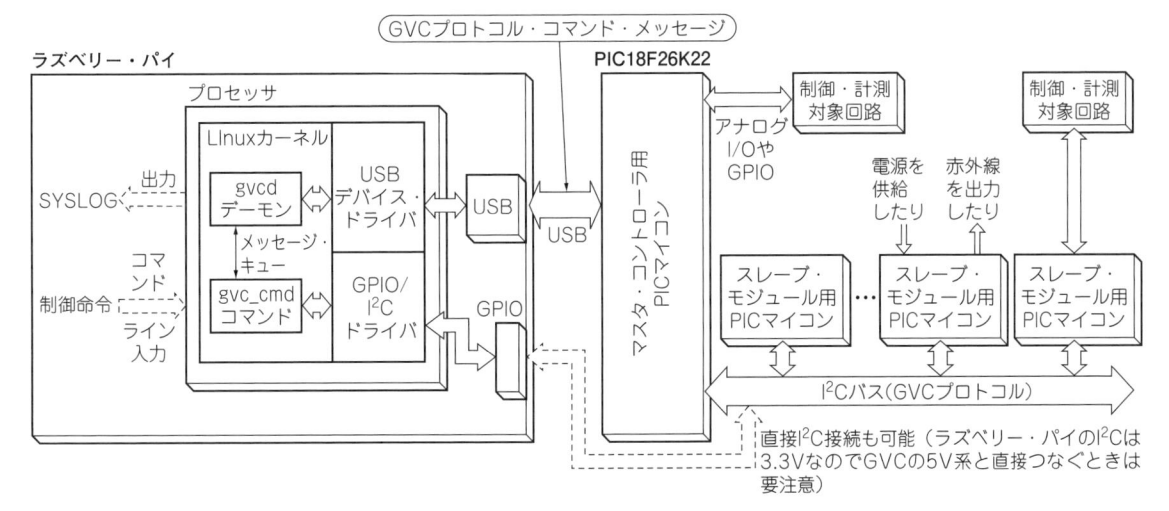

図1　オープンソース！今回作ったラズベリー・パイ×PICちょこっとリアルタイム・コントロール・システム

column　Linuxは決まったパルス幅を送受信する赤外線リモコン通信が苦手

ラズベリー・パイ用というわけではありませんがLinux上で動く，lircdという赤外線リモコン実現アプリがあります．

赤外線リモコンは，約13μs周期（38kHz）で赤外線を点滅させることで，0か1かのディジタル・データを送信します．受信側はこの13μs周期のパルス信号を判定できなくてはなりません．

なので，この38kHzの赤外線を，安定して生成できるか，安定して受信できるかどうかが，赤外線リモコン通信の鍵になります．

実際にラズベリー・パイにlircdをインストールして赤外線信号（の元となるGPIOのHigh/Low状態）を生成し，受信した電気信号波形をオシロスコープで確認する実験を行いました．実験のようすを**写真A**に，実験回路を**図A**に，受信した波形を**図B**に示します．38k～42kHz前後にふらふらした，安定しているとはいいがたい信号を生成しています．

機器側は0か1か信号をきちんと判断できない場合も出てくると思われます．

Linuxという非リアルタイムOSの上では13μsごとにGPIOを制御するのはかなり無理があるということです．

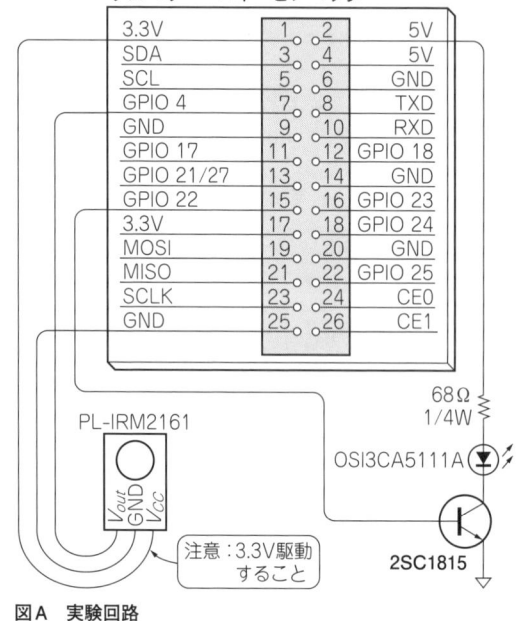

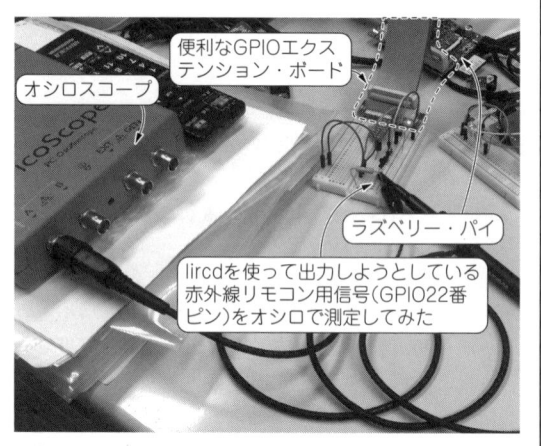

写真A　Linuxが赤外線リモコン通信に向かないことを確認する実験

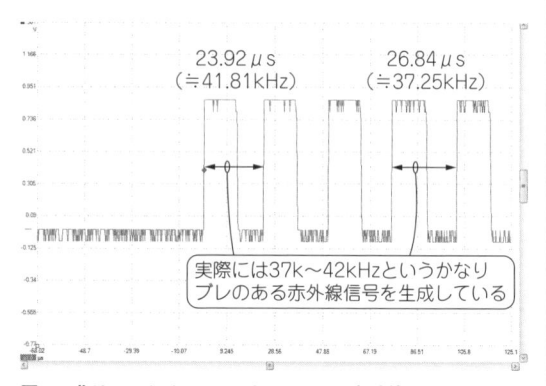

図A　実験回路

図B　非リアルタイムOSであるLinuxは赤外線リモコンで使う13μsなどの決まったパルス幅の信号を生成することは苦手

ンス図などをまとめたドキュメントも実験しながら作成していく予定です．

本章で紹介するオープンソースのLinuxリアルタイム・コントロール・システムGVCの詳細は，章末のウェブ・サイトで紹介していきます．

● 検討事項

コストと汎用性や流用性などを天秤に掛けながら，ハードウェア構成や通信プロトコルを設計することになります．設計したLinuxリアルタイム・コントロール・システムGVCの全体像を**図1**に示します．

▶ホスト・マシン…Linuxボード「ラズベリー・パイ」

コストを考えて，ラズベリー・パイのような安価なマシンが整っているLinuxを使用することにします．

Linuxであれば各種開発ツールも無償で存在するし，オープンソースなので既存のソースもいろいろ参

第9章　改良：I/O機能をプラスしてホームIoTにチャレンジ

(a) シリアルを使った場合
簡単だがモジュールの数だけシリアル・ポートが必要

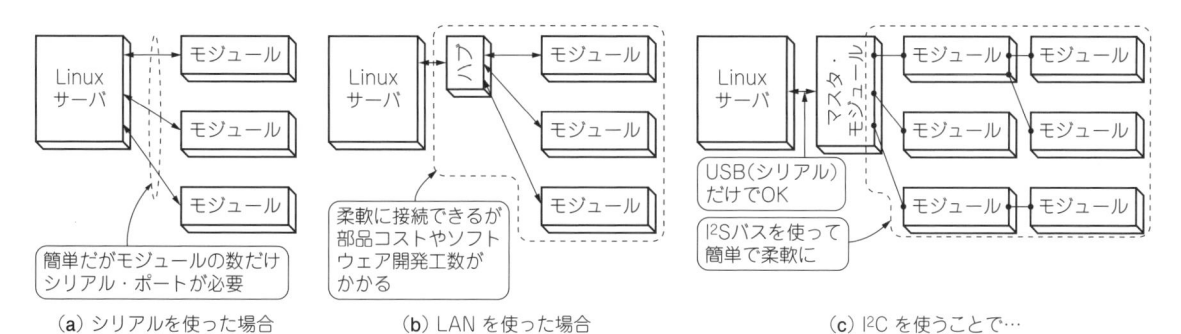

(b) LANを使った場合
柔軟に接続できるが部品コストやソフトウェア開発工数がかかる

(c) I²Cを使うことで…
USB（シリアル）だけでOK
I²Sバスを使って簡単で柔軟に

図2　PICマイコン側は複数モジュールを接続できるようにI²Cバス接続にしておく

照できます．

▶モジュール側マイコン…定番PIC

入手性や汎用性などを考えると，モジュール側にはハードウェア，ソフトウェアともに情報も多いPICを使用したいと思います．

▶ホスト-モジュール間通信…USB

ラズベリー・パイだけでなくさまざまなLinuxマシンで（移植すればWindowsなどでも）使用できるように，LinuxマシンとPICとの接続についてはUSB-シリアル変換を使ってシリアル・ポートで接続することにします．

▶モジュール側バス…I²C

複数のモジュールを使いたいときのために，モジュールはI²C（Inter-Integrated Circuit）注2バスで増設できるようにしておきます（**図2**）．I²C通信機能を備えたPICを選択して使用します．

例えば複数個所の温度をまとめて取得したい場合，それぞれにラズベリー・パイとモジュールを用意するのではコスト面で合いません．

PICに搭載されているシリアル通信機能にはSPI（Serial Peripheral Interface）注3などもあるものの，I²Cインターフェースを備えたセンサも多く，信号線も少なくて済むことから，I²Cを選びました．

モジュール間の通信方式としてI²Cを選択することはさまざまな面で汎用性や流用性が向上します．

I²Cはマスタによってスレーブの送受信について制御されているので，マスタが複数なければデータの衝突について問題は発生しません．Linuxボードと通信するモジュール（今回の場合はPICマイコン）をI²Cマスタに，その他のモジュールをI²Cスレーブとすることにします．

▶Linuxマシン-PICマイコン間通信プロトコル

LinuxマシンとPICとの間はシリアルでの非同期通信をする以上，何らかの取り決めをしておかないといけません．プロトコルの詳細は後述します．

▶電源系

またラズベリー・パイ本体の電源事情はあまりよくありません．USBキーボードなどを差して再起動を経験した方も多いと思います．各種センサやリレー，赤外線LEDなどのそこそこの消費電流が必要な回路をつなぐとなると少し心配です．

そこでモジュールを複数接続する場合なども考慮して，電源供給は別途AC-DCアダプタで5V供給を基本とし，動作の安定性を図ることにします．

とりあえず以上のような方針（と懸案事項）でいくことを決め，**図1**のような基本構成となりました．

- Linuxマシン
- マスタ・モジュール（Linuxマシンとスレーブ・モジュールとの橋渡し役）
- スレーブ・モジュール
（センサ用／制御用など．単体でも動作可能）

PICマイコンの選定

以前から電子工作でも定番のPICマイコンですが，最近では，USB通信機能搭載タイプや，48MHzや64MHzといった高速動作タイプも存在します．

いろいろな種類が存在するPICですが，どれを採用するかで悩まれる方も多いかと思います．

著者自身もここまで述べたような要求仕様に基づいて，当初はPIC12F1822を使用して開発を進めていました．ですが，赤外線リモコン・モジュールを開発する上で困ったことがおこりました．

昔のように会社ごとに赤外線信号のフォーマットを解析していたのですが，昨今の家電業界事情からするとメーカが多すぎてキリがありません．

このため送受信の方式を変更して，もともとのリモ

注2：フィリップスが提唱した2線式のシリアル通信バス．実際には信号線をプルアップする必要がある．今回のような基板同士を数m も離して接続することは想定外!?だが，速度を落として数百mの通信を成功させた例も海外にはあるらしい(3)．

注3：モトローラ（現在はフリースケール・セミコンダクタ）が提唱した3線式のシリアル通信バス．

表1 検討したPICマイコン
各社赤外線リモコン対応にするために今回は内蔵SRAMが大きいPIC18F26K22を選んだ

型　名	PIC12F1822	PIC18F14K50	PIC18F26K22
最高動作周波数［Hz］	32M	48M	64M
プログラム・メモリ［バイト］	4K	16K	64K
SRAM［バイト］	128	768	3896
EEPROM［バイト］	256		1024
I/Oポート	6	15	25
A-Dコンバータ	10ビット×4ch	10ビット×11ch	10ビット×19ch
タイマ	8ビット×2/16ビット×1	8ビット×1/16ビット×3	8ビット×3/16ビット×4
主な通信機能	EUSART×1/I²C×1/SPI×1 など	EUSART×1/I²C×1/SPI×1 など	EUSART×2/I²C×2/SPI×2 など
電源電圧［V］	1.8〜5.5		
パッケージ	DIP8 など	DIP20 など	DIP28 など
その他	EUSART/I²C/SPIはいずれかのみ使用可能	USB 2.0インターフェース内蔵	―

コンが送信する38kHzの赤外線信号をPIC内蔵タイマでサンプリングし，その結果をデータをとして再送信するようにしました．

すると，信号が短いサイクルで送信される場合はいいのですが，信号が長いエアコン…ではなくて地デジ・テレビのリモコンの信号サイクルがとても長く，メモリが足りないことが判明しました．

このため，SRAM容量が大きいPIC18F26K22を各モジュール共通で使用するマイコンとしました注4．今回検討したPICマイコンを**表1**に示します．

PIC18F26K22は，EUSARTとI²Cを別々のピンで同時に使用することができるので，EUSARTにデバッグ情報を出力できるなど，開発も楽になりました．

ラズベリー・パイ-PICマイコン間通信

● プログラムの全体構成

図3にラズベリー・パイとPICマイコンを使った，ちょこっとリアルタイム・コントローラGVCのプログラム構成を示します．

PICマイコンを使ったマスタ・モジュールは，スレーブ・モジュールやセンサからのデータを取得して，それをLinuxマシンに送信します．

また同時に，Linuxマシンから何らかの命令を送信されたら，マスタ・モジュールではそれを受信して，対象となるスレーブ・モジュールに対して再送信します．

ホスト・マシン（ラズベリー・パイ）とマスタ・モジュールの間のUSB通信は非同期のため，設計段階での懸案事項として，バッファ・オーバフローやデータの欠落の可能性が考えられました．そこで，PICで

も計算が簡単なチェックサムによる誤り検出を導入することにします．

PICマイコン（マスタ・モジュール）-ラズベリー・パイ（Linuxボード）間の通信プログラムを**リスト1**と**リスト2**に示します．

▶採用したチェックサム計算方法

チェックサムにはいくつかの計算方法があります．単純なデータのバイト単位などでの加算によるものや，CRC（Cyclic Redundancy Check）やMD5（Message Digest Algorithm 5，128ビットのハッシュ値）を利用したものがあります．

今回は各レイヤ間でやりとりするデータ（メッセージ・フレーム）を増やしたくないのと，テーブルを用いて計算処理が簡略化されることからCRC-8-CCITTを採用します．

● 重要！ 実際にはラズベリー・パイじゃなくてマスタ・モジュールのPICマイコンがホスト

またPIC同士の通信に使用しているI²Cはマスタとなるモジュールが送受信を制御しているので，LinuxマシンとPICのマスタ・モジュールとの通信も，マスタ・モジュールが送受信の主導権をもつようにします．

つまり，Linuxマシンからは任意のタイミングでPIC側に命令を送れるわけではなく，Linuxマシン側に命令受付開始メッセージが来てから一定時間が経ち，命令受付メッセージが来ている間のみ，命令を送信するようにします．

これはLinuxマシン側の方がPICに比べてメモリが大量にあり，はるかに環境がリッチで，ある程度命令をためられるためです．

ただし，命令をため込むということはリアルタイム性を犠牲にすることになります．現在のGVCでは，リアルタイム性を追求していないのでこれで問題はあ

注4：その他のモジュールではここまで高性能なPICマイコンは必要ない．モジュール基板を共通化して製造コストを抑えるために，現状は全てこのPICマイコンで開発している．

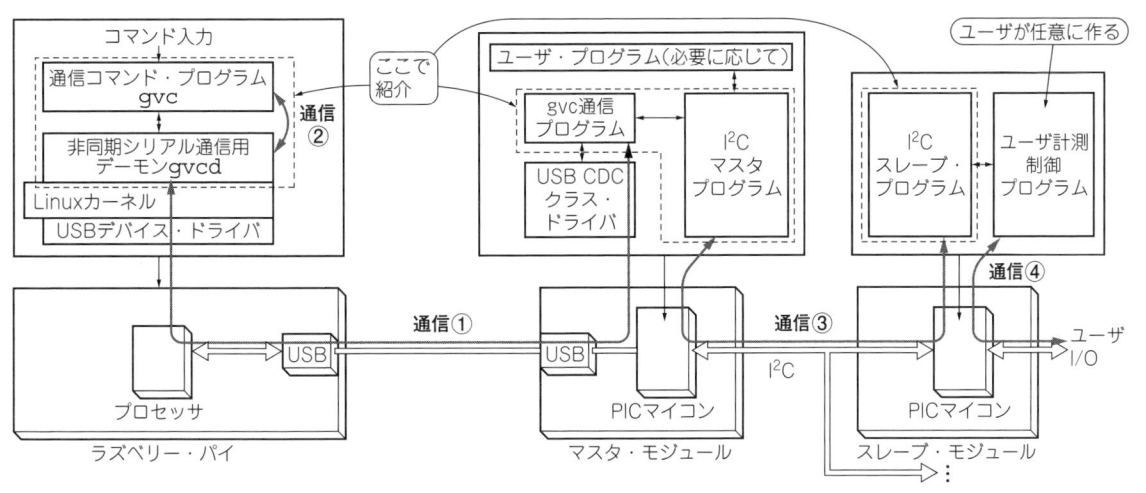

第9章 改良：I/O機能をプラスしてホームIoTにチャレンジ

(a) プログラムの構成

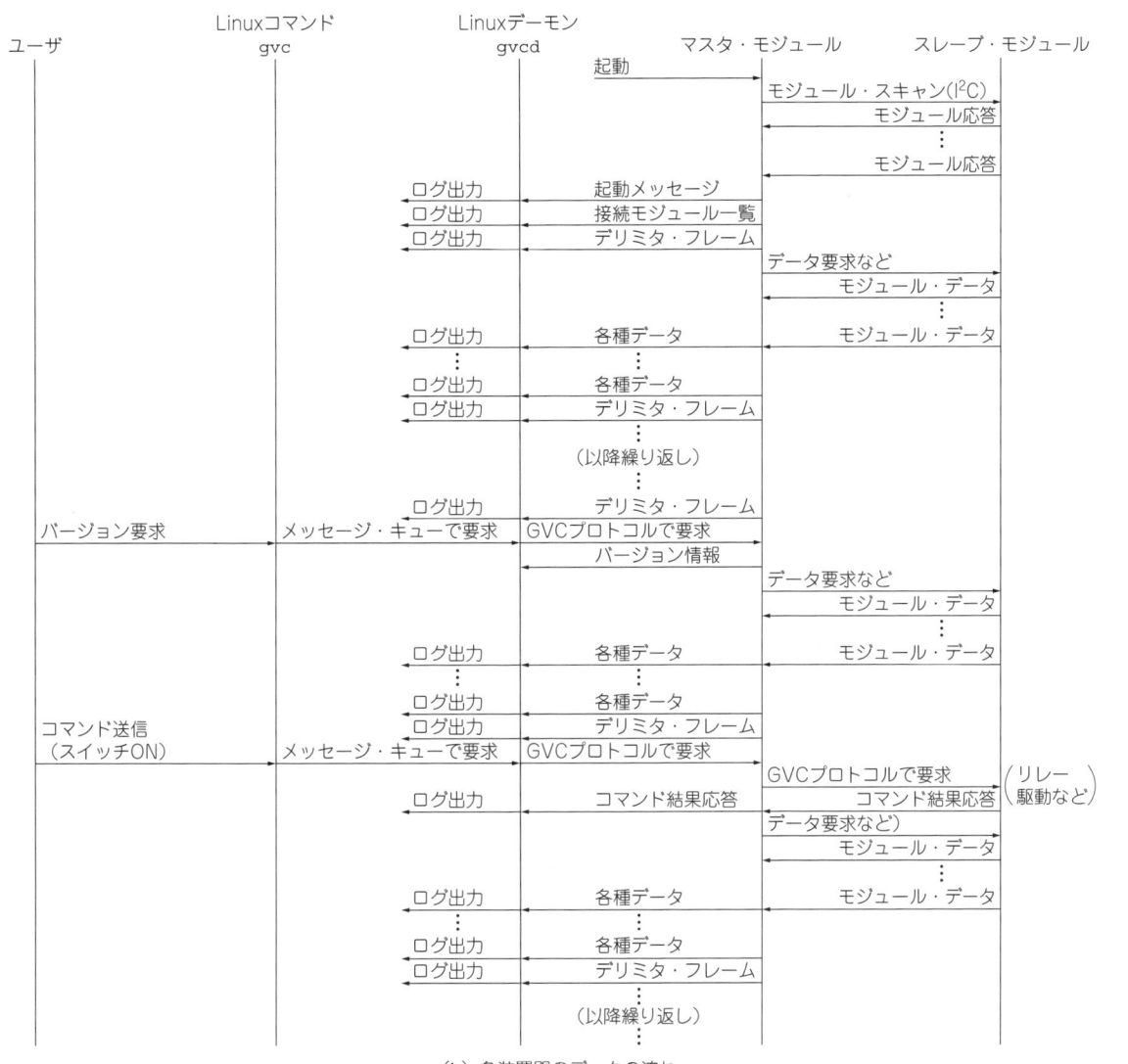

(b) 各装置間のデータの流れ

図3 ラズベリー・パイ×PICちょこっとリアルタイム・コントローラGVCのプログラム構成

第2部 外出先からOK！ネットワーク・カメラづくり

リスト1　全てのホスト！マスタ・モジュールのPICマイコン側のLinuxボードとの通信プログラム

```c
// ---------------------------
// Setup EUSART 18F26K22
// ---------------------------
void init_eusart_18F26K22(void)
{
    // EUSART 機能の設定を行う
    // ANSELC の設定に注意. 初期設定はALL Digitalに
    //                                なっているからいいけど…
    TXSTA1 = 0b00100100;
               // 送信設定 TXEN=1, SYNC=0, BRGH(高速ボーレート)=1
    RCSTA1 = 0b10010000;   // 受信設定 SPEN=1, CREN=1
    SPBRG1 = 103;
         // 9600bpsに設定. FOSCの変更により値が変わるので注意
}
```

（a）EUSARTの初期化処理

```c
// ---------------------------
// Send DATA
// ---------------------------
void send_serial(const char * data, int data_len)
{
    while (data_len)
    {
        while(TX1IF == 0);  // 送信可能になるまで待つ
        TXREG1 = *data;
        data++;
        data_len--;
    }
}
```

（b）EUSARTの送信処理（data_lenバイトのdataを送信する場合）

```c
// ---------------------------------------------------
// 18F26K22 Interrupt Routine
// ---------------------------------------------------
// 割り込みは全てinterrupt 宣言されたこの関数が呼ばれる
static void interrupt interrupt_18F26K22()
{
    // 全割り込みを禁止 (=0) (Global Interrupt Enable bit
    //                                          ... INTCON)
    INTCONbits.GIE = 0;
    // ---------------------------------------------------
    // MSSP1 割り込み処理
    // ---------------------------------------------------
    :
    :
    // ---------------------------------------------------
    // シリアル1 受信割り込み処理
    // ---------------------------------------------------
    // シリアル1 受信割り込み (=1) なら (RC1IF:
    //    EUSART1 Receive Interrupt Flag bit ... INTCON)
    // 1 = The EUSART1 receive buffer, RCREG1, is
    //              full (cleared when RCREG1 is read)
    // 0 = The EUSART1 receive buffer is empty
    if (PIR1bits.RC1IF == 1)
    {
        // 受信ステータスを取得
        reg_RCSTA1 = RCSTA1;
        // 受信ステータスを確認してフレーミング・エラー,
        //                  オーバーラン・エラーがなければ
        if ((reg_RCSTA1 & 0b00000110) == 0b00000000)
        {
            // 受信バッファ(RCREG1)から1バイト取得
            serial_rcvbuff[serial_rcvptr] = RCREG1;
            // 受信バッファ・ポインタを加算 (+1)
            serial_rcvptr ++;
            // 受信バッファ・ポインタをリングる
            serial_rcvptr &= SERIAL_RCV_BUFFRING;
        }
        // 受信ステータスを確認してオーバーラン・エラーがあるなら
        else if (reg_RCSTA1 & 0b00000010)
        {
            // CRENレシーバイ・ネーブル・ビットをクリアして再設定
            RCSTA1bits.CREN = 0;
            RCSTA1bits.CREN = 1;
        }
        // それ以外は
        else
        {
            // 受信バッファ(RCREG1)から1バイト取得するが,
            //              受信バッファポインタは進めない
            serial_rcvbuff[serial_rcvptr] = RCREG1;
        }
        // シリアル1 受信割り込みクリア (=0) …は
        //          1バイト受信すれば自動的にクリアされるので必要ない
        //PIR1bits.RC1IF = 0;
        // ほんとはここで, 受信バッファポインタserial_rcvptrが
        //                  リングバッファを上書きしないように
        // するとか, あわせてフロー制御するとか, いろいろあるけど,
        //                                      今のところTBD
    }
    // 全割り込みを許可 (=1) (Global Interrupt Enable bit …
    //                                              INTCON)
    INTCONbits.GIE = 1;
}
```

（c）EUSARTの受信処理（割り込み処理）

りません．

ですが，もしリアルタイム性を必要とする場合には，通信の主導権をLinuxマシン側にしたり，通信方式自体を時分割通信にしたり，全二重通信が安全に行える伝送経路にしたりするなど，設計段階からやり直しをする必要があります．

この処理が完全，というわけではありませんが，開発しているGVCはあくまで人間の動作を補完するものです．

なので，処理がうまく完了したかどうかPDCAのCheckで確認をして，ダメだったら再処理をする，というようなしくみを上位レイヤで組むようにすればよいでしょう．

Linux側デーモン-コマンドライン間通信プログラム

データの送受信の主導権をPIC側とするので，Linux側では命令（コマンド）を打ったらすぐに結果が返ってくるわけではありません．

Linux側には想定できない任意のタイミングでデータがやってくるので，常に受け続けるためのプログラム（デーモン）が必要になります（図3）．

またPIC側への命令は一時的にためておき，許可されたタイミングでPIC側に命令を送信するようにしなければなりません．

第9章 改良：I/O機能をプラスしてホームIoTにチャレンジ

リスト2　Linuxボード側のマスタ・モジュール用PICマイコンとの通信プログラム

```
// --------------------------------
// シリアル・ポートの初期化
// --------------------------------
void serial_reset(int fd)
{
    // http://linuxjm.sourceforge.jp/html/LDP_man-pages/
    //                                    man3/termios.3.html
    // 標準ではカノニカル・モードで，デリミタもあらかじめ設定されている
    // ThinkPadに入れたLinuxとかではなんら問題がなかったが，
    //                     なぜかRaspberry Piではシリアル・ポートがうまく
    // 使えず困っていた．Pidora(Fedora Remix)にlogserial
    //                         というのがあったのでソースを見てみたところ，
    // どうも文字サイズの初期化で「(tio.c_cflag & ~CSIZE)」をOR
    //                             とった上でCS8としないとだめみたいで，
    // ちなみに他のパラメータはどんな値であっても関係なかった
    // ----------------
    // ローカル変数定義
    // ----------------
    // termio テーブル・ローカル宣言
    struct termios tio;
    // ローカル変数を0で初期化
    memset(&tio, 0, sizeof(tio));
    // 現在の設定値を取得
    tcgetattr(fd, &tio);
    // 入力ボーレートを設定
    cfsetispeed(&tio, BAUD_RATE);
    // 出力ボーレートを設定
    cfsetospeed(&tio, BAUD_RATE);
    // 文字サイズとして8ビットを設定
    tio.c_cflag = (tio.c_cflag & ~CSIZE) | CS8;
    // モデムの制御線を無視，受信有効，フレーム・エラーおよび
    //                                パリティ・エラーを無視
    tio.c_cflag |= (CLOCAL | CREAD | IGNPAR );
    // ノンパリティ（偶数奇数パリティも外す＝この状態だと奇数パリティ）
    tio.c_cflag &= ~(PARENB | PARODD);
    // 入力モードの設定
    // 入力中のBREAK信号を無視
    tio.c_iflag = IGNBRK;
    // 出力のXON/XOFFフロー制御無効，入力のXON/XOFFフロー制御無効，
    //      任意の文字を入力すると停止していた出力を再開したりする機能も無効
    tio.c_iflag &= ~(IXON|IXOFF|IXANY);
    // 出力モードは0クリア
    tio.c_oflag = 0;
    // ローカル・モードも0クリア（非カノニカル・モードになる）
    tio.c_lflag = 0;
    // 非カノニカル・モードの場合の最小受信文字数
    tio.c_cc[VMIN] = 1;
    // 非カノニカル・モードの場合のタイムアウト時間
    tio.c_cc[VTIME] = 5;
    // 端末に関連したパラメータを設定(TCSANOW：すぐに反映)
    tcsetattr(fd, TCSANOW, &tio);
    // 戻る
}
    :
    :
// ----------------------------------------------------
// Main Routine
// ----------------------------------------------------
int main(int argc, char *argv[])
{
    :
    :
    // ----------------
    // 初期処理
    // ----------------
    // 受信バッファをクリア
    memset(rx_buffer, 0, BUFF_SIZE);
    // デバイス（シリアル・ポート）オープン：読み書き用，TTY制御せず
    gvc_port = open(argv[1], O_RDWR | O_NOCTTY);
    // デバイスが開けなかったら
    if(gvc_port < 0)
    {
        // 最後のシステム・エラーを表示
        perror(argv[1]);
        // 終わり
        exit(2);
    }
    // OKなら，シリアル・ポートを初期化
    serial_reset(gvc_port);
    :
    :
```

マルチタスクなLinuxですから，コマンドを打ったらそのまま送信できるタイミングまで待つのではなく「送信予約完了」のようにして，すぐに次の別の処理ができるようにしたいですね．なので，PIC側からのデータを受信してそのタイミングを知りうるデーモンにコマンドを渡して送信処理も任せることにします．

ずっと動いているデーモン・プロセスと，ユーザが実行するコマンド・プロセスがデータをやりとりする方法としては，次のようないくつかの方法があります．

- メッセージ・キュー
- ソケット
- セマフォ
- 共有メモリ

今回のGVCでは，タイミングについてあまり気にしないことから，非同期のプロセス間通信方法として使われるメッセージ・キューを利用します（**図4**，**リスト3**，**リスト4**）．

Linuxがもっているメッセージ・キューを使用することで，プロセス間通信処理の作りこみをかなり軽減できます．

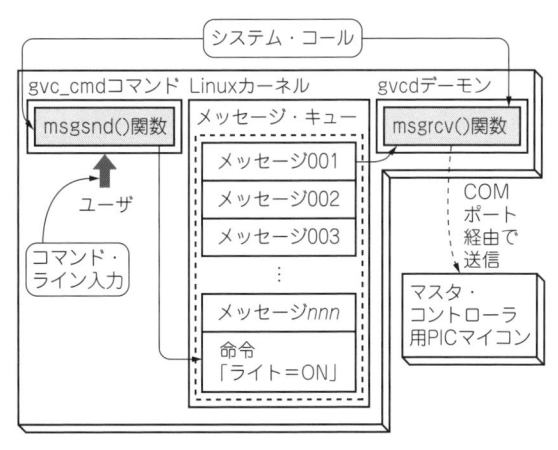

図4　コマンドとPICマイコンとの非同期通信を行うデーモンはLinuxメッセージ・キューを介してやりとりする

77

リスト3　Linuxデーモン側のメッセージ・キュー処理プログラム

```c
// ------------------------------------------------
// Main Routine
// ------------------------------------------------
int main(int argc, char *argv[])
{
    :
    :
    // パス名とプロジェクト識別子をSystem V IPCキーに変換する (命令キュー)
    // gvcdが動いていることが前提なので、gvcdのPIDファイルから生成すればOK。
    msgq_key = ftok(GVC_PID_FILENAME, 'w');
    // メッセージ・キューを作成 ( 新規作成、コマンド (gvc_cmd 系)の
    //                        実行を誰でもできるようにするなら0666とすること)
    message_qid = msgget(msgq_key, IPC_CREAT | 0666);
    // メッセージ・キューが作成できたなら (message_qid!=-1)
    if (message_qid != -1)
    {
        // OK、何もしない
    }
    // メッセージ・キューが作成できなかったら (message_qid=-1)
    else
    {
        // LOG メッセージ設定
        sprintf(logstr, "Message Queue make error : %s",
                                    strerror(errno));
        // ログにメッセージを出力
        put_log(gvcd_mode, logstr);
        // 終わり
        exit(EXIT_FAILURE);
    }
    :
    :
    while(1)
    {
        // GVC コマンド送信可能状態(=1) なら
        while(gvc_cmd_ready)
        {
            // メッセージ受信
            msgq_result = msgrcv(message_qid, &rcv_message_queue,
                                 msgq_length, COMMAND_Q, IPC_NOWAIT);
            // メッセージが受信できたなら(!=-1)
            if (msgq_result != -1)
            {
                // キューに基づいて処理
                gvc_queue_job[ rcv_message_queue.q.cmd ](
                                    (void *)&rcv_message_queue );
                // もしENDコマンドがきていたら
                if (rcv_message_queue.q.cmd == 0xff)
                {
                    // 終了する
                    goto END_JOB;
                }
            }
            // メッセージが受信できなかったら(=-1)
            else
            {
                // メッセージがない、ではなかったら
                if (errno != ENOMSG)
                {
                    // LOG メッセージ設定
                    sprintf(logstr, "QUEUE ERROR : %s",
                                    strerror(errno));
                    // ログにメッセージを出力
                    put_log(gvcd_mode, logstr);
                    // 終了する
                    goto END_JOB;
                }
                // 特にメッセージがないなら
                else
                {
                    // メッセージキュー受信から抜ける
                    break;
                }
            }
        }
    }
    :
    :
```

リスト4　Linuxコマンド側のメッセージ・キュー処理プログラム

```c
// ------------------------------------------------
// Main Routine
// ------------------------------------------------
int main(int argc, char *argv[])
{
    :
    :
    // パス名とプロジェクト識別子をSystem V IPCキーに変換する (命令キュー)
    // gvcd が動いていることが前提なので、gvcdのPIDファイルから生成すればOK。
    msgq_key = ftok(GVC_PID_FILENAME, 'w');
    // メッセージ・キューID を取得
    message_qid = msgget(msgq_key, 0666);
    // メッセージ・キューID が取得できたなら (message_qid!=-1)
    if (message_qid != -1)
    {
        // OK
    }
    // メッセージ・キューID が取得できなかったら (message_qid=-1)
    else
    {
        // エラーを出力
        fprintf(stderr, "Message Queue make error : %s\n",
                                    strerror(errno));
        // 終わり
        exit(EXIT_FAILURE);
    }
    :
    :
    // なんらかの命令があるなら
    if (gvc_cmd != 0)
    {
        // メッセージの初期化
        memset((void *)&send_message_queue.q,
                            sizeof(GVC_QUEUE_MESSAGE_t), 0x00);
        // メッセージ設定…命令を送信する
        send_message_queue.qtype = COMMAND_Q;
                            // メッセージ・キュー・タイプ設定 (要求)
        send_message_queue.q.gvc_num = 0x01;
                            // 対象GVC 番号設定 (1= とりあえず…TBD)
        send_message_queue.q.msg_type = GVC_MSG_ENQ;
                            // メッセージ・タイプ設定 (GVCへの各種問い合わせ)
        send_message_queue.q.dev_num = dev_num;
                            // 接続GVC 番号設定 (1= マスタ・コントローラ)
        send_message_queue.q.format = 0x01; // コマンド・フォーマット設定
        send_message_queue.q.cmd = gvc_cmd;  // コマンド設定
        send_message_queue.q.data_len = 0;   // データ長設定
        // メッセージ送信
        msgq_result = msgsnd(message_qid, &send_message_queue,
                                    msgq_length, 0);
        // メッセージが送信できたなら (=0)
        if (msgq_result == 0)
        {
            // 終わり
            exit(EXIT_SUCCESS);
        }
        // メッセージが送信できなかったら (!=0)
        else
        {
            // エラーを出力
            fprintf(stderr,
                "COMMAND SEND ERROR : %s(ERRNO=%d, message_qid=%d, msgq_length=%d)\n",
                strerror(errno), errno, message_qid, msgq_length);
            // 終わり
            exit(EXIT_FAILURE);
        }
    }
    :
    :
```

PIC同士のI²C通信プログラム

センサからI²C経由で値を取得する場合には，I²Cのバス上にマスタとなるデバイスを用意しなければなりません．

GVCではマスタ・モジュールと呼んでいますが，PICを搭載した基板の一つをI²Cのマスタとして，Linuxマシンとの橋渡し役としています．参考までにマスタ・モジュールとスレーブ・モジュールの通信実験のようすを写真2に示します．

● おさらい…I²C通信

あらためてI²Cの特徴について以下に挙げておきます．

- SDA (Serial DAta line) とSCL (Serial CLock line) の2本のみで通信が可能（実際にはV_{DD}とGNDも必要）
- I²Cに接続する各デバイスにはユニークなアドレスをもつ（通常は0x7Fまでの7ビットだがさらに拡張して使用するモードもあり）
- マスタ (Master) とスレーブ (Slave) デバイスがあり，マスタは同一バス上に複数存在してもよい（衝突検出機能あり）．今回はマスタは一つにしておく
- マスタからのTransmit/Receiveの指示によりスレーブはデータの送信/受信ができる
- バス速度は100kbps（ビット/秒）/400kbps/3.4Mbpsの複数があり，今回は標準の100kbpsを使用

その他，ハードウェア的な制限がいくつかあるものの，基板上などでの短距離通信手段としてはかなりお手軽です．I²C通信は既に特許が失効しているので，特許使用料も不要です．

● I²Cマスタ側のプログラムがやや複雑

GVCではこのI²C通信を利用して，PICマイコン側のマスタ・モジュールとスレーブ・モジュールをバス接続しています．マスタ側のプログラムをリスト5に，スレーブ側のプログラムをリスト6に示します．

GVCでは任意のモジュールを数メートルの距離で接続するというI²C本来の使用目的からすると少し外れた使い方をしています．今のところ，雷とラズベリー・パイの熱暴走とバグ以外では，GVCがストールしたことはありません．

ユーザ希望回路をカチャ！PICマイコン側のセンシング・プログラム

参考文献 (4) などを調べると，温度や湿度，照度や人感センサなど，すぐにでも使いたいものがいろいろ

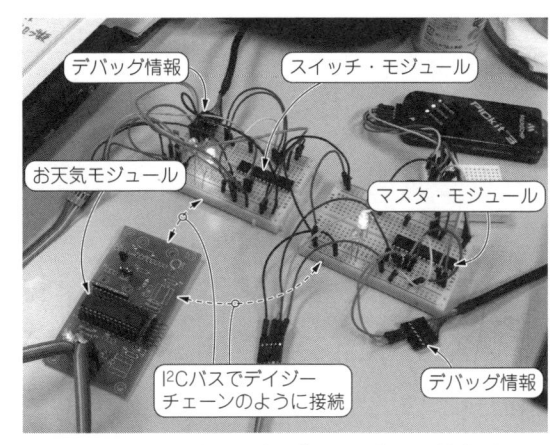

写真2 PICマイコン側の回路はブレッドボードで簡単に組める程度でOK
マスタ・モジュールとスレーブ・モジュールの通信実験のようす

とありますが，PICでセンサの値を取得する場合になるべく簡単で済むタイプがベターです．

たいていのセンサは測定した値により電圧を変化させて出力するので，これをPICで読み取ることになります．

マイコンなのである程度の計算もできますが，できるだけ電圧を直線的（リニア）に出力してくれるセンサの方が計算も簡単になります．

A-D変換器でセンサ信号を取り込むPICマイコン・プログラムの例をリスト7に示します．

最近ではI²Cで値などを出力できるセンサもさほど高くもなく入手できるので，周辺回路などを用意した場合とのコストを検討して選択します．

写真3と図5に筆者が製作したラズベリー・パイ×PICマイコン気圧計の例を紹介しておきます．

本章で紹介しきれなかったことは…ウェブを参照できます

このようにして，PICマイコン同士（マスタ・モジュールとスレーブ・モジュール）の通信や，LinuxマシンとPICマイコン（マスタ・モジュール）との通信がうまくいったら，後は実際にどのような処理をスレーブ・モジュールにさせるか，ということになります．

今回は，ラズベリー・パイ×PICマイコンちょこっとリアルタイム・コントローラということで，全体像やそれぞれの通信のしくみを中心に紹介しました．

GVCのウェブ・サイト（http://gvc-on.net/）では，開発中の各プログラムやモジュール基板などをオープンに提供しています．これからもゆっくりとですがGVCの開発を続けていくので，興味のある方は参照してみてください．

リスト5 全てを司るのでやや複雑！PICマイコンのI²Cマスタ通信プログラム

```c
// ---------------------------
// Setup MSSP1 18F26K22
// ---------------------------
void init_mssp1_18F26K22(void)
{
    // ---------------------------
    // MSSP1 制御データ設定 マスタとして設定する場合
    // ---------------------------
    SSP1STAT= 0b00000000; // 400kHz Slew rate
    SSP1CON1= 0b00101000; // No Col, Not Overflow,
                          enable SDA/SCL w/input mode, hold clock low,
    // Master mode, clock = Fosc/(4 * SSP1ADD + 1))
    // SSP1CON2bits.SEN = 1 は,
                                                           実際にマスタから何かを送信するときに設定するので初期設定時には不要
    // SSP1ADDはマニュアルを見て設定すること,
    //                    FOSC=16MHzで100kHzなら27h, 400kHzなら09h。
    // …ただし400kHzはこのPICでは厳密には準拠していないらしい…Σ(゜Д゜;I-ッ!
    SSP1ADD = 0x27;
    // クロック=FOSC/((SSPADD + 1)*4) 8MHz/ ((0x13+1)*4)=0.1(100KHz)
    // MSSP1 割り込みフラグ初期化
    PIR1bits.SSP1IF = 0;
    // MSSP1 バス衝突割り込みフラグを初期化
    PIR2bits.BCL1IF = 0;
    // 100ms 待つ
    Delay_10ms(10);
}
```

(a) マスタとして設定

```c
// ---------------------------
// I2C wait Clear buffer
// ---------------------------
void i2c_waitClearbuffer()
{
    // I2C がアイドル状態でないか, 送信状態だったり受信バッファに何かある間は待つ
    while((SSP1CON2 & 0b00011111) | (SSP1STAT & 0b00000101));
}
// ---------------------------
// I2C begin Transmission
// ---------------------------
void i2c_beginTransmission()
{
    // I2C wait Clear buffer
    i2c_waitClearbuffer();
    // I2C START CONDITION
    SSP1CON2bits.SEN = 1 ;
}
// ---------------------------
// I2C end Transmission
// ---------------------------
void i2c_endTransmission()
{
    // I2C wait Clear buffer
    i2c_waitClearbuffer();
    // I2C STOP CONDITION
    SSP1CON2bits.PEN = 1 ;
}
// ---------------------------
// I2C write
// ---------------------------
int i2c_write(char target_addr, char * data, int data_length)
{
    unsigned int data_pos = -1;
    // I2C begin Transmission
    i2c_beginTransmission();
    // I2C wait Clear buffer
    i2c_waitClearbuffer();
    // とりあえずありえないダミー・データを設定
    reg_SSP1STAT = 0b11111111;
    // アドレスを送信 R/W=0
    SSP1BUF = target_addr << 1;
    // reg_SSP1STATが変化するまで待つ
    while(reg_SSP1STAT == 0b11111111);
    // もしACKSTATUSがACK(=0)なら
    if (SSP1CON2bits.ACKSTAT == 0)
    {
        // dataを1バイトずつ送信する
        for (data_pos = 0; data_pos < data_length ; data_pos ++)
        {
            // I2C wait Clear buffer
            i2c_waitClearbuffer();
            // とりあえずありえないダミー・データを設定
            reg_SSP1STAT = 0b11111111;
            // データを送信
            SSP1BUF = (char)data[data_pos];
            // reg_SSP1STATが変化するまで待つ
            while(reg_SSP1STAT == 0b11111111);
            // もしACKSTATUSがNACKではない(==0:ACK)なら
            if (SSP1CON2bits.ACKSTAT == 0)
            {
                // なにもしない
            }
            // そうではなくACKSTATUSがNACK なら
            else
            {
                // スレーブがNACKを返してきた場合の処理
                // 呼び出し元にエラー・ステータスを返した方がいい. それとも再処理します?
                return data_pos;
            }
        }
    }
    // I2C end Transmission
    i2c_endTransmission();
    return data_pos;
}
```

(b) マスタからデータ送信

```c
// ---------------------------
// I2C read
// ---------------------------
int i2c_read(char target_addr, char * data, int data_length)
{
    unsigned int data_pos = -1;
    // I2C begin Transmission
    i2c_beginTransmission();
    // I2C wait Clear buffer
    i2c_waitClearbuffer();
    // とりあえずありえないダミー・データを設定
    reg_SSP1STAT = 0b11111111;
    // アドレスを送信 R/W=1
    SSP1BUF = (char)((target_addr << 1) + 1);
    // reg_SSP1STATが変化するまで待つ
    while(reg_SSP1STAT == 0b11111111);
    // もしACKSTATUSがACK(=0)なら
    if (SSP1CON2bits.ACKSTAT == 0)
    {
        // data を1バイトずつ受信する
        for (data_pos = 0; data_pos < data_length ; data_pos++)
        {
            // I2C wait Clear buffer
            i2c_waitClearbuffer();
            // 受信を許可する
            SSP1CON2bits.RCEN = 1;
            // I2C がアイドル状態でないか, 送信状態だったり受信バッファに何かくるまで待つ
            while((SSP1CON2 & 0b00011111) | (SSP1STAT & 0b00000100));
            // データを受信
            data[data_pos] = SSP1BUF;
```

(c) マスタがデータ受信

第9章 改良：I/O機能をプラスしてホームIoTにチャレンジ

```c
        // I2C wait Clear buffer
        i2c_waitClearbuffer();
        // 次のデータを要求するのでACKデータはACK(=0)を設定
        SSP1CON2bits.ACKDT = 0 ;
        // ACKデータ(ACKDT)を返す
        SSP1CON2bits.ACKEN = 1 ;
    }
    // I2C wait Clear buffer
    i2c_waitClearbuffer();
    // 受信を許可する
    SSP1CON2bits.RCEN = 1;
    // I2C がアイドル状態でないか，送信状態だったり受信バッファに何かくるまで待つ
    while((SSP1CON2 & 0b00011111) | (SSP1STAT & 0b00000100));
    // データを受信
```

```c
    data[data_pos] = SSP1BUF;
    // データ・ポインタを加算
    data_pos++;
    // I2C wait Clear buffer
    i2c_waitClearbuffer();
    // 次のデータは要らないのでACKデータはNOACK(=1)を設定
    SSP1CON2bits.ACKDT = 1;
    // ACK データ(ACKDT)を返す
    SSP1CON2bits.ACKEN = 1 ;
}
// I2C end Transmission
i2c_endTransmission();
return data_pos;
```

（c）マスタがデータ受信（つづき）

リスト6　PICマイコンのI²Cスレーブ通信プログラム

```c
// ----------------------------
// Setup MSSP1 18F26K22
// ----------------------------
void init_mssp1_18F26K22(void)
{
    // ----------------------------
    // MSSP1 制御データ設定 スレーブとして設定する場合
    // ----------------------------
    SSP1STAT = 0b00000000; // 400kHz Slew rate
    SSP1CON1 = 0b00110110;
                // SSP1EN = 1, CKP = 1, SSP1M = Slave mode 7bit
    SSP1CON2bits.SEN = 1;
                // Start Condition Enabled bit ... SSP1CON2)
    // このデバイスのI2C アドレスを設定
    SSP1ADD = I2C_ADDR << 1;
    // MSSP1 割り込み初期化
    PIR1bits.SSP1IF = 0;
    // MSSP1 バス衝突割り込みフラグを初期化
    PIR2bits.BCL1IF = 0;
    // 100ms 待つ
    Delay_10ms(10);
}
```

（a）スレーブとして設定

```c
// -------------------------------------------------
// 18F26K22 Interrupt Routine
// -------------------------------------------------
// 割り込みはすべてinterrupt 宣言されたこの関数が呼ばれる
static void interrupt interrupt_18F26K22()
{
    // 全割り込みを禁止(=0) (Global Interrupt Enable bit … INTCON)
    INTCONbits.GIE = 0;
    // ----------------------------------------
    // MSSP1 割り込み処理 (Rev.1 の18F26K22_I2C.c を参照すること
    // ----------------------------------------
    // MSSP 割り込み(=1) なら
    (Synchronous Serial Port (MSSP) Interrupt Flag bit ... PIR1)
    if (PIR1bits.SSP1IF == 1)
    {
        // MSSP 割り込みクリア(=0)
        (Synchronous Serial Port (MSSP) Interrupt Flag bit ... PIR1)
        PIR1bits.SSP1IF = 0;
        // SSP1 ステータスを取得，D/A, R/W, BF ビットをマスク
        reg_SSP1STAT = SSP1STAT & 0b00100101;
        // SSP1 ステータスが，アドレス(D/A=0)で，
                かつマスタがスレーブへ送信(R/W=0)，かつバッファに何かある(BF=1)なら
        if (reg_SSP1STAT == 0b00000001)
        {
            // この場合にはアドレス一致による割り込みなので，受信のための前準備をする
            // ・SSP1BUF を空読み
            // ・SCL をリリースしてマスタにデータの送信を許可する
            // など
        }
        // SSP1 ステータスが，データ(D/A=1)で，
                かつマスタがスレーブへ送信(R/W=0)，かつバッファに何かある(BF=1)なら
        else if (reg_SSP1STAT == 0b00100001)
        {
            // この場合には実際にデータが送信されてきたので，受信処理を行う
            // ・SSP1BUF からデータを読み出し
            // ・SCL をリリースしてマスタに次のデータの送信を許可する
        }
        // アドレス(D/A=0) で，
                かつマスタがスレーブから受信(R/W=1)，かつバッファに何かある(BF=1) な
        else if (reg_SSP1STAT == 0b00000101)
        {
            // この場合にはマスタからデータを最初に要求された場合の割り込みなので，
                                        データの最初(1 バイト) を送信する
            // ・SSP1BUF を空読みして
            // ・データをSSP1BUF に設定
            // ・SCL をリリースしてマスタにデータの送信を許可する
        }
        // データ(D/A=1) で，かつマスタがスレーブから受信(R/W=1)，
                                        かつバッファが空(BF=0)なら
        else if (reg_SSP1STAT == 0b00100100)
        {
            // この場合にはマスタからデータの続きを要求された場合の割り込みなので，
                                        順次データ(1 バイト) を送信する
            // ・送信バッファの送信バッファ位置のデータをSSP1BUF に設定
            // ・SCL をリリースしてマスタにデータの送信を許可する
        }
        // これら以外はマスタから呼ばれただけなので
        else
        {
            // SSP1BUF を空読みして
            // SCL をリリースしてマスタに次の命令を促す
        }
    }
    // ----------------------------------------
    // シリアル1 受信割り込み処理
    // ----------------------------------------
    :
    :
}
```

（b）スレーブの割り込み処理

リスト7　A-D変換器でセンサ信号を取り込むPICマイコン・プログラムの例

```c
// --------------------------------------
// Get temperature port voltage
// --------------------------------------
int get_port_voltage(char port_num)
{
    int voltage = 0;
    // 温度データ，上位8ビットにintのlowが，下位8ビットにintのhiが入る
    // FVRが安定するまで待つ
    while ( 1 )
    {
        // FVRが安定したなら
        if (VREFCON0bits.FVRST == 1)
        {
            // ループを抜ける
            break;
        }
        // FVRが安定していないなら
        else
        {
            // 何もしない
        }
    }
    // AD 変換制御レジスタ0 設定 A/D CONTROL REGISTER 0
    ADCON0 = (port_num << 2);
    // 初期設定(ADCON0,ADCON1)の設定が終わってから，A-D変換を有効にする
    ADCON0bits.ADON = 1;
    // 電圧測定のため，10us待ち
    __delay_us(10); // wait 10us
    // 初期設定(ADCON0,ADCON1)の設定が終わってから，A-D変換を有効にする
    ADCON0bits.GODONE = 1;
    // ADGOが1の間は待ち
    while(ADCON0bits.GODONE)
    {
        // 電圧測定のため，10us待ち
        __delay_us(10); // wait 10us
    };
    // 電圧データを読み出して温度データに設定
    voltage = ADRESH << 8;
    voltage += ADRESL;
    // 温度データを返す
    return voltage;
}
```

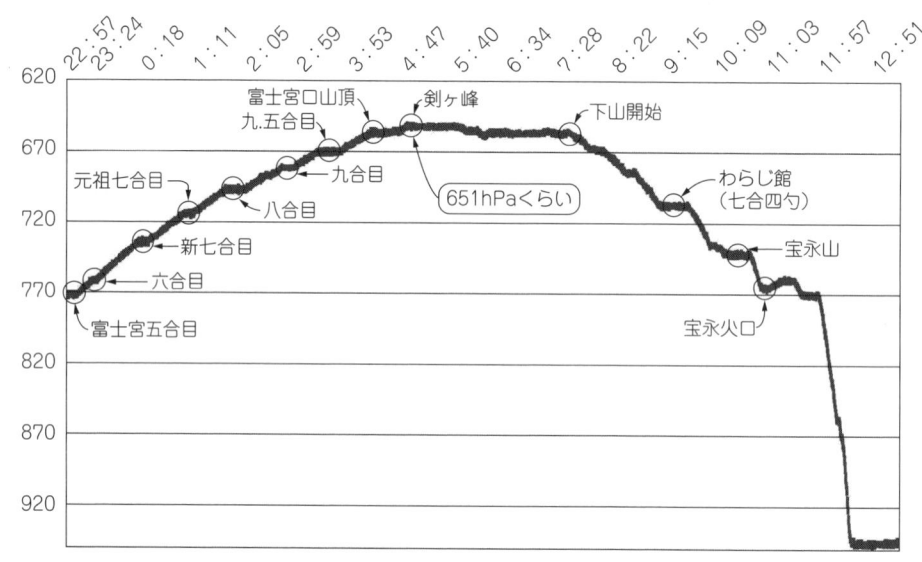

図5　写真3の気圧計で富士山のモバイル観測に挑戦
2013年9月20日～21日における気圧の変化

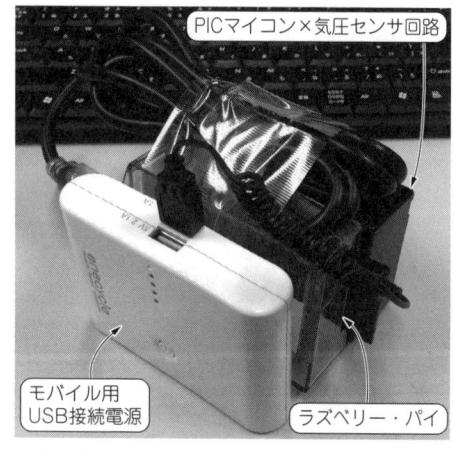

写真3　筆者がGVCを使って作った装置の例…ラズベリー・パイ×PICマイコン気圧計

◆参考文献◆

(1) 蕪木 岳志；第6章～第8章，特集「初体験！ラズベリー・パイで本格ネットワーク」，2014年8月号，Interface，CQ出版社．
(2) ラズベリー・パイのGPIO関連ウェブ・サイト．
http://www.raspberrypi.org/pinout-for-gpio-connectors/
http://tomowatanabe.hatenablog.com/entry/2013/01/14/181116
(3) I²Cで数百m通信を成功させた例を紹介したウェブ・サイト．
http://www.geocities.jp/zattouka/GarageHouse/micon/I2C/I2C_1.htm
(4) センサ・デバイス活用ノート，トランジスタ技術SPECIAL Vol.111，2010年，CQ出版社．

かぶらぎ・たけし

Appendix 4 外出時に傘を鞄にセットしてくれる
わたしのネットワーク生活…気象オープンデータでI/O

井原 大将

(a) 外出しようとする人を発見すると　　(b) 雨が降りそうなときは傘をかばんにセットしてくれる

写真1 気象オープンデータ×ラズベリー・パイで快適(？)IoTアシスト生活に挑戦してみた

● 無料で使えるオープンデータでアクション

世の中には，ある一定の条件下において，誰もが自由に使えるオープンデータなるものがあります．

オープンデータというと，政府や自治体による人口推移や土地価格，除雪車やバスの運行情報などを思い浮かべるかもしれません．実際には，気象や大気汚染，騒音，電車の運行状況など，たくさんのデータが公開されています．これを使わない手はありません．

今回は，このオープンデータと組み込み機器とを組み合わせることによってセンサから取得した行動データとの比較や，アクチュエータによる現実世界へのフィードバックができるようになります．これは，オープンデータを活用するという点において，非常に魅力的です．

● 装置概要

今回は組み込み機器によるオープンデータの活用例として，気象情報を用いた傘アラーム装置を製作します．そのためには気象情報取得APIやそのAPIを実際に利用するプログラムを制作します．

製作する傘自動セット装置は，外出時に「今日は雨が降ります．傘を準備しましょう」といった注意喚起と同時に，実際に鞄の中へ傘を落とします（**写真1**，**図1**）．

ハードウェア構成を**図2**，**写真2**に示します．処理

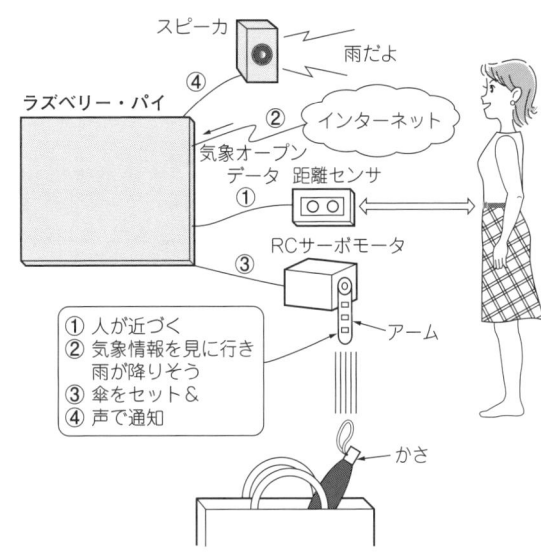

図1 実験装置の動作フロー

の主体となるマイコンにはラズベリー・パイを使います．将来的に画像やPDFフォーマットで公開されているオープンデータも取り込みたいからです．

外出の判定には距離センサを使います．ラズベリー・パイにはアナログ入力がないため，I^2Cで接続

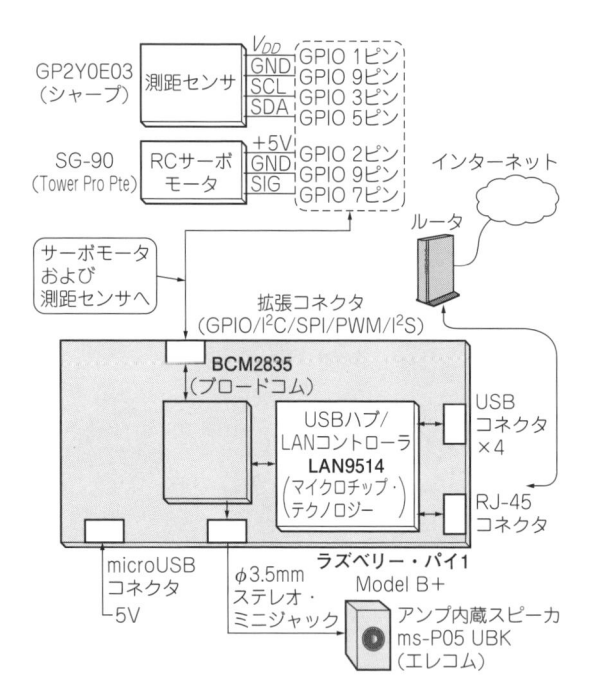

第2部 外出先からOK! ネットワーク・カメラづくり

図2 ハードウェア構成

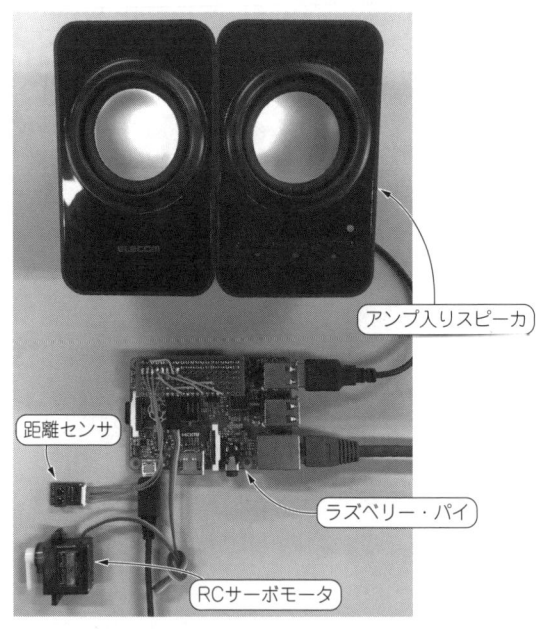

写真2 製作に必要なハードウェア

できるディジタル入力品を選定しました．

声掛けにはアンプ内蔵スピーカを，傘の自動セットにはRCサーボモータを使います．

気象オープンデータ

● 利用するデータAITC API

気象オープンデータを取得するために，先端IT活用推進コンソーシアム（AITC）の公開している「蓄積データ参照&REST API（以降，AITC API）」に接続します．

気象データは気象庁からも公開されていますが，AITC APIは，気象庁の防災情報XMLを蓄積し，さらにインデックス化しており，過去の気象情報を自由に検索できるようになっています（**図3**）．ここからはAITC APIにおける気象情報の取得方法について解説していきます．

● 気象情報を検索

AITCのサーバは，HTTPでアクセス可能になっています．例えば次のようなURLでアクセスすると，

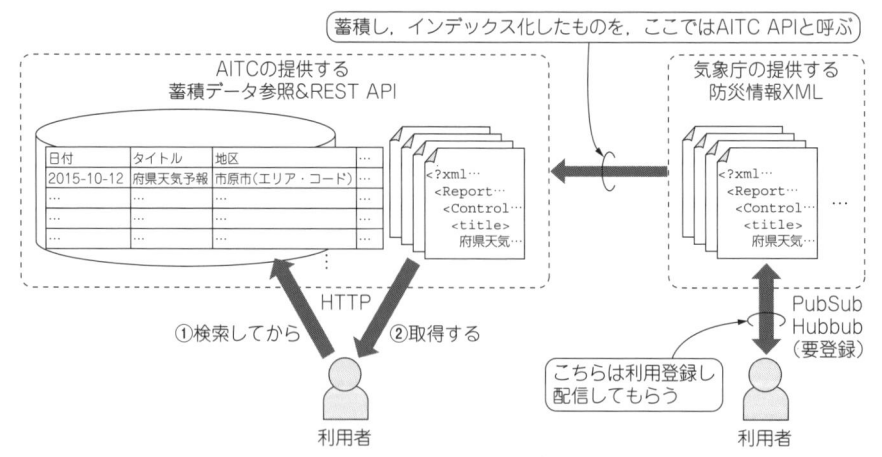

図3 AITCは気象庁の提供する防災情報を蓄積するだけでなく参照しやすいようにインデックスを付加している．気象庁の提供する防災情報と違って利用登録も不要
今回はAITCのサーバにアクセスして情報を得る

Appendix 4 わたしのネットワーク生活…気象オープンデータでI/O

リスト1 AITCのサーバから得られる気象データへのURL
10月5日～10月19日のデータへのリンクが得られる

```
{
  "data": [
    {
      "datetime": "2015-10-12T22:07:30.000+0900",    ← 10月12日22時07分のデータはこのURLにある
      "link": "http://api.aitc.jp/jmardb-api/
              reports/1738ae20-a29d-3fb3-bba8-725892005038",
      "title": "府県天気予報"
    },
    {
      "datetime": "2015-10-12T16:42:08.000+0900",    ← 10月12日16時42分のデータはこのURLにある
      "link": "http://api.aitc.jp/jmardb-api/
              reports/57a0187f-ebe5-3ef8-811c-4044ecaba018",
      "title": "府県天気予報"
    },
    ：中略
}
```

リスト1のような結果が得られます．

```
http://api.aitc.jp/jmardb-api/
search?status=通常&areacode_mete=
130010&order=new&title=府県天気予報
&targetdatetime=2015-10-05 22:34:58
&targetdatetime=2015-10-19 22:34:58
```

この例では東京都（エリア・コード130010）の天気予報を検索し，結果として，実際の気象情報を含んだXML，防災情報XMLへのURLが得られています．

● 気象情報を取得

リスト1の検索結果の中には，防災情報XMLのURLが含まれていました．次はこのURLにアクセスし，気象情報を取得します（**図3**中の②）．実際に取得したXMLが**リスト2**になります．このXMLのフォーマットは，気象庁のウェブ・サイトに防災情報XML技術資料としてまとめられているので，詳細はこの資料を参照してください．

プログラムの構成

プログラムはPythonで作成しました．使用したプログラムは**表1**のとおりです．自作したプログラムについて解説します．

■ 気象データの抽出

● search関数

AITC APIを利用するためのプログラムを**リスト3**に示します．search関数では，AITC APIにおける気象情報の検索を行います．この関数ではまず，検索パラメータを辞書型のデータとして受け取り，URLとして組み上げていきます（①）．

今回のプログラムでは，雨が降るかどうかの最新の予報が知りたいだけなので，前後1週間に条件を絞るパラメータも加えています（②）．時間の条件を加え

リスト2 リスト1のURLから得た気象情報

```xml
<Report>
  <Control>
    <Title>府県天気予報</Title>
    <DateTime>2015-10-12T13:07:30Z</DateTime>
    <Status>通常</Status>
    <EditorialOffice>気象庁本庁</EditorialOffice>
    <PublishingOffice>気象庁予報部</PublishingOffice>
  </Control>
  <Head>...</Head>
  <Body>
    <MeteorologicalInfos type="区域予報">
      <TimeSeriesInfo>
        <TimeDefines>...</TimeDefines>
        <Item>
          <Kind>
            <Property>
              <Type>3時間内卓越天気</Type>
              <WeatherPart>
                <Weather refID="1" type="天気">晴れ</Weather>
                <Weather refID="2" type="天気">晴れ</Weather>
                <Weather refID="3" type="天気">晴れ</Weather>
                <Weather refID="4" type="天気">晴れ</Weather>
                <Weather refID="5" type="天気">晴れ</Weather>
                <Weather refID="6" type="天気">晴れ</Weather>
                <Weather refID="7" type="天気">晴れ</Weather>
                <Weather refID="8" type="天気">くもり</Weather>
                <Weather refID="9" type="天気">晴れ</Weather>
                <Weather refID="10" type="天気">晴れ</Weather>
              </WeatherPart>
            </Property>
          </Kind>
          <Area>
            <Name>東京地方</Name>
            <Code>130010</Code>
          </Area>
          …
        </Item>
        …
      </TimeSeriesInfo>
    </MeteorologicalInfos>
    …
  </Body>
</Report>
```

ないと，膨大な数を検索することになり，応答に時間がかかります．

URLを組み上げた後は，HTTPでリクエストを送り（③），JSONフォーマットの結果をパースします．JSONについては，Python標準のjsonライブラリで

表1 使用したプログラム一覧

プログラム名	用途	備考
RPIO	ラズベリー・パイを扱う	サードパーティ・ライブラリ（ラズベリー・パイ標準）
pytz	タイムゾーン情報を扱う	サードパーティ・ライブラリ
dateutil	日付，時刻情報を扱う	
pysmbus	I²C通信を扱う	
Aitc.py	AITC APIを利用する	自作
Distance_sensor.py	距離センサを利用する	
Servo.py	RCサーボモータを利用する	
Main.py	メイン・プログラム	

リスト3 気象オープンデータ取得＆降雨判定プログラム

```python
import re
import json
from urllib import urlencode
from urllib2 import urlopen
from datetime import datetime, timedelta
import xml.etree.ElementTree as ET
import pytz
import dateutil.parser
search_url = 'http://api.aitc.jp/jmardb-api/search'
time_format = "%Y-%m-%d %H:%M:%S"
def search(req) :
    # 引き数をURLに変換
    data = urlencode(req)
    request_url = search_url+'?'+data          ……①
    # 対象を前後1週間に関する予報に制限
    tz = pytz.timezone('Asia/Tokyo')
    now_time = datetime.now(tz)
    start_time = now_time - timedelta(weeks=1)   ……②
    end_time = now_time + timedelta(weeks=1)
    start_time_str = start_time.strftime(time_format)
    end_time_str = end_time.strftime(time_format)
    request_url += '&' + urlencode({'targetdatetime':
                                    start_time_str})
    request_url += '&' + urlencode({'targetdatetime':
                                    end_time_str})
    # 検索クエリの送信，結果の取得
    res = urlopen(request_url)
    res_str = res.read()                        ……③
    # JSONをパースし，返却
    res_json = json.loads(res_str)              ……④
    return res_json
```
(a) search関数…AITCから目的のデータを含むXMLを検索する

```python
def judge_rainfall(data) :
    tz = pytz.timezone('Asia/Tokyo')
    now_time = datetime.now(tz)
    now_plus12h = now_time + timedelta(hours=12)
    for (time, value) in data :
        if now_time < time < now_plus12h and 0 < value :
            return True
    return False
```
(c) judge_rainfall関数…雨が降るかを判定する．12時間以内に0％より大きい予報があったら雨と判定

```python
def get_rainfall(url, areacode) :
    # XMLを取得する
    res = urlopen(url)
    xml_str = res.read()                       ……⑤
    # 名前空間の除去                              ……⑥
    xml_str = re.sub(' xmlns(:¥w+)?="[^"]+"', '',
                                      xml_str)
    xml_str = re.sub('[a-zA-Z_][a-zA-Z_]*:', '',
                                      xml_str)
    # データの抽出                                ……⑦
    root = ET.fromstring(xml_str)
    for tsi_elem in root.findall(".//TimeSeriesInfo") :
      date_time_elems = tsi_elem.findall
                    (".//DateTime") # 時刻情報    ……⑧
      for item_elem in tsi_elem.findall(".//Item") :
        if (item_elem.find(u".//Area[Code=
                    '"+areacode+"']") is not None and
            item_elem.find(u".//Property[Type=
                    '降水確率']") is not None) :  ……⑨
          pop_elems = item_elem.findall
            ('.//ProbabilityOfPrecipitation') # 降水確率情報
          data = []
          for (date_time_elem, pop_elem) in zip(date_
                          time_elems, pop_elems) :
            time = dateutil.parser.parse(date_time_
                          elem.text)
            value = int(pop_elem.text)
            data.append((time, value))
          return data # 時刻と降水確率のタプルをリストにして返却
    return None
```
(b) get_rainfall関数…気象庁防災情報XMLを解析して時間と降水確率を返す

Pythonのデータ構造に変換しています．

● get_rainfall関数

get_rainfall関数では，防災情報XMLから当該エリア・コードの降水確率情報を抜き出します．まず，防災情報XMLをHTTPで取得し(⑤)，パースの前処理として，名前空間の除去を行います(⑥)．名前空間の除去を行うことで，降水確率情報を抽出する際のタグの指定が簡単になります．XMLのパースは，Python標準のElementTreeライブラリで行います．

リスト4 距離センサ利用プログラムdistance_sensor.py

```python
import smbus

i2c = smbus.SMBus(1)
default_address = 0x40

def read_distance(address=default_address) :
    data = i2c.read_i2c_block_data(address, 0x5e, 2)
    #ミリメートルに変換
    return (((data[0]<<4)+data[1])/16.0)/4.0
```

あとはXMLのデータを抽出していくだけです(⑦)．このプログラムでは，基本的にXPath記法で特定の要素を抜き出したり(⑧)，特定の要素を持つかどうかを判定したり(⑨)しています．

● judge_rainfall関数

judge_rainfall関数では，get_rainfall関数で抽出した降水確率情報を現時刻と照らし合わせて，12時間以内に雨が降るかどうかを判定します．

■ そのほか

● 距離センサ

距離センサとはI^2Cを用いて通信します(リスト4)．ラズベリー・パイでI^2C通信をする場合は，下記のファイルを書き換えてください．プログラムとしては単純に，I^2Cで距離情報が格納されているアドレスのデータを取得するようになっています．

- I^2C利用のための/etc/modulesへの追記
  i2c-dev
- I^2C利用のための/boot/config.txtへの追記
  dtparam=i2c_arm=on

● RCサーボモータ

RCサーボモータは，GPIOを通してPWM制御を行

Appendix 4 わたしのネットワーク生活…気象オープンデータでI/O

リスト5 RCサーボモータ利用プログラム servo.py

```python
import RPi.GPIO as GPIO

class Servo() :
  def __init__(self, pin) :
    GPIO.setmode(GPIO.BCM)
    GPIO.setwarnings(False)
    GPIO.setup(pin, GPIO.OUT)
    self.pwm = GPIO.PWM(pin, 50)
    self.pwm.start(2.5)

  def change_angle(self, angle) :
    duty = angle/18.947 + 2.5
    self.pwm.ChangeDutyCycle(duty)
```

います．PWM制御そのものはRPIOライブラリがしてくれるので，PWMの周波数やデューティ比を指定するだけです．今回はクラスとして実装し，コンストラクタでピン番号を指定，change_angleメソッドで角度を指定できるようにしました（**リスト5**）．

● メイン・プログラム

メイン・プログラム（**リスト6**）では，これまで作成したプログラムを統合して，人の感知と降水の判定，音声による注意喚起や傘の配置を行います．音声の再生については，あらかじめ用意した音声ファイルを aplay コマンドで再生しています（⑫）．

    ＊　　　　＊

具体的な気象情報取得APIやそのAPIを実際に利用するプログラムを作成しました．要素技術として，HTTPベースのAPIや，JSON[注1]フォーマット，XML[注2]フォーマットが登場しました．これらはオープンデータのAPIやフォーマットとして広く利用されており，これらを扱えるとオープンデータへの敷居がぐっと低くなります．ぜひオープンデータを組み込み機器で活用してみてください．

◆参考文献◆
(1) 気象庁XML用API，先端IT活用推進コンソーシアム．
    http://api.aitc.jp/
(2) 気象庁防災情報XMLフォーマット技術資料，気象庁．
    http://xml.kishou.go.jp/tec_material.html
(3) 気象等の予報業務許可についてよくある質問と回答，気象庁．
    http://www.jma.go.jp/jma/kishou/minkan/q_a_m.html

注1：JSONはJavaScript Object Notationの略で，データをJavaScript上のデータ構造表現で記述するフォーマットです．本来はJavaScript内で使っていたものですが，階層的な構造を記述でき，読み書きしやすい簡単なフォーマットであったため，他のプログラミング言語から利用するためのライブラリが普及しています．

注2：XMLは階層構造をタグで記述するフォーマットです．タグは「<tag></tag>」のようなHTMLと同じカギカッコで囲い階層を表現します．

リスト6 メイン・プログラム

```python
import os
import aitc
import distance_sensor
import servo
import time
basedir = os.path.dirname(__file__)
sv = servo.Servo(4)
sv.change_angle(90)
areacode = '130010' #東京都
request = {
  'status' : '通常',
  'title' : '府県天気予報',
  'order' : 'new',
  'areacode_mete': areacode,      # 取得する気象データを指定
}
while True :
  #人の感知
  distance = distance_sensor.read_distance()    # 一定値以内に人を検知すれば
  if distance < 60 :
    #気象情報の取得
    result = aitc.search(request)
    url = result["data"][0]['link']              # 気象情報を取得
    data = aitc.get_rainfall(url, areacode)
    if aitc.judge_rainfall(data) :
      #音声による注意がけ
      os.system("aplay {:s}furimasu.wav".
                      format(basedir))…⑫       # 声で通知
      #傘の配置
      sv.change_angle(0)
      time.sleep(2)                              # RCサーボモータを90°回転
      sv.change_angle(90)                        # させ傘を落下させる
    else :
      os.system("aplay {:s}furimasen.wav".
                      format(basedir))
  time.sleep(1)
```

---

column　独自の予報を発表したり提供したりする際には許可が必要

日本では，予報業務に該当する行為は気象業務法により，認可制となっています．具体的には観測資料を元に，独自の予報をウェブ・サイト上で発表したり，他人に提供したりすることは許可が必要となります．気象庁のウェブ・サイトにQ&A形式の予報業務許可制度[3]についてのわかりやすい解説がありますので，そちらをぜひご一読ください．

表2 気象情報を提供するウェブ・サイト

サービス名	サービス提供者	データ提供元	商用利用	事前登録	無償	プロトコル	フォーマット
気象庁 防災情報 XMLフォーマット形式電文	気象庁	気象庁	○	必要	○	PubSubHubbub	
気象庁 過去の気象データ・ダウンロード	気象庁	気象庁	×	なし	○	Web画面	CSV
気象庁XML用API 蓄積データ参照＆REST API	AITC	気象庁	×	なし	○	HTTP	JSON, XML
気象庁XML用API SPARQLクエリ発行	AITC	気象庁	×	なし	○	HTTP	SPARQL, XML
気象庁XML用API WebSocketによる配信	AITC	気象庁	×	なし	○	Websocket	XML
東京アメッシュ	東京都水道局	東京都水道局	×	なし	○	Web画面	画像
天気予報API	日本気象協会.	日本気象協会	○	必要	有償	HTTP	XML, JSON
Weather Hacks お天気Webサービス	livedoor	日本気象協会	×	なし	○	HTTP	JSON
天気情報RSSフィード	livedoor	日本気象協会	×	なし	○	HTTP	RSS (XML)
YOLP（地図）気象情報API	Yahoo! JAPAN	日本気象協会	×	なし	○	HTTP	XML, JSONP
天気・災害RSS	Yahoo! JAPAN	日本気象協会	×	なし	○	HTTP	RSS (XML)
天気API	Contents pocket	ウェザーマップ	○	必要	有償	HTTP	XML
ひとくち予報	ウェザーマップ	ウェザーマップ	×	なし	○	HTTP	RSS (XML)
Weather API	OpenWeatherMap	一般ユーザー	○	必要	○	HTTP	JSON, XML, HTML

　今回，本稿ではAITCの提供する気象情報を使いました．これ以外にも気象情報を提供するWebサイトはたくさんあります．その中でも国内の気象情報を提供するウェブ・サイトを表2に挙げます．

　同じ気象情報を提供するウェブ・サイトであっても，商用利用の可/不可や，データ取得に使うプロトコルなどが異なります．

　それ以外にも気温や湿度，風向きなど，取り扱っているデータの種類，10分ごとや1時間ごとなどといった時間の粒度，都道府県ごとや市町村ごとなどのエリア，どれだけさかのぼって過去のデータが取得可能かなど，たくさんの違いがあります．

　これらのことから，目的や作るものに合致したウェブ・サイトを選ぶことはとても重要です．

いはら・ひろまさ

第3部 音声パケット交換サーバづくり

オープンソースのソフトウェアAsteriskでオレ流LINEができちゃう！

第10章 その1：IP電話のしくみ

水越 幸弘

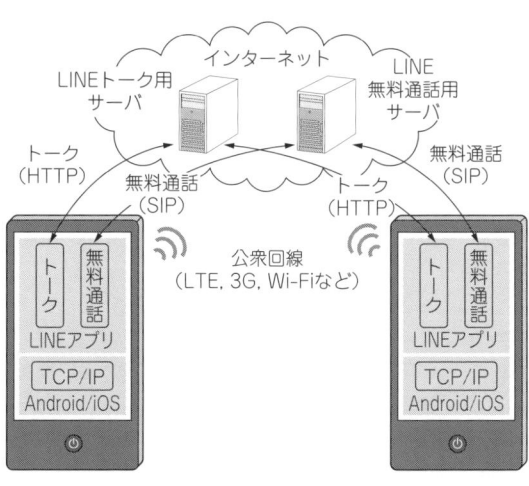

図1 無料通話アプリLINEには通話用と文字トーク用のサーバが用意されている

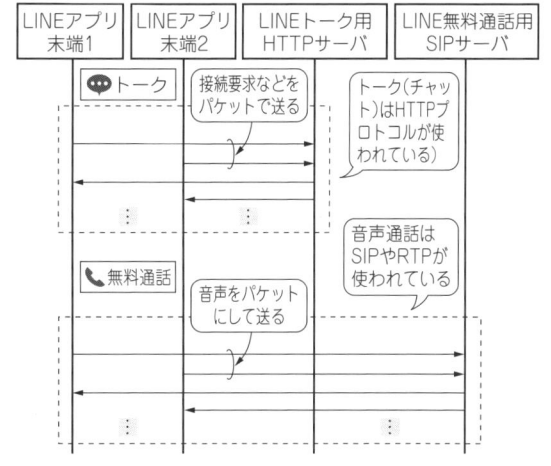

図2 無料通話にはSIPという通信プロトコルが使われる

スマートフォンやタブレットが普及し，自宅には光回線を引き込んで大容量の常時接続環境を持つ人の方が多いぐらいの世の中になりました．このような背景を踏まえて，SkypeやLINEなど，無料通話や格安通話のアプリがめじろ押しです．

本章では，このLINEのしくみについて説明し，同じような通話アプリを，手持ちのラズベリー・パイで作ります．既存のLINEにはない機能，例えば遠隔I/Oコントロールなども盛り込んでいきます．

無料通話アプリLINEのしくみ

LINEは，知り合い同士のコミュニケーション機能として，トーク（チャット）と無料通話があります．

図1にLINEのシステム構成を示しています．AndroidやiOSなどのスマホにインストールしたLINEアプリは，LINEサーバに接続します．トーク（チャット）や無料通話ごとにサーバが用意されています．

図2にLINEアプリをインストールした2端末が，それぞれ，トークと無料通話をしている際のやりとりを示します．

LINEアプリを含めて，スマホの外部との通信は，通信の秘匿が確保されています．このため，スマホの無線電波を傍受しても，他人の通信内容を解釈することはできません．ただ，スマホ内部のデータのやりとりを特別の方法でキャプチャ（取得）することにより，LINEの通信を解析している方がいました[1]．参考文献(1)によれば，LINEの通信は機能ごとに専用のサーバが用意されていることが分かっています．

● 使用する通信プロトコル

通信プロトコル（規約）は，階層的に積み上げられます．スマホの通信の物理層は，LTE，3G，Wi-Fiなどの公衆回線になります．端末を特定するためにIPアドレスが割り当てられ，最終的なアプリケーション間でデータの送受信をするために必要な共通の通信処理がTCP/IP層で行われます．

▶LINEトーク

HTTP（Hyper Text Transfer Protocol）プロトコルが使われています．

▶LINE無料通話

SIP（Session Initiation Protocol）やRTP（Realtime Transport Protocol）が使われています．

第3部 音声パケット交換サーバづくり

● 通話アプリに求められる機能

SkypeやLINEにはVoice over IP（IP：Internet Protocol）の略であるVoIPと呼ばれるネットワーク技術が使われています．このVoIPは，以下の大きく二つの技術から構成されます．

▶(1) 呼制御（セッション開始）

「交換手による電話回線交換」の役割をする機能で，現代の公衆電話回線網における電話局に相当します．電話機から相手先の番号をダイヤルすると，電話局内の交換機がダイヤル先の電話機を呼び出します．このような機能を「呼制御」と呼びます．VoIPでも通話相手までの通信路を確立するための呼制御が必要です．

▶(2) 音声データ処理

アナログ電話では，受話器のマイクで生成した電気信号を直接，相手の受話器のスピーカに接続して通話します．

VoIPの場合には，受話器などのマイクから拾った音声をディジタル符号化（コード化）し，パケット化してIPネットワークに送ります．受け取った音声パケットの符号データを，アナログ音声としてスピーカから出力することで，音声データの送受を実現します．

そのほか商用レベルのVoIPシステムでは，Webブラウザなどのデータ・パケットに対して，音声データを優先させて通話品質を保つような工夫（QoSなど）を行ったりもします．

● 呼制御と音声データ処理を行えるSIPサーバさえ作れれば…LINE（のようなもの）が作れる！

SkypeやLINEのVoIPによる音声通話は端末間の通信です．その通話を実現するためには，パケット交換用のサーバが必要です．また，このパケット交換用サーバは，端末間の通話以外にも，いろいろなサービスを実現できます．

例えば，通常の電話を使ってチケットや病院の電話予約をする際に，機械による音声ガイダンスに従って操作をした経験はあるかと思います．このような音声アプリケーションも，VoIPとパケット交換用サーバの組み合わせで実現できます．

オレ流LINEがうれしいこと

いろいろなVoIPサービスがあります．本章では，ラズベリー・パイ上で使えるオープンソースの電話交換ソフトウェアAsterisk（アスタリスク）を使って，オリジナルのVoIP無料通話システムを実現します（写真1，図3）．Asteriskがサポートするプロトコルには，SIPやH.323などがあります．

ヘッドセットを付けたWindows PC，Androidス

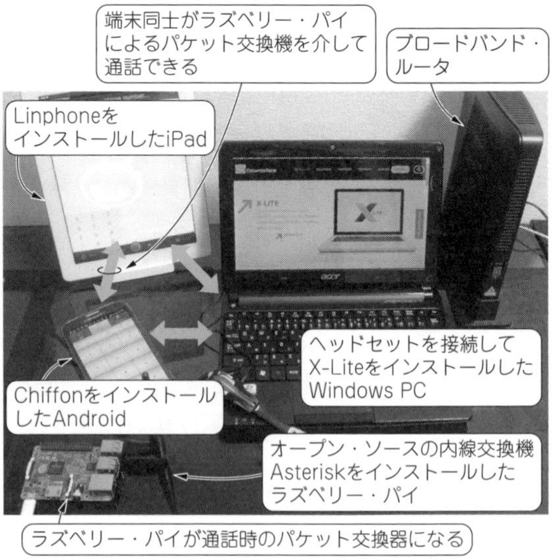

写真1 ラズベリー・パイをパケット交換機としたパケット電話システム

マートフォン，iOSタブレットにセットアップしたSIPクライアント機能を提供するソフトウェア間で，通話が可能になります．

電話交換ソフトウェアを活用すれば，LINE的な無料通話だけでなく，次のような特徴を出すことができます．

● 音声やダイヤルでラズベリー・パイのI/Oをたたける

今回，パケット交換用サーバとして使うラズベリー・パイのGPIOを，音声やダイヤルで操作できるようになります．

● オリジナル電話機能を追加できる

▶(1) 専用ホットライン化

SkypeやLINEなどを端末にインストールしてしまうと，それだけで見ず知らずの人たちとつながってしまう恐れがあります．

自分でパケット交換サーバを立ち上げれば，そのサーバを教えた人とだけしかつながらないので，まさに専用ホットラインと言えます．

▶(2) 一斉着信

複数の端末を同時に鳴らす一斉着信が可能です．個人向けのVoIPサービスでは，この機能に対応しているものを探すのが困難です．この一斉着信機能により，いろいろな部屋に置いてあるタブレットやPC，また，持ち歩くスマートフォンなど，どこにいても着信できるような状態にできます．

▶(3) 通話品質

パケット交換サーバ（ここではAsterisk）の音質は，

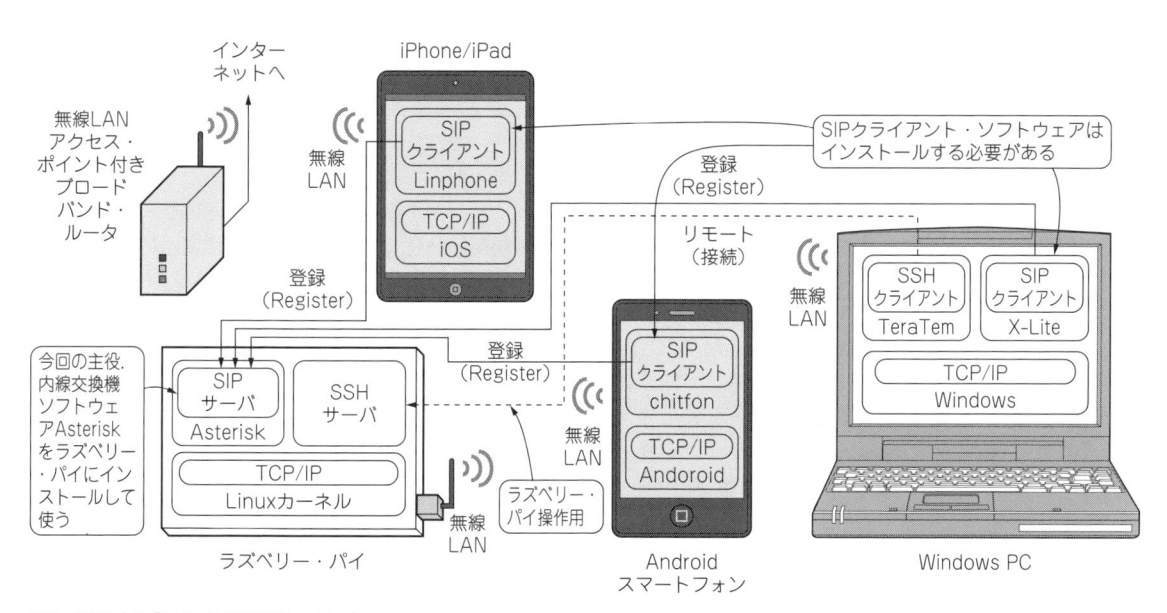

図3 製作する「VoIP無料通話システム」
ラズベリー・パイがパケット交換機の役割を果たす．実際に通話が始まるとラズベリー・パイを介さずパケットがやりとりされる

いろいろ設定できます．今どきのLTEや光回線のようなブロードバンド回線を使えば，既存の固定電話の音質を超えられます．

● 固定電話からエアコンを操作…も技術的に可能

Asteriskは，NTTひかり電話，NTTコミュニケーション050plus，Fusion SMARTのような商用VoIPサービスに接続することで，公衆電話回線網との発着信が可能になります．このような公衆電話システムに接続すれば，スマホを使わずに携帯電話や固定電話から，自宅のエアコンなどを操作できるようになる点は，カスタマイズができないLINEやHTTPプロトコルを利用するWebサーバにはないメリットです．

電話をかけて音声ガイダンスによるメニューのダイヤル・ボタンで操作するインターフェースは，昔から病院やチケット予約などで使われているので，スマホを使いこなせないようなシルバー世代でも，理解してもらえる操作方法です．

オープン・ソースなのに商用レベル！電話交換ソフトウェアAsterisk

Asteriskは，Mark Spencer氏が主体となって開発したIP-PBX（内線交換機）ソフトウェアです．Mark氏は，1999年の大学在学中に，自身が設立した会社でPBXシステムが必要になったのですが，高価であったため，社内用にLinux上で開発し，それをオープン・ソースのAsterisk 0.1として公開しました．そのAsteriskもLinuxの進展とともに成長し，現在では，オープン・ソースIP-PBXの事実上の業界標準となっ

ています．呼制御プロトコルとしてSIPやH.323などをサポートします．

Asteriskは，標準でインストールされるものだけでも豊富な機能を持ち，商用システムにも引けをとらないものとなっています．転送やボイス・メール，自動応答，自動発呼などオフィス向けの機能も充実しています．このため，SOHOや中小企業のオフィスなら十分に実用的に使えるものになっています．

さらに，簡易スクリプト言語AEL（Asterisk Extension Language）を搭載し，高度な音声アプリケーションを実現できます．例えばコール・センタ・サービスでは，音声ガイダンスに従って，ダイヤル番号でメニューを選択させて接続先を変えたり，病院やチケット販売では予約を入れたりできます．このような音声ガイダンスとダイヤル番号による操作方法は，Web操作に慣れていないような人でも簡単に操作できます．

呼制御プロトコルSIP入門

● リアルタイム性が要求される用途に

VoIPで使われる呼制御プロトコルには，いくつもの種類があります．Skypeに代表される独自規格のものから，VoIP黎明期にもH.323やMGCPのようなオープンな規格が存在しました．

その中でも，SIPプロトコルは以下のような特徴を持ち，最近のVoIPシステムをはじめ，テレビ電話やテレビ会議，テキスト・チャットのようなリアルタイム性が要求されるネットワーク・アプリケーションで

第3部 音声パケット交換サーバづくり

幅広く採用されるようになりました．

▶特徴1…テキスト・ベースの簡潔な実装

SIPでは，HTTP（Hyper Text Transfer Protocol）と同じようにテキスト・ベースで簡潔なプロトコルとして開発されました．このためSIP以外のバイナリ・エンコーディングされたプロトコルに比べて，解析が容易で開発がスムーズになりました．

▶特徴2…インターネットとの親和性

SIP以前のVoIPシステムは閉鎖的で，電話システムだけ考慮して開発されたものばかりでした．SIPは，最初からインターネットとの親和性を考慮して開発されました．SIPの開発時に，電話番号相当を表現できるようにURI（Uniform Resource Identifier）が定義されました．これはHTTPのURL（Uniform Resource Locator）やメール・アドレスのドメイン名の概念を拡張したものになっています．例えばHTTPでは，http://<サーバ名>/<ディレクトリ名>/のように表記されますが，SIPでは，sip://<電話番号>@<SIPサーバ名>のように表現され，Webページなどにリンクを張り込むことが可能になっています．

▶呼制御に特化した高い柔軟性と幅広い応用

SIPは，クライアント間でセッションの生成，変更，切断を行うだけのプロトコルで，セッション上で交換されるデータそのものについては定めていません．したがって，アプリケーションが，SIPによって制御されたセッション上で，音声のやりとりを行えばIP電話，音声と映像ならばテレビ電話，テキスト・メッセージならばインスタント・メッセンジャーというように，幅広い応用が可能となります．

● 詳細

SIPの規定は，RFC 3261[2]です．RFC（Requests for Comments）は，IETF（Internet Engineering Task Force）という団体から発行されています．TCP/IPなどのインターネット関連の主要な規定は，IETFのRFCで規格化されています．IETFで規格化されているSIPは，まさにインターネット規格の一部となっていると言えるでしょう．

図4にSIPのシーケンス例を示しています．図4の例では，『201』と『202』の内線番号を持つSIPクライアントが，SIPサーバに接続して，『201』から『202』に電話をかける様子を示しています．

● SIPの外側のフレーム・フォーマット

図5にSIPのINVITE要求メッセージを構造化して図示しています．まず，SIPメッセージを運ぶためのフレーム・フォーマットを解説します［図5（a）〜（c）］．

▶イーサネット・フレーム

SIPメッセージ・パケットの一番外側はイーサネット・フレーム図5（a）となります．イーサネット・フレームの先頭8バイトがプリアンブル信号です．63ビットの1と0の交互の繰り返しと最後の1の1ビットで構成されます．受信側のインターフェース・ハードウェアが同期のタイミングを生成するために使われます．

次に，6バイトずつの宛て先MACアドレスと送り元MACアドレスが続きます．イーサーネットのMACアドレスは，NIC（Network Interface Card）ハードウェア固有の番号で，世界で唯一となる6バイトの値です．

次のタイプ・フィールドは，イーサネット・フレームのペイロード・データの種別を示すもので，図5ではIPv4の0x0800となっています．ほかにはARPが

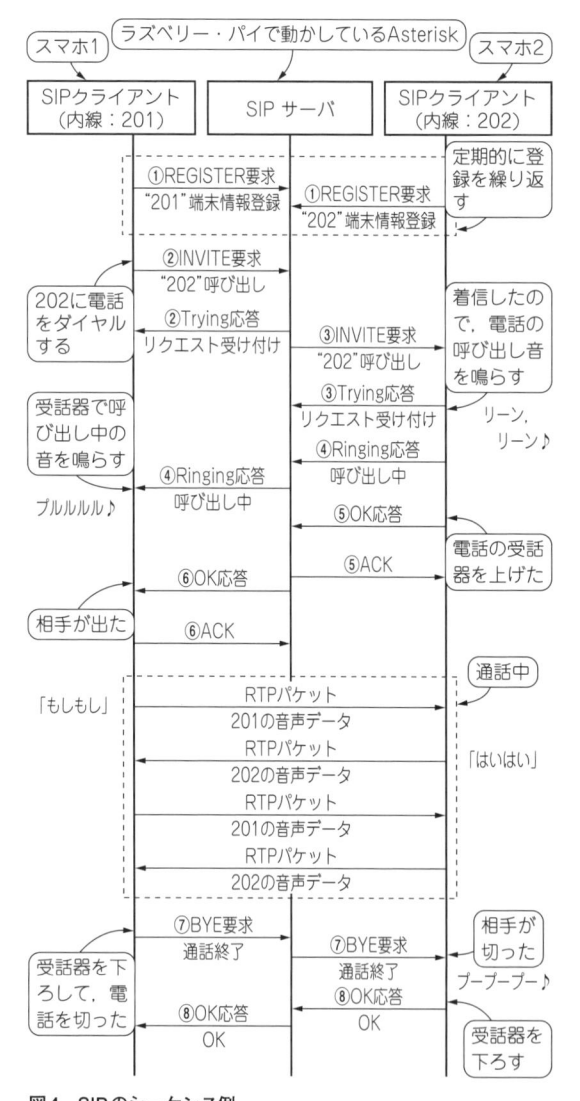

図4 SIPのシーケンス例
SIPサーバに接続して『201』から『202』に電話をかけるようす

0x0806，RARPが0x8035，IPv6が0x86DDのように割り当てられています．

続いて，イーサネット・フレームのペイロードが続き，最後の4バイトがFCS（Frame Check Sequence）です．受信側でデータの正当性を確認できるように，送信側でヘッダとペイロードのデータのCRC計算の結果を設定します．

▶ IPv4フレーム

IPv4フレーム（b）の先頭はバージョン・フィールドで始まり，4が設定されます．次のヘッダ長には，例えば図5（b）であれば，ヘッダ部分が32ビット×5段なので，5という値が設定されます．

次がサービス・タイプ・フィールドで，家庭内LANでは使われることはありませんが，QoS（Quality Of Service）機能の処理をする場合には，このフィールドに優先度などを設定しておき，ハブやルータなどが参照します．

次の全長フィールドには，IPv4フレームのヘッダとペイロードの全バイト数が設定されます．

次からのIDフィールド，フラグ・フィールド，フラグメント・オフセット・フィールドの情報を使って，IPv4ルータはフラグメント（断片化と再構成）処理を行うことになっています．ただし，現代ではIP層のフラグメントが発生しないようにネットワークを構成するようにします．今後の普及が見込まれるIPv6では，そのIPv6ヘッダからフラグメント機能は削除されています．

フラグメント関連のフィールドに続くTTL（Time To Live：生存時間）フィールドは，ルーティングされるたびに一つ減算され，0になるとルーティングされずにパケットが破棄されます．

次のプロトコル・フィールドは，ペイロードに置かれるデータの種類が設定されます．UDPが17，TCPが6となっています．ヘッダ・チェックサム・フィールドは16ビットごとの1の補数和です．

このあとに，ご存じのIPアドレスが，送り元と宛て先の順で各4バイトずつのフィールドが置かれます．

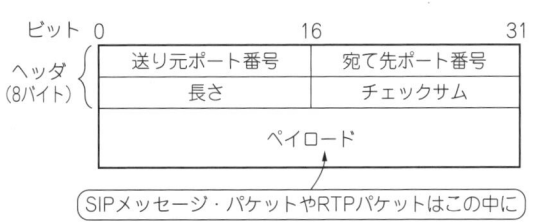

▶ UDPフレーム［図5（c）］

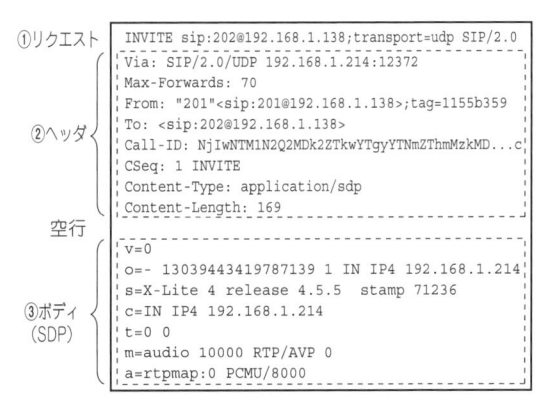

UDP（User Datagram Protocol）とTCP（Transmission Control Protocol）は，合わせてトランスポート層と呼ばれます．IP層では，IPアドレスにより端末間の通信を実現します．

トランスポート層では，端末の中の複数のアプリケーションに対して同時に通信機能をサービスできるようにするために，ポート番号という16ビットの値でアプリケーションを識別します．

TCPは，通信データの信頼性が確保されるプロトコルとなっていて，エラー・リカバリの再送シーケンスやフロー制御がプロトコルの機能として組み込まれています．このため多くのアプリケーションでTCPが使われます．

一方，UDPはIPに対してポート番号やデータ長，チェックサムの情報を付与するだけで，通信ストリームの信頼性が必要ならば上位プロトコルで実現をする必要があります．ただし，プロトコル・オーバヘッドが小さく，VoIPのようにデータの信頼性よりもリアルタイム性を必要とするアプリケーションで使われます．

UDPヘッダには，ポート番号が送り元，宛て先の

図5 SIPメッセージを包むパケット構成

順で置かれます．16ビットの長さフィールドは，UDPヘッダを含むバイト単位です．チェックサム・フィールドは偽IPヘッダ，UDPヘッダ，ペイロードの1の補数和を設定します．

SIPメッセージは，UDPでもTCPのどちらを使っても良いことになっていますが，図5はUDPの例となっています．

● SIPメッセージのフォーマット

UDPやTCPで運ばれるSIPメッセージは，ASCIIテキスト・フォーマットです．SIPメッセージは図5（d）に示すように，リクエスト行，ヘッダ，およびボディの三つから構成されます．

▶ リクエスト行

SIPメッセージの1行目は，リクエスト行か応答ステータス行です．図5（d）の①は，図4の②で使われたINVITE要求メッセージの例となっています．

リクエスト行は，セッション開始要求のINVITEリクエストのほかに，セッション終了のBYEリクエストやSIPサーバに登録するためのREGISTERリクエストなどがあります．

リクエスト名に続いて，リクエストの宛て先のURI，トランスポートの種類とSIPのバージョンを続けます．

▶ ヘッダ［図5（d）の②］

ヘッダは，「ヘッダ名：値」の形式で並べます．

Viaヘッダは，SIPのバージョン，プロトコル（UDP/TCP），応答を返すIPアドレスとポート番号を指定します．

Max-Forwardsヘッダは，リクエストの最大中継

---

column　ネットワーク・アプリケーションの接続形態

ネットワーク・トポロジ（接続形態）には，クライアント・サーバ型（図A）とP2P型（図B）の2種類があります．

▶ クライアント・サーバ型

ネットワーク・アプリケーションとして，VoIPに限らず一般的に用いられるネットワーク・トポロジです．本章で説明するAsteriskでは，このクライアント・サーバ型のネットワーク・トポロジをとります．

▶ P2P型

P2PとはPeer-to-Peerの略です．クライアント・サーバ型モデルとは異なり，各ピア（ノード：節点）が，おおよそ対等な関係にあり，自律分散的（中枢機能がなく自律的に行動する各要素の相互作用によって全体が機能すること）なシステムです．

図BにP2P型のネットワーク・トポロジの概念を図示しています．各ピアが何らかの方法でネットワーク全体の構成を共有しあって，通信相手の場所を特定したりします．さらには直接接続できない場合でも，途中で仲間のピアを経由して通信する構成をとることもあります．

無料通話で広く普及しているSkypeは，通信プロトコルを非公開としていますが，P2P型のトポロジをとっていると言われています．また，かつて大きな社会問題となったWinnyなどのファイル共有ソフトでも使われているネットワーク・トポロジです．

クライアント・サーバ型に対して，接続するノードが大量になっても負荷を分散し，拡張性を高くできる可能性があります．ただし，全クライアントのリストを，どのような構造で保持し同期をとればよいかなど，技術的には高度なものが要求されます．

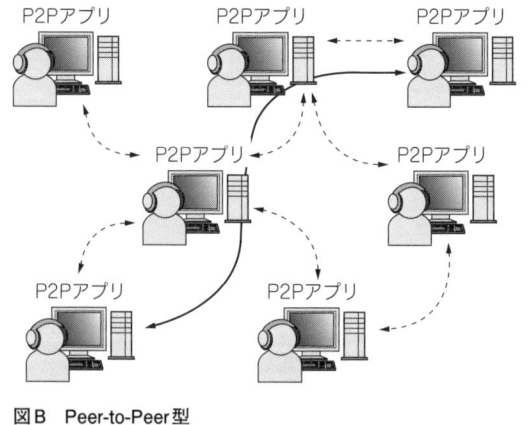

図A　クライアント・サーバ型
本章で説明するAsteriskもこの接続方式

図B　Peer-to-Peer型
各ピアが，おおよそ対等な関係にある

ホップ数を指定します．SIPサーバは何段も中継させることができ，中継をするたびに，このヘッダの値を減算します．0になると中継せずに破棄します．

Fromヘッダには，送信者を指定します．送信者のURIに，さらにセッションごとに区別できるようtagを付けます．

Toヘッダには，宛て先のURIを指定します．

Call-IDヘッダには，セッション（通話）を区別できるような文字列（ID）を指定します．このIDは，INVITEリクエストからBYEによる終話まで一連のセッションで同じものが使われます．

CSeq(Command Sequence)は，リクエストごとに加算されます．

Content-Typeヘッダには，このあとのボディ部の種類を指定します．暗号化されないVoIP通話の場合にはapplication/sdpになります．

Content-Lengthヘッダには，ボディ部のバイト数を指定します．

▶ボディ［図5(d)の③］
　この例では，SDP(Session Description Protocol)で定義されるセッションの情報が記述されます．SDPはRFC 4566［3］で定義されています．SDPでは，「タイプ＝値」の形式で並べます．

プロトコル・バージョン（Protocol Version）タイプv=は，SDPプロトコルのバージョン番号を示すことになっていて，現在は0を指定することになっています．

送り元（Origin）タイプo=には，送り元の情報を指定します．最初にユーザIDを指定しますが，ユーザIDがない場合には「-」を指定します．

次にセッション固有のIDとなる数列を指定することになって，NTP(Network Time Protocol)で取得できるタイム・スタンプの値を入れることが推奨されています．その次にセッション・バージョンの1を指定しています．「IN IP4」は，インターネット・ネットワーク・タイプのIPv4アドレスの意味になります．最後に送り元のIPアドレスを指定します．

セッション名（Session Name）タイプs=には，セッションを表す何らかの文字列を指定する必要があります．特に形式は決まっていませんが，省略できないことになっています．

接続データ（Connection Data）タイプc=には，セッションやメディアの送り元の情報を指定します．

タイミング（Timing）タイプt=には，セッションの開始と終了時間を指定するために使用できますが，SIPとともに使う場合には，「0 0」と指定し，永続的で有効期限なしと指定します．

メディア（Media）タイプm=には，メディアに関する情報を指定します．音声の場合にはaudio，ビデオの場合にはvideo，テキストの場合にはtextなどとなります．ポート番号とメディア送受のプロトコルを指定します．プロトコルは，後述するRTPの場合にはRTP/AVPと指定します．続いて，RTPのペイロード・タイプを指定します．RTPのペイロード・タイプで音声コーデックを示し，0は，PCMUを意味します．

属性（Attribute）タイプa=には，さまざまな種類がありますが，a=rtpmapでメディア（Media）タイプm=に指定したRTPのペイロード・タイプ番号に対してコーデックの種類とパラメータを指定します．ペイロード・タイプの0は，PCMUでサンプリング周波数が8kHzなので，PCMU/8000を指定しています．

● 音声を載せるためのRTP
　図4ではSIPを利用して，相手を呼び出し，相手との接続を確立しました．図4の⑥までがそれに該当します．ここからは，接続が確立されたクライアント同士（スマホ1とスマホ2）で，直接やりとりされるRTPパケットの構成について説明します．図4の破線で囲ったところで，「通話中」の吹き出しが入っている部分です．

VoIPの音声データは，RTP(Realtime Transfer Protocol)という形式でパケット化されます．RTPは，IETFのRFC 3550で規定されています．図6にRTPのパケット・フォーマットを示します．UDPフレームまでは図5(a)～(c)と同じです．

図6のRTPフレームの先頭8バイトはヘッダとなります．そのほかのオプションが付く場合もありますが，ここでは省略しています．

先頭の2ビットがバージョン（Version）フィールド（v）で，現在は2を指定します．

次の1ビットがパディング（Padding）フラグ（p）で，RTPペイロードの最後にパディングがある場合に1を指定します．

次の1ビットが拡張（eXtension）フラグ（x）で，RTP拡張ヘッダを利用する場合に1を指定します．

次の4ビットがCSRCカウント（CSRC Count）フィールド（cc）で，貢献送信者識別子（CSRC：Contributing Source）数が入ります．このフィールドは，複数人による会議のようなものをサポートする

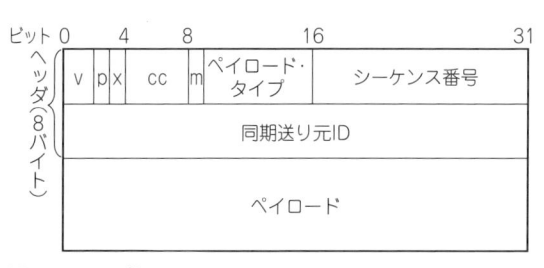

ビット	0	4	8		16	31
ヘッダ（8バイト）	v	p x	cc	m	ペイロード・タイプ	シーケンス番号
	同期送り元ID					
	ペイロード					

図6 RTPのパケット・フォーマット

RTPミキサが使う機能です．

次の1ビットがマーカ（Marker）フラグ（m）で，RTPストリームの重要なイベントにマークを付けるために使われます．

次の7ビットがペイロード・タイプ・フィールド（Payload Type）です．SIPメッセージ・ボディの図5（d）の③のメディア（Media）タイプm=で列挙されたものです．VoIPで使われる音声コーデックのペイロード・タイプについては後述します．

次の16ビットがシーケンス番号フィールド（Sequence Number）で，パケットが送信されるたびに加算されます．

次の同期送信者識別子（Synchronization Source Identifier）フィールド（SSRC Id）には，同じセッションの同じ送り元のパケットには同じSSRC Idが設定されます．

RTPヘッダの直後から，ペイロード・タイプで指定されたエンコード・データを続けます．

VoIPで使われる音声コーデック

一般的に，コーデック（CODEC）とはcoder/decoderやcompressor/decompressorの略で，アナログのような生データを圧縮などの複雑なデータに変換し，逆に元の生データに戻す機能ブロックのことになります．VoIPで使われる音声コーデックは多くの種類が存在しますが，いくつかを紹介します．

● **G.711**（ペイロード・タイプ：0か8）

古くからある音声コーデックで，全てのVoIPシステムで対応する基本的なものとなります．8kHzサンプリングしたデータを8ビットで符号化し，64kbpsの帯域を使用します．

主に北米と日本の電話システムで使われているμ-Law（ミューロー，PCMUともいう）と，主に欧州系の地域で使われているA-Law（エーロー，PCMAともいう）の2種類があります．

μ-Law（PCMU）のペイロード・タイプが0で，A-Law（PCMA）のペイロード・タイプが8になります．

● **G.729**（ペイロード・タイプ：18）

商用のVoIPシステムでは対応していることが多い音声コーデックです．使用する帯域は8kHzですが，圧縮率が高いため，帯域が小さい割には音質の劣化が小さいのが特徴です．ただしG.729を使用するにはライセンス料などが必要で，フリーソフトで使われることはありません．

● **G.722**（ペイロード・タイプ：9）

G.722は高音質な音声コーデックです．ADPCM方式という符号化方式を用いて64kbps，56kbps，48kbpsの帯域で実現しています．

● **iLBC**（ペイロード・タイプ：動的割り当て）

iLBCはInternet Low Bitrate Codecの略で，Global IP Solutions社がVoIPなどのために開発し，ロイヤリティ・フリーで公開した音声コーデックです．ほかの方式と比べてパケット・ロスの多いIPネットワークでも音質の低下が少ないことが特徴です．使用する帯域は15.2kbpsと13.33kbpsの2種類があります．

● **OPUS**（ペイロード・タイプ：動的割り当て）

IETF（Internet Engineering Task Force）で開発され，ロイヤリティ・フリーで公開されています．使用する帯域は6kbpsから510kbpsと幅広く対応し，音声から音楽ストリーミング配信でも使えることを目指して開発されました．

SPEEXという古いコーデックもありますが，このOPUSへ置き換えることが推奨されています．

● **BroadVoice**（ペイロード・タイプ：動的割り当て）

通信LSIベンダのBroadcom社が開発し，ロイヤリティ・フリーで公開した音声コーデックです．16kbpsと32kbpsの2種類の帯域が定義されています．

● **GSM**（ペイロード・タイプ：3）

海外で広く使われている携帯電話システムの音声コーデックで，Full Rate（13kbps），Half Rate（5.6kbps），Enhanced Full Rate（12.2kbps）などのほかにも複数のモードがあります．

ラズベリー・パイに内線交換サーバAsteriskをセットアップ！

いよいよ，VoIP内線通話システムの製作に入ります．まずは，システムの中心になるSIPサーバ側のラズベリー・パイからセットアップを始めます．

● **Raspbianのインストール**

RaspbianというLinuxシステムをラズベリー・パイにセットアップする手順については，他の書籍やネットを探せば多くの情報が見つけられるため，ここではラズベリー・パイのセットアップを駆け足で紹介するだけに留めます．

1. http://www.raspberrypi.org/downloadsからNOOBS（offline and network install）のZIPイメージをダウンロードします（図7）．

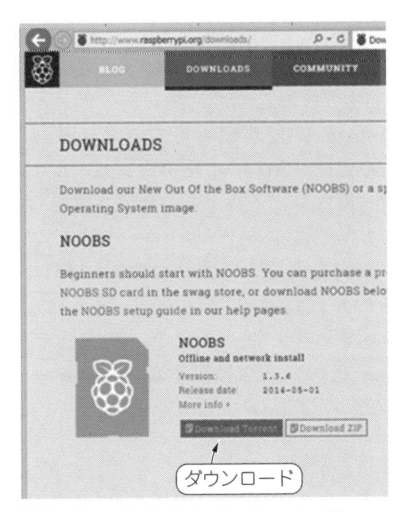

第10章 その1：IP電話のしくみ

図7　NOOBSのダウンロード・ページ
https://www.raspberrypi.org/downloads/noobs/
に接続

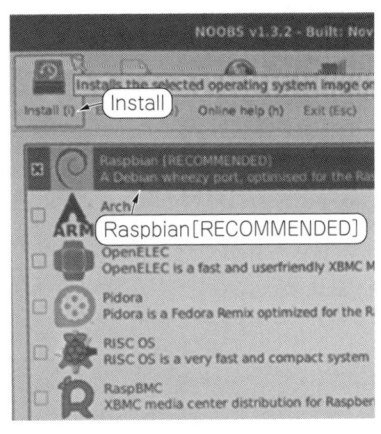

図8　NOOBSの起動画面
「Raspbian [RECOMMENDED]」を選び，左上のInstallを押してインストールを開始

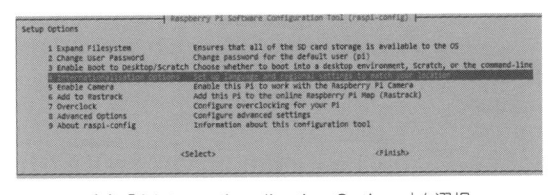

(a)「4 Internationalisation Options」を選択

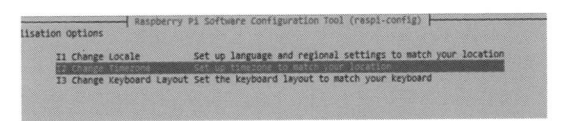

(b)「12 Change Timezone」を選択

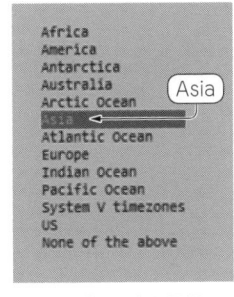

(c)「Asia」を選択　　(d)「Tokyo」を選択

図9　raspi-configでタイム・ゾーンを設定

2. ダウンロードしたZIPイメージを解凍し，その内容を4Gバイト以上の空のSDメモリーカードにコピーします．
3. モニタ，USBキーボード，USBマウス，インターネット接続されたLANケーブルをラズベリー・パイに接続し，NOOBSの入ったSDメモリーカードを差し込み，ラズベリー・パイの電源ケーブル（マイクロUSB）をつないで電源を入れます．
4. NOOBSが起動するので，「Raspbian」を選び，左上の[Install]を押してインストールを開始します（図8）．
5. Raspbianのインストールが終わり，初回起動時に「raspi-config」（図9）が起動します．TimezoneをAsia/Tokyoに変更しておきます．
6. 初期設定が終わり，再起動すると表示されるログイン・プロンプトに対し，ユーザ名「pi」，パスワード「raspberry」でログインします．
7. ログインに成功したら，まずは，以下のコマンドでAPTパッケージをアップデートしておきます．
   $ sudo apt-get update
   その後，さらに以下のコマンドを指定して，最新の状態にしておきましょう．
   $ sudo apt-get upgrade

● IPアドレスの設定とSSH接続

最終的にラズベリー・パイをSIPサーバにするので，ここでラズベリー・パイのIPアドレスを固定化しておきましょう．いろいろな方法がありますが，簡単に，ブロードバンド・ルータ側を設定してIPアドレスを固定化する方法を紹介します．

手持ちのブロードバンド・ルータがDHCP固定割り当て設定をサポートしているのなら，ラズベリー・パイの「ip a」コマンドを使ってMACアドレスとIPアドレスを調べ，それをブロードバンド・ルータへ割り当てます．もし，DHCP固定割り当て設定をサポートしていなければ，とりあえずDHCPサーバ・リース時間を設定可能な範囲で最大値に指定してしまう方法もあります（図10）．

RaspbianはデフォルトでSSHサーバ機能が有効化されています．SSHは，かつてのtelnetやrsh, rlogin

97

図10 ブロードバンド・ルータでラズベリー・パイのIPアドレスを固定

などのリモート・シェルの代替で，通信が暗号化されるので，安全なリモート接続となります．MacやLinuxでは，最初からSSHクライアントがインストールされているはずです．ここではSSHクライアント機能をサポートしているWindowsフリーソフトのTeraTermを使いました．TeraTermをインストールして起動すると現れる［新しい接続］ダイアログ・ボックスから，図11に示す手順でラズベリー・パイにSSHで接続できます．

このあとの操作は，TeraTermを使ってSSHで接続して行っています．

● Asteriskのインストール

単にRaspbianのプロンプトにおいて，sudo apt-get install asteriskコマンドでもインストールできます．ただ，本章では，VOIP-info.jp Wikiが配布している日本語パッチを入れて，voip-info.jpが配布している設定サンプルを使っていく手順を示します．

VOIP-info.jp Wikiが配布している日本語パッチを当てるためには，Asteriskを再コンパイルする必要があります．再コンパイルするために必要なパッケージを追加します．

まず，設定を変更するために毎回sudoコマンドを指定するのが面倒なので，「sudo -s」コマンドでrootになっておきます．

Asterisk 11のソースは以下からダウンロードできます．ソースを展開するディレクトリは/usr/src/としています．

```
cd /usr/src
wget http://downloads.asterisk.org/pub/telephony/asterisk/asterisk-11-current.tar.gz
tar zxVF asterisk-11-current.tar.gz
```

lsコマンドでディレクトリ名を確認して，ディレクトリを変更しておきます．

```
cd asterisk-11-xx.x
```

ここで，xx.xは展開されたフォルダ名です．

展開して作成されたソースコードのうち，app_voicemail.cとsay.cにVOIP-info.jp Wikiの日本語パッチを当てます．

```
wget http://ftp.voip-info.jp/asterisk/patch/11.6.0/app_voicemail.c.121107-01.patch
wget http://ftp.voip-info.jp/asterisk/patch/11.6.0/say.c.121107-01.patch
patch -p0 < app_voicemail.c.121107-01.patch
```

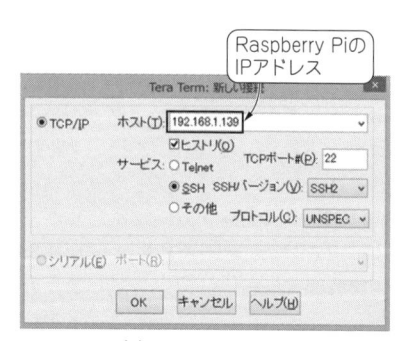

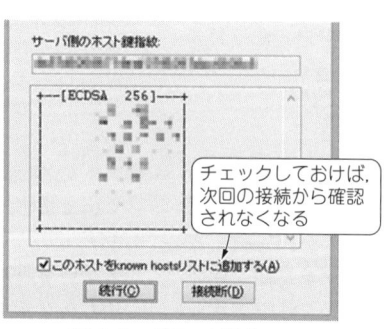

(a)IPアドレスを入力　(b)セキュリティの警告　(c)SSH認証

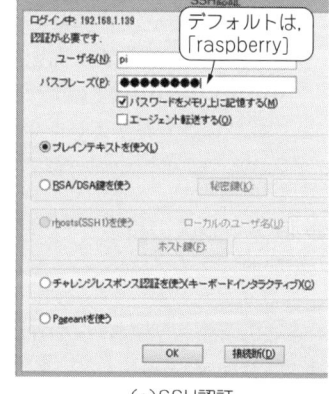

図11 TeraTermでラズベリー・パイにSSHで接続する手順

```
patch -p0 < say.c.121107-01.patch
```
　Asteriskをコンパイルするために必要なライブラリを追加します．
```
apt-get install libncurses5-dev
libxml2 libxml2-dev sqlite
libsqlite3-dev libssl-dev
```
　以下の手順で，Asteriskをコンパイルします（2行目のmakeは数時間かかる）．
```
./configure
make
make install
make samples
```
　「make config」の前に，/etc/init.d/mathkernelを修正します．以下のコマンドで，テキスト・エディタを開きます．
```
nano /etc/init.d/mathkernel
```
　1行目の「#!/bin/sh」の次の行に，以下の8行を追加します．
```
### BEGIN INIT INFO
# Provides:          mathkernel
# Required-Start:    $local_fs
# Required-Stop:     $local_fs
# Default-Start:     2 3 4 5
# Default-Stop:      0 1 6
# Short-Description: mathkernel
### END INIT INFO
```
　この修正を入れたあと，以下のコマンドでAsteriskが自動起動するようになります．
```
make config
```
　これでAsteriskのセットアップが完了しました．

● Asteriskの設定

　Asteriskには多くの設定があり，一から設定をするのは大変なので，VOIP-Info.jp Wikiで配布しているサンプル設定ファイルを使います．
　念のため，以下のコマンドラインでデフォルトの設定ファイルのバックアップをとっておきます．
```
cd /etc/asterisk
mkdir backups
mv *.conf backups
```
　以下のコマンドラインでダウンロードして展開します．
```
wget http://ftp.voip-info.jp/
asterisk/conf/conf-sample-1.6_01.
tar.gz
tar zxVF conf-sample-1.6_01.tar.
gz
```
　これらの設定ファイルで使っている日本語音声ファイルをインストールします．
```
cd /var/lib/asterisk/sounds
```
```
wget http://ftp.voip-info.jp/
asterisk/sounds/ 1_8/asterisk-
sounds-1.8-ja.tar.gz
tar zxVF asterisk-sounds-1.8-ja.
tar.gz
```
　asterisk.confファイルを少しだけ編集します．
```
nano /etc/asterisk/asterisk.conf
```
　[options]セクションでコメント・アウトされているlanguageprefix=yesを有効にします．
　設定ファイルを反映させるために，以下のコマンドでAsteriskを再起動します．
```
service asterisk restart
```

SIPクライアント・ソフトフォンをセットアップ

　ラズベリー・パイのAsterisk側のセットアップが終わったので，今度は通話をする電話機側をセットアップしていきます．

● Windows PCのSIPクライアント「X-Lite」

　Windows用として多くのSIPクライアントのソフトフォンが存在しますが，その中の一つX-Lite（CounterPath社）を使いました．X-Liteは，画面の下に広告が表示されますが，無償で使用できます．Windows版のほかにMac版もあります．次のURLからダウンロードできます（図12）．
```
http://www.counterpath.com/x-lite-
for-windows-download.html
```
　X-Liteのインストーラをダウンロードして実行します．X-Liteのインストールは，ライセンスの許諾とインストール先の指定をするだけで，特に難しいところはありません．
　PCにヘッドセットをつないでX-Liteを起動し，X-Liteの設定を行います．X-Liteの「Softphone」メニューから「Account Settings」で開く「SIP Account」ダイアログ・ボックスの[Account]タブで，図13の

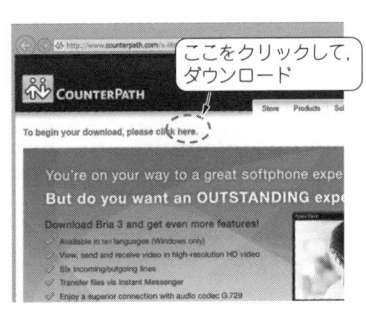

図12　X-Liteのダウンロード先
http://www.counterpath.com/x-lite-for-windows-download.html．先に名前とメール・アドレス，国を登録する

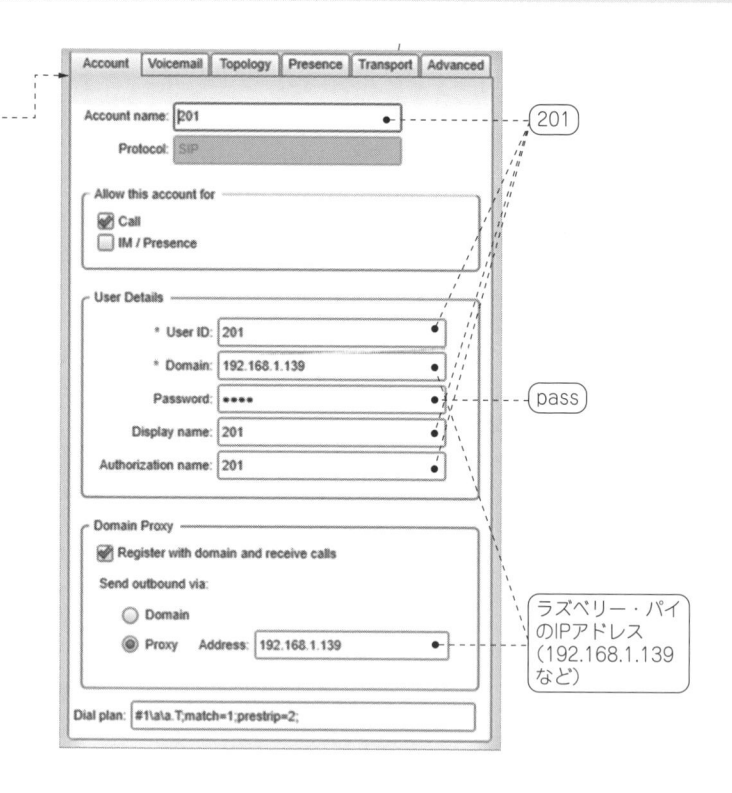

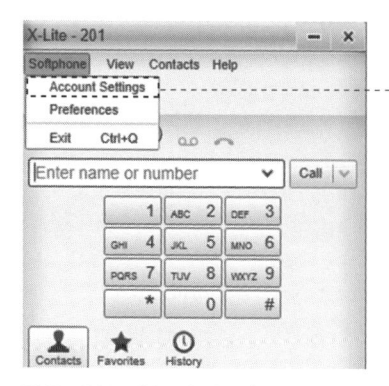

図13 X-Liteのセットアップ

図14 X-Liteの操作画面

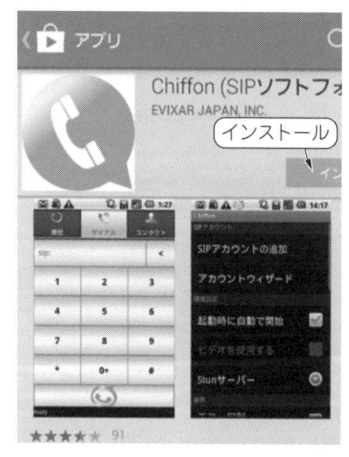

図15 GooglePlayから無償でダウンロードできるChiffon

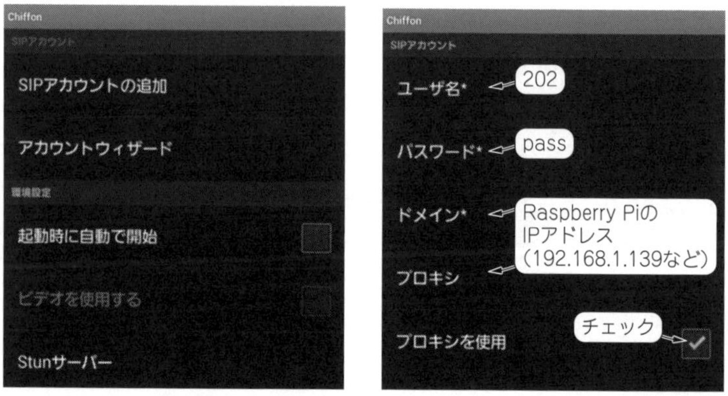

ように設定します．

X-Liteでダイヤルをするには，**図14**の①に数字パッドを使ってダイヤル先の番号を指定し，②の[Call]ボタンを押して発信します．

● AndroidのSIPクライアント「Chiffon（シフォン）」

AndroidのSIPクライアントにも多くの種類があり，その中のEvixar Japan社の「Chiffon（シフォン）」を使いました．ChiffonはGoogle Playから無償でダウンロードできます（**図15**）．

Chiffonをインストールし，Chiffonのアプリ・アイ

図16 ChiffonのSIPアカウントの設定

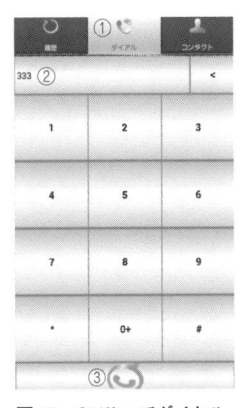

図17 Chiffonでダイヤル

図18 App Storeに登録してある「Linphone」

図19 Linphoneの起動
(a)初期画面

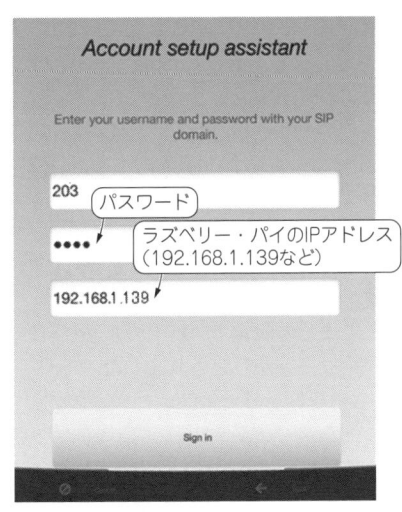

図20 Linphoneのアカウント・セットアップ

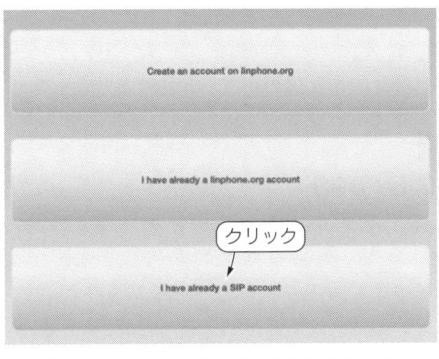

(b)アカウントを持っているときはここをクリック

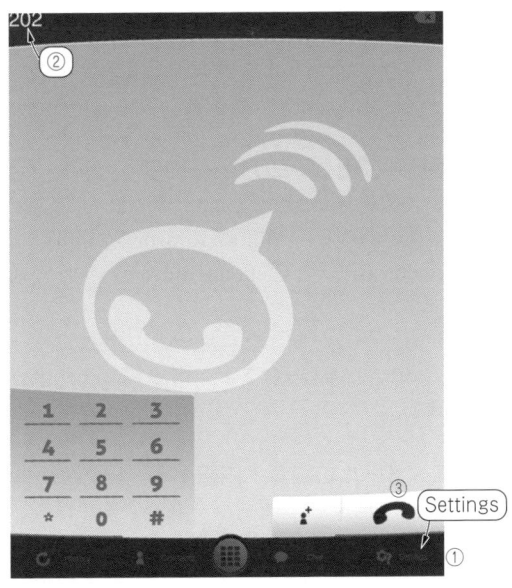

図21 Linphoneのメイン画面

コンをタップして起動すると，設定画面が開きます．そこで「SIPアカウントの設定」を指定して，図16の設定を行います．

Chiffonでダイヤルするには，図17の①で「ダイヤル」が選択されていることを確認し，②に数字パッドを使ってダイヤル先の番号を指定し，緑の受話器マーク③をタップすると発信になります．

● iOSのSIPクライアント「Linphone」

iOSのSIPクライアントも，いくつもあります．そのうちのオープンソース・プロジェクトで開発され，Belledonne Communications社がApp Storeに登録をしている「Linphone」を使ってみました（図18）．

LinphoneをApp Storeからダウンロードして，Linphoneのアイコンをタップして起動すると，図19「Account setup assistant」が開始するので，右下の［Start］をタップし，さらに「I have already a SIP account」ボタンをタップして，まず，図20の設定を行ってください．［Sign in］ボタンをタップすると，図21のメイン画面になります．図21の①の

［Settings］をタップすると開く図22の画面で，Proxyを設定し，さらに，Enable videoのスイッチをOFFにしておきます．

このLinphoneで電話をかけるには，数字パッドで図21の②に電話番号を入力して，図21の③にある受話器アイコンをタップします．

Asteriskを使ってみよう!!

ここまでの設定で，以下の3台のSIPクライアント・ソフトフォンが設定されました．

```
X-Lite(Windows PC) ：内線番号201
Chiffon(Android)   ：内線番号202
Linphone(iOS)      ：内線番号203
```

これらを使ってAsteriskの機能を使っていきましょう．

● 時報：317

どのSIPクライアント・ソフトフォンでも，317に電話をかけると，機械的な女性の声で「年月日と時刻」を日本語で読み上げてくれます．

● エコー・テスト：333

どのSIPクライアント・ソフトフォンからでも，333に電話をかけると，英語のガイダンスのあと，しゃべった声が戻ってくるエコー・テストが始まります．「#」で終了します．

● 内線一斉呼び出し：200

どのSIPクライアント・ソフトフォンからでも，200に電話をかけると，ほかの2台のSIPクライアント・ソフトフォンへ着信し，受けたSIPクライアント・ソフトフォンと通話ができます．

● 内線個別呼び出し：201〜209

例えば，内線番号が201のX-Lite（Windows PC）で202に電話をかけると，Chiffon（Android）が着信し，X-Lite（Windows PC）とChiffon（Android）の間で通話ができます．

VOIP-info.jp Wikiからダウンロードした設定サンプルでは，201〜209の9台までの内線電話をサポートしています．

● ボイス・メールの録音：内線＊1

例えば，201宛てのメッセージを録音するには，どのSIPクライアント・ソフトフォンからでもよいのですが，「201＊1」で電話をかけると，「トーンの後にメッセージを録音し，最後にシャープを押してください」というガイダンスが流れ，「ピー」というトーンが鳴ります．ガイダンスに従って，メッセージを録音で

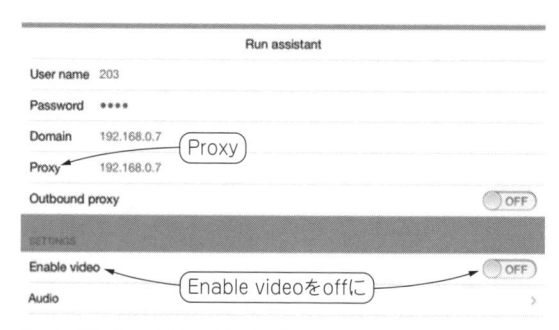

図22 Linphoneのセッティング

きます．

● 自分宛てボイス・メールの再生：299

先ほど201宛てのメッセージを録音したので，その状態で，内線番号が201のX-Lite（Windows PC）で299に電話をかけると，「あなたには新しいメッセージが1あります．1を押すと新しいメッセージ．．．」というガイダンスが流れます．ガイダンスに従って，［1］を押して保存されたメッセージを再生できます．さらに，メッセージを入れた相手にメッセージを返信したり，ほかの内線電話に転送をしたり，フォルダを指定して整理保存したり多彩な機能があります．

● ボイス・メール・ログイン用：298

例えば，内線番号が202のChiffon（Android）から298に電話をかけると，「ボイス・メール・メールボックス番号は？」と尋ねられるので，201と指定し，続く「パスワード」のガイダンスに対して1234を指定すると，201宛てのボイス・メールが再生の状態になります．

● 通話の転送：#内線番号

例えば内線番号201のX-Lite（Windows PC）と内線番号202のChiffon（Android）の間で通話しているときに，内線番号201のX-Lite（Windows PC）側で#203と指定すると，内線番号203のLinphone（iOS）を呼び出します．

内線番号203のLinphone（iOS）が受話応答すると，内線番号202のChiffon（Android）と内線番号203のLinphone（iOS）の間の通話が始まります．

● 通話の保留：#700

通話中に#700を指定すると，「ナナゼロイチ」のような保留番号のガイダンスが流れて通話が終了し，通話相手側に保留音が流れます．この状態で，ほかの電話機でもよいので，ガイダンスで流れた保留番号に電話をかけると，保留中の相手との通話が再開します．

Asteriskの設定ファイル

Asteriskの多彩な動作を決めているのが，/etc/asteriskディレクトリにあるconfファイル群です．ここでVOIP-info.jp Wikiからダウンロードしたサンプル設定ファイルの一部を説明します．

● sip.conf

この設定ファイルで，SIPクライアントを定義しています．

[general]セクションでSIPクライアントに関する全般的な設定を行っています．

```
[general]
maxexpirey=3600
defaultexpirey=3600
context=default
port=5060
bindaddr=0.0.0.0
srvlookup=yes
allowguest=no
disallow=all
allow=ulaw
allow=alaw
allow=gsm
language=ja
localnet=192.168.0.0/255.255.0.0
```

- maxexpirey/defaultexpirey
  REGISTER要求間隔の設定（秒数）
- context
  extensions.confのデフォルト・コンテキスト
- port
  SIPが使うポート番号（通常5060）
- binaddr
  サーバのIPアドレス（0.0.0.0でローカル・アドレス）
- srvlookup
  ドメイン指定されたときにDNSでSRVレコード検索する場合にyes
- allowguest
  ゲスト・ユーザ（未設定番号）による発信を拒否する場合にno
- disallow/allow
  使用するコーデックを優先度順に列挙（disallowで全種類を無効にしてから指定）
- language
  クライアントごとに使用言語を設定可能ですが，ここでデフォルトを設定可能
- localnet
  ローカルと解釈するネットワーク（アドレス/マスク）

さらに，[201]～[209]までの内線番号も定義しています．

```
[201]
type=friend
defaultuser=201
secret=pass
canreinvite=no
host=dynamic
dtmfmode=rfc2833
callgroup=1
pickupgroup=1
mailbox=201

[202]
type=friend
defaultuser=202
    :
```

- type
  peer（発呼），user（着呼），friend（発着呼）
- defaultuser/secret
  認証のユーザ名とパスワード
- canreinvite
  AsteriskにRTPパケットを中継させる場合にno
- host
  クライアントのIPアドレス（通常dynamic）
- dtmfmode
  DTMFモードを指定（rfc2833）
- callgroup/pickupgroup
  発信/ピックアップのグループ番号（通常は統一）
- mailbox
  メール・ボックス番号

● extensions.conf

この設定ファイルで，電話の発着信時の振る舞いを設定します．

[general]セクションで全体にかかわる設定します．

```
[general]
writeprotect=no
priorityjumping=no
```

- writeprotect
  コマンドライン・インターフェースから修正させない場合にno
- priorityjumping
  以前のバージョンの互換性のためのもので通常はnoを指定

[globals]セクションでグローバル変数の定義を行います．

```
[globals]
USEVOICEMAIL=YES
```

```
SPEAKINGCLOCK=317
ECHOTEST=333
```
次からは，[default]コンテキストの一部になります．

▶時報

この記述で，317の時報のシーケンスを実現しています．

```
; Speaking Clock
exten => ${SPEAKINGCLOCK},1,
          Answer()
exten => ${SPEAKINGCLOCK},n,Wait(1)
exten => ${SPEAKINGCLOCK},n,
    Set(FutureTime=$[${EPOCH} + 5])
exten => ${SPEAKINGCLOCK},n,SayUnix
    Time(${FutureTime},Japan,YbdAPHM)
exten => ${SPEAKINGCLOCK},n,
          Playback(jp-desu)
exten => ${SPEAKINGCLOCK},n,
          playback(beep)
exten => ${SPEAKINGCLOCK},n,Hangup
```

▶エコー・テスト

この記述で，333のエコー・テストを実現しています．

```
; Echo Test
exten => ${ECHOTEST},1,Answer
exten => ${ECHOTEST},n,Wait(1)
exten => ${ECHOTEST},n,
          Playback(demo-echotest)
exten => ${ECHOTEST},n,
          Playback(beep)
exten => ${ECHOTEST},n,Echo
exten => ${ECHOTEST},n,
          Playback(demo-echodone)
exten => ${ECHOTEST},n,
          Playback(vm-goodbye)
```

▶内線一斉呼び出し

この記述で，200にかかってきたら，201/202/203/204の電話を鳴らして，内線一斉呼び出しを行っています．

```
; Ring 201-204 phones
exten => 200,1,Dial(SIP/201&SIP/202
&SIP/203&SIP/204&IAX2/201&IAX2/202&
IAX2/203&IAX2/204)
exten => 200,n,Hangup
```

▶内線着信の処理

この記述によって，201～209の内線着信の処理を一括で定義しています．USEVOICEMAILがYESなのでuse-vmラベルに飛び，tT(転送)とwW(*1のボイス・メール)オプションを付けてDialコマンドを呼び出しています．DIALSTATUS変数にはDialコマンドの戻り値が設定されていて，それに応じた振る舞いを定義しています．

```
; Local SIP... phones 201-209
exten => _20Z,1,GotoIf
($["${USEVOICEMAIL}"="YES"]?use-vm)
exten => _20Z,n,Dial
(SIP/${EXTEN}...,,tT)
exten => _20Z,n,Hangup
exten => _20Z,n(use-vm),Dial
(SIP/${EXTEN}...,60,tTwW)
exten => _20Z,n,NoOp(${DIALSTATUS})
exten => _20Z,n,GotoIf($["$
    {DIALSTATUS}"="BUSY"]?vm-rec)
exten => _20Z,n,GotoIf($["$
    {DIALSTATUS}"="NOANSWER"]?vm-rec)
exten => _20Z,n,GotoIf($["$
{DIALSTATUS}"="CHANUNAVAIL"]
?vm-rec)
exten => _20Z,n,Hangup
exten => _20Z,n(vm-rec),Answer()
exten => _20Z,n,Wait(1)
exten => _20Z,n,Voicemail(${EXTEN})
exten => _20Z,n,Hangup
```

▶ボイス・メールの録音

この記述で，201～209の内線に続いて*1を指定するボイス・メールの録音の振る舞いを定義しています．「${EXTEN:0:3}」という記述はEXTEN変数の先頭から3けたを取り出しています．

```
; For Voicemail Recording
exten => _20Z*1,1,Answer()
exten => _20Z*1,n,Wait(1)
exten => _20Z*1,n,
          Voicemail(${EXTEN:0:3})
exten => _20Z*1,n,Hangup
```

▶ボイス・メール・システムに入る

298と299でVoicemailMainコマンドを呼び出して，ボイス・メール・システムに入るようになっています．299のVoicemailMainコマンドには，numを指定したCALLERID関数が戻すダイヤル番号とsオプション(パスワードのスキップ)を設定しています．

```
; For Voicemail Playback
exten => 298,1,Answer()
exten => 298,n,Wait(1)
exten => 298,n,VoicemailMain()
exten => 298,n,Hangup

exten => 299,1,Answer()
exten => 299,n,Wait(1)
exten => 299,n,
```

```
VoicemailMain(${CALLERID(num)},s)
exten => 299,n,Hangup
```

● **まとめ**

　VoIPの概念と，そこで使われる通信プロトコルのSIPとRTPを説明しました．それを踏まえて，実際にラズベリー・パイというLinuxシステムにSIPサーバとしてAsteriskをセットアップしました．また，スマートフォン，タブレット，PCにSIPクライアントをセットアップし，VoIPシステムを作りました．

　VoIP-Info.jp Wikiからダウンロードしたサンプル設定ファイルを，そのまま使っても，かなりのことができます．このサンプル設定ファイルをベースに，いろいろ修正をすれば，Asteriskへの理解が深まるでしょう．

● **応用のアイデア**

　今回は非常に基本的な音声アプリケーションを実現しました．さらに発展させて，電子工作を組み合わせると，ちょっと面白い応用がいろいろと考えられそうです．

▶ホーム・オートメーションの音声アプリケーション

　例えば，ラズベリー・パイのI^2C端子に温度などのセンサを付けて，家の内外からスマートフォンやタブレット，PCで，家の温度などのセンサ値を音声で確認ができるようなシステムが容易に作れそうです．さらに，ラズベリー・パイのGPIOに赤外線LEDを付け，リモコン制御アプリケーションを使えば，エアコンなどの制御ができそうです．これらを組み合わせて，家の外から部屋の温度を確認し，ダイヤル・ボタンでエアコンを制御するような音声アプリケーションを構築できるでしょう．

▶音声認識との組み合わせ

　ラズベリー・パイで使える音声認識アプリケーションも見つけることができるでしょう．ダイヤル・ボタンの入力を待つAGIコマンドではなくて，AGIスクリプトで音声認識をさせれば，話すだけで自宅の機器を制御できるようなシステムが実現できるのではないでしょうか．このようなシステムであれば，自動車を運転しながらでも，操作ができそうです．

▶公衆回線網との接続

　NTT光電話，NTTコミュニケーション050plusなどの商用のVoIP（SIP）システムにasteriskを接続すると，外線に接続できます．

　外線に接続できれば，一つの回線だけで家の内外に配置したいいろいろなSIPクライアントを使って，電話を受けられるようになります．

　さらに，スマートフォンを持たずに，フィーチャーフォンを持っている人も，まだまだたくさんいらっしゃいます．このような人が身内にいたとしても，公衆回線の電話から自宅内で立ち上げているラズベリー・パイのAsteriskの機能にアクセスさせることができますね．このように，自宅にAsteriskを立ち上げると，いろいろと楽しそうな応用が考えられるのはないでしょうか？

◆**参考文献**◆

(1) LINEやcommの通話のしくみを解析
http://itpro.nikkeibp.co.jp/article/COLUMN/20121108/435987/

(2) SIP：RFC 3261
http://www.ietf.org/rfc/rfc3261.txt

(3) SDP：RFC 5389
http://www.ietf.org/rfc/rfc5389.txt

(4) TCP/IPチュートリアルおよび技術解説書，第2刷，2003年5月，IBM．
http://www-06.ibm.com/jp/support/redbooks/TCP_IP/GG88400500.pdf

(5) 阪口 克彦：SIP入門～プロトコル概要からSIPの適用，将来像まで～，㈱ソフトフロント，5月，IBM．
https://www.nic.ad.jp/ja/materials/iw/2003/proceedings/T9.pdf

(6) SIPソフトフォン「Chiffon（シフォン）」とカスタマイズサービスを開始，日本エヴィクサー㈱．
http://www.evixar.com/chiffon

(7) open-source voip software，Linphone
http://www.linphone.org/

みずこし・ゆきひろ

第3部 音声パケット交換サーバづくり

第11章

外出先から自宅のエアコンやシャッタを
ON/OFFできるようになる

その2：遠隔I/Oにトライ

水越 幸弘

写真1 ラズベリー・パイ＋オープンソース通話ソフトAsteriskで作った自宅用内線通話(VoIP)装置
今回これにGPIOを叩く機能やインターネット・アクセス機能を追加する．提供するソフトウェアはラズベリー・パイ2および1で動作する

第10章では，ラズベリー・パイ上でAsterisk（column1）という内線交換機ソフトウェア（オープンソース）を使って，個人宅で使える本格的な内線通話システムを作りました．具体的には，**写真1**と**図1**に示すようなVoIPシステムです．ヘッドセットを付けたWindows PCやAndroidスマートフォン，iOSタブレットにセットアップしたSIPクライアント機能を提供するソフトウェア同士で内線通話が可能になります．ただし，普通に内線通話システムを作ったのでは，LINEとどこが違うの？と言われかねないので，次のような特徴を出しました．

- 音声やダイヤルでラズベリー・パイのI/Oを叩ける（**写真2**）
- 複数の端末を同時に鳴らす一斉着信

この内線通話システムは，まだ外出先（宅内のLAN以外）からアクセスできるようになっていません．そこで本章では，外出先からアクセスできるように改良します．

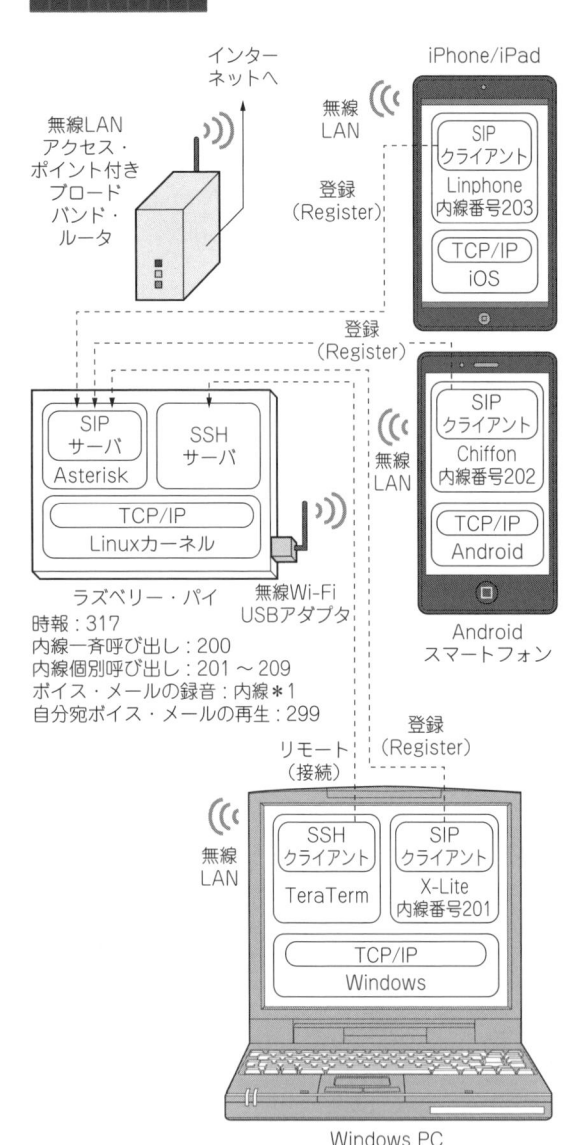

図1 第10章で製作した自宅用内線通話(VoIP)装置

column1　無料なのに商用レベルの交換機Asterisk

Asterisk（アスタリスク）は，Mark Spencer氏が主体となって開発したIP-PBX（内線交換機）ソフトウェアで，オープンソースIP-PBXの事実上の業界標準となっています．

Asteriskは，標準でインストールされるものだけでも豊富な機能を持ち，商用システムにも引けをとらないものとなっています．転送やボイス・メール，自動応答，自動発呼など，オフィス向けの機能も充実しています．このため，SOHOや中小企業のオフィスでは十分に実用的なものになっています．

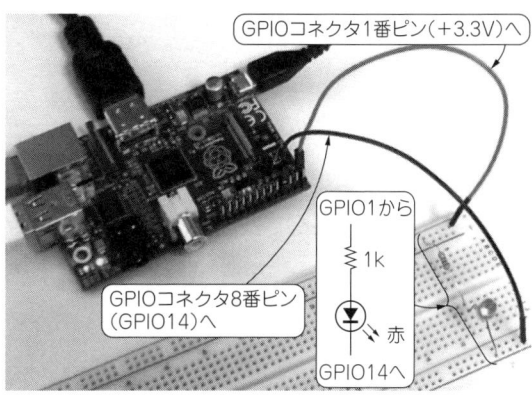

写真2　インターネット越しにラズベリー・パイへ接続したLEDをON/OFFできる

が同時にインターネットへアクセスできるように，TCPとUDPのポート番号にローカルIPアドレスをマッピングします．

● NAPT機能がアドレスを変換するメカニズム

図2でルータのNAPT機能について説明をしています．プライベート・ネットワーク内に2台のクライアントがあり，それぞれが同時に，別々のグローバル・ネットワークのサーバへアクセスをしている例です．

▶①-1：宅内からのパケット送信

プライベート・ネットワーク側のクライアント1からグローバル・ネットワークにあるサーバAにアクセスするとき，クライアント1はルータに向けて①-1のようなパケットを送ります．

インターネット・アクセスの前に…ルータのしくみ

● 宅内-宅外のIPアドレス変換器

一般家庭で使われるブロードバンド・ルータには，NAPT（Network Address Port Translation）と呼ばれる機能があります．これは，ルータがIPパケットをLANとWANの間でルーティングするときに，グローバル・アドレスとローカル・アドレスを変換する機能です．

一般的な家庭用のブロードバンド・ルータでは，プロバイダからルータに動的に割り当てられる一つのグローバルIPアドレスを使って，LAN側の複数の機器

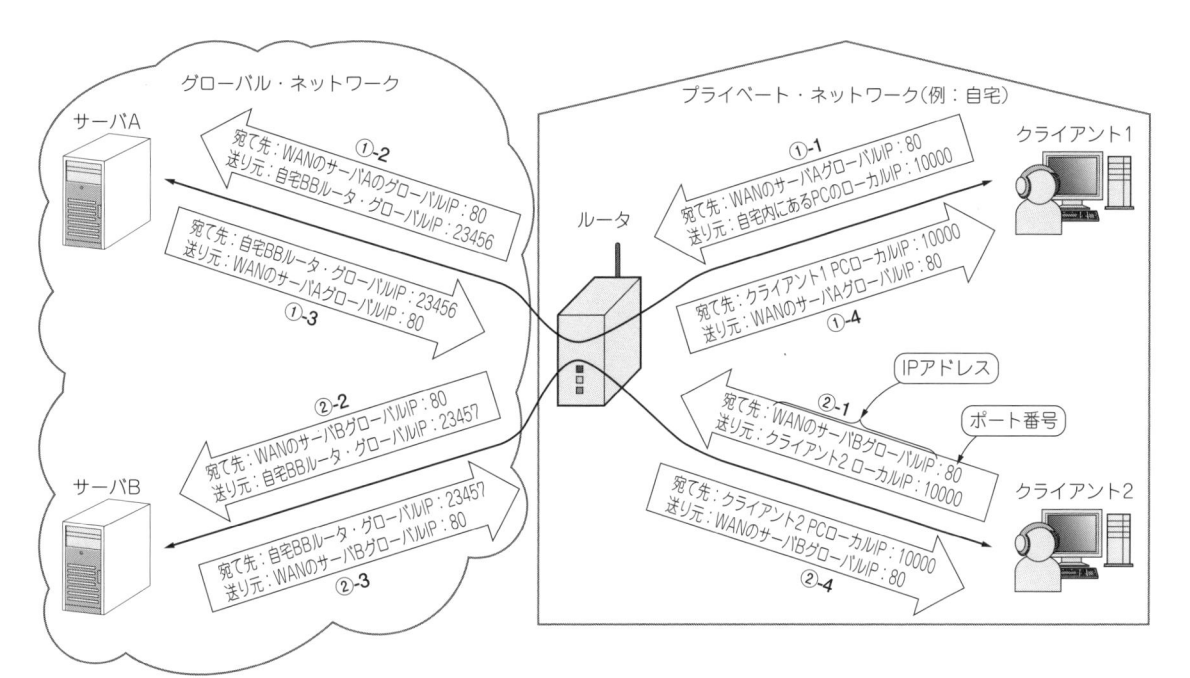

図2　NAPT機能…宅内のローカル・アドレスをルータに割り当ててあるグローバルIPアドレスへ変換してくれる

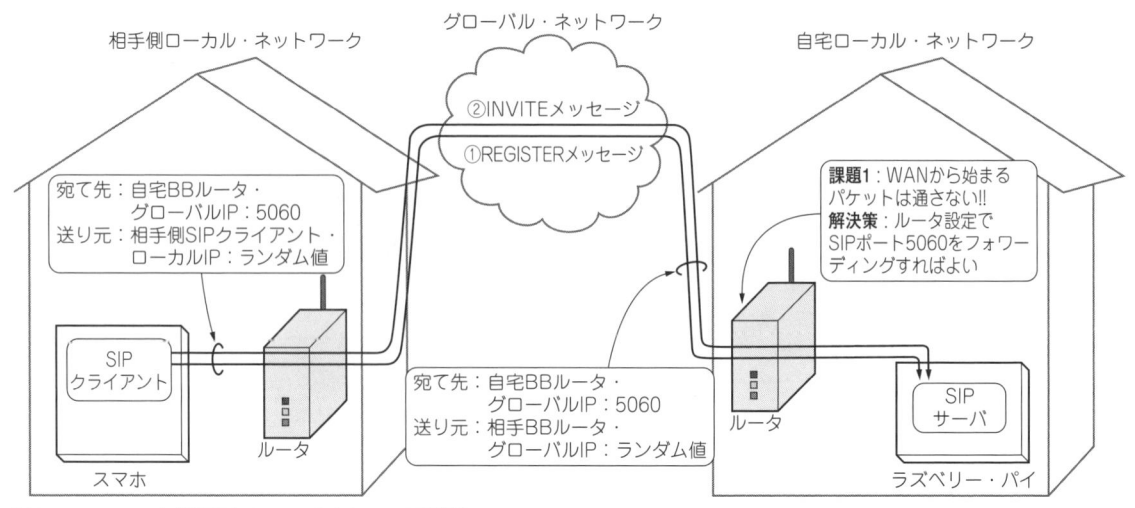

第3部 音声パケット交換サーバづくり

図3 NAPTルータを通過するSIPコネクションの問題点

▶①-2：IPアドレスとポート番号を宅外用に変換

①-1のパケットを受信したルータは，①-1のパケットの送り元のローカルIPとポート番号の組み合わせにポート番号を割り当てて，IPヘッダとTCP/UDPヘッダを書き換えた①-2のようなパケットをグローバル・ネットワーク側のサーバAへ送ります．この図2の例では，クライアント1のローカルIPのポート10000を，ルータのグローバルIPのポート23456に割り当てています．

▶①-3：サーバからの応答

サーバAは，アクセスされたクライアントに応答を返す際は，受け取ったパケットの送り元のIPアドレスとポート番号を宛て先にするので，①-3のようなパケットをルータに送信します．

▶①-4：IPアドレスとポート番号を宅内用に変換

①-3のパケットを受け取ったルータは，宛て先のポート番号をチェックし，割り当てたローカルIPとポート番号の組み合わせに置き換えて，プライベート・ネットワーク側のクライアント1に転送します．この図2の例では，ルータがグローバルIPのポート23456を受け取ったら，プライベート・ネットワーク側のクライアント1へ送っています．

▶クライアント2の場合も同様に変換

同じように，プライベート・ネットワーク側のクライアント2がグローバル・ネットワークのサーバBへアクセスをしようとするときも，まずルータが，②-1のパケットをルーティングする際にグローバルIPのポート番号を割り当て，そのポート番号宛てのパケットを受信したら，再度，ルーティング時にIPヘッダとTCP/UDPヘッダの宛て先を書き換えて，プライベート・ネットワーク側へルーティングします．

図2の例では，①-1のパケットは，プライベート・ネットワーク側のクライアント1が，サーバAにアクセスをした送り元のポート番号10000になっています．プライベート・ネットワーク側のクライアント2がサーバBにアクセスするときにも，送り元のポート番号が10000で，同じように②-1のようなパケットになっています．

ルータは，②-1のパケットをグローバル・ネットワーク側のサーバBにルーティングする際に，異なったポート番号である23457に割り当てています．このため，サーバBが②-2のパケットに応答した②-3のパケットを，ルータは②-4のようにプライベート・ネットワーク側のクライアント2に正しくルーティングすることが可能になります．

自宅内ラズパイSIPサーバが外部ネットワークとつながる際の課題

● 課題1…ルータがWANからのパケットを通さない

NAPT機能とSIPによるVoIP接続が組み合わさったときの問題点を図3に示します．SIPサーバのローカル・ネットワークの外に，SIPクライアントのローカル・ネットワークがある例です．

相手側SIPクライアントがSIPサーバにREGISTER要求（図3の①）を出して，自分の存在を登録する必要があります．通常，ブロードバンド・ルータは，LAN側から始まるトラフィックは変換テーブルを作って通信できますが，WAN側からのトラフィックは変換テーブルがないので，ルーティングせずに破棄されます（図3の課題1）．

● 解決方法…ポート・フォワーディングを設定

ただし，この問題はルータのポート・フォワーディ

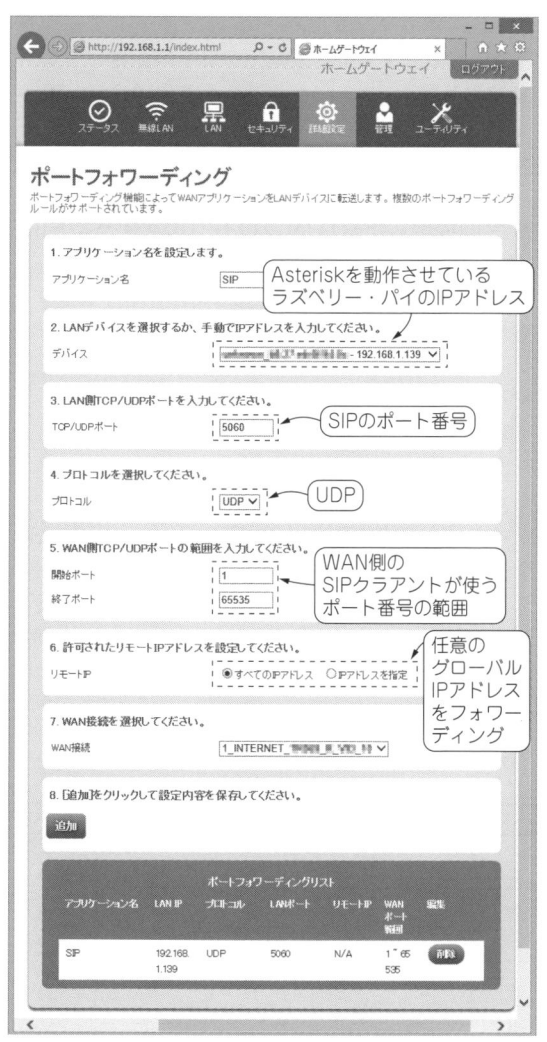

図4 ルータのポートフォワーディングの設定例
WAN側からUDPポート番号5060が来たらラズベリー・パイへ転送するように設定

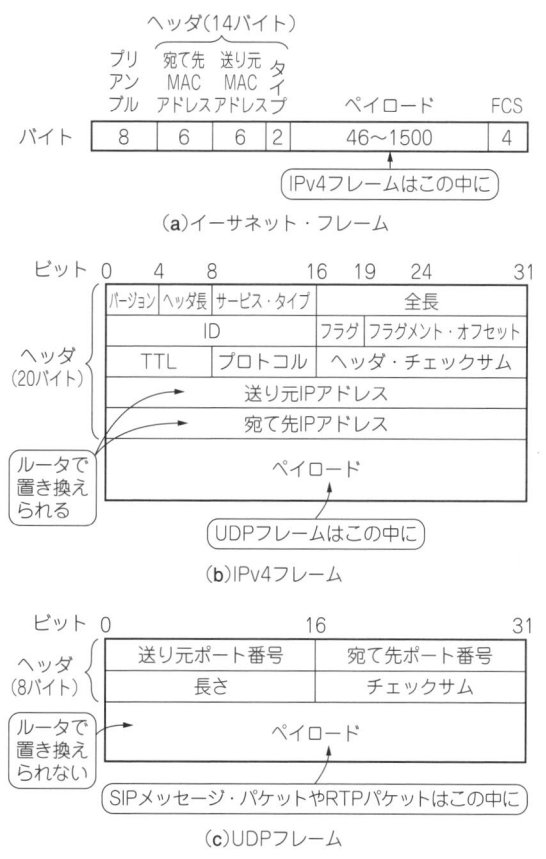

図5 家庭用ブロードバンド・ルータはUDPのペイロードの中にIPアドレスが書かれていても気付かない

ングの設定で解決できます．**図4**が設定例です．設定方法はルータによって違うものになりますが，WAN側からUDPのポート番号5060が来たら，ラズベリー・パイに転送されるように設定をします．ポート・フォワーディングとは，特定のポート番号宛てにインターネットからパケットが届いたときに，あらかじめ設定しておいたLAN側の機器へパケットを転送する機能のことです．

● 課題2…ルータが別のIPアドレスにパケットを誤配信する

二つ目の問題は，SIPメッセージのボディ部のSDP(Session Description Protocol)に別のプライベート・ネットワークのIPアドレスが設定されていると，RTPのメディア・セッションの確立に失敗してしまうというものです．

第10章で解説したようにSIPのINVITE要求メッセージのボディ部にはSDPのデータを置きますが，そこにRTPで送ってほしいアドレスとポート番号を入れます．このパケットがルータを経由すると，IPヘッダとUDPヘッダの内容はグローバルなものに書き換えてルーティングされますが，UDPのペイロードの内容（**図5**）はそのままの状態になっています．このようなSDP情報を受け取ったラズベリー・パイのAsteriskは，意味のないローカルIPアドレスに向かってRTPを送ってしまうことになります．このような問題があり，NAPTルータを越えたSIPの通話はなかなか難しいものがあります．

課題2の解決方法

● 代表的な解決方法

SIPのような，ペイロード中にIPアドレスを埋め込むアプリケーションがNAPTルータを越えて通話をするための，代表的な三つの解決方法を紹介します．

▶(1) ALG (Application Level Gateway)

ルータ自体がIPとUDP/TCPヘッダに加えて，SIPプロトコルを認識して，SIPメッセージの中のIPアドレスを変換するものです．クライアント機器側では，グローバルIPアドレスを意識する必要がなくなりますが，ルータが対応していないと解決方法とならず，家庭用ブロードバンド・ルータで対応しているケースはまれです．

▶(2) UPnP (Universal Plug and Play)

UPnPのやりとりにより，クライアント側のアプリケーションが自身のグローバルIPアドレスを取得して，SIPメッセージの中のSDPをグローバルIPアドレスにして呼制御のやりとりを行います．ルータとLAN内のクライアント・アプリケーションの両方がUPnP機能に対応する必要があります．家庭用のブロードバンド・ルータでもUPnP対応をしているものがあります．

▶(3) STUN (Simple Traversal of UDP through NATs)

インターネット上にSTUNサーバを立て，LAN内のSIPクライアントなどのアプリケーションがSTUNサーバとやりとりし，グローバルIPアドレスを検出して，SIPメッセージの中のSDPにグローバルIPアドレスを入れて，セッションを確立しようとする方法です．

● 今回採用したSTUNプロトコルを使ったSIPセッション

図6にSTUNプロトコルを使って，NAPTルータを越えてSIPセッションを確立しているシーケンス例を示します．

▶①自分の存在をサーバに登録

図6の①は，自分の存在をSIPサーバに登録するためのSIPのREGISTERメッセージです．NAPTルータAが，WANの向こう側のLANの下にあるSIPクライアントBのREGISTER要求メッセージをSIPサーバにルーティングするには，事前に，ポート・フォワーディングの設定をしておく必要があります．

▶②STUNサーバからグローバルIPアドレスを入手

SIPクライアントBは，自分自身のグローバル・ア

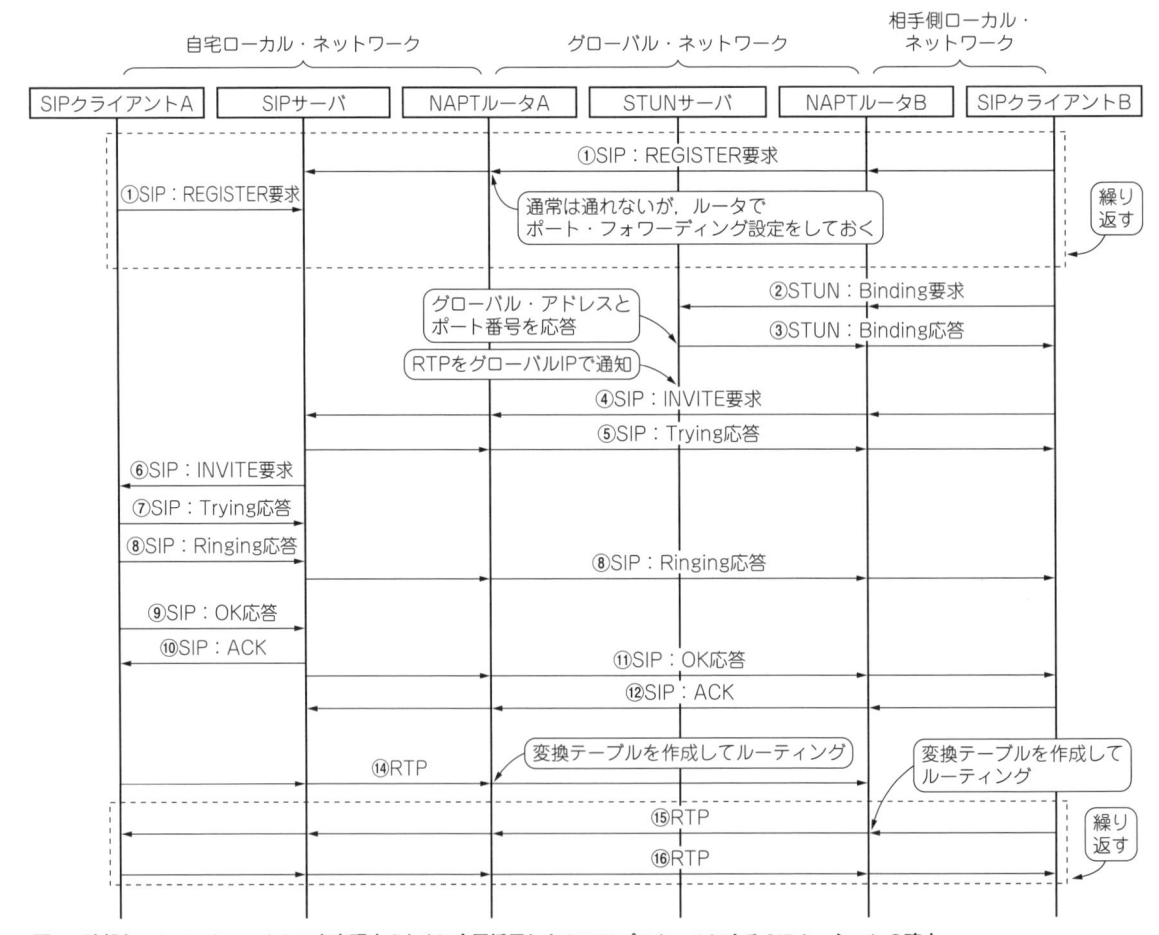

図6 外部ネットワーク・アクセスを実現するために今回採用したSTUNプロトコルによるSIPセッションの確立

ドレス（NAPTルータBのもの）を知るために，WANに配置されているSTUNサーバにBinding要求を送ります．Binding要求を受け付けたSTUNサーバは，そのペイロードに受け付けたパケットのグローバル・アドレスとポート番号を入れて，Binding応答をします．

▶③クライアントBからAにINVITE要求

自分自身のグローバル・アドレスとバインドされるポート番号が分かったSIPクライアントBは，グローバル・アドレスを使って作るSDPをSIPのボディ部に置いて，INVITE要求をSIPサーバに向かって送ります（図6の④）．

▶通話開始

SIPによって通話セッションが作られた（図6の④～⑫）のち，クライアントAからのRTPを中継しようとするSIPサーバは，図6の④で入手してあるNAPTルータBのグローバル・アドレスに向かって，図6の⑭のRTPを送ることになります．この時点でNAPTルータAに変換テーブルが作成され，このポート番号のRTPをWAN側から受け付けることができるようになります．ただ，NAPTルータB側で変換テーブルができていません．SIPクライアントBが，SIPサーバに向かってRTPを送った時点で，NAPTルータBに変換テーブルが作成されます．これで双方向のRTPが通ることができるようになり，正常に通話が可能になります．

● それでもSTUNを通さないNAPTルータはどうしようもない

図6では，STUNサーバからグローバル・アドレスとポート番号を取得して，SIPセッションを確立して，RTPセッションで通話ができるようすを解説しました．

STUNは，ルータの機能に影響されないように見えますが，STUNでうまく通信ができるNAPTルータは一部の製品に限られます．

筆者が動作確認した環境（NTTドコモのXi回線）では，STUNサーバを指定して，自宅のLAN内に置いたラズベリー・パイのAsteriskを使ってSIPの通話ができました．ただ，STUNからグローバルIPアドレスとポート番号を取得しても，そのグローバルIPアドレスをもらったNAPTルータが，STUNで取得したポート番号をルーティングしないケースがあります．こうなると，STUNではどうしようもありません．

固定IPアドレスがなくても自宅の機器を宅外から呼べるようにする方法

● ダイナミックDNSサービスを使うと固定IPアドレスを持たなくてもOK

ところで，一般家庭でインターネット接続のためにプロバイダと契約をすると，一般的には，動的に割り当てられるグローバルIPアドレスとなります．固定グローバル・アドレスを取得するには，そこそこの出費となるので，個人レベルであれば，インターネットから自宅の機器にアクセスするためにダイナミックDNSを使用するケースがほとんどでしょう．

今回，インターネットから自宅のLAN内で動作させたAsteriskにアクセスするために，ダイナミックDNSサービスの「MyDNS.jp」を使用したときの設定例を示します．

MyDns.jpのサイトに接続し，IDを取得します．
`http://www.mydns.jp/`

「JOIN US」メニューを選択し，必要事項を記入して登録が完了すると，MasterIDとPasswordの情報がメールで送られてきます．ログインしたあと，「Domain Info」画面で好きなドメイン名を作ります．

ダイナミックDNSは，転送先サーバのIPアドレスを一定周期で通知する必要があります．ラズベリー・パイで動かしているRaspbianのcronデーモン・プロセスを使うと，設定されたコマンドを一定周期で実行できます．crantabコマンドを使うと，cronデーモン・プロセスの設定ファイルを編集できます．

第10章で，ラズベリー・パイのSSHサーバにWindows PCのTera Termから接続しました．今回も，Windows PCのTera Termでラズベリー・パイのSSHサーバに接続し，以下のコマンドを指定します．
`sudo␣crontab␣-e⏎`

エディタが開くので，以下の行を追加します．
```
*/15 * * * * wget -O - http://MasterID:passowrd@www.mydns.jp/login.html
```

このMasterIDとPasswordは，MyDns.jpの登録時にメールで通知されたものになります．この設定で，MyDNS.jpに対して，15分ごとに情報の更新を行うことになります（図7）．

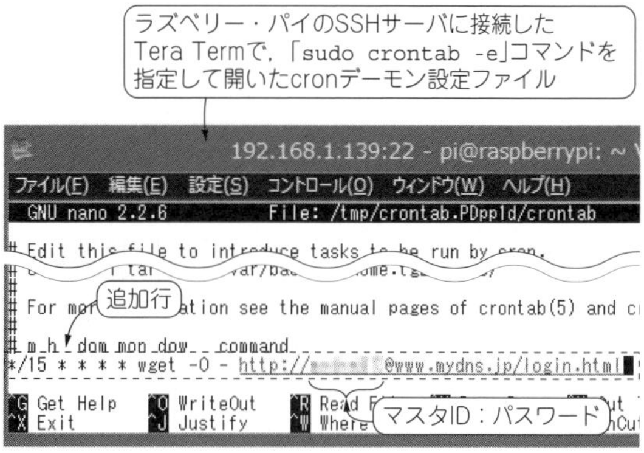

図7 MyDNS.jpを利用してルータに割り振られたグローバルIPアドレスと固定ドメイン名を常に通知してもらう

外部通話の準備

● その1：フリーの公開STUNサーバを選ぶ

フリーで公開されているパブリックSTUNサーバは数多くあります．本章ではGoogleが立ち上げている以下の公開STUNサーバを使用しました．
stun.l.google.com:19302
「public STUN server list」ぐらいのキーワードでインターネットを検索すれば，公開STUNサーバを見つけることができるでしょう．ただし，このようにして見つけたリストの中には動作していないSTUNサーバもあるので，注意が必要です．

● SIPクライアント・ソフトウェアの設定

家から外に持ち出してWAN回線につなぐスマートフォンやタブレットのSIPクライアント側の設定を変更します．

SIPのドメインやプロキシに対して，MyDNS.jpなどに登録したダイナミックDNS名を指定します．

STUNサーバを設定する個所を探し，STUNサーバを指定します．

念のため，SIPプロトコルがUDPで5060（標準ポート番号）になっていることを確認します（通常のSIPクライアント・ソフトウェアのデフォルト設定）．

図8は，Androidスマートフォンにセットアップした Chiffon（SIPソフトフォン）での設定例です．

Asteriskを動作させているラズベリー・パイと同じLAN内のSIPクライアント・ソフトウェアの設定を変更する必要はありません．

外部通話を試す

これでインターネットとの通話の準備が完了しました．本章では，Androidスマートフォンを宅外に持ち出せるように外部からアクセスができるダイナミックDNS名を指定したので，Androidスマートフォンの設定でWi-Fiをオフにして，3GやLTE回線に切り替えます．

まずは，この状態でAndroidスマートフォンのChiffonから「317」で時報を聞いたり，「333」でエコー・テストを行ったりして，問題なく機能することを確認してください．その後，各内線呼び出し，一斉呼び出しなどのすべての機能が確認できるでしょう．

追加機能1：電話でGPIO制御に挑戦

インターネット通話ができるようになったので，さらに，SkypeやLINEのようなVoIPサービスではできないGPIO制御などの音声アプリケーションの作り方を示します．ここまで構築したインターネット接続に対応したVoIP内線電話システムのラズベリー・パイに，図9や写真2のようにLEDを接続します．

● 拡張用AGI機能でスクリプトを動かす

AGI（Asterisk Gateway Interface）とは，Asteriskの機能を拡張するための機能です．HTTPサーバのCGI（Common Gateway Interface）に相当します．

図10にAGIの動きを示します．SIPクライアントから内線電話をダイヤルすると，Asteriskのextensions.confファイルで定義される内線番号の処理が実行されます．その処理中でAGI（スクリプト・ファイル名）を記述すると，指定された外部プログラ

(a) 設定メニュー　(b) SIPアカウントの追加
(c) STUNサーバの登録
(d) ネットワーク設定

図8　Chiffon（AndroidスマートフォンSIPクライアント）の設定変更

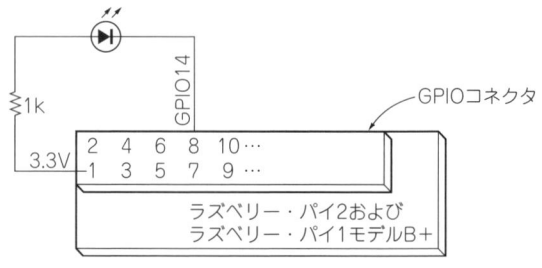

図9　ラズベリー・パイにLEDを接続

ム（AGIスクリプト）が呼び出されます．

AGIスクリプトは任意のプログラムで，PerlやRubyなどといった各種の汎用スクリプト言語を使えます．これらのAGIスクリプトの中からは，AGIコマンドを使うことができます．AGIコマンドには，発信者がダイヤル・ボタンを押すのを待ったり（wait for digit），音声データをRTPで送ったり（stream file）と，いろいろなものがあります．完全な一覧は，参考文献（4）や（5）のURLなどを参照してください．

本章では，ラズベリー・パイに接続したLEDを点灯・消灯するAGIスクリプトを用意し，以下の内線番号を定義します．

390：LED消灯
391：LED点灯

この手順を理解できればAGIのしくみも理解できるので，あとは，自由自在に自身のシステムを拡張できるようになるでしょう．

● ステップ1：Asterisk設定ファイルにAGIスクリプトを定義する

ラズベリー・パイによるAsteriskのextensions.confを調整して，LEDを点灯/消灯するための内線番号を割り当てます．

```
sudo -s
nano /etc/asterisk/extensions.conf
```

（globals）セクションと（default）セクションに以下の記述を追加します．

```
(globals)
…
;For AGI
```

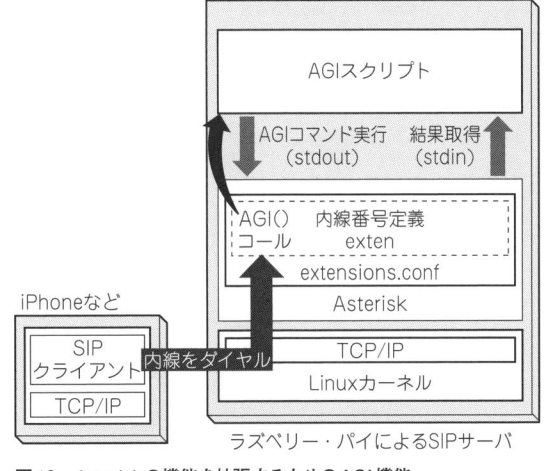

図10 Asteriskの機能を拡張するためのAGI機能
SIPクライアントから内線電話をダイヤルすると，Asteriskのextensions.confファイルで定義される内線番号の処理が実行される．その処理中にAGIを記述すると，指定された外部プログラム（AGIスクリプト）が呼び出される

```
AGI_LED_OFF=390
AGI_LED_ON=391
(default)
; AGI LED OFF
exten => ${AGI_LED_OFF},1,AGI(agi_led_OFF.agi)
; AGI LED ON
exten => ${AGI_LED_ON},1,AGI(agi_led_on.agi)
```

exten定義のAGI()で囲んだファイル名が，指定された電話番号で起動するスクリプトの名前になります．

---

column2　セキュリティ対策を忘れずに

第10章と第11章では，セキュリティに対して何のケアもしていません．ここでは，セキュリティ対策の方針のヒントだけを示しておきます．

Asteriskをインターネットにつなぐにあたり，少なくとも，Asteriskの各クライアントのデフォルト・パスワードを変更しておくべきです．これを行わずにインターネットへ接続してはいけません．

WAN側のSIPクライアントに対応するために，ルータのポート・フォワーディングを設定しましたが，逆にインターネットから攻撃される状態にしてしまったと言えます．特に，SIPのデフォルト・ポート番号を使った攻撃があるそうなので，ポート番号を変更するという対策が考えられます．また，ドメイン認証適用の可否も検討してください．接続できるクライアントを制限するのが基本です．Asteriskを動作させているラズベリー・パイのLinuxのiptablesを使って，いろいろなルールを定義して制限させることができます．

RTPパケットも，Wiresharkなどでパケット・キャプチャを行うと容易に通話を確認（盗聴）できてしまいます．秘話機能について，特に業務でVoIPシステムを使うときには考慮すべきです．SRTPやZRTPという暗号RTPがあるので，それらの使用も検討できます．

あと，NAPT越え問題の対処ですが，STUNでうまくいかないことも往々に発生します．このため，STUNではないTURN（9）というプロトコルも提案されています．

リスト1　LEDの消灯 agi_led_off.agi

```
#!/bin/sh
echo "ANSWER"
sleep 2
jsay.sh "LEDを消灯します" answer_message
echo "STREAM FILE answer_message # 0"
echo "14"   > /sys/class/gpio/export
echo "out"  > /sys/class/gpio/gpio14/direction
echo "1"    > /sys/class/gpio/gpio14/value
sleep 5
```

リスト2　LEDの点灯 agi_led_on.agi

```
#!/bin/sh
echo "ANSWER"
sleep 2
jsay.sh "LEDを点灯します" answer_message
echo "STREAM FILE answer_message # 0"
echo "14"   > /sys/class/gpio/export
echo "out"  > /sys/class/gpio/gpio14/direction
echo "0"    > /sys/class/gpio/gpio14/value
sleep 5
```

　ここでは，Asteriskが「390」の番号を着信するとagi_led_OFF.agiが，「391」を着信するとagi_led_on.agiが起動されるようにしています．

　なお，AGIが起動するスクリプトのフォルダは，asteriks.confのastagidirで確認できます．

`cat ./etc/asterisk/asterisk.conf ⏎`
`(directories)`
`…`
`astagidir => /var/lib/asterisk/agi-bin`

　AGIスクプリトのディレクトリが確認できたので，extensions.confで定義したAGIスクリプトを作成していきます．

● ステップ2：AGIスクリプト本体の作成

　以下のコマンドで，agi_led_OFF.agiとagi_led_on.agiを作成します．

`nano /var/lib/asterisk/agi-bin/agi_led_OFF.agi ⏎`
`nano /var/lib/asterisk/agi-bin/agi_led_on.agi ⏎`

　それぞれ，リスト1とリスト2の内容を打ち込んでください．以下に簡単に解説をします．

　リスト1（agi_led_OFF.agi）とリスト2（agi_led_on.agi）の両方とも，2行目でANSWERコマンドを呼び出しています．これらは，着信に応答し，音声ストリームに接続するためのコマンドです．

　4行目の「jsay.sh "メッセージ" answer_message」は，このあとに作成する音声合成エンジンで応答メッセージ音声ファイルを生成するスクリプトを呼び出す部分です．メッセージに指定された日本語テキストを読み上げるガイダンスの音声データを，answer_message.gsmというファイル名で作成します．

　5行目の「echo "STREAM FILE answer_message # 0"」により，AGIのSTREAMコマンドで指定したファイルの内容をRTPで送信することができます．

　6行目から8行目のGPIO14の操作で，指定されたLEDを消灯（1）したり，点灯（0）したりさせています．

　まだ，jsay.shスクリプトを作っていないので実行できませんが，忘れないうちに，以下のコマンドで実行属性を付けておきましょう．

`chmod 755 /var/lib/asterisk/agi-bin/*.agi ⏎`

　なお，4行目のjsay.shコマンドの行をコメントアウト（行頭に＃記号を挿入）すれば，まずは，LEDのON/OFFの振る舞いを試すことができます．extensions.confを修正しているので，以下のコマンドで設定ファイルの修正を反映させておく必要があります．

`service asterisk restart ⏎`

　4行目のjsay.shコマンド行をコメントアウトしてあれば，どのSIPクライアントからでも「390」をダイヤルするとLEDが消灯し，「391」をダイヤルするとLEDが点灯するようすが確認できるでしょう．

　なお，このあと，jsay.shスクリプトを作成していくので，AGIスクリプトでコメントアウトしたjsay.shコマンド行を元に戻しておいてください．

外部電話回線からのLチカを試す

● 「390」でLED消灯

　これでシステムが完成しました．

　家の中のLANにつないでいるSIPクライアントでも，インターネットから接続しているスマートフォンのSIPクライアントのどこからでも，「390」に電話をかけると，「LEDを消灯します」という女性の声のガイダンスとともに，ラズベリー・パイのGPIOに接続したLEDが消灯します．

● 「391」でLED点灯

　前項と同じように，どのSIPクライアントからでも「391」に電話をかけると，「LEDを点灯します」というガイダンスとともに，ラズベリー・パイのGPIOに接続したLEDが点灯します．

追加機能2：日本語テキストから応答ガイダンスを音声合成

　さらに，AGIによって起動がかかるAGIスクリプトの中に記述した日本語文字列を，ラズベリー・パイ

の音声合成エンジンを使って，ガイダンスを流すことにも挑戦してみます．

Asteriskと日本語パッチをセットアップすると，多くの音声メッセージが用意されています．固定的な応答メッセージであれば，人間が録音した音声データを使うこともできます．

今後の拡張性を考えて，スクリプトを実行するたびに音声合成をするように実現してみました．

音声合成プログラムとして，Open JTalk[6]を使っています．これは，名古屋工業大学の徳田・李研究室で開発されているオープンソースの日本語音声合成エンジンです．誤読する場合もありますが，文字列に漢字も使えて非常に優秀です．

以下のコマンドラインで音声合成エンジンOpen JTalkをセットアップします．

```
sudo apt-get install open-jtalk open-jtalk-mecab-naist-jdic htsengine libhtsengine-dev hts-voice-nitech-jp-atr503-m001
```

Open JTalkのデフォルトの声色は怖い感じなので，かなり美声のナレーションであるMMD Agentを入れておきましょう．

```
cd /tmp
wget http://downloads.sourceforge.net/project/mmdagent/MMDAgent_Example/MMDAgent_Example-1.3/MMDAgent_Example-1.3.zip
unzip MMDAgent_Example-1.3.zip
sudo cp -R MMDAgent_Example-1.3/Voice/* /usr/share/hts-voice/
```

さらに，Open JTalk + MMD Agentでは，Asteriskが認識できる音声コーデックであるGSMフォーマットを作成できないので，音声コーデック変換ツールの定番であるsoxをセットアップしておきます．

```
apt-get install sox
```

これで，ツールの準備ができました．

各ツールを組み合わせたスクリプトを作成します．

```
cd /usr/local/sbin
nano jsay.sh
```

リスト3の内容を打ち込んでください．2行目で声質を選択しています．

スクリプトのパラメータに指定された日本語テキストを読み上げた音声データをPCM形式のwavファイルで作成して，31行目でwav形式からAsteriskで扱える音声データであるGSMコーデック形式に変換しています．

このjsay.shスクリプトを実行可能にするため

リスト3 日本語テキストから応答ガイダンスを音声合成jsay.sh

```
#!/bin/sh
cd /usr/share/hts-voice/mei_happy   ← 声質を選択
echo "/tmp/$1.wav" | open_jtalk \
-td tree-dur.inf \
-tf tree-lf0.inf \
-tm tree-mgc.inf \
-md dur.pdf \
-mf lf0.pdf \
-mm mgc.pdf \
-dm mgc.win1 \
-dm mgc.win2 \
-dm mgc.win3 \
-df lf0.win1 \
-df lf0.win2 \
-df lf0.win3 \
-dl lpf.win1 \
-ef tree-gv-lf0.inf \
-em tree-gv-mgc.inf \
-cf gv-lf0.pdf \
-cm gv-mgc.pdf \
-k gv-switch.inf \
-s 16000 \
-a 0.05 \
-u 0.0 \
-jm 1.0 \
-jf 1.0 \
-jl 1.0 \
-x /var/lib/mecab/dic/open-jtalk/naist-jdic \
-ow $2
sox /tmp/$1.wav -r 8000 -c1 /var/lib/asterisk/sounds/ja/$1.gsm
```
（GSMコーデック形式に変換）

に，以下のコマンドで実行可能にしておきます．

```
chmod 755 jsay.sh
```

◆参考文献◆

(1) Asterisk運用・開発ガイド，ISBN 978-4-274-06683-2，オーム社．
(2) SIP/STUNサーバ．
   http://wiki.tomocha.net/SIP_STUNserver.html
(3) 佐藤 良；P2P通信技術，コナミデジタルエンタテインメント．
   http://homepage3.nifty.com/toremoro/study/voip2008/NATTraversal.pdf
(4) Asterisk 11 AGI Commands.
   https://wiki.asterisk.org/wiki/display/AST/Asterisk+11+AGI+Commands
(5) Asterisk AGI，VOIP-Info.org．
   http://www.voip-info.org/wiki/view/Asterisk+AGI
(6) Open JTalk.
   http://open-jtalk.sourceforge.net/
(7) ラズベリー・パイに喋らせる，橋本商会．
   http://shokai.org/blog/archives/6893
(8) Incredible PBX for RasPBX，RasPBX Sourceforge Forum.
   http://www.raspberry-asterisk.org/
(9) TURN:RFC 5766.
   http://www.ietf.org/rfc/rfc5766.txt

みずこし・ゆきひろ

第4部 セキュリティ・サーバづくり

第12章 オープンソース・ソフトウェアSoftEther VPN Serverでサッ
スマホ/ノートPCを自宅LANに接続OK！VPNサーバ

木村 実

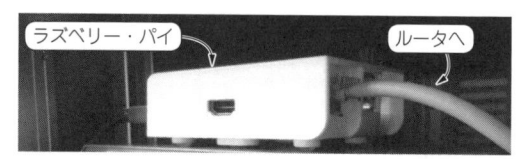

写真1 実験に使用した装置
(a) ラズベリー・パイで作ったVPNサーバ
(b) 外出先から自宅LANを見られる 
(c) 紹介するSoftEther VPNサーバを経由して自宅LANに接続したようす 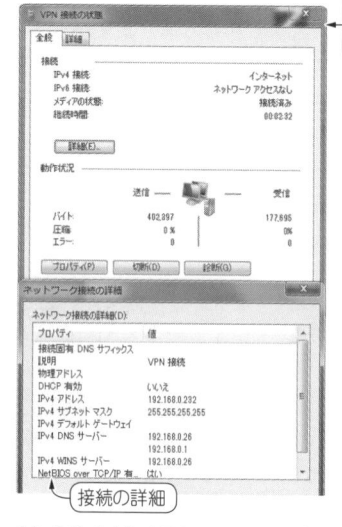

　外出先から，インターネットなどを利用して，自宅や職場のLAN (Local Area Network) につなぎたいときがあります．

- 旅行先から自宅サーバに録画・録音しておいた動画や音楽を視聴したい
- 出張中に社内に置いてあるドキュメントを素早く確認したい

　しかし，インターネットは，誰でも自由に利用できるというメリットがある反面，通信内容を盗み見されたり（盗聴），データの中身を書き換えられたり（改ざん）といった危険性が常に伴います．LAN内部のデータを危険にさらすわけにはいきません．
　インターネットなどのパブリックなネットワークから自宅や職場のLANに安全にリモート接続する方法として，VPN (Virtual Private Network) があります．VPNは，送信時にデータを暗号化してインターネットに流し，受信時に暗号化されたデータを復号化することで，安全に外部からLANに接続する技術です．

　本章では，ラズベリー・パイとオープンソース・ソフトウェアを使って，自宅VPNサーバを作成します．インターネット接続できる環境さえあれば，VPN接続を利用して世界中のどこからでもLAN内のファイルへアクセスできるようになります（写真1，図1）．

● AndroidやiOS，Windowsに標準搭載で便利！
　VPNには，リモート・アクセス型と拠点間接続型があります（column参照）．
　本章では，ラズベリー・パイにオープンソースのVPNサーバ・ソフトウェアSoftEther VPN Serverをインストールして，リモート・アクセス型のVPNサーバを構築してみます．
　Windows PCやAndroid/iOSを搭載したスマホ/タブレットには，リモート・アクセスが行えるVPN接続ソフトウェアが標準装備されているので，端末として非常に便利に使えます．

第12章 スマホ/ノートPCを自宅LANに接続OK! VPNサーバ

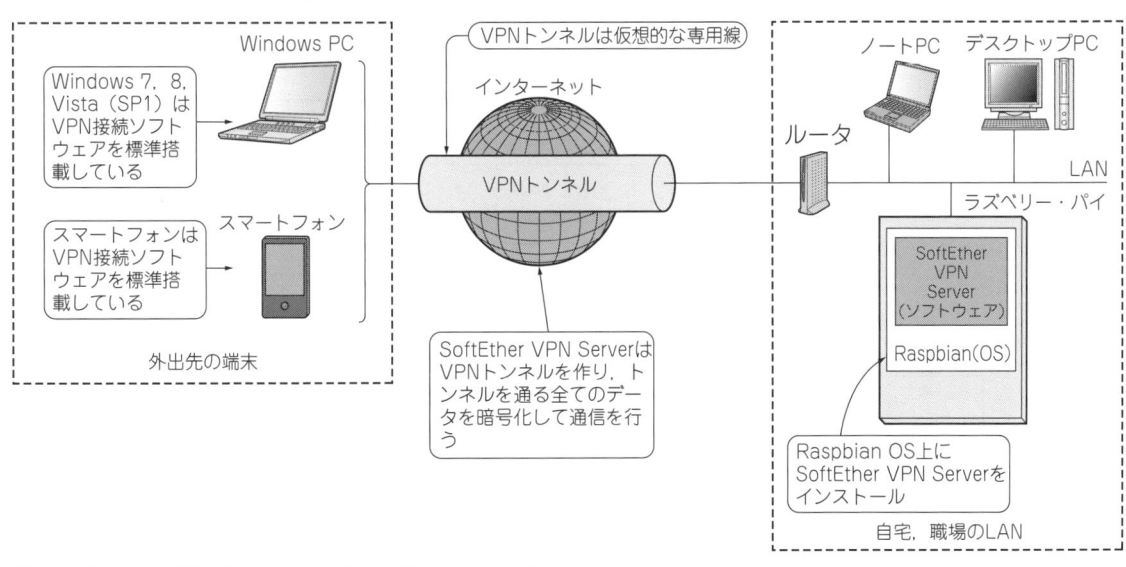

図1 ラズベリー・パイで作るリモートアクセス型のVPNサーバ

VPN通信のしくみ

VPNではデータを暗号化するため，第三者がデータを盗み見したとしても，内容を判読することはできません．また，パケットはカプセル化されて，仮想的な専用線であるVPNトンネルを使って送受信されます．

リモート・アクセス型のVPNでは，認証やカプセル化，暗号化が利用可能なL2TP（Layer 2 Tunneling Protocol）/IPsec（IP Security）というプロトコルを使います．L2TP/IPsecで提供される機能を下記にまとめます．

▶(1) 通信相手の認証

VPN通信を開始する際は，事前共有鍵（VPNサーバと接続端末だけが知っている秘密鍵）を使って，これからVPN通信を行うサーバが本物であることを確認します．

VPNでは，信頼された相手と通信を行う必要があり，認証を行う機能が必須です．インターネットの通信で使用されるIPプロトコルは，通信相手を認証する機能はありません．IPプロトコルに代わる別のプロトコルで認証を行います．

ユーザ認証の機能を備え，2台のコンピュータ同士を接続するためのプロトコルとして，PPP（Point to

---

column　VPNの方式は2種類

● スマホやパソコンなどの端末とLANをつなぐリモート・アクセスVPN

離れた場所にあるスマートフォンやPCから，自宅または職場のLANに仮想的につなげることを，リモート・アクセスVPNといいます．スマートフォンやPCでは，L2TP/IPsecというプロトコルに対応したVPNクライアント機能を標準搭載しており，離れた場所の端末から自宅や職場のLANに接続できます．

● LANとLANをつなぐ拠点間VPN

離れた場所のLAN同士を接続する方式として，拠点間VPNがあります．本社のLANと支店のLANを接続して，仮想的に一つのLANとするような接続を拠点間VPNといいます．

相互に接続する拠点間のネットワークは，レイヤ2レベル（OSI参照モデルのデータリンク層）で直接接続された状態となります．この接続のイメージは，「拠点に設置されているスイッチングHUB同士を非常に長いLANケーブルでカスケード接続した状態」と考えると，分かりやすいと思います．

拠点間VPNでは，それぞれの拠点にVPNサーバ（またはVPNブリッジ）を設置するだけでよく，拠点にあるPCは特別な設定を行わずとも，相互に通信を行うことが可能となるメリットがあります．

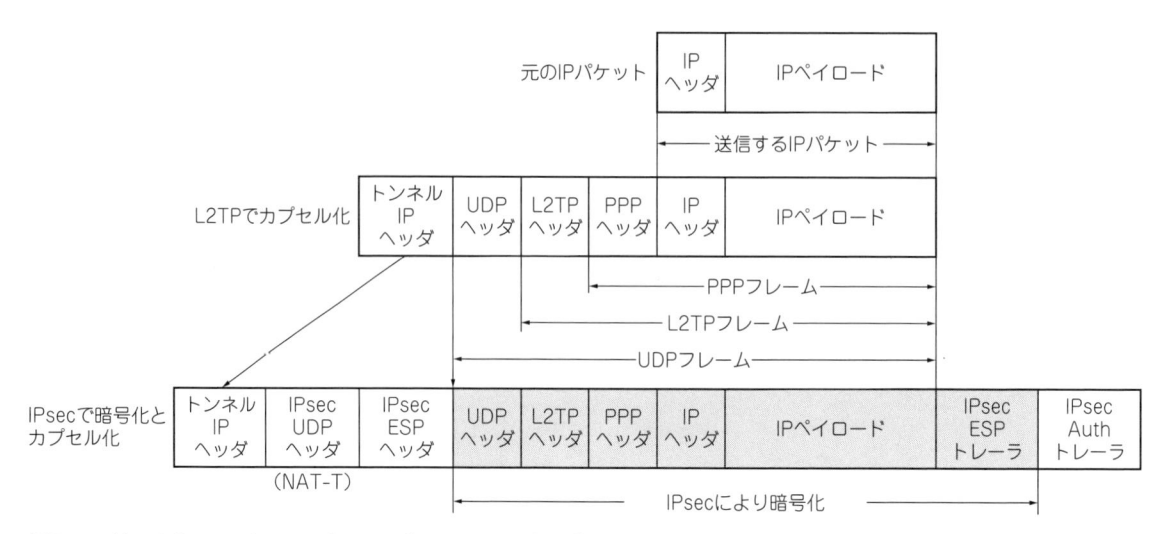

第4部 セキュリティ・サーバづくり

図2 IPパケットをL2TPプロトコルやIPsecプロトコルでカプセル化

Point Protocol) がありますが，この接続方式では，送信側と受信側が1対1で接続されている回線でしか利用できません．そこでデータリンク層のPPPフレームを，一つ上のレイヤであるネットワーク層のIPプロトコルでカプセル化します．すると，インターネットを介したPPP接続が可能となり，ユーザ認証機能やエラー訂正機能などを利用した2点間接続を実現できます．これによりインターネットを利用して，遠隔地から自宅や職場のLANにリモートアクセス型のVPN接続を行うことが可能となります．

▶ (2) IPパケットのカプセル化とトンネリング

ある通信プロトコルを，ほかの通信プロトコルのパケットで包んで送ることをカプセル化と言い，2点間を接続する閉じられた仮想的な専用線のことをトンネルと言います．L2TPでは，このPPPフレームにL2TPヘッダやUDPヘッダ，トンネルIPヘッダが付加されてカプセル化されたL2TPパケットが作成されます (図2)．また，L2TPでは，データの暗号化機能を有していないので，IPsecとともに使用されることでデータの安全性が確保されます．

▶ (3) IPパケットの暗号化

L2TPでカプセル化されたIPパケットは，IPsecプロトコルにより暗号化されます (図2)．L2TPパケット全体が暗号化され，インターネット上で安全に通信を行えます．IPsecでは，IKE (Internet Key Exchange) プロトコルを用いてセッションの確立と，鍵交換を行い，ESP (Encapsulating Security Payload) を用いてデータを暗号化します (図3)．このとき，IKEのため

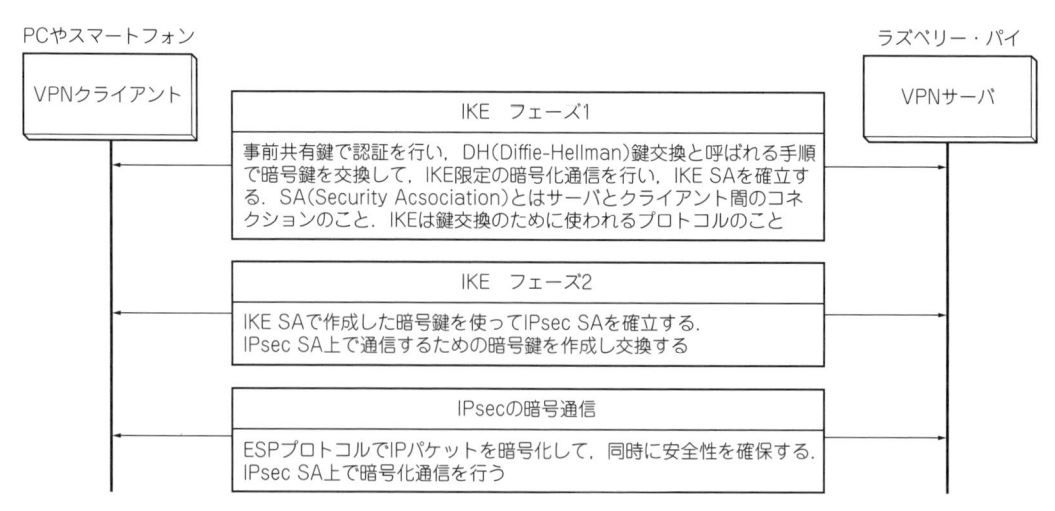

図3 IPSecを利用した暗号化通信の手順

column　VPN接続のメリット

VPNサーバを設置すると，以下のようなメリットがあります．

● 遠隔地の機器をリモート・メンテナンス

各地で発生しているゲリラ豪雨や大型台風による土砂災害に備えて，危険個所などには，ネットワークに対応した監視装置などが備えられている場合があります．このような環境にVPNサーバを設置すると，離れた場所から監視装置の運用やメンテナンスを行えるため，運用コストを抑えることが可能となります．

● 公衆無線LANを使用した通信の安全性を確保

暗号化されていない通信では，悪意のある第三者により，通信内容を盗み見される危険性があります．不特定多数のユーザが無料で利用できるフリーWi-Fiスポットなどでは，通信内容が暗号化されていない場合があります．そのような場所で，ネットショッピングなどを行うことは，IDやパスワードなどの大切な個人情報を大声で回りの人に話しているようなもので，非常に危険です．

また，暗号化された通信であっても，誰もが入手可能な共通の鍵を使っているような場合は，通信内容を盗み見される可能性があります．秘匿性の高い情報を送受信する場合は，VPN接続を行うと通信内容が暗号化され，安全な通信を行うことが可能となります．

● サテライト・オフィスや在宅での勤務が可能

職場にVPNサーバを設置することで，離れた場所から職場のLANに接続できます．職場の机でPCを操作している状況と全く同じ状況が，外出先や自宅で再現できます．

にUDPポート500を，ESPのためにUDPポート4500を使用するので，ルータの対応（ポート・フォワーディング）が必要となります．

オープンソースの定番VPNサーバ・ソフトウェアSoftEther VPN Server

● 2013年，プロ仕様のVPNサーバがオープンソースで提供された

SoftEther VPN Serverは，無償で使えるオープンソース・ソフトウェアとして公開されています．SoftEther VPNでは，リモート・アクセスVPNと拠点間接続VPNを簡単に構築できます．

SoftEther VPNは，多様なCPUアーキテクチャとさまざまなOSをサポートしています．今回はARMベースのラズベリー・パイ上に，Linux（Raspbian）とSoftEther VPN Serverをインストールして，リモート・アクセスVPNを実現します．

● 特徴

SoftEther VPN Serverは，下記のような特徴を備えています．

▶(1) IPsec，MS-SSTP，OpenVPN，EtherIP，L2TPやL2TPv3などのさまざまなプロトコルのサポート

VPNを実現するためのプロトコルは複数あります．OSや端末，接続環境などにより，使用できるプロトコルが異なります．

ユーザは，このプロトコルに応じたサーバ・プログラムをインストールする必要があります．例えばL2TP/IPsecプロトコルに対応したVPNサーバを構築するなら，xl2tpdとopenswanパッケージをインストール，OpenVPNプロトコルに対応したVPNサーバを構築するなら，openvpnパッケージをインストールするという具合です．

今回，ラズベリー・パイにインストールするソフトウェアSoftEther VPN Serverは，IPsec，MS-SSTP，OpenVPN，EtherIP，L2TPやL2TPv3などのさまざまなプロトコルに対応しています．

対応するCPUは，x86，PowerPC，ARM，MIPS，SPARC，SH-4などのアーキテクチャに対応し，Windows，Linux，MacOS X，FreeBSD，SolarisなどのOS上で稼働するように設計されています．

▶(2) 外部から自宅ルータへ接続したときにルータのファイアウォールを越えるためのNATトラバーサル機能

通常，自宅にはルータが設置されており，ファイアウォールの役目を担っています．SoftEther VPN Serverでは，NAT（Network Address Translation）トラバーサル機能を搭載しており，専用のクライアント・ソフトウェア（SoftEther VPN Client）を使用すると，ルータのファイアウォールを貫通させることができます．

▶(3) ダイナミックDNS機能

インターネットから，自宅のVPNサーバにアクセスする場合は，固定のグローバルIPアドレス，または，ドメインの取得が必要ですが，ダイナミックDNS機能を使用すると，このコストを削減できます．

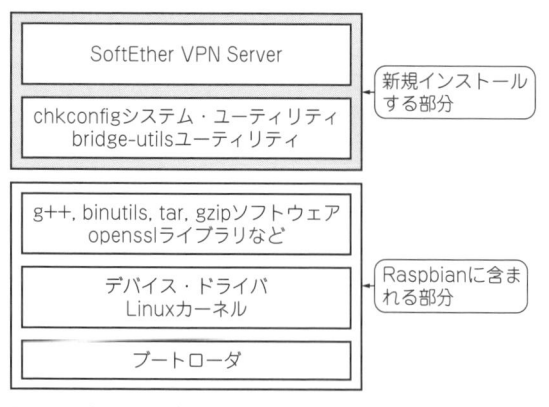

第4部 セキュリティ・サーバづくり

図4 ラズベリー・パイを使用したVPNサーバのソフトウェア構成

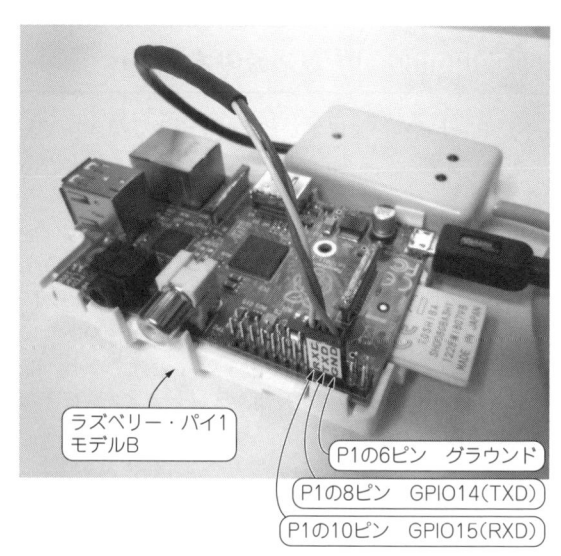

写真2 コンソール・ケーブルの接続と設定

● ラズベリー・パイと組み合わせるメリット

ラズベリー・パイにSoftEther VPN Serverをインストールすることで，格安でランニングコストの安いVPNサーバ装置を設置できます．ユーザ管理などは，GUI（Graphical User Interface）ベースのサーバ管理プログラムを用いてWindows PCから行うことができます．ラズベリー・パイにSoftEther VPN Serverをインストールした場合のメリットを以下に示します．

▶(1) 簡単に設置できる

固定のグローバルIPアドレスやドメインの取得が不要です．また，専用のVPN接続ソフトウェアを使用すれば，ルータの設定変更も不要となります．ただしL2TP/IPsecを使う場合は，ルータの設定変更が必要となります．

▶(2) コストが安い

導入コストは，7,000円程度で，1カ月のランニングコスト（電気代）は，40円程度と低価格です．

▶(3) 使い勝手が良い

スマートフォンやタブレット端末，MacやWindows PCなど，あらゆる端末からVPN接続が可能です．

ラズベリー・パイの準備

ラズベリー・パイを使用したVPNサーバ装置のソフトウェア構成を図4に示します．

● 手順1…SDメモリーカードへOSを書き込む

ラズベリー・パイでは，いくつかのLinuxディストリビューションを使用できますが，今回はDebian WheezyベースのRaspbianを採用します．以下のURLからPCへダウンロードして解凍することで，書き込みに使用するイメージ・ファイルができあがります．

```
http://downloads.raspberrypi.org/
raspbian/images/raspbian-2015-05-
07/2015-05-05-raspbian-wheezy.zip
```

ダウンロードしたファイルは，zip形式で圧縮されたファイルなので，Windows PC上で解凍します．解凍すると2015-05-05-raspbian-wheezy.imgというイメージ・ファイルが展開されます．このイメージ・ファイルをWin32 Disk Imager（SDメモリーカードへの書き込みツール）を使って，SDメモリーカードに書き込みを行うことで，OSの起動ディスクが完成します．

Win32 Disk Imagerは，下記のURLからダウンロードして解凍することで，実行形式のファイルが作成されます．

```
http://sourceforge.jp/projects/
sfnet_win32diskimager/downloads/
Archive/Win32DiskImager-0.9.5-
binary.zip/
```

4GバイトのSDメモリーカードをPCに接続し，Win32DiskImager.exeを実行します．書き込み先のドライブと，先ほど解凍したOSのイメージ・ファイル（2015-05-05-raspbian-wheezy.img）を指定して，Writeボタンをクリックし，OSをSDメモリーカードに書き込みます．書き込みは数分で完了します．

● 手順2…起動，および初期設定

ラズベリー・パイにキーボードとディスプレイを接続して初期設定を行う方法が一般的ですが，今回は，シリアル・コンソール・ケーブルを使ってWindows PCから初期設定を行います（写真2）．

シリアル・コンソール・ケーブルは，3.3Vの信号

第12章　スマホ/ノートPCを自宅LANに接続OK！ VPNサーバ

レベルに対応したケーブルを使用します．間違って5Vレベルの信号を加えると，ラズベリー・パイが壊れる場合があります．PC側で使用するプログラムはTera TermやPuttyなどのターミナル・エミュレータを使用します．通信設定は下記のように設定します．

シリアル・ポート：COM*x* ← (OSが割り当てる)
通信速度　　　：115.2kbps
データ長　　　：8
ストップ・ビット：1
パリティ　　　：なし
フロー制御　　：なし

書き込みが完了したらSDメモリーカードを取り外し，ラズベリー・パイに挿入して電源を投入します．Tera Termなどのターミナル・エミュレータを起動し，ラズベリー・パイと接続します．

次にユーザ名とパスワードを入力します．初期値は，ユーザ名がpi，パスワードはraspberryとなっています．最初の起動時は，下記のコマンドを入力します．rasp-configが起動するので最低限の設定を行います．

```
$ sudo rasp-config
```

ここでは下記の3項目だけの設定を行います．

1. **Expand Filesystem**
   SDメモリーカードの空き領域を拡張
2. **Change User Password**
   piユーザのパスワードの変更
3. **Internationalisation Options**の**Change Timezone**
   時間帯をAsia/Tokyoに変更

● 手順3…パッケージを最新版にアップデート

以下のコマンドでパッケージを最新版にアップデートします．

```
$ sudo aptitude update
$ sudo aptitude upgrade
```

● 手順4…開発環境のインストール

Raspbianでは，Softether VPN Serverをインストールするための開発環境が，ほとんどインストールされています．しかしサービスを自動起動するchkconfigと，ブリッジ接続を行うためのbridge-utilsパッケージはインストールされていないので，新規にインストールします．

```
$ sudo aptitude install chkconfig
$ sudo aptitude install bridge-utils
```

● 手順5…IPアドレスの設定

ラズベリー・パイでVPNサーバを利用する場合は，ルータなどの設定でVPNサーバのIPアドレスを指定する必要があるので，固定IPアドレスを使用するようにします．

初期状態ではLAN内のDHCPサーバを使用するようになっているので，テキスト・エディタを使ってinterfacesファイルを修正し，固定IPアドレスを割り当てます．

ラズベリー・パイでVPNサーバだけを動作させる場合は，eth0にIPアドレスを割り当てることも可能ですが，今回は，ほかのサーバ機能を利用する場合を考慮

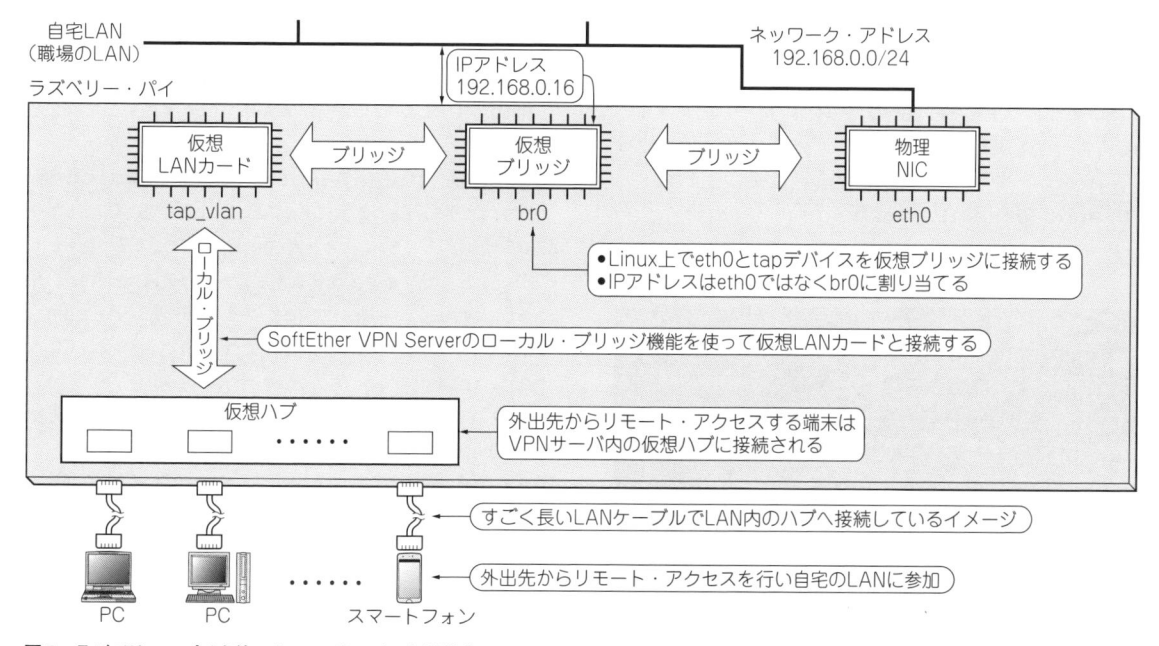

図5　ラズベリー・パイを使ったVPNサーバの内部構成

121

リスト1 /etc/network/interfacesファイルの設定

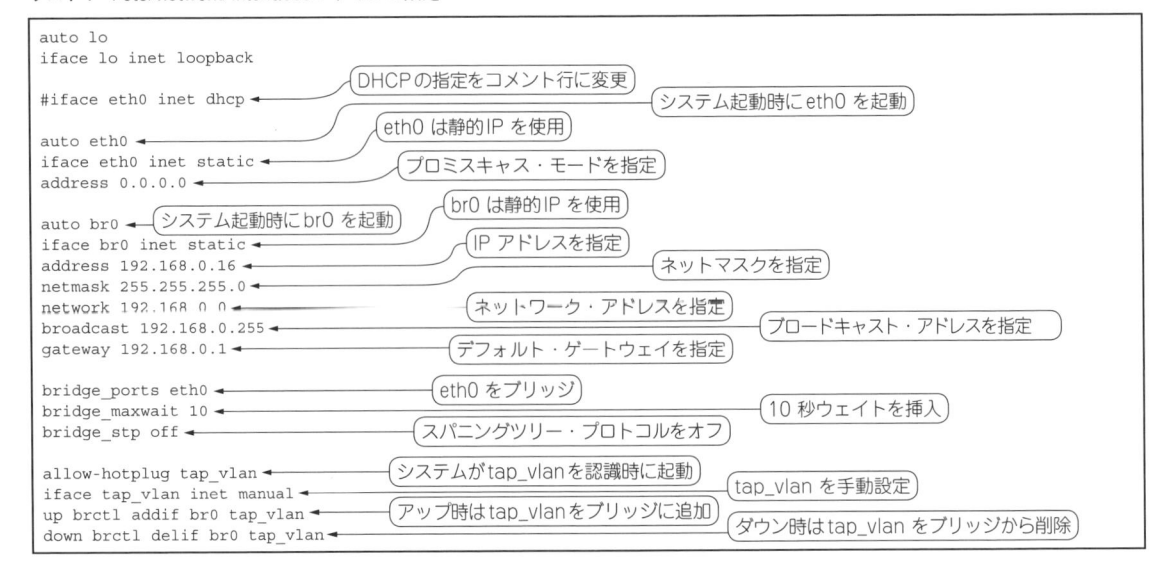

```
auto lo
iface lo inet loopback
#iface eth0 inet dhcp          ← DHCPの指定をコメント行に変更
                                                    システム起動時にeth0を起動
auto eth0 ←
iface eth0 inet static ←       eth0は静的IPを使用
address 0.0.0.0 ←              プロミスキャス・モードを指定

auto br0 ← システム起動時にbr0を起動    br0は静的IPを使用
iface br0 inet static ←
address 192.168.0.16 ←         IPアドレスを指定
netmask 255.255.255.0 ←                               ネットマスクを指定
network 192.168.0.0 ←          ネットワーク・アドレスを指定
broadcast 192.168.0.255 ←                             ブロードキャスト・アドレスを指定
gateway 192.168.0.1 ←          デフォルト・ゲートウェイを指定

bridge_ports eth0 ←            eth0をブリッジ
bridge_maxwait 10 ←                                   10秒ウェイトを挿入
bridge_stp off ←               スパニングツリー・プロトコルをオフ

allow-hotplug tap_vlan ←       システムがtap_vlanを認識時に起動
iface tap_vlan inet manual ←                          tap_vlanを手動設定
up brctl addif br0 tap_vlan ← アップ時はtap_vlanをブリッジに追加
down brctl delif br0 tap_vlan ←                       ダウン時はtap_vlanをブリッジから削除
```

して，TAPデバイスを用いた設定を行います（図5）．

テキスト・エディタで/etc/network/interfacesファイルを修正します（リスト1）．

`$ sudo pico /etc/network/interfaces ⏎`

ネットワーク設定を変更したら，OSを再起動させて，Windows PCからpingコマンドを使ってVPNサーバへの疎通確認を行います．図6では，パケットは4回送信されて4回とも受信され，パケット・ロスは0%で，応答時間は1msであることが分かります．

TTLの値は，Linuxでは64，Windowsでは128，Unixでは255が初期値となっており，ルータを通過するたびに値が一つずつ減算されて表示されます．

● 手順6…rootユーザのパスワード設定

SoftEther VPN Serverのインストール作業は，rootユーザで実行しますので，下記のコマンドを使って，rootユーザのパスワードを設定しておきます．

`$ sudo passwd root ⏎`

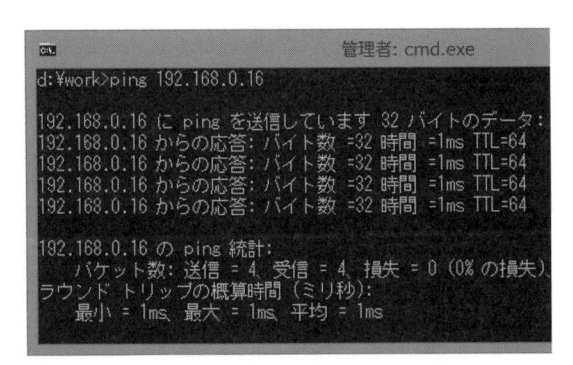

図6 ラズベリー・パイへのping動作

SoftEther VPN Serverのインストール

SDメモリーカードにインストールしたOSの初期設定が完了したので，次はSoftEther VPN Serverをインストールします．今回の設定から，SSH（Secure Shell）を使ってラズベリー・パイと接続します．パソコン上のSSHクライアント・ソフトウェアは，先ほど使用したTera TermやPuttyが使えます．なお，SoftEther VPN Serverのインストールはrootユーザで行います．

● 手順1…SoftEther VPN Serverのダウンロードと展開

下記のURLから最新版のSoftEther VPN Serverをダウンロードします．

```
wget http://jp.softether-download.
com/files/softether/v4.18-9570-rtm-
2015.07.26-tree/linux/SoftEther_
VPN_Server/32bit_-_ARM_EABI/
softether-vpnserver-v4.18-9570-rtm-
2015.07.26-linux-arm_eabi-32bit.
tar.gz ⏎
```

ダウンロードしたファイルは，tarコマンドを使って展開します．

```
tar zxvf softether-vpnserver-v4.18-
9570-rtm-2015.07.26-linux-arm_eabi-
32bit.tar.gz ⏎
```

● 手順2…vpnserverファイルの生成

先ほど展開したvpnserverディレクトリへ移動し，

第12章　スマホ/ノートPCを自宅LANに接続OK！ VPNサーバ

リスト2　vpnserverスタートアップ・スクリプト

```
#!/bin/sh
### BEGIN INIT INFO
# Provides:               vpnserver
# Required-Start:         $local_fs $network
# Required-Stop:          $local_fs $network
# Default-Start:          2 3 4 5
# Default-Stop:           0 1 6
# Short-Description:      SoftEther VPN 4.0
# Description:            vpnserver daemon
### END INIT INFO
DAEMON=/usr/local/vpnserver/vpnserver    ← vpnserverプログラム本体の格納場所
LOCK=/var/lock/vpnserver                 ← ロック・ファイルの格納場所

. /lib/lsb/init-functions

test -x $DAEMON || exit 0   ← vpnserverプログラム本体が存在しない場合は終了

case "$1" in
start)
sleep 3
log_daemon_msg "Starting SoftEther VPN Server" "vpnserver"
$DAEMON start >/dev/null 2>&1
touch $LOCK
log_end_msg 0
sleep 3
;;                          ← サービスを開始させるためのコマンド
stop)
log_daemon_msg "Stopping SoftEther VPN Server" "vpnserver"
$DAEMON stop >/dev/null 2>&1
rm $LOCK
log_end_msg 0
sleep 2
;;                          ← サービスを停止させるためのコマンド
restart)
$DAEMON stop
sleep 2
$DAEMON start
sleep 5
;;                          ← サービスを停止後、開始させるためのコマンド
status)
    if [ -e $LOCK ]
    then
        echo "vpnserver is running."
    else
        echo "vpnserver is not running."
    fi
;;                          ← サービスのステータスを表示させるためのコマンド
*)
echo "Usage: $0 {start|stop|restart|status}"
exit 1
esac
exit 0
```

makeコマンドを使ってvpnserver実行可能ファイルを生成します．使用許諾説明書を読み同意すると，vpnserverプログラムの生成処理が行われます．

```
# cd vpnserver/
# make
```

● 手順3…vpnserverのインストール

パッケージを展開した際に作成されたvpnserverディレクトリを，/usr/local/ディレクトリに移動させます．

```
# cd ..
# mv vpnserver /usr/local
```

● 手順4…ファイルのパーミッション変更

vpnserverディレクトリ内のファイルは，root権限でなければ読み書きできないようにパーミッションを変更しておきます．

```
# cd /usr/local/vpnserver/
# chmod 600 *
# chmod 700 vpncmd
# chmod 700 vpnserver
```

● 手順5…スタートアップ・スクリプトの作成

vpnserverをデーモン・プロセスとして起動します．リスト2のようなスタートアップ・スクリプト・ファイルを作ります．/etc/init.d/vpnserverという名前で新規に作成し，実行権限を付与しておきます．

```
# pico /etc/init.d/vpnserver
# chmod +x /etc/init.d/vpnserver
```

● 手順6…スタートアップ・スクリプトの自動起動設定

chkconfigコマンドを使って，上記のスタートアップ・スクリプトが，Linuxカーネル起動時に自動的にバックグラウンドで起動するようにします．

```
# chkconfig vpnserver on
```

インストールしたSoftEther VPN Serverの設定

SoftEther VPN Serverは，ラズベリー・パイ上でvpncmdコマンドを使って設定を行うことが可能ですが，Windowsパソコンから専用のサーバ管理マネージャを使ってGUIで操作することもできます．今回は，サーバ管理マネージャを使ってVPNサーバを管理します．

● 手順1…サーバ管理マネージャのダウンロードとインストール

下記のURLからサーバ管理マネージャをダウンロードしてダブルクリックすると，インストールが始まります．インストールするソフトウェアの選択で

123

第4部　セキュリティ・サーバづくり

は，SoftEther VPNサーバ管理マネージャ（管理ツールだけ）を選択して，インストールを続行します．

```
http://jp.softether-download.com/
files/softether/v4.18-9570-rtm-
2015.07.26-tree/Windows/SoftEther_
VPN_Server_and_VPN_Bridge/
softether-vpnserver_vpnbridge-
v4.18-9570-rtm-2015.07.26-
windows-x86_x64-intel.exe
```

● 手順2…サーバ管理マネージャの起動

WindowsのデスクトップにSE-VPNサーバ管理のショートカットが作成されているので，ダブルクリックして実行します．

最初に新しい接続設定ボタンをクリックし，接続設定名とホスト名を入力します．ホスト名は，ラズベリー・パイのIPアドレスを指定します．

簡易セットアップでは，リモート・アクセスVPNサーバにチェックを入れます．

次に，仮想ハブ名を入力（今回はVPNと入力）します．さらに，ダイナミックDNS機能の設定を行います．

グローバルIPアドレスが固定IPアドレスでない場合は，ダイナミックDNS機能を使用します．グローバルIPアドレスは，一般的なプロバイダ契約では動的なIPアドレスが割り当てられるので，この機能は非常に役に立ちます．

次に，IPsec/L2TP/EtherIP/L2TPv3サーバ機能の設定を行います．L2TPサーバ機能を有効にする（L2TP over IPsec）にチェックを入れ，IPsec事前共有鍵を9文字以下の任意の英数字を使って設定します．

VPN Azureサービスの設定は無効にします．

次に，ユーザを作成します．ここではユーザ名とパスワードを設定します．

最後に，ローカル・ブリッジ設定を行います．仮想HUBはVPNを選択，新しいtapデバイスとのブリッジ接続を選択，LANカードはbr0を選択して，新しいtapデバイス名を入力します．今回はvlanという名前を入力します．

---

column　VPNサーバの応用例…裏技！　自宅の電話を外出先から使う

筆者宅のルータはひかり電話対応です．このひかり電話ルータには，SIP（Session Initiation Protocol）サーバ機能を搭載しており，スマートフォン（Android端末）に標準搭載されているSIPクライアントから接続できます．つまり，今回のVPNサーバの構築に利用したハードウェア環境を利用することで，SIPサーバの機能を試せます．

SIPとは，二つ以上の端末間でセッションを確立するための通信制御プロトコルの一つです．IP電話などのセッションの開始/終了/変更などを行うことができます．

セッション上で交換されるデータの種類は定められていないので，セッション上で音声のやりとりを行えばIP電話，音声と映像ならばテレビ電話，テキスト・メッセージならばインスタント・メッセンジャというように，いろいろ応用が可能です．

せっかくVPNサーバを利用して外出先から自宅内のLANに接続できるようになったのですから，外出先からこのひかり電話（SIPサーバ）を利用してみます（図A）．

スマートフォンから携帯電話への通話は，1分40円と高額ですが，ひかり電話から携帯電話への通話なら，1分16円と6割引きで通話できます．

ひかり電話ルータの設定，スマートフォンの設定については，CQ出版社の本書ページから提供します．

```
http://www.cqpub.co.jp/hanbai/
books/47/47101.htm
```

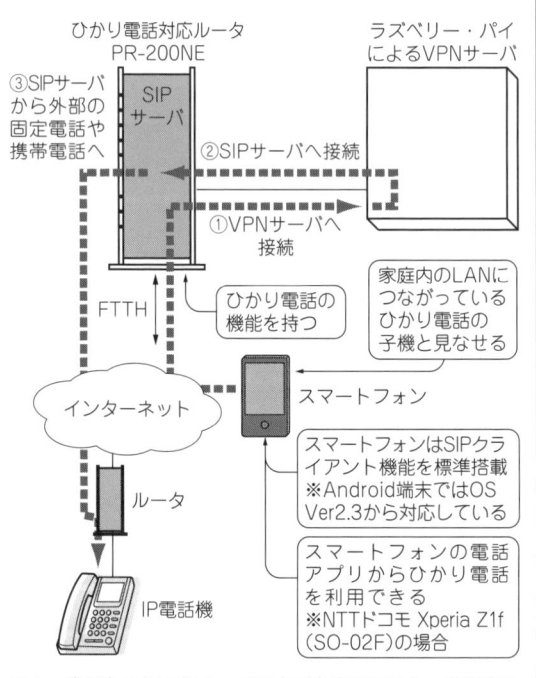

図A　外出先からVPNサーバ経由で自宅のSIPサーバを利用する手順

使ってみる…外出先から自宅LANにアクセス

VPN接続はVPNサーバとVPNクライアントで実現します（図7）．

● 接続される側（家のLAN）

ラズベリー・パイにVPNサーバ（SoftEther VPN Server）がインストールされていれば，家の中のパソコンに特別な設定は不要です．外からの接続は皆，VPNサーバに来ます．家の中にあるVPNサーバ経由で，家の中のパソコンにアクセスできます．

このVPNサーバにはユーザを登録し，パスワードを設定しておきます．

● 接続する側（外出先の端末）

VPNクライアントは，スマートフォンでもPCでも良いです．OSにVPN接続クライアントが標準搭載されており，リモート・アクセスVPNを実現できます．

接続に使用するプロトコルは，どちらもL2TP/IPsecを利用します．

リモート接続する端末側は，VPN接続を行う時にVPN接続クライアントを起動し［**写真1（c）**］，VPN接続を開始します．VPN接続端末側では，事前に接続先のサーバ・アドレス，ユーザ名，パスワードや事前共有鍵などを設定しておきます．

▶ Windowsに標準搭載されているVPN接続クライアントを使う場合の設定

Windows OSには，NATトラバーサル機能を有効/無効にするためのレジストリ設定があるものの，初期状態では無効に設定されています．

家のLAN内にルータがあり，ラズベリー・パイを使用したVPNサーバがこのLAN上に設置されている環境では，Windows標準搭載のVPNクライアントを

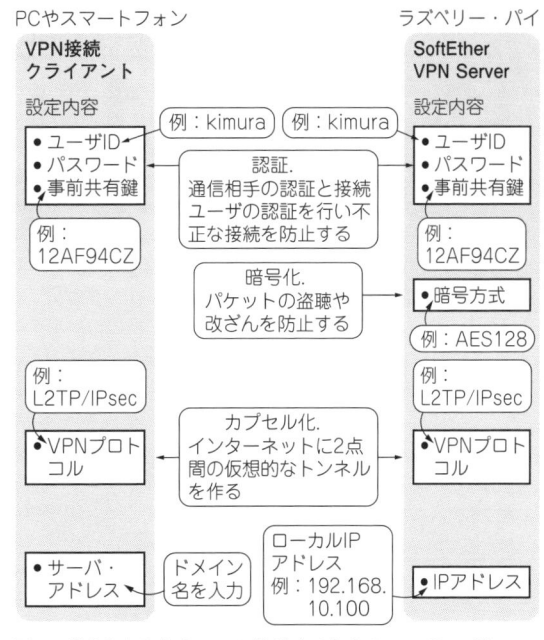

図7 外出先から自宅LANに接続するときのVPNサーバとVPNクライアントの設定はこれだけ

使用した「VPN接続」が正しく動作しません．

この問題を回避するためには，VPN接続を行うPC（クライアント）側のレジストリ設定を編集する必要があります．詳細は下記のリンクを参照してください．
http://support.microsoft.com/kb/926179/ja

サブキーに入力する値は0～2までありますが，VPNルータ，VPNクライアント共にプライベート・アドレスを使用する環境では2番を設定する必要があります．

きむら・みのる

第5部　趣味のサーバづくり

第13章　その1：自動ウェブ・データ集収器

インタプリタ言語Rubyで高速開発！DNSやTCP/IPを動かす

倉田 正

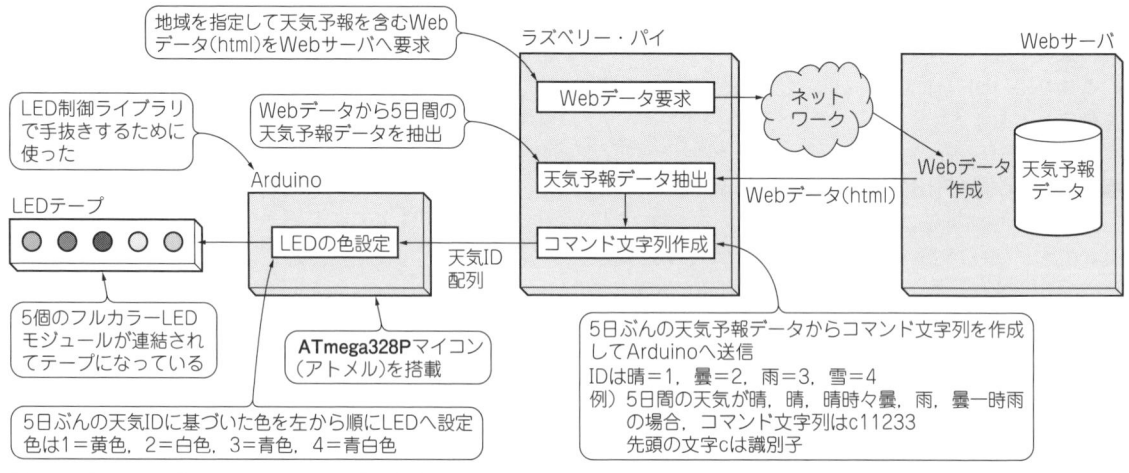

図1 ラズベリー・パイがネット上にある天気予報情報をもってきてLEDに表示するMy電子看板を製作

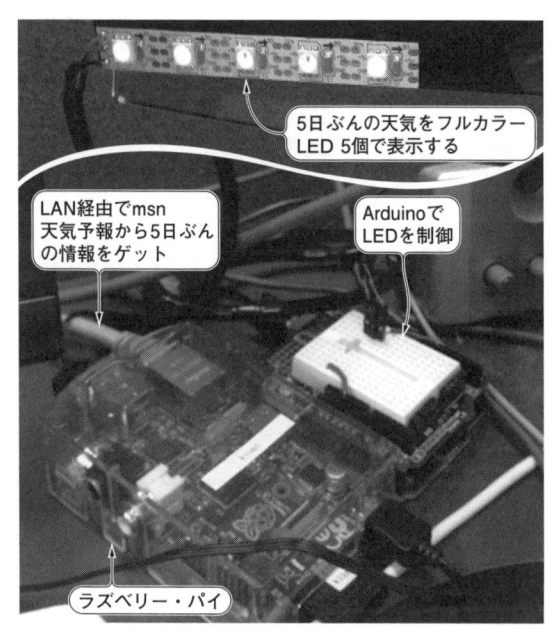

写真1 LEDで5日ぶんの天気予報を表示できた
左端のLEDが直近，右端のLEDが5日後の天気予報を示す．黄色で晴れ，白色で曇り，青色で雨，青白色で雪を表す

本章では，ラズベリー・パイでインターネット上の天気予報を取得し，それをテキスト解析して，結果をLEDの色で表現するネット接続ガジェットを製作します．

▶ 700MHzパワーのおかげで少ない記述でインターネット・アプリも実現できる高級言語Rubyを動かせる

インターネットからデータを取得して，あるキーワードをもとにテキスト情報を抽出するようなライブラリが高級インタプリタ言語Rubyには用意されています．これを使えば，1行で複雑な処理が書けてしまい，プログラミングの手間を省くことができます．
（編集部）

5日ぶんの天気予報データを収集してLEDで表現する

● 装置概要

図1に装置の概要を示します．

インターネット上の「ひとくち予報in Feed」(http://www.weathermap.co.jp/hitokuchi_rss/index.html)で都道府県および地方名（都市名）を選んで取得できるXML(RSS)から，今日を含めて5

第13章　その1：自動ウェブ・データ集収器

日ぶんのデータを，Rubyプログラムによって取得し，それらを**写真1**のように5個のLEDで表示します．

ラズベリー・パイ上のRubyプログラムが30分ごとに天気データを取得して各LEDの色を決定し，Arduinoへその情報を送ります．Arduino上のプログラムはラズベリー・パイから送られてくる情報に基づいてLEDの色を更新します．

各LEDの色は「黄色」が「晴れ」を，「白色」が「曇り」を，「青色」が「雨」を，そして「青白色」が「雪」を表します．

▶天気予報の文字情報を扱うテクニック

インターネットから取得するデータは「晴れ」，「晴れのち曇り」，「曇り時々雨」のような日本語の文字列です．そこで，「晴れのち曇り」のような場合には，LEDの色を一意に決めることができないので，ここでは優先順位を設けて，例えば「晴れのち曇り」なら「曇り」とするようなアルゴリズムを使用します．

今回のシステムでは優先順位を「晴れ＜曇り＜雨＜雪」としてあります．

● Rubyでプログラムした理由

ラズベリー・パイ上のプログラムをRubyで作成したのは，

- ゆるいネットワーク通信やシリアル通信にはインタプリタ言語が向いていること
- インターネット上から天気予報データを取得するためのライブラリが存在していること

の2点です．

1秒間に何十回もシリアル通信を行わなければならないようなプログラムであれば，C言語やC++言語を使う必要があります．今回のように30分に1回しか処理を行わないようなケースでは，インタプリタ言語を使用すればC言語やC++言語に比べてプログラムを書く手間を省けます．Ruby, Python, Perlなどのインタプリタ言語を使えば，C言語やC++言語で作ったら非常に面倒なプログラムを驚くほど簡単に作成できます．

今回は，Rubyライブラリを使用したことにより，インターネット上から天気予報データを取得するための処理を簡単に書けたため，非常に短時間でプログラムを作成できました．この手のインタプリタ言語には便利なライブラリがそろっているので使えるようにしておくと重宝します．

ハードウェア

● フルカラーLEDテープを利用した

図2にハードウェアの構成を示します．

フルカラー・シリアルLEDテープ（SSCI - 012867）

図2 製作した天気予報電子看板のハードウェア構成

写真2
使用したフルカラーLEDモジュールは複数個が連結されたテープ型になっている
現在，SSCI-012867は製造されていない，現在は搭載LEDが異なるSSCI-013994を入手でき，Arduinoライブラリも同様に使える

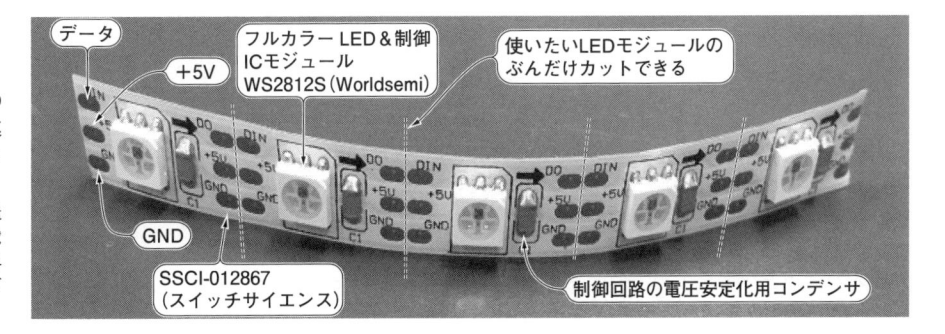

127

のLED5個分（**写真2**）を使用し，ArduinoとLEDテープをリード線ではんだ付けします（**写真3**）．**図3**に接続を示します．

このLEDテープには以下に挙げる特長があります．
- 必要な数だけはさみでカットできる
- フルカラー LED＆制御ICモジュール WS2812S（Worldsemi）を搭載
- Arduino用のライブラリが用意されている

今回 Arduinoを使用するのはこのためです．

Arduino用ソフトウェア

● LEDテープ制御用のライブラリをArduino IDEへ追加

ライブラリのダウンロード・サイト https://github.com/adafruit/Adafruit_NeoPixel（**図4**）から Adafruit_NeoPixel-master.zip をダウンロードして任意のフォルダへ解凍後，フォルダ名を Adafruit_NeoPixel-master から Adafruit_NeoPixel へ変更します．

Arduino IDEを起動し，メニューから「スケッチ」→「ライブラリを使用」→「Add Library …」と選択し（**図5**），解凍した Adafruit_NeoPixel を選択します．これでLEDテープを使用するためのライブラリが Arduino IDEへ組み込まれます．

● サンプル・プログラムで動作チェック

Arduino IDEを使用するパソコンとArduinoをUSBで接続したら，Arduino IDEのメニューで接続する［マイコンボード］と［シリアルポート］を設定します．

続いて，サンプル・プログラムを呼び出します．Arduino IDEのメニューから［ファイル］→［スケッチ

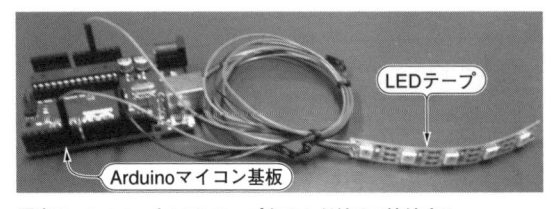

写真3　ArduinoとLEDテープをはんだ付けで接続する

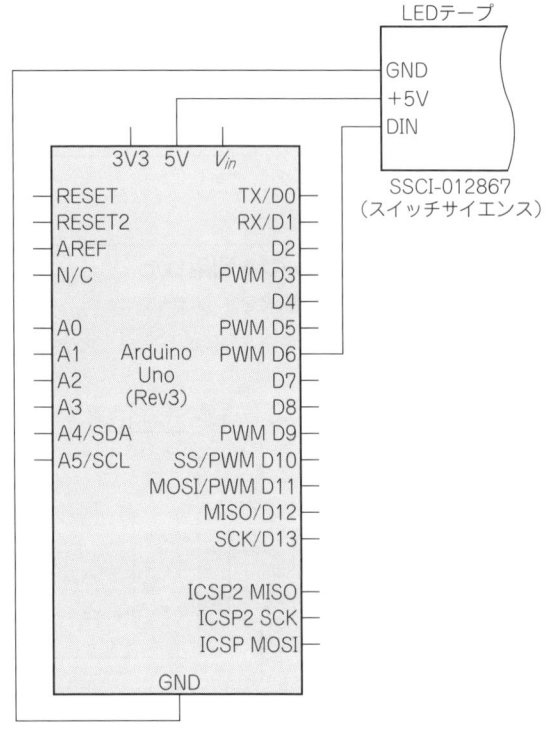

図3　ArduinoとLEDテープの接続

図5　Arduino IDEにLEDテープ制御用ライブラリを追加する

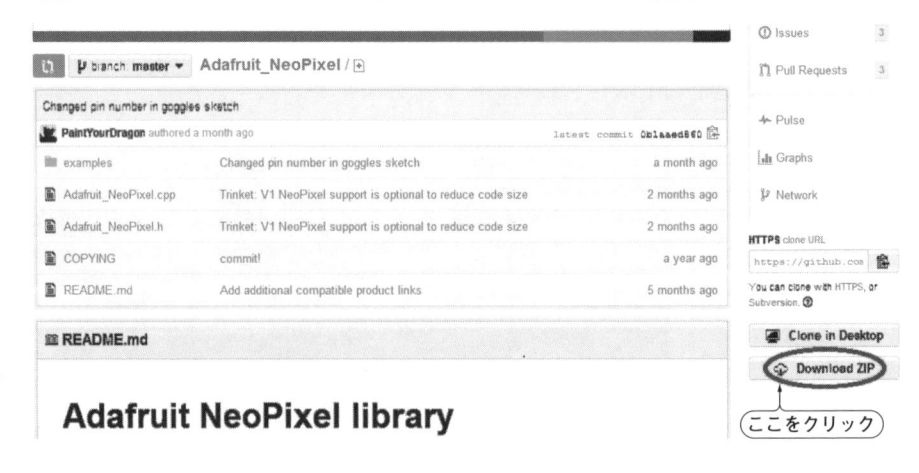

図4　LEDテープ制御用Arduinoライブラリのダウンロード・サイト

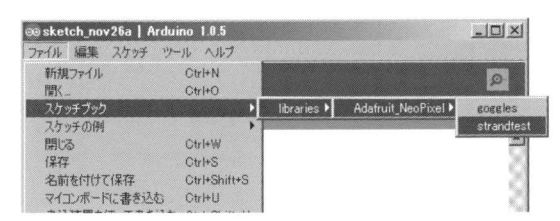

第13章 その1：自動ウェブ・データ集収器

図6 Arduino IDEでのLED制御サンプル・プログラムを読み込む

ブック]→[libraries …]→[Adafruit_NeoPixel]→[strandtest]と選択します（図6）.

Arduino IDEのメニューから[ファイル]→[マイコンボードに書き込む]を選択してプログラムをArduinoに書き込み，写真4のようにLEDが点灯したら完成です．

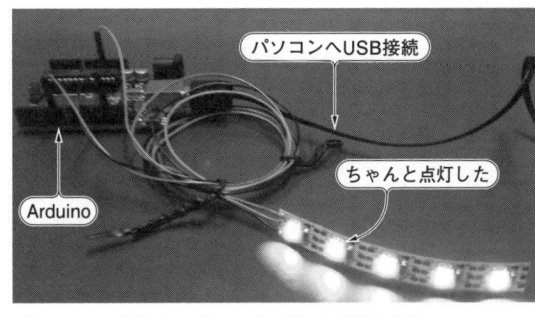

写真4 LED制御サンプル・プログラムの動作確認

ラズベリー・パイ用ソフトウェア

● Rubyをインストール

以下のコマンドでRubyをインストールします．

```
$ sudo apt-get install ruby
$ sudo apt-get install ruby-dev
```

● ライブラリなどを管理するRubyGemsをインストール

Rubyのライブラリを取得するために，Ruby言語用のパッケージ管理システムRubyGemsが必要です．

```
$ sudo apt-get install rubygems
```

RubyGemsを使って，Arduinoとのシリアル通信を行うためのライブラリと，インターネット上から天気データを取得するためのライブラリを取得します．

リスト1 たったこれだけのRubyプログラムでネットから天気予報のテキストを取得して内容を解析できる

```ruby
#!/usr/bin/ruby
# encoding: utf-8
#
# led_weather_indicator.rb
require 'rubygems'
require 'open-uri'
require 'nokogiri'
require 'serialport'
require 'pp'
# 天気予報データ文字列配列を返す関数
def get_forecasts(url)
    # URL からRSS を取得
    rss = open(url).read
    # RSS をパース(解析)してオブジェクトを作成
    doc = Nokogiri::XML.parse(rss)
    # 週間天気予報を取得(<wm:forecast term="week" ...>のタグ)
    result = doc.xpath("//wm:forecast[@term='week']")
    # 天気予報データ文字列配列
    forecasts = [];
    # <wm:forecast>タグの中にある<wm:content>タグから天気
    データ文字列を取得
    result.children.each do |e|
        next if e.name != "content"
        # <wm:content>内の<wm:weather>タグを取得
        w = e.search(".//wm:weather")
        # 天気予報データ文字列を取得
        forecasts << w.inner_html
    end
    return forecasts
end
# 天気データ文字列を数値化する関数
def get_code(forecast)
    case forecast
    when /雪/
        # 天気予報データ文字列に「雪」と云う文字が含まれていれば4を返す
        return 4
    when /雨/
        # 天気予報データ文字列に「雨」と云う文字が含まれていれば3を返す
        return 3
    when /曇/
        # 天気予報データ文字列に「曇」と云う文字が含まれていれば2を返す
        return 2
    when /くもり/
        # 天気予報データ文字列に「くもり」と云う文字が含まれていれば2を返す
        return 2
    when /晴/
        # 天気予報データ文字列に「晴」と云う文字が含まれていれば1を返す
        return 1
    else
        # 天気予報データ文字列に「雪」、「雨」、「曇」、「くもり」または「晴」という文字がどれも含まれていなければ9を返す
        return 9
    end
end
# 神奈川県東部(横浜)の天気予報データ文字列配列を取得
forecasts = get_forecasts('http://feeds.feedburner.com/hitokuchi_4610')
# Arduino へ送るコマンド文字列(識別子として先頭に文字c を付ける)
cmd = "c"
# 天気予報データ文字列配列forecasts の先頭五つ(5日分)の各天気予報
データ文字列を数値化してコマンド文字列cmd へ追加
for i in 0..4
    cmd << get_code(forecasts[i]).to_s
end
# Arduino へコマンド文字列を送信
# Raspberry Pi のシリアル・ポート名
dev = "/dev/ttyACM0"
# シリアル・ポートをオープン
sp = SerialPort.new(dev, 9600)
# 処理が完了するまで2秒間待つ
sleep 2
# Arduino へコマンドを送信
sp.write(cmd)
# バッファをクリア
sp.flush
# 処理が完了するまで2秒間待つ
sleep 2
# シリアル・ポートをクローズ
sp.close
```

第5部　趣味のサーバづくり

● 必要なRubyのライブラリをインストール

ArduinoとのシリアルUI信用のRubyライブラリserialportをインストールします。

```
$ sudo gem install serialport
```

インターネット上の「ひとくち予報in Feed」(http://www.weathermap.co.jp/hitokuchi_rss/index.html)で取得した神奈川県東部[横浜]の天気予報URLであるhttp://feedproxy.google.com/hitokuchi_4610を解析するためのRubyライブラリnokogiriをインストールします。

```
$ sudo gem install nokogiri
```

以上で準備が整いました。

プログラム作成

● ラズベリー・パイ上のRubyプログラム

作成したRubyプログラムをリスト1に，フローチャートを図7に示します。

Ruby APIおよびRubyライブラリnokogiriによってウェブ・サーバから今日を含めて5日間の天気データ(ここでは横浜の天気データ)を取得して数値化します。

- 文字列に"雪"が含まれている場合→4
- 文字列に"雨"が含まれている場合→3
- 文字列に"曇"が含まれている場合→2
- 文字列に"晴"が含まれている場合→1
- 上記いずれも含まれていない場合→9

優先順位が「晴れ＜曇り＜雨＜雪」なので，文字列が"晴れ時々曇り"なら2，"晴れ時々雪"なら4というように数値化が行われます。

5日ぶんの天気データを数値化したらArduinoへ送るコマンド文字列を生成します。ここではコマンド文字列は"c"で始まるルールにしてあります。

例えば，5日間の天気データが以下の場合，コマンド文字列は"c11222"となります。

- 今日の予報が"晴れ"
- 明日の予報が"晴れ"
- 明後日の予報が"晴れ時々曇り"
- 明々後日の予報が"晴れ時々曇り"
- 弥明後日の予報が"晴れ時々曇り"

● Arduino上のLED制御プログラム

Arduino上のプログラムをリスト2に，フローチャートを図8(132ページ)に示します。ラズベリー・

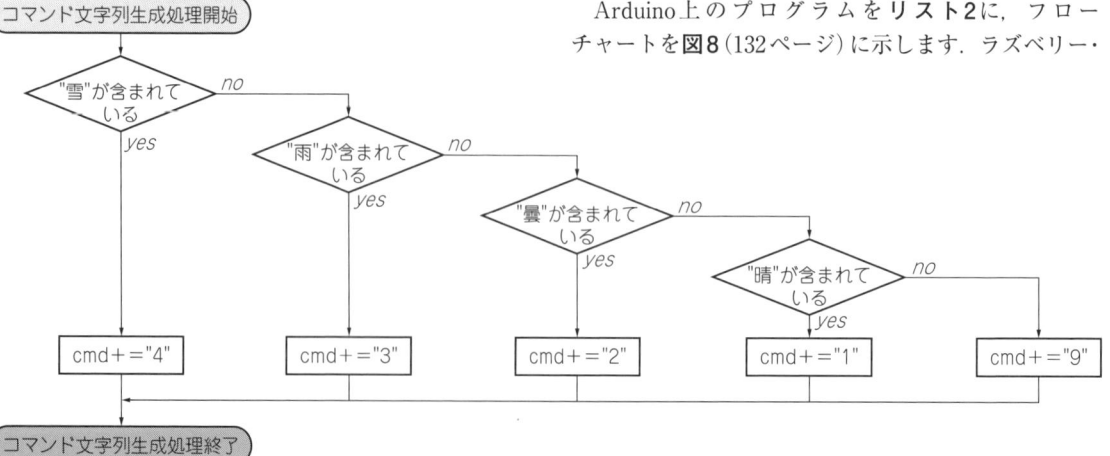

(a) 全体

(b) コマンド文字列生成処理

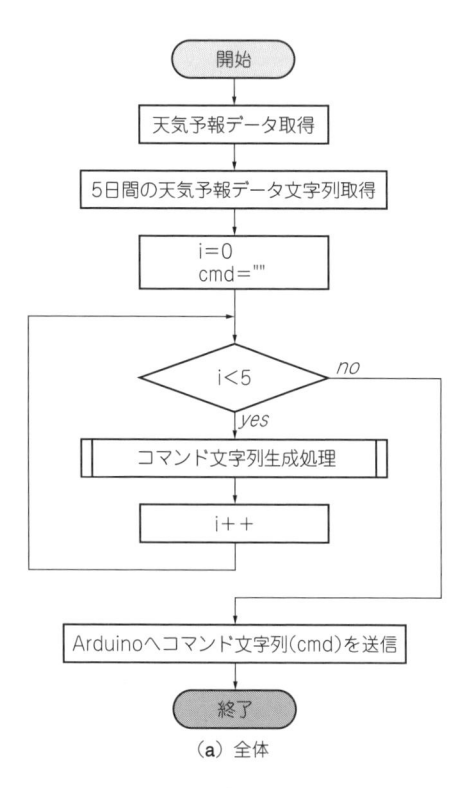

図7　Rubyプログラムのフローチャート

リスト2　作成したArduinoプログラム

```
// Arduino用LEDテープ制御ライブラリを使用
#include <Adafruit_NeoPixel.h>

#define LED_NUM 5    // LEDの数

// LED制御クラスの初期化
Adafruit_NeoPixel strip = Adafruit_NeoPixel(LED_NUM,
                          6, NEO_GRB + NEO_KHZ800);

// 天気データを保持する配列 (1, 2, 3, 4, 9のいずれか)
byte *buf = new byte[LED_NUM];
uint16_t buf_idx = 0;

// LEDの色
uint32_t color100 = strip.Color(12,  6,  0);  // sunny
uint32_t color200 = strip.Color( 6,  6,  6);  // cloudy
uint32_t color300 = strip.Color( 0,  0, 12);  // rainy
uint32_t color400 = strip.Color( 6,  6, 12);  // snowy

void setup() {              // Arduinoの初期化
  Serial.begin(9600);       // 通信速度は9600bps
  while (!Serial);          // for leonald, micro...

  strip.begin();
}

// Arduinoの繰り返し処理
void loop() {
  while (Serial.available() > 0) {
    // 文字列を受信したら実行
    int c = Serial.read();
    Serial.println(c);
    if (c == 'c') {
      buf_idx = 0;   // 文字列の先頭が'c'ならコマンド
    }
    else {
      buf[buf_idx] = c;    // 五つのLED色指定コードを取得
      buf_idx ++;
      if (buf_idx == LED_NUM) {
        // LED色指定コードを五つ取得したらLEDに色を設定
        set_led_color();
        buf_idx = 0;
      }
    }
  }
}

// LEDに色を設定
void set_led_color() {
  for(uint16_t i = 0; i < strip.numPixels(); ++i) {
    switch (buf[i]) {
      case '1':   // "晴"→黄色
        strip.setPixelColor(i, color100);
        break;
      case '2':   // "曇"→白色
        strip.setPixelColor(i, color200);
        break;
      case '3':   // "雨"→青色
        strip.setPixelColor(i, color300);
        break;
      case '4':   // "雪"→青白色
        strip.setPixelColor(i, color400);
        break;
      default:
        strip.setPixelColor(i, strip.Color( 0,  0, 0));
        break;
    }
  }
  strip.show();
}
```

パイ上のRubyプログラムから受け取った天気データのコマンド文字列に基づいてLEDを制御します．

送られてきたコマンド文字列に応じて各LEDの色を，1なら"晴"なので「黄色」，2なら"曇"なので「白色」，3なら"雨"なので「青色」，そして4なら"雪"なので「青白色」に設定します．

● LEDの自動更新

実際に使用する場合は，一定時間おきに自動的に実行してLED表示を更新してほしいので，OS Raspbianのcron機能を使用すると便利です．cronはLinuxに搭載されているタイマ機能です．

例えば「30分おきに更新する」場合は，

$ sudo vi /etc/crontab↵

としてcrontabファイルに次の行を追加します．

```
*/30 * * * * pi ruby /home/pi/
Documents/source/personal/Arduino/
LEDtape/weather/led_weather_
indicator.rb 2>&1 1>/dev/null
```

ここで/home/pi/Documents/source/personal/Arduino/LEDtape/weather/led_weather_indicator.rbは筆者のRubyプログラムの絶対パスなので，自分の環境に合わせて適宜変えてください．

● ラズベリー・パイ（Debian）のcron機能

Linux OSには一定の間隔で自動的にプログラムを実行させるしくみがあります．/etc/crontabというファイルに所定の書式で，実行時刻と実行ユーザおよび実行コマンドを指定すれば，このしくみを利用できます．

書式は，以下のフィールドを空白またはタブで区切る形式となっています．

- 分（0 － 59）
- 時（0 － 23）
- 日（1 － 31）
- 月（1 － 12）
- 曜日（0 － 7）[0と7は日曜日]
- 実行ユーザ
- 実行コマンド

実際に/etc/crontabの中を見るとリスト3のようになっています．

1行目は，毎時17分（0時17分，1時17分，2時17分，… 22時17分，23時17分）にd / && run-parts --report /etc/cron.hourlyというコマンドを管理者権限で実行させることができます．これは/etc/cron_hourlyというフォルダにある全ての実行プログラムを1時間おきに管理者権限で実行させるものです．

第5部　趣味のサーバづくり

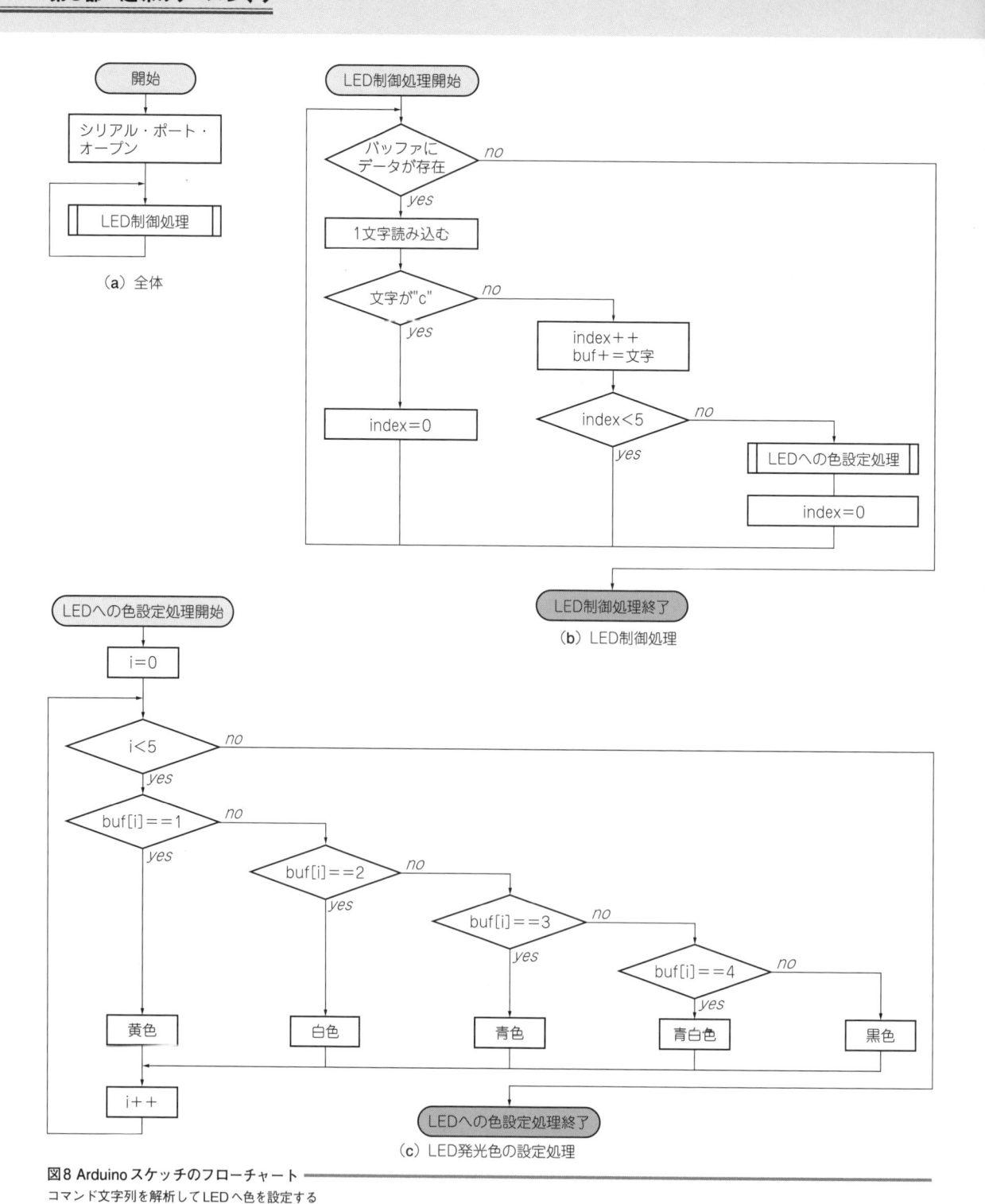

図8 Arduinoスケッチのフローチャート
コマンド文字列を解析してLEDへ色を設定する

(a) 全体
(b) LED制御処理
(c) LED発光色の設定処理

リスト3　/etc/crontabの中身

```
# m h dom mon dow user  command
17 *  *  *  *  root cd / && run-parts --report /etc/cron.hourly
25 6  *  *  *  root test -x /usr/sbin/anacron || ( cd / && run-parts --report /etc/cron.daily )
47 6  *  *  7  root test -x /usr/sbin/anacron || ( cd / && run-parts --report /etc/cron.weekly )
52 6  1  *  *  root test -x /usr/sbin/anacron || ( cd / && run-parts --report /etc/cron.monthly )
```

同様に2行目は毎日6時25分に，3行目は毎週日曜日6時47分に，4行目は毎月1日6時52分に，それぞれ /etc/cron_daily，/etc/cron_weekly，/etc/cron_monthly というフォルダにある全ての実行プログラムを管理者権限で実行させるものです．

時刻指定には多くのバリエーションがあります．表1にその例をいくつか挙げます．

表1 /etc/crontabの時刻指定例

記　述	意　味
17 6 * * *	毎日6時17分に実行
30 23 * * *	毎日23時30分に実行
0 10 * * *	毎日10時00分に実行
0 10 * * 1	毎週月曜の10時00分に実行
0,30 6 * 0,2,3	毎週日，火，水曜の6時00分と6時30分に実行
0-10 17 1 * *	毎月1日の17時00分～17時10分の1分おきに実行
0 0 *1,10,20 * 1	毎月1日と10日と20日と月曜日に実行
20 6 1 * *	毎月1日の6時20分に実行
0 6 * * 1-6	月曜～土曜までの6時00分に実行
0,10,20,30,40,50 * * * *	10分おきに実行
*/10 * * * *	10分おきに実行
* 6 * * *	6時00分～6時59分まで1分おきに実行
0 * * * *	毎時0分に1時間おきに実行
10 8-20/3 * * *	8時10分，11時10分，14時10分，17時10分，20時10分に実行

ラズベリー・パイとWebサーバとのやりとり

● 天気情報を取得する1行の裏ではインターネットからHTMLデータを取得するしくみが動いている

作成した装置では，ラズベリーパイ上のRubyプログラムが，インターネット上の神奈川県東部（横浜）の天気予報URLから横浜の天気データを取得しています．それはソースコードではたったの1行です．

```
# URLからRSSを取得
rss = open(url).read
```

実際には，天気データのあるウェブ・サイトにデータを要求してXML（Extensible Markup Language）という書式のテキスト・データを取得しています．

では，いったいこの1行のプログラムの背後にはどんな処理が隠されているのでしょうか．ここからはインターネット上からXMLデータやHTML（HyperText Markup Language）データを取得するしくみについて説明します．

■ 送信先を見つけるには

● IPアドレスとポート番号が必要

アプリケーションがネットワーク上でデータを送信するためには，アプリケーションが送信先コンピュータのIPアドレスとポート番号を指定して，OS（オペレーティング・システム）にデータ送信を要求する必要があります．

ここでIPアドレスとは，192.168.1.10のように表記される各コンピュータのネットワーク・デバイスに割り振られたユニークな値です．

また，ポート番号は16ビット（0～65535）の値で，コンピュータの通信窓口に当たります．これにより，一つのコンピュータ上で同時に複数の通信を行うことが可能になっています．

IPアドレスがコンピュータの住所，ポート番号が部屋番号と考えると分かりやすくなります．

アプリケーションが送信先コンピュータのIPアドレスを知らない場合は，送信先コンピュータのホスト名を指定してOSへこれを要求します．OSは後述するDNS（Domain Name System），/etc/hostsファイルあるいはローカル・ネットワーク上にあるコンピュータのホスト名とIPアドレスの対応情報を取得するためのしくみ（WindowsであればNetBIOS，MacであればBonjour，LinuxであればAvahi）を利用し，送信先コンピュータのホスト名をIPアドレスへ変換してアプリケーションへ返します．

OSは，アプリケーションから受け取った送信データに送信側と受信側双方のIPアドレス，ポート番号などを追加したIPパケットというデータを送信先へ送るのですが，その送信方法は，送信先が同じローカル・ネットワークに存在する場合とインターネット上に存在する場合とで異なってきます．

ここでは，まず送信先がローカル・ネットワークに存在する場合について説明し，その後，送信先がインターネット上に存在する場合について説明します．

● ローカル・ネットワークの場合…送信先のMACアドレスを探す

ローカル・ネットワーク上でデータのやりとりを行うためには，送信するIPパケットに送信先のハードウェア・アドレス（宛先）を追加する必要があります．これは私たちが手紙を出す時に相手の住所を書くのと同じです．手紙に住所がないと郵便局は何処へ配達すればよいのか分かりません．

ここでハードウェア・アドレス（宛先）とは，私たちの世界の住所に相当するもので，全てのコンピュータのネットワーク・デバイスに割り振られているユニークな48ビットの値です．このハードウェア・ア

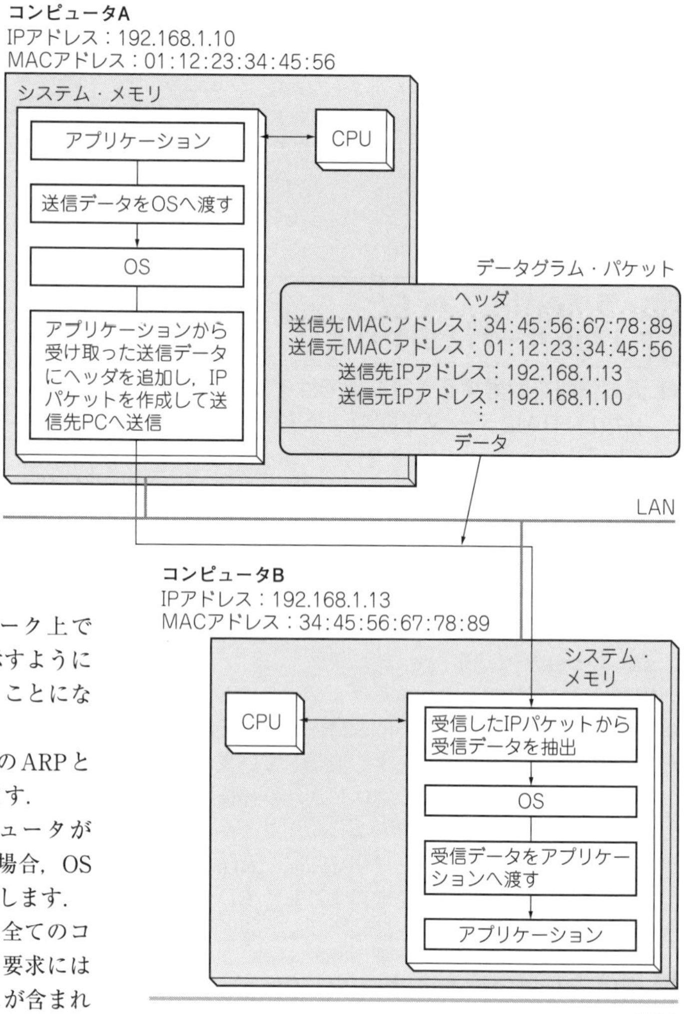

第5部 趣味のサーバづくり

コンピュータA
IPアドレス：192.168.1.10
MACアドレス：01:12:23:34:45:56

システム・メモリ
- アプリケーション
- 送信データをOSへ渡す
- OS
- アプリケーションから受け取った送信データにヘッダを追加し，IPパケットを作成して送信先PCへ送信

データグラム・パケット
ヘッダ
- 送信先MACアドレス：34:45:56:67:78:89
- 送信元MACアドレス：01:12:23:34:45:56
- 送信先IPアドレス：192.168.1.13
- 送信元IPアドレス：192.168.1.10
- …
データ

図9 ローカル・ネットワークでのデータ送受信
指定されたMACアドレスのコンピュータへ送信される

ドレスはMACアドレスと呼ばれています．
　したがって，OSがローカル・ネットワーク上でデータを送信するために必要なのは**図9**に示すように「送信先のMACアドレスを取得する」ということになります．
　そしてローカル・ネットワークでは，OSのARPというアドレス解決プロトコルがこれを行います．
　送信先のIPアドレスに該当するコンピュータがローカル・ネットワーク上に存在している場合，OSは次のように送信先のMACアドレスを取得します．
　まずARPがローカル・ネットワーク上の全てのコンピュータへARP要求を送信します．ARP要求には自らのMACアドレスと送信先のIPアドレスが含まれていて，「このIPアドレスに該当するコンピュータはMACアドレスを返せ」という要求を行ったことになります．
　該当するコンピュータ（送信先）は**図10**のようにこの要求を受け取ると，**図11**のように送信元のMACアドレスへARP応答を行います．ARP応答には送信先のMACアドレスが含まれているので，送信元はこれにより送信先のMACアドレスを取得できます．

▶送信先のIPアドレスとMACアドレスのペア情報は一定時間保存してある
　実際には，通信のたびにこれを繰り返すのは通信速度の低下を招くので，一度取得した送信先のIPアドレスとMACアドレスのペア情報はARPテーブルに保存され，一定時間が経過すると更新されるようなしくみになっています．

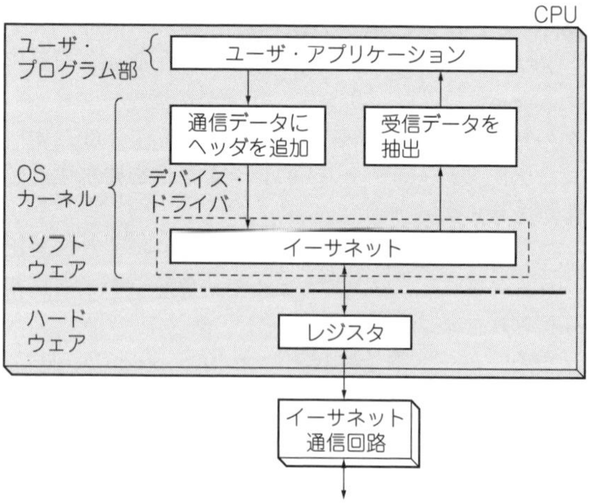

● インターネットの場合…ルータがIPアドレスを判断しながらパケット・リレーする
　ローカル・ネットワークと同様に，インターネット

コンピュータB
IPアドレス：192.168.1.13
MACアドレス：34:45:56:67:78:89

システム・メモリ
- 受信したIPパケットから受信データを抽出
- OS
- 受信データをアプリケーションへ渡す
- アプリケーション

CPU
- ユーザ・プログラム部：ユーザ・アプリケーション
- OSカーネル：通信データにヘッダを追加／受信データを抽出，デバイス・ドライバ
- ソフトウェア：イーサネット
- ハードウェア：レジスタ
- イーサネット通信回路

図10 ローカル・ネットワークでのデータ送受信におけるコンピュータ内部のメカニズム

でのアプリケーションは，DNSなどを利用して送信先コンピュータのホスト名をIPアドレスへ変換します．しかし，取得したIPアドレスに該当するコンピュー

第13章 その1：自動ウェブ・データ集収器

コンピュータA
IPアドレス：192.168.1.10
MACアドレス：01：12：23：34：45：56

システム・メモリ
- ARP
- IPアドレスが192.168.1.13であるPCのMACアドレスを要求
- IPアドレスが192.168.1.13であるPCのMACアドレスを受け取る
- CPU

ARP要求
送信先IPアドレス：192.168.1.13
送信元IPアドレス：192.168.1.10
送信元MACアドレス：01：12：23：34：45：56
…
ARP要求は全てのコンピュータへ送信される

ARP応答
送信先MACアドレス：01：12：23：34：45：56
送信元MACアドレス：34：45：56：67：78：89
送信先IPアドレス：192.168.1.10
送信元IPアドレス：192.168.1.13
…
ARP応答は該当するIPアドレスのコンピュータからARP要求送信元のコンピュータへ送信される

LAN

コンピュータB
IPアドレス：192.168.1.13
MACアドレス：34：45：56：67：78：89

システム・メモリ
- CPU
- 自分のIPアドレスが192.168.1.13なので自分のMACアドレスを返す
- ARP

図11　ARP要求とARP応答では指定されたIPアドレスのコンピュータがMACアドレスを返す

ルータ　IPアドレス：34.45.56.67
ルータ　IPアドレス：45.56.67.78
ルータ　IPアドレス：23.34.45.56
ルータ　IPアドレス：56.67.78.89

ヘッダ
送信先IPアドレス：**67.78.89.9A**
送信元IPアドレス：**12.23.34.45**
…
データ

IPパケットはヘッダ部とデータ部で構成されている

(LAN)

コンピュータA
IPアドレス：**12.23.34.45**

システム・メモリ
- CPU
- アプリケーションから受け取った送信データにヘッダを追加し，IPパケットを作成して送信先PCへ送信
- OS
- 受信データをアプリケーションへ渡す
- アプリケーション

コンピュータB
IPアドレス：**67.78.89.9A**

システム・メモリ
- CPU
- 受信したIPパケットから受信データを抽出
- OS
- 受信データをアプリケーションへ渡す
- アプリケーション

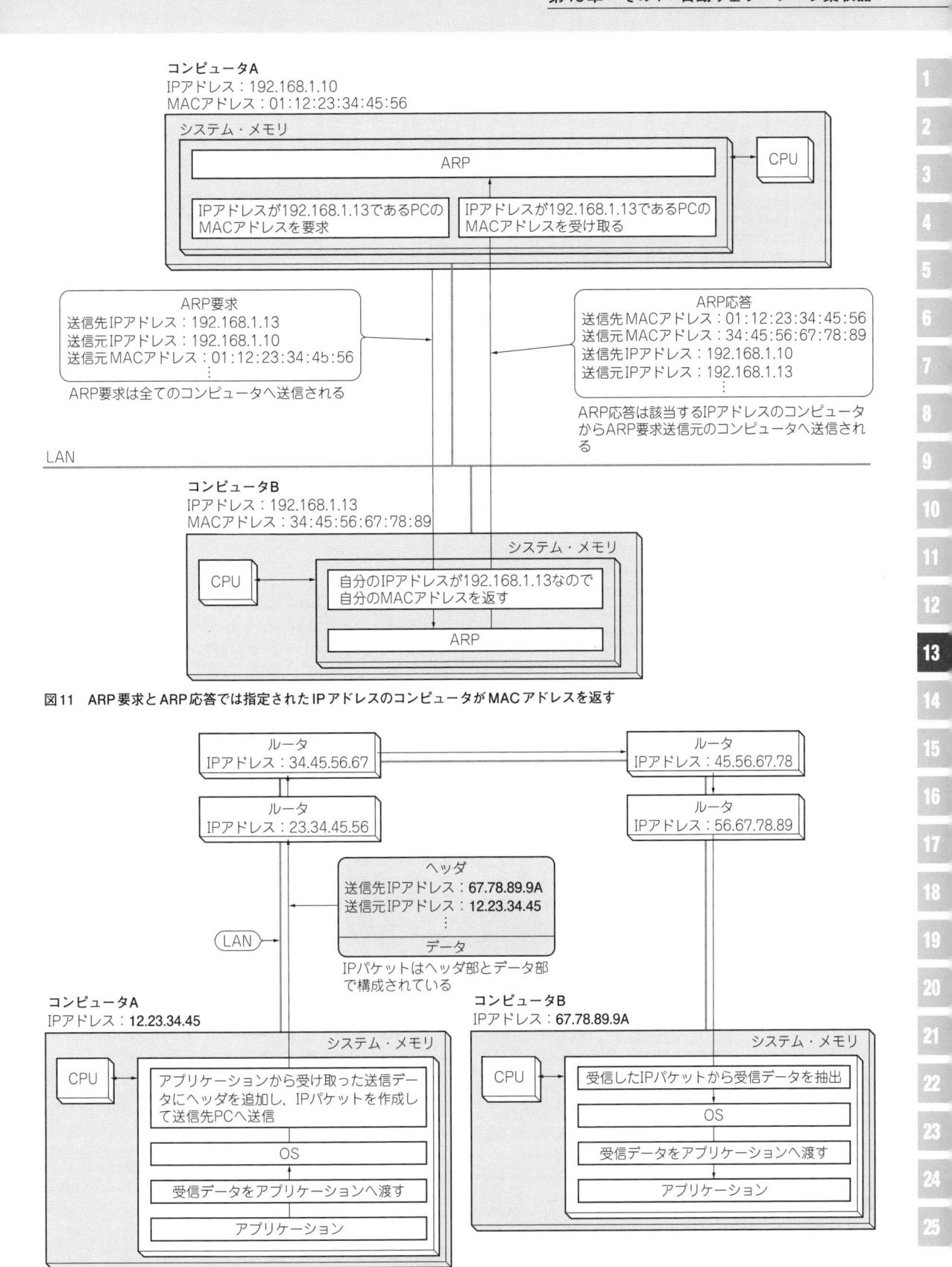

図12　IPルーティング…各ルータはIPパケットで指定された送信先のIPアドレスが見つかるまで次のルータへIPパケットを送信する

第5部 趣味のサーバづくり

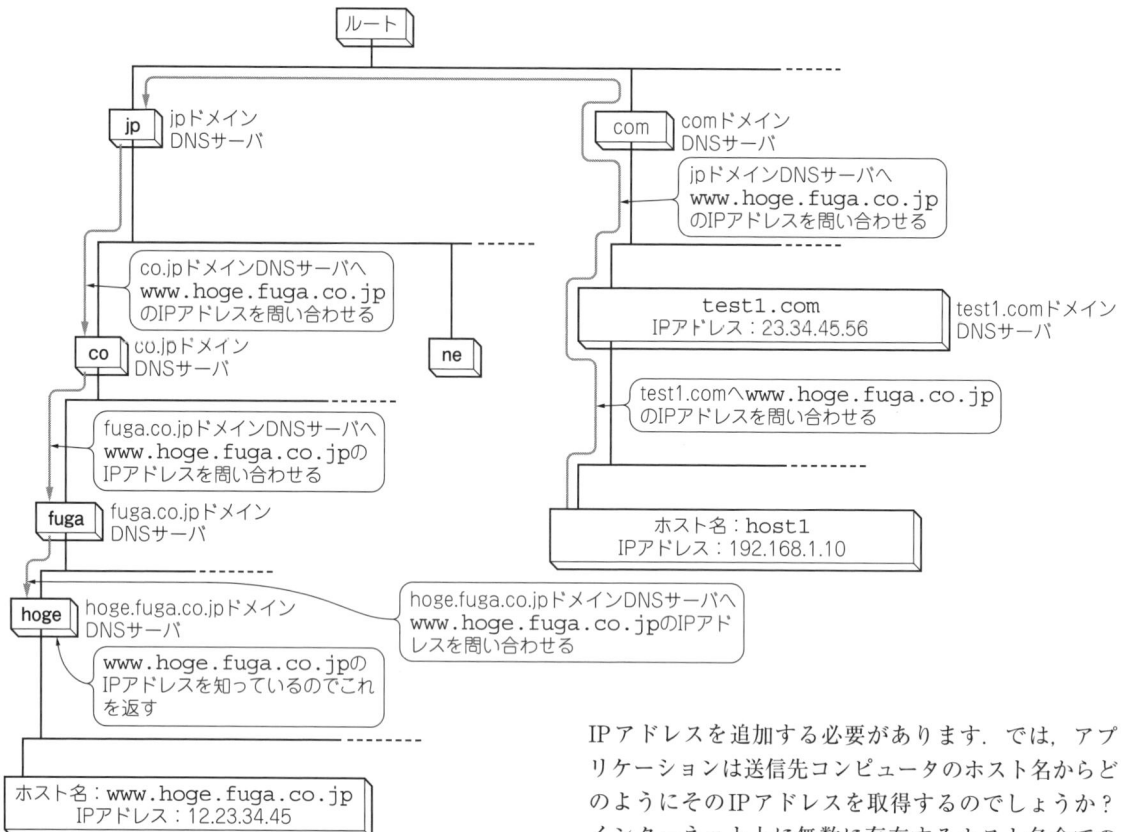

図13 指定されたホストのIPアドレスを検索するしくみ…DNSドメイン・ツリー

タがローカル・ネットワーク上に存在しない場合，図12のようにOSはIPパケットをルータへ送ります．

　IPパケットを受け取ったコンピュータ（ルータまたはホスト）は，まずIPパケットに追加されている送信先のIPアドレスが自分のIPアドレスかどうかを調べます．このIPパケットが自分宛てでなければ，IPアドレスとルーティング・テーブル（ルータが保持するIPパケットの配送先に関する経路情報）に基づいてIPパケットの宛先を判断し，最適な経路を選択して次のコンピュータへIPパケットを送ります．

　このように送信先のコンピュータへ届くまでIPパケットがコンピュータを転々としていくしくみを「IPルーティング」といいます．

　そして，IPパケットが最後に送信先のコンピュータに到達したら，OSがIPパケットの中からデータ部分を取り出してアプリケーションに渡します．

● インターネットで送信先を見つけるしくみ DNS

　前述したように，データをインターネット上にある送信先へ送信するためには，送信データへ送信先のIPアドレスを追加する必要があります．では，アプリケーションは送信先コンピュータのホスト名からどのようにそのIPアドレスを取得するのでしょうか？インターネット上に無数に存在するホスト名全てのIPアドレスを保持することは不可能です．

　この問題を解決する代表的なしくみがDNS（Domain Name System）です．インターネット上にはホスト名を問い合わせるとIPアドレスを返してくれる多くのDNSサーバというコンピュータが存在しています．

　これらDNSサーバは図13のような「ドメイン・ツリー」と呼ばれるツリー構造を構成しています．

　今，図のhost1というホスト名のコンピュータがホスト名www.hoge.fuga.co.jpというコンピュータのIPアドレスをtest1.comというDNSサーバ（ここではIPアドレスが23.34.45.56）へ問い合わせる場合を考えます．

　各コンピュータは必ずDNSサーバを一つ知っており，あるホスト名に該当するIPアドレスを取得する場合はそのDNSサーバへ問い合わせます．

　問い合わせを受けたtest1.comドメインDNSサーバは，まずjpドメインDNSサーバへ問い合わせを行います．

　jpドメインDNSサーバはco.jpドメインDNSサーバを知っているので，co.jpドメインDNSサーバへfuga.co.jpドメインDNSサーバを問い合わせます．

　次にfuga.co.jpドメインDNSサーバはhoge.fuga.co.jpドメインDNSサーバを知っているので，hoge.fuga.co.jpドメインDNSサーバへwww.hoge.fuga.co.

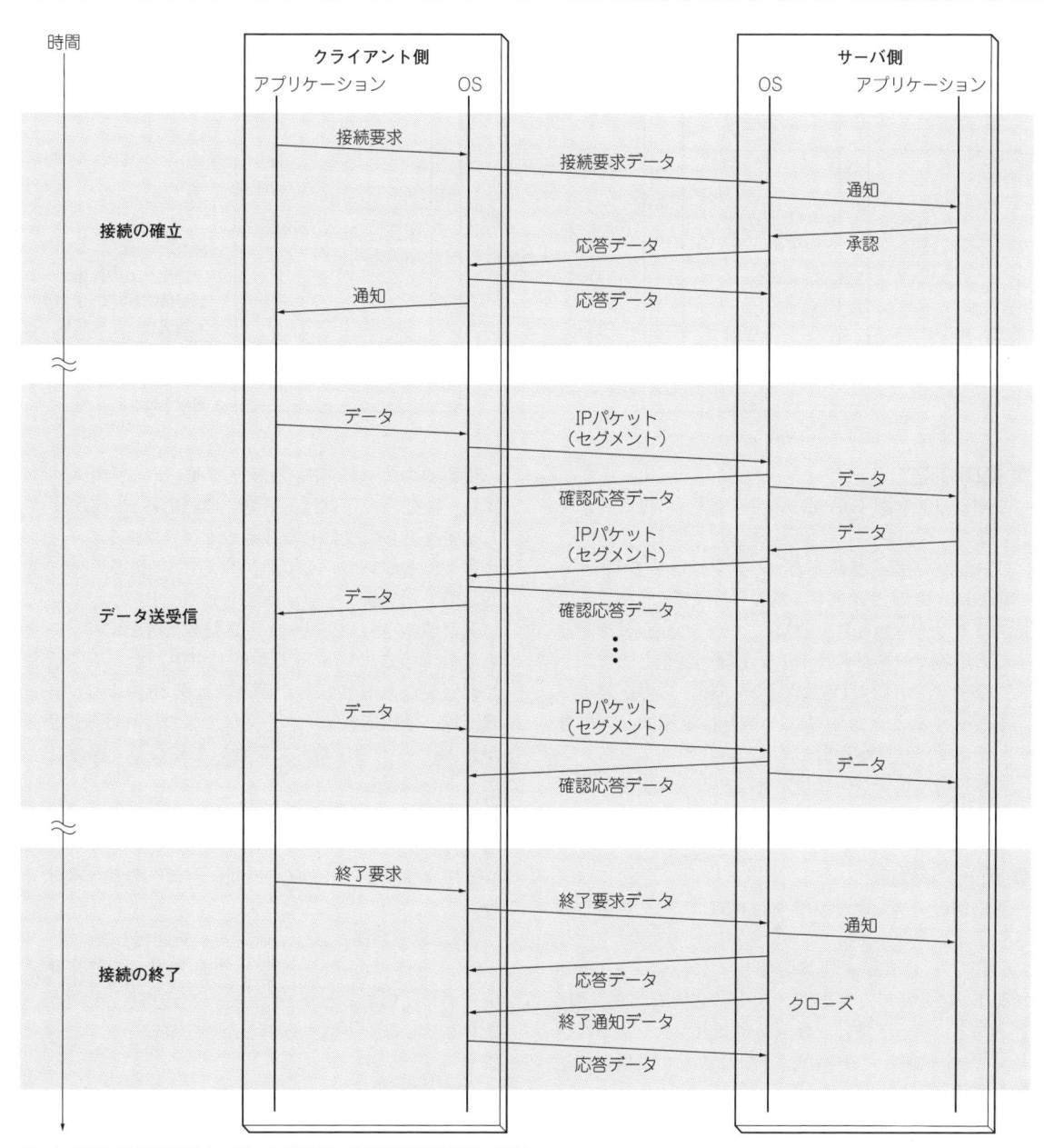

図14 TCP/IP接続は確立，データ送受信，接続の終了の順番で行う

jpを問い合わせます．

そして，最終的には，hoge.fuga.co.jpドメインDNSサーバが「www.hoge.fuga.co.jp」のIPアドレス（ここでは12.23.34.45）を知っているのでこのIPアドレスを取得することができます．

すなわち，各コンピュータは少なくとも一つだけDNSサーバを知っていれば，世界中に存在する全てのコンピュータのIPアドレスを知ることができるのです．

代表的なネットワーク通信方法 TCP/IPのしくみ

TCP/IP（Transmission Control Protocol / Internet Protocol）という最も代表的な通信プロトコル群を例に，送信側のアプリケーションと受信側のアプリケーションが実際に行う処理について説明します．

図14に示すように，TCP/IPとは二つのアプリケーション（クライアントとサーバ）が接続を確立してからデータを交換する通信方法です．

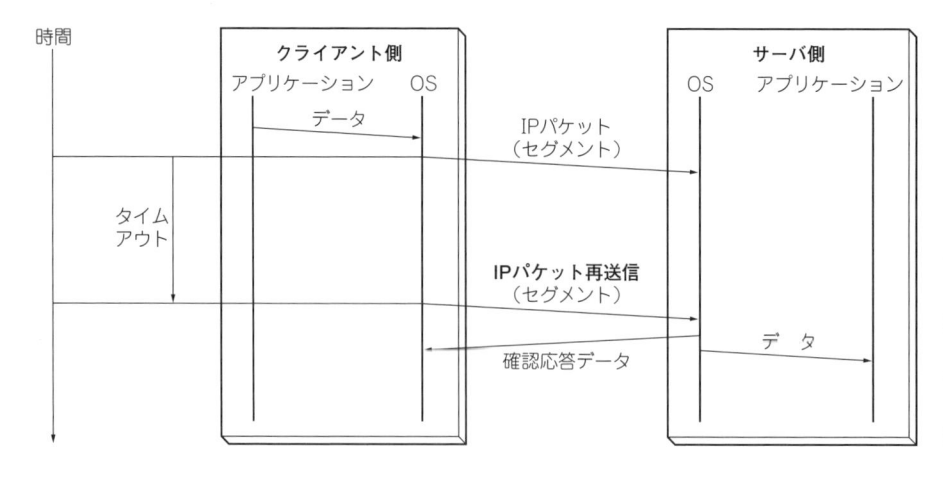

図15 IPパケットの再送データ送受信において，IPパケット送信後一定時間以上確認応答データを受信できなければIPパケットの再送信を行う

● 接続の確立

まずクライアントがOSにサーバ側への接続要求を行います．

OSはサーバ側へ接続要求データを送信します．サーバ側のOSは，クライアント側から接続要求データを受信するとサーバへそれを通知し，サーバが接続を承認すると応答データをクライアント側へ送信します．

クライアント側のOSは，サーバ側からの応答データを受信するとクライアントへそれを通知し，応答データをサーバ側へ送信します．

これ以降は接続が確立してデータの送受信が可能となります．

● データ送受信

送信側のアプリケーションはOSにデータ送信を要求します．

OSは，送信データを適切なサイズのデータ（セグメント）に分割し，各セグメントに必要なデータ（IPアドレス，ポート番号，分割順序を表すシーケンス番号など）を追加したIPパケットを作成して受信側へ送信します．

受信側のOSは，IPパケットを受け取ると中身を確認し，問題がなければ送信側へ確認応答データを送信します．さらに受信した複数のセグメントをシーケンス番号に基づいて正しく並び替えて，元のデータを復元してアプリケーションへ渡します．

送信側のOSはIPパケット送信後に確認応答データを受信することによって送信先がIPパケットを受信したと見なします．したがって，**図15**のように一定時間以上確認応答データを受信できなければ，送信先がIPパケットを受信していないと見なして再度IPパケットを送信します．

● 接続の終了

まずクライアントがOSにサーバ側への終了要求を行います．

OSはサーバ側へ終了要求データを送信します．

サーバ側のOSは，クライアント側から終了要求データを受信するとサーバへそれを通知し，応答データをクライアント側へ送信した後に接続をクローズします．

サーバ側が接続をクローズすると，クライアント側へ終了通知データが送られるので，それを受け取ったクライアントのOSがそれに対する応答データをサーバ側へ送信して接続の終了が完了します．

● TCP/IPの利用例…HTTPを使ったWebブラウジング

前述のTCP/IPを使用する代表的な通信プロトコルの一つがHTTP（Hypertext Transfer Protocol）で，これを使用する代表的なアプリケーションがWebブラウザです．

WebブラウザでWebサーバのURL（http://www.google.co.jpなどのホスト名）を入力すると，DNSによってWebサーバのIPアドレスが求まり，TCP/IPとIPルーティングによりWebサーバのデータがWeb

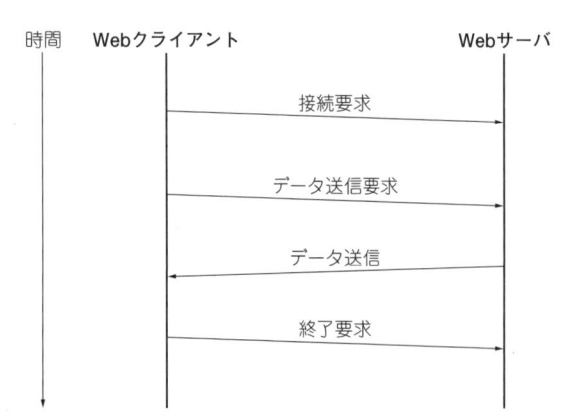

図16　WebクライアントとWebサーバのやりとり

ブラウザへ送られ，Webブラウザは受け取ったデータを表示します．図16にそのやりとりを示します．

まず，Webクライアント（Webブラウザなど）がWebサーバへ接続要求を行い，TCP接続が確立します．

次にWebクライアントはデータをWebサーバから取得するために，Webサーバへデータの送信を要求します．

WebサーバはWebクライアントからのデータ送信要求を受け取って，静的なデータまたは動的に作成したデータを送信します．

Webクライアントは送られてきたデータを受信して処理します．WebクライアントがWebブラウザであればデータはWebブラウザ上に表示されます．

WebクライアントがWebサーバへ終了要求を行い，TCP/IP接続が終了します．

この時，Webサーバから送られてくるデータは，リスト4のようなHTML（HyperText Markup Language）やXML（Extensible Markup Language）という決まった書式になっています．これによりWebブラウザは常に正しくデータを表示できます．

したがって，もしWebサーバから送られてくるデータの書式に間違いがあれば，Webブラウザはデータを正しく表示できなくなります．

● ネットワーク送受信処理はネットワーク階層ごとに決まっている

今日のネットワークでは，異なる機種間でも正常にネットワーク通信を行うことができます．これは，各機器メーカがTCP/IPプロトコル群というネットワーク階層に準じたパケットの送受信を行う機器を製造販売しているからです．TCP/IPプロトコル群が存在する以前は，異なるメーカの機器間で通信を行うことは極めて難しい状況でした．

表2に示すように，TCP/IPプロトコル群はアプリケーション層，トランスポート層，ネットワーク層お

リスト4　Webサーバから送られてくる書式は決まっている
HTMLデータの例

```
<!doctype html>
<html itemscope="" itemtype="http://schema.org/WebPage">
<head><meta content="世界中のあらゆる情報を検索するためのツールを提供しています．さまざまな検索機能を活用して，お探しの情報を見つけてください．" name="description">
<meta content="noodp" name="robots">
<meta content="/images/google_favicon_128.png" itemprop="image">
    ︙
```

表2　TCP/IPプロトコル群の階層と主なプロトコル

階層（レイヤ）	プロトコル	説明
アプリケーション層	HTTP	WebブラウザとWebサーバの間でのデータ送受信処理
	FTP	ファイル転送処理
	SMTP	メール送信処理
	NFS	ネットワーク・ファイル共有処理
トランスポート層	TCP	TCPパケットの送受信処理およびTCPパケット再送処理
	UDP	単にデータ送受信のみを行う処理（送受信データのチェックを行わない）
ネットワーク層	IP	IPルーティング処理とIPパケットの送受信処理
	ICMP	機器間の状態確認処理（ネットワーク診断プログラムpingで使用される）
	IGMP	機器間のブロードキャスト処理
リンク層	Ethernet	送受信における物理的なハードウェア制御
	ARP	ARP要求・応答処理

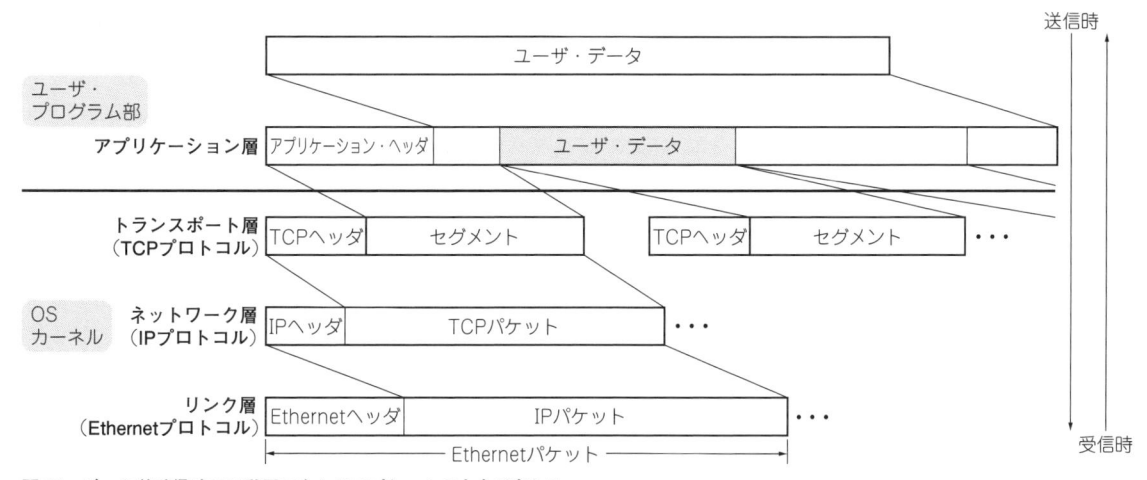

図17　データ送受信時には階層に合わせてパケットの中身が変わる

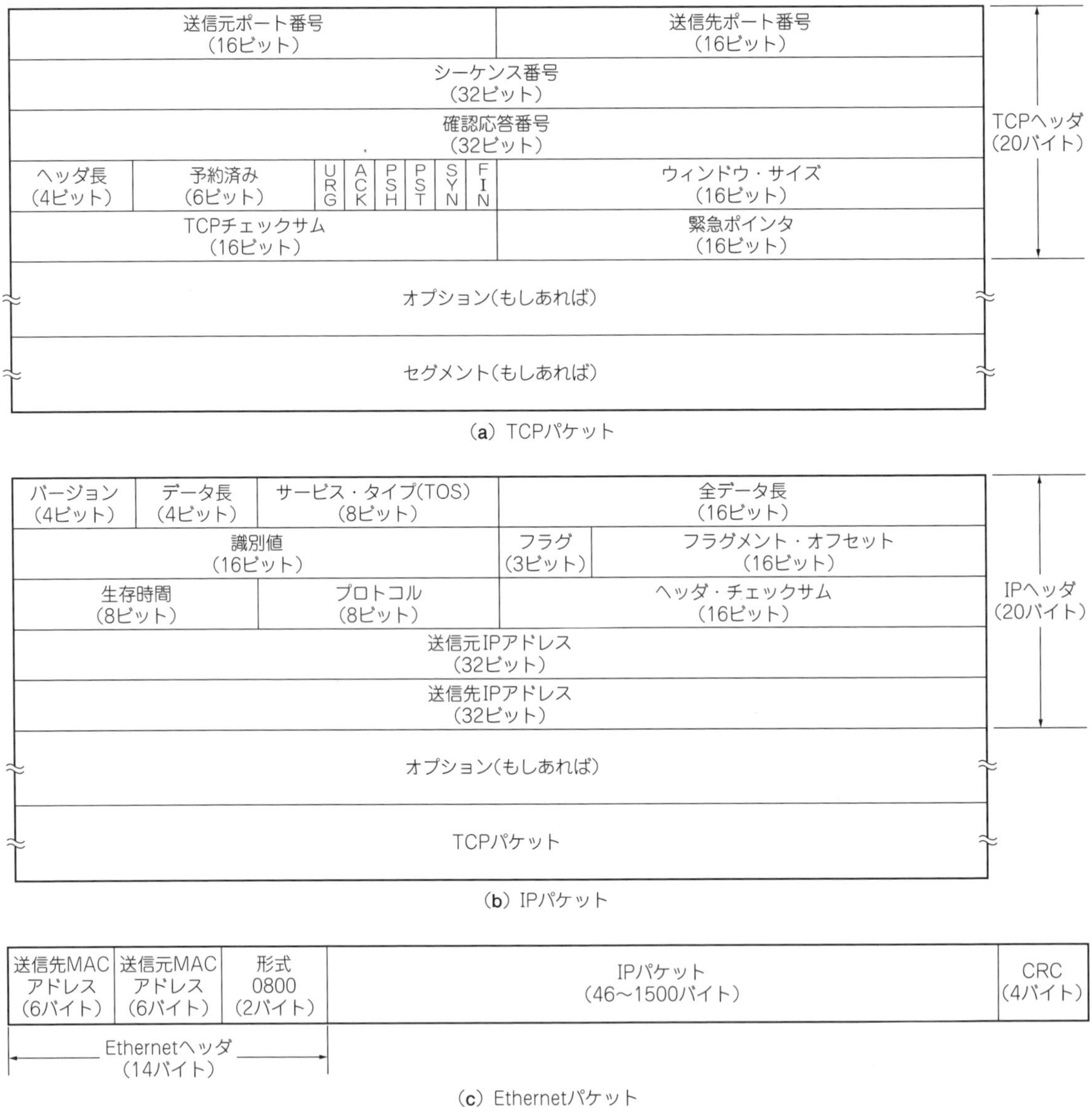

```
┌─────────────────────────────────────┬─────────────────────────────────────┐ ┐
│         送信元ポート番号               │         送信先ポート番号             │ │
│          （16ビット）                  │          （16ビット）                │ │
├─────────────────────────────────────┴─────────────────────────────────────┤ │
│                              シーケンス番号                                 │ │
│                               （32ビット）                                  │ │
├───────────────────────────────────────────────────────────────────────────┤ │
│                              確認応答番号                                   │ TCPヘッダ
│                               （32ビット）                                  │ （20バイト）
├──────────┬──────────┬─┬─┬─┬─┬─┬─┬──────────────────────────────────────────┤ │
│ ヘッダ長  │ 予約済み  │U│A│P│P│S│F│         ウィンドウ・サイズ              │ │
│（4ビット）│（6ビット）│R│C│S│S│Y│I│          （16ビット）                   │ │
│          │          │G│K│H│T│N│N│                                         │ │
├──────────┴──────────┴─┴─┴─┴─┴─┴─┴──────────────────────────────────────────┤ │
│         TCPチェックサム               │         緊急ポインタ                 │ │
│          （16ビット）                  │          （16ビット）                │ │
├───────────────────────────────────────────────────────────────────────────┤ ┘
│                            オプション（もしあれば）                          │
├───────────────────────────────────────────────────────────────────────────┤
│                            セグメント（もしあれば）                          │
└───────────────────────────────────────────────────────────────────────────┘
```

(a) TCPパケット

```
┌──────────┬──────────┬────────────────┬─────────────────────────────────────┐ ┐
│ バージョン │ データ長  │サービス・タイプ(TOS)│         全データ長               │ │
│（4ビット）│（4ビット）│   （8ビット）    │          （16ビット）                │ │
├──────────┴──────────┴────────────────┼────────┬────────────────────────────┤ │
│              識別値                   │ フラグ  │    フラグメント・オフセット    │ │
│           （16ビット）                │（3ビット）│       （16ビット）           │ │
├─────────────────────┬─────────────────┴────────┴────────────────────────────┤ │
│      生存時間        │    プロトコル    │        ヘッダ・チェックサム          │ IPヘッダ
│     （8ビット）      │   （8ビット）    │          （16ビット）                │ （20バイト）
├─────────────────────┴─────────────────────────────────────────────────────┤ │
│                            送信元IPアドレス                                │ │
│                              （32ビット）                                  │ │
├───────────────────────────────────────────────────────────────────────────┤ │
│                            送信先IPアドレス                                │ │
│                              （32ビット）                                  │ │
├───────────────────────────────────────────────────────────────────────────┤ ┘
│                            オプション（もしあれば）                          │
├───────────────────────────────────────────────────────────────────────────┤
│                               TCPパケット                                  │
└───────────────────────────────────────────────────────────────────────────┘
```

(b) IPパケット

```
┌────────┬────────┬──────┬─────────────────────────────┬──────┐
│送信先MAC│送信元MAC│ 形式 │        IPパケット           │ CRC  │
│アドレス │アドレス │ 0800 │     （46～1500バイト）      │（4バイト）│
│（6バイト）│（6バイト）│（2バイト）│                        │      │
└────────┴────────┴──────┴─────────────────────────────┴──────┘
│       Ethernetヘッダ        │
│       （14バイト）           │
```

(c) Ethernetパケット

図18 各プロトコルのパケット構造

よびリンク層という四つの階層（レイヤ）から成り立っています．各階層に割り当てられたネットワーク・プロトコルが，その役割を果たすことによってデータ送受信が行われます．

アプリケーション層はユーザ・プログラム部で，FTPサーバやFTPクライアント，Webサーバ，Webクライアントなどを指します．

一方，トランスポート層，ネットワーク層とリンク層はOSカーネルに実装されています．今まで，筆者がOSの作業として記述してきた処理は，実際にはこれら3層のいずれかで行われています．

アプリケーション（アプリケーション層）からOSへ渡されたデータは，トランスポート層→ネットワーク層→リンク層の順で各階層に割り当てられたネットワーク・プロトコルによって処理され，最終的にデータグラム・パケットとして送信されます．逆に，受信データはリンク層→ネットワーク層→トランスポート層の順で各階層に割り当てられたネットワーク・プロトコルによって処理され，最終的に抽出されたデータをアプリケーション（アプリケーション層）がOSから受け取ります．

最も代表的な例は，**図17**に示すような構造になります．トランスポート層のネットワーク・プロトコルがTCP，ネットワーク層のネットワーク・プロトコルがIP，そしてリンク層のネットワーク・プロトコルがEthernetの場合です．これらの各プログラムは

表3 各プロトコルのパケットの中身

フィールド	説　明
送信元ポート番号	送信元のポート番号（1～65535）
送信先ポート番号	送信先のポート番号（1～65535）
シーケンス番号	送信するデータ（バイト・データ）に対して順序付けを行うための「シーケンス番号」を指定するフィールド
確認応答番号	受信したデータに対して，どこのバイト位置までを受信したかを表すフィールド
ヘッダ長	データが始まる位置を表すフィールド
URG	このTCPパケット中の「緊急データ」の有無を表すフラグ
ACK	確認応答番号の有効／無効フラグ
PSH	受信したデータを速やかに上位アプリケーションに引き渡すように要求するためのフラグ
PST	TCP接続を中断または拒否したい場合にセットされるフラグ
SYN	TCP接続を要求する場合にセットするフラグ
FIN`	TCP接続を終了させるために利用されるフラグ
ウィンドウ・サイズ	送信可能な最大のデータ量
TCPチェックサム	このTCPパケットの整合性を検査するための検査用データを格納するフィールド
緊急ポインタ	緊急データの場所（サイズ）を表す

(a) TCPパケット

フィールド	説　明
バージョン	4または6（IPv4またはIPv6）
ヘッダ長	データが始まる位置を表すフィールド
サービス・タイプ（TOS）	最小遅延，最大スループット，最大信頼性または最小金銭コストのいずれか一つをビット指定するフィールド
全データ長	このIPパケット全体の長さ（バイト）
識別値	このIPパケットを識別するための一意の整数
フラグ	IPフラグメンテーション情報
フラグメント・オフセット	IPフラグメンテーションによって分割されたデータの元の位置
生存時間	このIPパケットが通過できるルータ数の限界
プロトコル	トランスポート層のプロトコル
ヘッダ・チェックサム	このIPパケット・ヘッダ部分の整合性を検査するための検査用データを格納するフィールド
送信元IPアドレス	送信元のIPアドレス
送信先IPアドレス	送信先のIPアドレス

(b) IPパケット

フィールド	説　明
送信先MACアドレス	送信先のMACアドレス
送信元MACアドレス	送信元のMACアドレス
形式	Ethernetパケット＝0800，ARP要求／応答＝0806
CRC	このEthernetパケットの整合性を検査するための検査用データを格納するフィールド

(c) Ethernetパケット

以下の処理を行います．

● TCPプロトコル（トランスポート層）の動作

アプリケーション層から受け取った送信データを適切なサイズのデータ（セグメント）に分割した後，各セグメントへTCPヘッダを追加して図18（a）と表3（a）のTCPパケットを作成し，ネットワーク層へ渡します（データ送信時）．

ネットワーク層へデータを渡した後，送信先から一定時間以上応答がなければ同じTCPパケットを再度ネットワーク層へ渡します（データ送信時）．

ネットワーク層から受け取った複数のTCPパケットからTCPヘッダを除去し，これらを正しく並べ替えて受信データを作成してアプリケーション層へ渡します（データ受信時）．

ネットワーク層から正常にTCPパケットを受け取ると，送信先へ確認応答を送信します（データ受信時）．

● IPプロトコル（ネットワーク層）の動作

IPルーティングにより送信先のIPアドレスを特定し，その情報を含むIPヘッダをトランスポート層から受け取ったTCPパケットへ追加し，図18（b）と表3（b）のIPパケットを作成してリンク層へ渡します（データ送信時）．

リンク層から受け取ったIPパケットからIPヘッダを除去してTCPパケットとし，トランスポート層へ渡します（データ受信時）．

IPパケット・サイズがリンク層の扱えるパケット・サイズよりも大きい場合に，IPフラグメンテーションを行って，複数のIPパケットを生成してリンク層へ渡します（データ送信時）

リンク層からIPフラグメンテーションされたIPパケットを受け取った場合，複数のIPパケットから元のIPパケットを復元します（データ受信時）．

● Ethernetプロトコル（リンク層）の動作

リンク層では，送受信における物理的なハードウェア制御を行います．

ネットワーク層から受け取ったIPパケットへEthernetヘッダを追加し，図18（c）と表3（c）のEthernetパケットとしてから，データ送信を行います（データ送信時）．

受信したデータからEthernetヘッダを除去してIPパケットとしネットワーク層へ渡します（データ送信時）．

まる見え！

第5部 趣味のサーバづくり

さすがI/Oコンピュータ！I²C/SPI/LANの組み合わせが楽々

第14章 その2：ベランダで受信して屋内へ！ラジオ中継器

渕田 信一

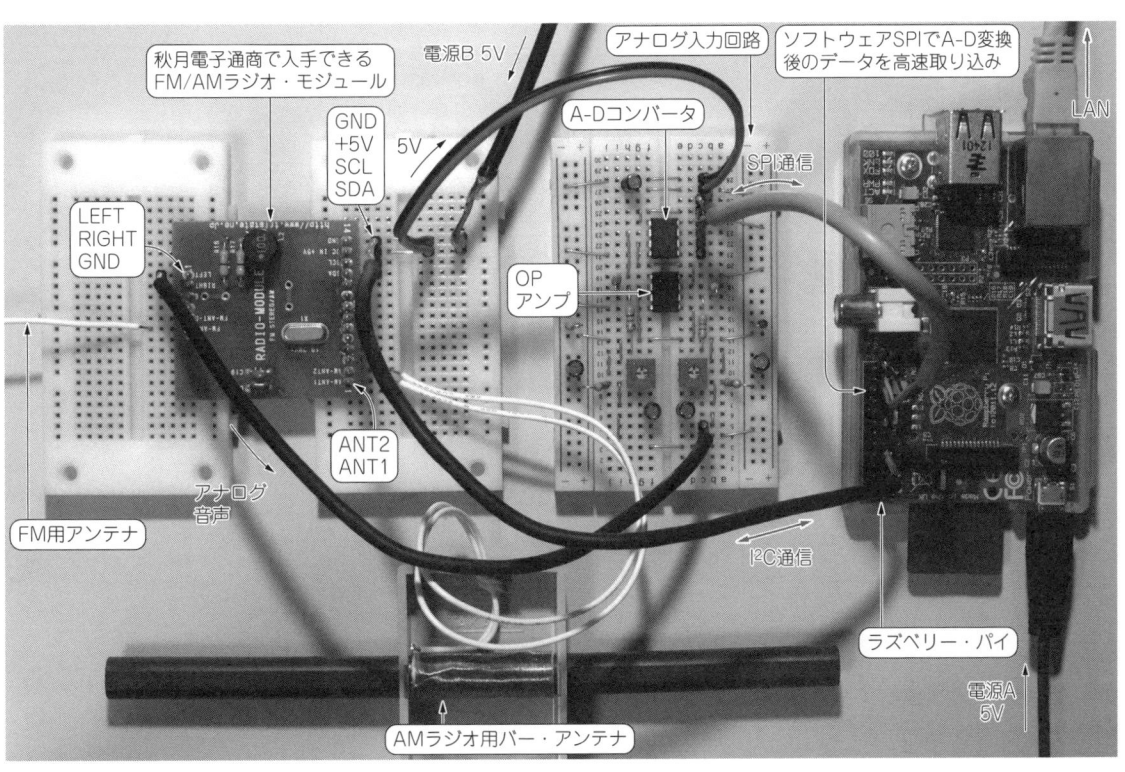

写真1 ラジオ放送波を受信して自宅LANにUDPパケットで送出するラジオ中継サーバ

　ラズベリー・パイは，マイコン・ボードに比べると，データ・サーバに仕立てるのが簡単です．また，GPIO/シリアル通信/USB/カメラ/SDカードなどのインターフェースを備えています．そこで，FM/AMラジオを受信して自宅LAN上に配信するラジオ・サーバを製作してみます（写真1）．主な機能としては，SPI，I²C，LANを使います．
(1) ラジオ・モジュールで放送を受信
(2) OPアンプでアナログ音声信号を増幅
(3) SPI接続のA-Dコンバータでアナログ音声信号をディジタルに変換し，ラズベリー・パイに取り込む
(4) LANに送出
　ラジオ・モジュールはI²Cで制御します．ラズベ

リー・パイOSには標準のLinuxディストリビューション「Raspbian」を使いました．

● 製作のくふう
▶ SPI通信プログラムを自作
　A-Dコンバータから出力される512kbpsの連続データが，Linux標準SPIデバイス・ドライバを使うとうまく取り込めませんでした．そのため，Linux標準デバイス・ドライバを介さないでGPIOを直接制御して，連続SPI通信を行えるようにしました．連続SPI通信が行えると，SPI通信機能を持つ高分解能のD-Aコンバータや，カメラ・モジュール，ステッピング・モータ・ドライバなどを接続できるようになります．

第5部 趣味のサーバづくり

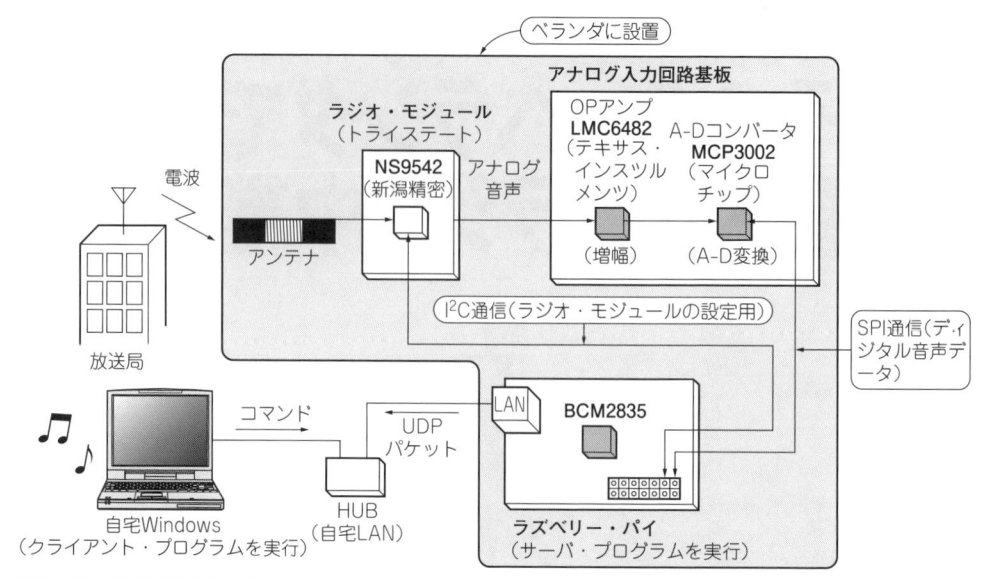

図1 ラジオ放送波を受信し自宅LANにUDPパケットで送出する装置

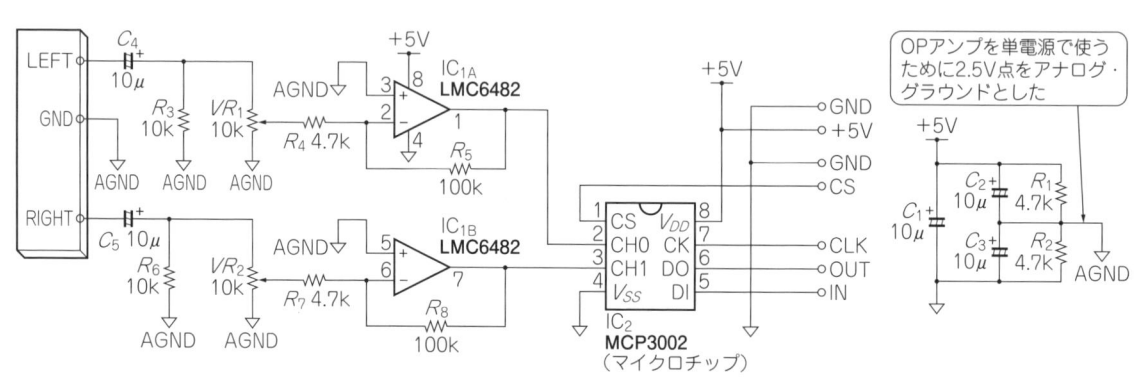

図2 自作回路…ラジオ受信信号を増幅&A-D変換してSPIで出力する

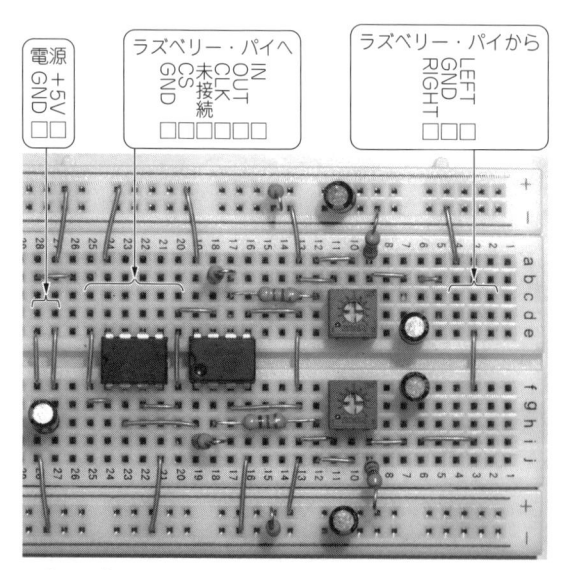

写真2 ブレッドボード上の配線

▶I²C通信プログラムも自作

ラジオ・モジュールはRaspbianの標準I²Cドライバでは使用できませんでした．そのため，同様にI²CもGPIOエミュレーションで動かしました． (編集部)

製作物

図1のように，ラジオ・モジュールのアナログ出力をOPアンプで増幅，A-Dコンバータを使ってサンプリングし，SPI通信でラズベリー・パイに入力します．ラズベリー・パイは，受け取ったラジオ音声をLAN上にUDPパケットとして流します．Windowsパソコンでこのパケットを受信・再生します．

● ハードウェア

製作する必要があるアナログ入力回路を図2に示します．配線は写真1，写真2のようにブレッドボード

第14章　その2：ベランダで受信して屋内へ! ラジオ中継器

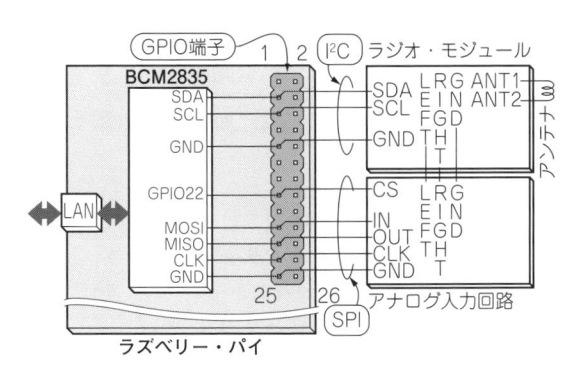

図3　ラズベリー・パイ周りの配線

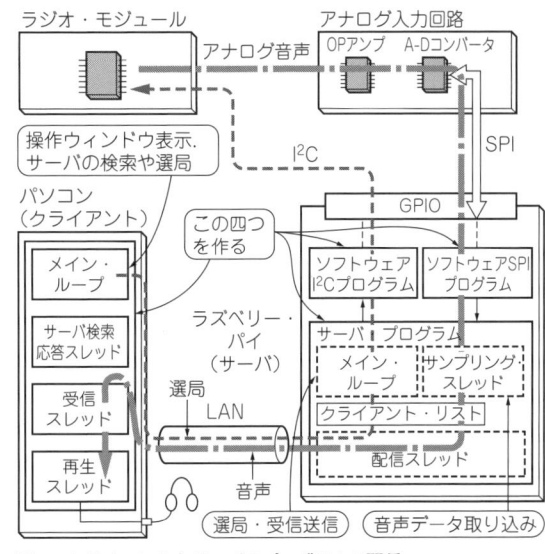

図4　クライアントとサーバのプログラムの関係

に行いました．ラズベリー・パイとラジオ・モジュールの接続を図3に示します．

▶ラジオ・モジュール

I²C制御で選局や受信時の設定を行えるワンチップ・ラジオIC NS9542（新潟精密）を搭載するモジュールを利用しました．秋月電子通商で販売されている「FMステレオ/AMラジオ・モジュール」です．

▶OPアンプIC

ラジオ・モジュールが出力した音声信号は，OPアンプICで増幅します．LMC6482（テキサス・インスツルメンツ）を使用しました．これはレール・トゥ・レール，またはフルスイングと呼ばれるタイプのもので，0Vから電源電圧まで出力振幅が広いのが特徴です．

▶A-Dコンバータ

OPアンプの出力をA-DコンバータMCP3002（マイクロチップ・テクノロジー）でアナログ信号をディジタル・データに変換します．A-DコンバータMCP3002は二つの入力チャネルを持っているので，ステレオ音声信号を取り込むのに適しています．

● ソフトウェア

ラズベリー・パイ用のプログラムとWindowsパソコン用プログラムを作成しました（図4）．

▶ラズベリー・パイ用
- SPI通信プログラム
- I²C通信・制御プログラム
- サーバ・プログラム（メイン・プログラム）

▶Windowsパソコン用
- クライアント・プログラム

● 用途…電波の入りにくいマンションで重宝する

音声配信というと，インターネット・ラジオ局radiko.jpがおなじみでしょう．本機はそこまで高度なものではなく，家庭内のLANの範囲で音声を送受信することを想定しています．

音声の入力にはAM/FMラジオ放送の音声をそのまま使用します．radikoよりも低遅延の放送を聴くことができ，コミュニティFMなどのradikoで聴けない放送も楽しめます．また，音声データはUDPパケットとしてLAN上に送出されるので，無線LANなどを経由すれば，電波の入りにくいマンションの室内で楽しむことができます．

ラズベリー・パイのセットアップ

● OS

ラズベリー・パイのOSには標準OSであるRaspbianを使用しました．OSは以下のURLから入手できます．
http://www.raspberrypi.org/downloads/

本章執筆時において，2014-06-20-wheezy-raspbian.zipが最新版だったので，これをダウンロードしてSDメモリーカードに書き込みました．SDメモリーカードに書き込むイメージ・ファイルは本家サイトの指示に倣ってWindowsパソコンで

---

column　あくまでも個人の利用に限る

本章で扱うラジオ配信装置は，自宅のLAN内など，閉じたネットワーク内で受信するための簡易的なもので，インターネットを経由して外部に配信するようには設計していません．何より，公共の電波を使ったラジオ放送ですから，無断で配信することは許されません．

Win32DiskImagerを使用して作成するのがよいでしょう．SDメモリーカードへの書き込みにはリーダ／ライタが必要です．

　RaspbianのイメージファイルをSDメモリーカードに書き込み，キーボードとモニタをつないで電源を入れると，raspi-configという初期設定画面が立ち上がります．

　まず「1 Expand Filesystem」を実行します．これを行うと，次回起動時に，パーティション・サイズがSDメモリーカード全体の容量まで拡張されます．

　ラジオ・サーバではデスクトップ（GUI）は使用しません．「3 Enable Boot to Desktop/Scratch」でGUIに関する設定を行うのですが，デフォルトでGUIを使用しないようになっているので，変更する必要はありません．

　「4 Internationalisation Options」では，地域やキーボードを設定します．ロケールは標準（en_GB.UTF-8）のままで変更する必要はありません．タイムゾーンは，Asia/Tokyoを選択します．キーボードは，"Generic 105-key (Intl) PC"，"Other"，"Japanese"，"Japanese (OADG 109A)"の順に選択します．その後いくつか問いがありますが，標準設定のままEnterを押していって結構です．

　設定が終わったら，[Finish]を選択して再起動します．

● 開発環境はラズベリー・パイそのもの

　多くのPC用Linuxでは，コンパイラなどの開発ツールをインストールしなければなりません．ですが，Raspbianでしたら，makeコマンドやg++コマンドなどの，本作のプログラムをコンパイルするのに必要なツールは，初めから一通り含まれているはずです．

　g++コマンドは，C++で作成したサーバ・プログラムをコンパイルするのに使います．

　念のためコマンドがあるかどうか確認してみます．
`pi@raspberrypi ~ $ make -v`
　「GNU Make 3.81」と表示されました．
`pi@raspberrypi ~ $ g++ -v`
　「gcc version 4.6.3 (Debian 4.6.3-14+rpi1)」と表示されました．

　Raspbianのバージョンによっては，ツールのバージョン番号が多少異なる場合がありますが，インストールされていることだけ確認できれば問題ありません．もし，「command not found」と表示された場合は，以下のコマンドを試してみてください．
`sudo aptitude install make g++`

● ネットワーク

　本作の音声自宅配信システムは，サーバのIPアドレスを自動検索するしくみを実装しています．IPアドレスを個別に設定する必要はありません．ルータなどのDHCPサーバから自動割り当てされたIPアドレスを使用します．Raspbianのデフォルトの設定がそのようになっているので，特別に設定を変更する必要はありません．

A-Dコンバータ用連続SPI通信プログラム

　今回，A-Dコンバータ基板からラズベリー・パイにデータを転送する際に，ラズベリー・パイ搭載のハードウェアSPI機能を利用しませんでした．ラズベリー・パイのGPIOを直接制御して，SPI通信をエミュレーションしています．

　理由は二つあります．一つ目はビット幅です．A-DコンバータMCP3002は，転送単位が16ビットなので，CS信号の制御も含めて，16ビット転送に対応したSPI機能が必要となります．

　二つ目は処理速度です．16ビットのステレオ2チャネルを16kHzでサンプリングしますので，単純計算で，512kbpsで転送する必要があります．

● Linux標準のSPIドライバだと連続的に通信できないので速度不足

▶Linux標準SPIデバイス・ドライバ

　図5はラズベリー・パイのLinux標準SPIデバイス・ドライバを利用して32ビット・データを連続転送した場合のクロック信号の波形です．クロック周波数は1MHzとしています．4バイト転送して，次の5バイト目の転送が始まるまでに，およそ250μsかかっています．音声を16kHzでサンプリングするには，32ビットの転送が，遅くとも60μsで完了しなければなりません．波形を見ると，転送間隔は50～80μsと長めです．これはLinuxのデバイス・ドライバを経由するこ

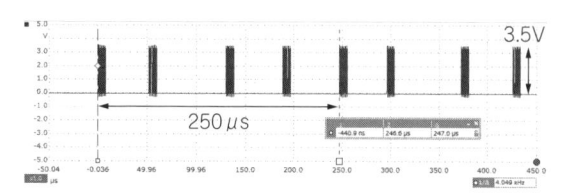

図5　Linux標準SPIデバイス・ドライバを使うと連続的に通信できない

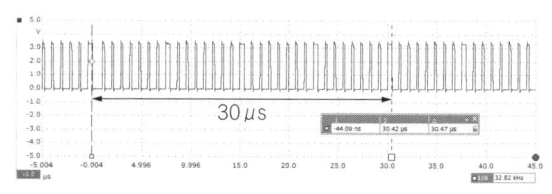

図6　今回試した標準Linuxデバイス・ドライバを使わない方法だと連続SPI通信が行える

とによるオーバーヘッドによるものだと考えられます．

▶GPIOを直接叩くソフトウェアで実現したSPI通信

図6は，GPIOを直接制御するソフトウェアを使ったSPIエミュレーションでの実行例です．この方法ではLinuxのデバイス・ドライバを使用しないため，連続転送しても，間隔はそれほど空きません．波形を見ると32ビットの転送におよそ30μsかかっています．

これなら16kHzのサンプリング速度に充分間に合わせることができます．あとは，これに手を加えて16ビット対応にし，CS信号の制御を加えれば，A-Dコンバータと通信することが可能となります．

以上のことから，音声信号のデータ転送には後者のGPIO直接制御SPIを使うことにしました．

■ 今回のソフトウェアSPIのつくりかた

● GPIOを使えるようにしておく

外部機器制御の基本であるGPIOを簡単におさらいします．GPIOとは，General Purpose Input/Outputの略，つまり汎用入出力のことで，入力したり，"L"または"H"を出力できる信号線（ピンまたはポートとも呼ばれる）です．

Linuxのコマンドラインで GPIO する方法を，GPIO4の出力を例に示します．初めに使用するポート番号を`export`で有効化し，信号の`direction`を出力に設定します．次に`value`に書き込み，点灯/消灯をします．最後に`unexport`で終了します（図7）．

▶ハードウェア・ダイレクト制御ライブラリ入手方法

本機では高速に音声をサンプリングするため，ラズベリー・パイのSoCであるBCM2835のGPIOを直接制御します．そのためのライブラリが下記サイトで公開されています．

http://www.airspayce.com/mikem/bcm2835/

bcm2835-1.xx.tar.gzをダウンロードして展開し，その中に入っているファイルのうち，bcm2835.cとbcm2835.hを使用します．このライブラリを使ってGPIO4に値を出力（LEDを点滅）するサンプル・プログラムを示します（リスト1）．

▶こんがらがりがち…コネクタのピン番号とBCM2835のピン名

ラズベリー・パイに自作外部機器を接続するには，2×13ピンのコネクタから，必要な電源や信号線を引き出して使います．このとき，ピン番号とソフトウェアで扱う信号名がばらばらに配置されているため，作りながら頭が混乱してしまうことがあります．例えば7番ピンはGPIO4となっています．前者が「ピン番号」，後者が「信号名」です．ピン番号は，コネクタのピンに頭から順番に振られた番号で，信号名はBCM2835のピンに付けられた名前です．

● 16ビットA-Dコンバータの仕様に合わせてソフトウェアSPIを作る

A-DコンバータMCP3002は，入力チャネルを二つ持っているので，ステレオ音声をサンプリングするのに適しています．ラズベリー・パイからはSPIで制御します（リスト2）．

MCP3002は普通のSPIと違って，データが16ビットなので，そこを考慮する必要があります．CS（チップ・セレクト）を"L"にし，16ビット転送し，終わったらCSを"H"に戻します．転送データのうち，最初の1ビットが開始ビットで，常に"H"を送信します．続く5ビットでチャネル番号やデータ形式などの情報をA-Dコンバータに送信します．残りの10ビットはA-Dコンバータからの受信で，A-D変換された音声信号が返ってきます．1回のサンプリングで左チャネルと右チャネル両方の音声信号を取得します．これを1秒間に16000回実行します．

なお，MCP3002の分解能は10ビットです．上位6ビットをもう一度後に付け足して，16ビット・データに加工して使用します．

```
pi@raspberrypi:~$ echo 4 >/sys/class/gpio/export
pi@raspberrypi:~$ echo out >/sys/class/gpio/gpio4/direction
pi@raspberrypi:~$ echo 1 >/sys/class/gpio/gpio4/value
pi@raspberrypi:~$ echo 0 >/sys/class/gpio/gpio4/value
pi@raspberrypi:~$ echo 4 >/sys/class/gpio/unexport
pi@raspberrypi:~$
```

図7 おさらい…コマンドラインでGPIO4を出力する方法

リスト1 GETしたハードウェア・ダイレクト制御によるGPIO4出力（LED点滅）サンプル・プログラム

```c
#include <unistd.h>
#include "bcm2835.h"
int main()
{
  // 初期化
  if (!bcm2835_init()) {
    return 1;
  }
  // GPIO4（7番ピン）を出力用に設定
  bcm2835_gpio_fsvel(RPI_V2_GPIO_P1_07
    , BCM2835_GPIO_FSEL_OUTP);
  while (1) {
    // 点灯
    bcm2835_gpio_write(RPI_V2_GPIO_P1_07, HIGH);
    usleep(1000000);
    // 消灯
    bcm2835_gpio_write(RPI_V2_GPIO_P1_07, LOW);
    usleep(1000000);
  }
  // 終了
  if (!bcm2835_close()) {
    return 1;
  }
  return 0;
}
```

ラジオ・モジュール用ソフトウェア I²C プログラム

● ラズベリー・パイ標準のI²Cデバイス・ドライバだとラジオICとうまく通信できない…

一部のI²Cデバイスの制御では，デバイスへの書き込みの後に，続けてデバイスからの読み出しを行うとき，通信の方向を切り替えるため，「リピーテッド・スタート・コンディション」を発行する必要があります．

今回使ったラジオ・モジュールに搭載されているNS9542（新潟精密）というチップからデータを受信する際に，I²Cの通信において，「リピーテッド・スタート・コンディション」が必要です．

ラズベリー・パイのOS，Raspbianの標準I²Cドライバを使うと，うまくデータを受信することができませんでした．そのためラズベリー・パイが持っているI²C機能をあえて使わず，GPIOを利用してI²C機能を独自実装しました（リスト3）．

NS9542用のサンプル・プログラムなどは公開されておらず，キットの開発元であるトライステートのウェブ・サイト（http://www.tristate.ne.jp/fmam_module.htm）で公開されている技術資料を元に実装しました．

● プログラムの作成

I²Cの読み出し手順を図8に示します．NS9542のレジスタを読み出したい場合に，まず，「スタート・コンディション」を発行し，デバイス・アドレスとレジ

リスト2 GPIOダイレクト制御による連続SPI通信プログラム

```c
// クロックのためのウェイト
void spi_wait_clk()
{
    // MCP3002の仕様では，140nsのウェイトが必要ですが，
    // 関数呼び出し等のオーバーヘッドがあるため，
    // ウェイトしなくても問題なく動作します．
}
// CS信号（チップセレクト）へ出力
void spi_set_cs(bool f)
{
    if (f) {
        bcm2835_gpio_set(SPI_CS_PIN);   // HI
    } else {
        bcm2835_gpio_clr(SPI_CS_PIN);   // LO
    }
}
// CLK（クロック）信号へ出力
void spi_set_clk(bool f)
{
    if (f) {
        bcm2835_gpio_set(SPI_CLK_PIN);  // HI
    } else {
        bcm2835_gpio_clr(SPI_CLK_PIN);  // LO
    }
}
// DATA（データ）信号へ出力
void spi_set_data(bool f)
{
    if (f) {
        bcm2835_gpio_set(SPI_MOSI_PIN); // HI
    } else {
        bcm2835_gpio_clr(SPI_MOSI_PIN); // LO
    }
}
// DATA（データ）信号から入力
bool spi_get_data()
{
    return bcm2835_gpio_lev(SPI_MISO_PIN) != LOW;
}
// 16ビットのデータを送受信
unsigned short spi_transfer_w(unsigned short c)
{
    int i;
    for (i = 0; i < 16; i++) {
        spi_set_clk(0);  // CLK=LO
        // データを出力
        if (c & 0x8000) {
            spi_set_data(1);
        } else {
            spi_set_data(0);
        }
        spi_wait_clk();  // ウェイト
        // データを受信
        c <<= 1;
        if (spi_get_data()) {
            c |= 1;
        }
        spi_set_clk(1);  // CLK=HI
        spi_wait_clk();  // ウェイト
    }
    spi_set_data(1); // DATA=HI
    return c;
}
// 左チャネルをサンプリング
unsigned short sample_left()
{
    spi_set_cs(false);  // CS=LO
    // 上位6ビットがコマンド，下位10ビットがA-D変換結果
    int v = spi_transfer_w(0x6800) & 0x03ff;
    spi_set_cs(true);   // CS=HI
    return (v << 6) | (v >> 4);
                        // 10ビットを16ビットへ補間する
}
// 右チャネルをサンプリング
unsigned short sample_right()
{
    spi_set_cs(false);  // CS=LO
    // 上位6ビットがコマンド，下位10ビットがA-D変換結果
    int v = spi_transfer_w(0x7800) & 0x03ff;
    spi_set_cs(true);   // CS=HI
    return (v << 6) | (v >> 4);
                        // 10ビットを16ビットへ補間する
}
// MCP3002を初期化
void init_mcp3002()
{
    bcm2835_init();
    bcm2835_gpio_set(SPI_CS_PIN);   // CS=HI
    bcm2835_gpio_set(SPI_CLK_PIN);  // CLK=HI
    bcm2835_gpio_set(SPI_MOSI_PIN); // MOSI=HI
    // CSを出力にする
    bcm2835_gpio_fsel(SPI_CS_PIN,
                      BCM2835_GPIO_FSEL_OUTP);
    // MOSIを出力にする
    bcm2835_gpio_fsel(SPI_MOSI_PIN,
                      BCM2835_GPIO_FSEL_OUTP);
    // MISOを入力にする
    bcm2835_gpio_fsel(SPI_MISO_PIN,
                      BCM2835_GPIO_FSEL_INPT);
    // CLKを出力にする
    bcm2835_gpio_fsel(SPI_CLK_PIN,
                      BCM2835_GPIO_FSEL_OUTP);
    // MISOをプルアップする
    bcm2835_gpio_set_pud(SPI_MISO_PIN,
                         BCM2835_GPIO_PUD_UP);
}
```

リスト3　ソフトウェアI2Cプログラム
リピーテッド・スタート・コンディションにも対応できる．NS9542の技術資料をもとに実装した

```
class I2C {
private:
  void delay()
  {
    // Bit-bang方式によるオーバーヘッドで充分な
    // ウェイトが得られるので何もしない
    // usleep(10);
  }
  // 初期化
  void init_i2c()
  {
    // SCLピンを入力モードにする
    bcm2835_gpio_fsel(I2C_SCL_PIN
      , BCM2835_GPIO_FSEL_INPT);
    // SDAピンを入力モードにする
    bcm2835_gpio_fsel(I2C_SDA_PIN
      , BCM2835_GPIO_FSEL_INPT);
    // SCLピンをLOWにする
    bcm2835_gpio_clr(I2C_SCL_PIN);
    // SDAピンをLOWにする
    bcm2835_gpio_clr(I2C_SDA_PIN);
  }
  void i2c_cl_0()
  {
    // SCLピンを出力モードにするとピンの状態がLOWになる
    bcm2835_gpio_fsel(I2C_SCL_PIN
      , BCM2835_GPIO_FSEL_OUTP);
  }
  void i2c_cl_1()
  {
    // SCLピンを入力モードにするとピンの状態がHIGHになる
    bcm2835_gpio_fsel(I2C_SCL_PIN
      , BCM2835_GPIO_FSEL_INPT);
  }
  void i2c_da_0()
  {
    // SDAピンを出力モードにするとピンの状態がLOWになる
    bcm2835_gpio_fsel(I2C_SDA_PIN
      , BCM2835_GPIO_FSEL_OUTP);
  }
  void i2c_da_1()
  {
    // SDAピンを入力モードにするとピンの状態がHIGHになる
    bcm2835_gpio_fsel(I2C_SDA_PIN
      , BCM2835_GPIO_FSEL_INPT);
  }
  int i2c_get_da()
  {
    // SDAピンの状態を読み取る
    return bcm2835_gpio_lev(I2C_SDA_PIN) ? 1 : 0;
  }
  // スタート・コンディション
  void i2c_start()
  {
    i2c_da_0();  // SDA=0
    delay();
    i2c_cl_0();  // SCL=0
    delay();
  }
  // ストップ・コンディション
  void i2c_stop()
  {
    i2c_cl_1();  // SCL=1
    delay();
    i2c_da_1();  // SDA=1
    delay();
  }
  // リピーテッド・スタート・コンディション
  void i2c_repeat()
  {
    i2c_cl_1();  // SCL=1
    delay();
    i2c_da_0();  // SDA=0
    delay();
    i2c_cl_0();  // SCL=0
    delay();
  }
  // 1バイト送信
  bool i2c_write(int c)
  {
    int i;
    bool nack;
    delay();
    // 8ビット送信
    for (i = 0; i < 8; i++) {
      if (c & 0x80) {
        i2c_da_1();  // SCL=1
      } else {
        i2c_da_0();  // SCL=0
      }
      c <<= 1;
      delay();
      i2c_cl_1();  // SCL=1
      delay();
      i2c_cl_0();  // SCL=0
      delay();
    }
    i2c_da_1();  // SDA=1
    delay();
    i2c_cl_1();  // SCL=1
    delay();
    // NACKビットを受信
    nack = i2c_get_da();
    i2c_cl_0();  // SCL=0
    return nack;
  }
  // 1バイト受信
  int i2c_read(bool nack)
  {
    int i, c;
    i2c_da_1();  // SDA=1
    delay();
    c = 0;
    for (i = 0; i < 8; i++) {
      i2c_cl_1();  // SCL=1
      delay();
      c <<= 1;
      if (i2c_get_da()) {  // SDAから1ビット受信
        c |= 1;
      }
      i2c_cl_0();  // SCL=0
      delay();
    }
    // NACKビットを送信
    if (nack) {
      i2c_da_1();  // SDA=1
    } else {
      i2c_da_0();  // SDA=0
    }
    delay();
    i2c_cl_1();  // SCL=1
    delay();
    i2c_cl_0();  // SCL=0
    delay();
    return c;
  }
  int address;  // I2Cデバイス・アドレス
public:
  I2C(int address)
    : address(address)
  {
  }
  // デバイスのレジスタに書き込む
  virtual void write(int reg, int data)
  {
    i2c_start();                      // スタート
    i2c_write(address << 1);          // デバイス・アドレスを送信
    i2c_write(reg);                   // レジスタ番号を送信
    i2c_write(data);                  // データを送信
    i2c_stop();                       // ストップ
  }
  // デバイスのレジスタを読み取る
  virtual int read(int reg)
  {
    int data;
    i2c_start();                      // スタート
    i2c_write(address << 1);          // デバイス・アドレスを送信
    i2c_write(reg);                   // レジスタ番号を送信
    i2c_repeat();                     // リピーテッド・スタート
    i2c_write((address << 1) | 1);    // デバイス・アドレスを送信
    data = i2c_read(true);            // データを受信
    i2c_stop();                       // ストップ
    return data;
  }
};
```

第5部　趣味のサーバづくり

スタート・コンディション
（SCLが"H"のときにSDAを"H"から"L"にする）

リピーテッド・スタート・コンディション
（SDAを"H", SCLを"H", SDAを"L"）

ストップ・コンディション
（SCLを"H"にしてからSDAを"H"にする）

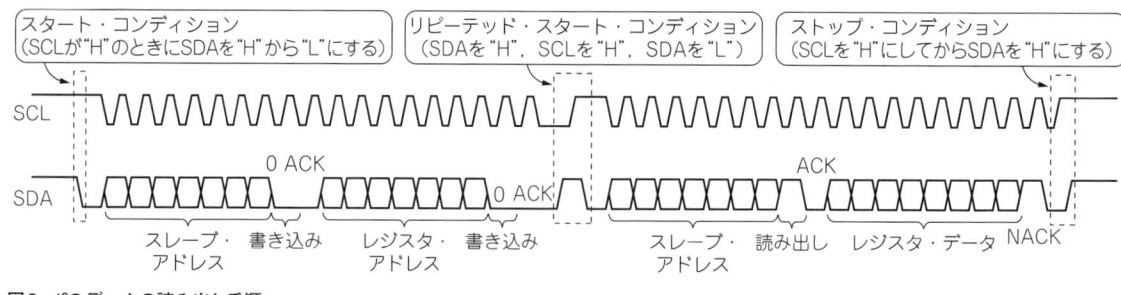

SCL

SDA

0 ACK　　　　　　　　　0 ACK　　　　　　　　ACK　　　　　　　　　　NACK

スレーブ・アドレス　書き込み　レジスタ・アドレス　書き込み　スレーブ・アドレス　読み出し　レジスタ・データ

図8　I²Cデータの読み出し手順

リスト4　サーバ・プログラムのコンパイルと実行例　←ダウンロードしたファイルを解凍

```
pi@raspberrypi ~ $ tar zxvf RadioPi-src.tar.gz
(中略)
pi@raspberrypi ~ $ cd RadioPi          ← RadioPiディ
pi@raspberrypi ~/RadioPi $ make           レクトリへ移動
cd common; make
make[1]: Entering directory `/home/pi/RadioPi/common'
cc -c -o crc32.o crc32.c                  ← makeでビルド
g++ -c -o event.o event.cpp
g++ -c -o thread.o thread.cpp
ar r common.a crc32.o event.o thread.o
ar: creating common.a
make[1]: Leaving directory `/home/pi/RadioPi/common'

cd server; make
make[1]: Entering directory `/home/pi/RadioPi/server'
g++ -O2 -c -o server.o server.cpp
g++ -O2 -c -o ns9542.o ns9542.cpp
cc -c -o bcm2835.o bcm2835.c
g++ -o server server.o ns9542.o bcm2835.o ../common/
                                     common.a -lpthread
sudo chown root server
sudo chmod u+s server
make[1]: Leaving directory `/home/pi/RadioPi/server'
pi@raspberrypi ~/RadioPi $ sudo server/server  ←
                                     管理者権限でサーバ・プログラムを実行
```

スタ番号を送信します．次に「リピーテッド・スタート・コンディション」を発行してから，デバイス・アドレスを送信し，レジスタの値を受信します．

最後に，「ストップ・コンディション」を発行して終了します．NS9542のほかにEEPROMなどでも，このような手順が必要となることがあります．

サーバ・プログラム

ラズベリー・パイで動作するサーバ・プログラムはC++で作成しました．コンパイルには，Rasbianに付属するmakeコマンドとg++コマンドを使用します．

▶試してみるなら…

本章で紹介したプログラムは，本書ダウンロード・ページ（http://www.cqpub.co.jp/hanbai/books/47/47101.html）から入手できます．ダウンロードしたサーバ・プログラムは，リスト4のようにして実行します．

● 初期化

ラズベリー・パイで実行するサーバ・プログラムの概要を図9に示します．プログラムを実行すると，まず初めにライブラリを使ってBCM2835の初期化を行います（bcm2835_init関数）．

次にA-DコンバータであるMCP3002とのSPI通信のために，GPIOピンの設定を行います（init_mcp3002）．A-Dコンバータから出力される音声信号をサンプリングするスレッドとUDPパケットでPCへ送信するためのスレッドを用意し，通信のためのソ

ケットを作成します．UDPの待ち受けポートは2000番としました．socket関数で作成したソケットに，bind関数でポート番号を結び付けています．

ポート番号に深い意味はないので変更してもかまいません．その場合は，ソース・コードのcommonディレクトリ内にあるEtherRadio.hというファイル中のSERVICE_PORTの定義を変更し，サーバ・プログラムとパソコン用クライアント・プログラムの両方を再コンパイルします．

● 三つのスレッドが並列に動作する

サーバ・プログラムは，三つのスレッドが並列動作します．

▶その1…メイン・スレッド

一つ目はメイン・スレッドです．メイン・スレッドは，初期化が完了したら無限ループに入り，recvfrom関数を実行して，クライアントからコマンドが送られてくるのを待ちます．受け取ったコマンドに応じて，サーバ探索パケットへの応答（後述），ラジオ・モジュールの制御，クライアント・リストのIPアドレス管理を行います．

メイン・スレッドが，後述のパソコン用クライアント・プログラムから"wave"という内容のストリーミング要求パケットを受け取ったら，この送信元（クライアント）のIPアドレスを，クライアント・リストに記憶しておきます．クライアント・リストに登録されてから1秒の間，送信スレッドによって音声データが配信されます．1秒が経過したら，自動的にクライアントリストから除外されます．一方，クライアント側

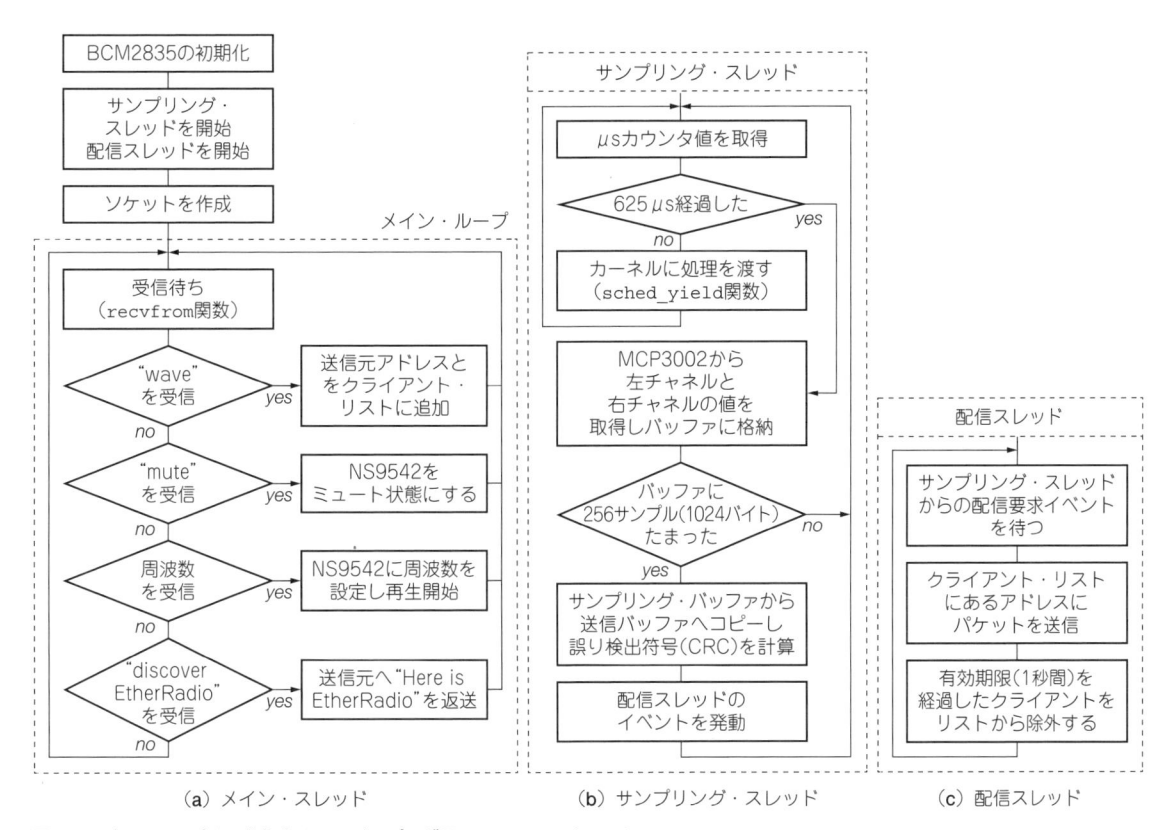

図9 ラズベリー・パイで動作するサーバ・プログラムのフロー・チャート

は0.5秒間隔でストリーミング要求パケットを送り続けるので，連続して音声データを受け取ることができます．

▶その2…サンプリング・スレッド

二つ目はサンプリング・スレッドです．1秒間につき16,000回，A-Dコンバータから値を読み取ります．1回のサンプリングにつき，16ビットで2チャネル(4バイト)，これが256サンプル(1024バイト)たまったら，配信スレッドにデータを渡します．

▶その3…配信スレッド

三つ目の配信スレッドでは，音声データにCRC(巡回冗長検査)符号を加えて，クライアントにUDPパケットを配信します．

● UDPパケットを利用した理由

通信プロトコルとしてTCPではなくUDPを使用するのは，処理の軽量化と実装の簡略化のためです．

TCPは接続指向のプロトコルなので，接続/切断という概念があり，処理が複雑になってしまいます．

UDPは通信に先立って面倒な接続処理を行う必要がなく，パケットを送ったら送りっぱなしで，届いたかどうかを確認することもしません．そのため，信頼性はそう高くはなく，まれにパケット・ロスが発生したり，送った順番通りに届かないということもあり得ます．しかし，本機はLAN内に限定したシステムとして設計しています．もしパケット・ロスが発生したとしても，一瞬音飛びが生じる程度で，実害はないと考え，パケット・ロスの再送信は行わないことにしました．

例えば，もしインターネットに向けた信頼性の高い音声配信を実現するには，音声データの圧縮を行う必要があるでしょう．そうなると必然的にTCPで通信することとなります．radiko.jpなどのサービスはそのように設計されています．

パソコン用クライアント・プログラム

● 開発環境

Windowsで動作するクライアント・プログラムは，Visual Studioでコンパイルします．Visual Studio 2008とVisual Studio Express 2013で動作確認をしました．Express 2013なら無償で使用できますが，何種類か公開されているうちの「for Windows Desktop」と書かれているものが必要です．

● 処理の流れ

Windows用クライアント・プログラム(図10)を実

第5部 趣味のサーバづくり

行すると，LAN内にラジオ・サーバが存在するかどうかを検索するために，LAN内にある全ての機器に向けて，「探索パケット」をブロードキャスト送信します．処理の流れを**図11**に示します．

探索パケットとは"discover EtherRadio"という内容のUDPパケットです．これを受け取ったラジオ・サーバのメイン・スレッドは，"Here is EtherRadio"という内容のパケットを返送します．クライアント・

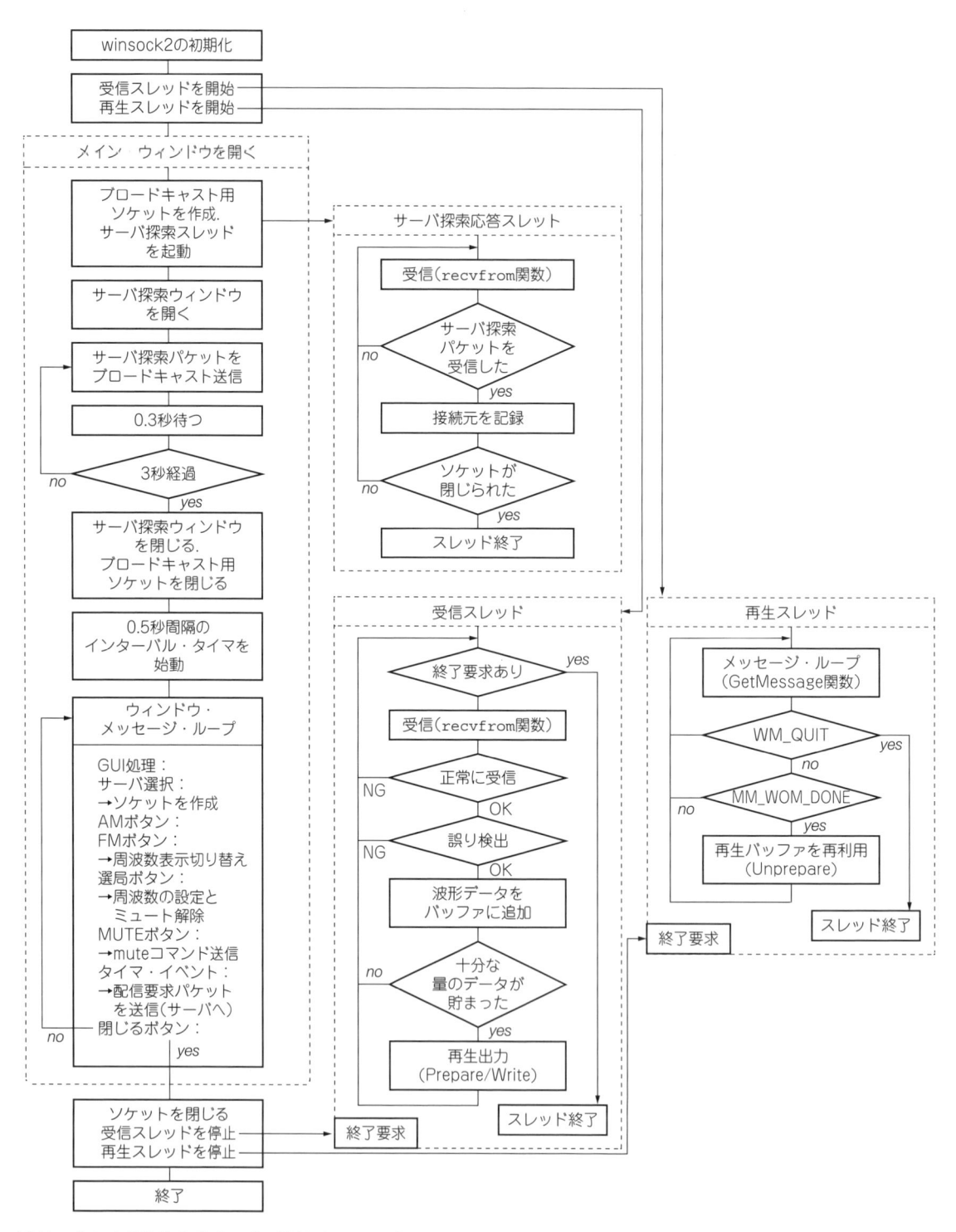

図11 パソコン用クライアント・プログラムのフロー・チャート

プログラムは，この検索処理を3秒間行ってから，メイン・ウィンドウをアクティブにします．

● 三つのスレッドで動作
クライアント・プログラムは三つのスレッドで動作します．
▶その1…メイン・スレッド
メイン・スレッドではWindowsのGUIイベントを処理するほか，ラジオ・サーバに対して，ストリーミング要求として"wave"という内容のパケットを，0.5秒間隔で連続して送信します．サーバ側はこのパケットを受け取ったら，それから1秒間，音声データを配信します．ストリーミング要求パケットを送り続けている間，音声データを連続して受信できるというしくみで，簡易ストリーミングを実現しています．

ストリーミング要求パケットの送信タイミングである0.5秒間隔はWindows APIのSetTimer関数に500(ms)を指定して実行することで作成しています．WM_TIMERメッセージを受け取ったタイミングで，sendto関数でストリーミング要求パケットを送信します．
▶その2…受信スレッド
二つ目は受信スレッドです．メイン・スレッドが送信したストリーミング要求パケットの結果として，音声データが返ってくるので，これを受信します．

recvfrom関数で受け取ったパケットは1回につき1028バイトです．16ビットが2チャネル，これが256サンプルで1024バイト，誤り検出のためにCRC（巡回冗長検査）符号を含めて1028バイトとなっています．誤り検出を行って問題なければ，再生スレッドに渡します．
▶その3…再生スレッド
三つ目の再生スレッドでは，受け取った波形データをサウンド再生デバイスに送り込み，最終的に音を鳴らします．受信した波形データは1パケット当たり256サンプル（1024バイト）ですが，このデータ・サイズで連続再生しようとすると，頻繁に音が途切れてしまうので，1024サンプル（4096バイト）になるようにバッファリングします．さらに，一つのバッファだけではやはり連続再生ができないため，四つのバッファ（合計16Kバイト）を用意して，できるだけ途切れないよう，順繰りに再生出力を行うようにしています．

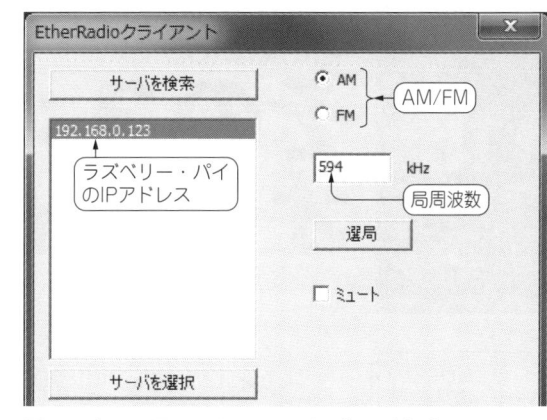

図10 パソコン用クライアント・プログラム実行時の画面

● ラジオ操作はメイン・スレッドで行う
再生処理の流れは以上ですが，もう一度メイン・スレッドに話を戻します．メイン・スレッドでは，ストリーミング要求パケットの送信だけでなく，GUIの処理も行います．このクライアント・プログラムでは，サーバの選択，バンド（AM/FM）の選択，周波数の設定，ミュートの設定を処理します．それらのボタンが押されるなどのイベントが発生した際に，ラジオ・サーバに対して要求パケットを送信します．

ラジオ・サーバに，"mute"という内容のパケットを送信すると，ミュート（消音）状態となります．数字だけ書かれたパケットを送信すると，周波数を設定できます．例えば，"594"という内容のパケットならAM 594kHz（関東圏ならNHK第1放送），"8250"という内容のパケットならFM 82.5MHz（関東圏ならNHK FM）を設定します．2000未満ならAM，2000以上ならFMの周波数を設定するようになっています．

ふちた・しんいち

第5部 趣味のサーバづくり

第15章 その3：ハイレゾ・オーディオ送受信器

192kHz/24ビットの大容量FLACフォーマット・ファイルも楽に飛ばせる

西新 貴人

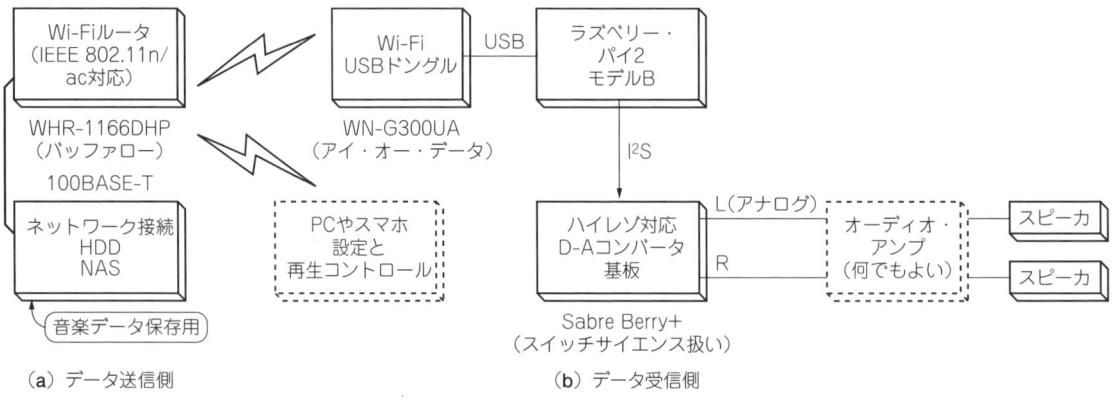

図1 ラズベリー・パイ2を利用したハイレゾ対応Wi-Fiネットワーク・オーディオ再生装置

(a) データ送信側
(b) データ受信側

表1 オーディオ信号の送信および受信に用いた装置

(a) データ送信側

項目	型名	備考
NAS	RockDisk NEXT（アイ・オー・データ）	音楽データ保存用
Wi-Fiルータ	WHR-1166DHP（アイ・オー・データ）	

(b) データ受信側

項目	型名	備考
Wi-Fi USBドングル	WN-G300UA（アイ・オー・データ機器）またはLAN-WH300NU2（ロジテック）	RTL8192cuチップ使用
Linuxボード	ラズベリー・パイ2モデルB	
I²S接続のD-Aコンバータ	SabreBerry+	そのほかのI²S接続品でも可
オーディオ・アンプ	自作アンプ（アナログ外部入力付きのアンプなら何でも）	
DC5V/最大2A電源	スマホ用バッテリの付属品	microUSBコネクタでラズベリー・パイ2に給電
2Gバイト以上のmicroSDカード	Team-japan 8Gバイト	ラズベリーパイの起動時間に影響するためClass10がよい

ここ1～2年，ハイレゾ・オーディオが注目を集めています．音楽データをパソコン内のHDD/SSDやNAS（ネットワーク・アタッチト・ストレージ）に保存し，パソコンに接続したUSB-DACなどから音楽を再生する「PCオーディオ」が人気です．

一方，NASに保存した音楽データをダイレクトにネットワーク対応のオーディオ機器から再生する方法も広まりつつあります．こちらはPCオーディオに対して「ネットワーク・オーディオ」という呼び方をしています．ネットワーク再生機器にオーディオ専用PCや小型のLinuxボードを使う方法もあり，厳密な区分けはされていないようです．小型Linuxコンピュータであるラズベリー・パイを使えば，ハイレゾ対応ネットワーク・オーディオを手軽に試せます．さらに，データ量が多いため意外と難しいワイヤレス化を，Wi-Fiを使って試してみます．

ハードウェア

● データ受信＆再生にラズベリー・パイ2を使った

図1，写真1にネットワーク構成も含めた全体の構成を示します．製作に使った装置一覧を表1に示します．

写真1(c)はI²S接続のD-Aコンバータ基板です．工房Emerge+のケースに入れてみました．RCA端

第15章 その3：ハイレゾ・オーディオ送受信器

表2 ラズベリー・パイ2の仕様
ラズベリー・パイ2はI²S信号を出力できるのでハイレゾ対応D-Aコンバータを接続しやすい

項目	仕様
プロセッサ	BCM2836（ブロードコム）
CPUコア	ARM Cortex-A7×4コア
動作周波数	900MHz
メモリ	1GバイトLPDDR2
ストレージ	microSDカード
映像出力	コンポジット/HDMI
音声出力	PWMアナログ/HDMI
ネットワーク	100Mbps（LAN9514内蔵）
USBポート	4ポート（LAN9514内蔵）
電源	DC5V 900mA（最大2A）
接続	USB/GPIO/UART/I²C/I²S

子を取り付けて，配線をはんだ付けします．

D-Aコンバータ基板とラズベリー・パイ2は，ラズベリー・パイ2上のI/O端子に直接挿して固定します．ラズベリー・パイ2はI²S信号を出せるので，直接D-Aコンバータ基板と接続できます．

表2にラズベリー・パイ2の仕様を示します．ラズベリー・パイ2のオンボード・アナログ音声出力は簡易的なPWM出力のため，SN比やひずみ率などはFMラジオ以下で，ハイレゾ再生には適していません．HDMI出力の方は別途AVアンプが必要です．

● 使用した192kHz，24ビット・ハイレゾ対応D-Aコンバータ

ラズベリー・パイ2のGPIO端子にはI²S信号が含まれており，D-Aコンバータ基板を直挿しすることで，ハイレゾ音声を出力できます．

SabreBerry+は，192kHz/24ビット・ハイレゾ対応のES9023P（ESS Technology）というD-AコンバータICを使っています．

ES9023Pは上位機種と同じように非同期I²S入力に対応しているので，ラズベリー・パイのようにマスタ・クロックがないI²S信号でも問題なく接続できます．IC内部にはチャージポンプ回路があり，片電源入力ながらもアナログ出力信号がGNDレベルを中心に出力されるので，カップリング・コンデンサはいりません．また，アナログ出力のローパス・フィルタには，特性的に優れた積層形フィルム・コンデンサを使用しました．表3にES9023Pの仕様一覧を示します．上位機種譲りのジッタ低減回路や超低ひずみD-Aコンバータ回路が搭載されています．

（a）音楽データ側（送信側）

（b）オーディオ再生側（受信側）

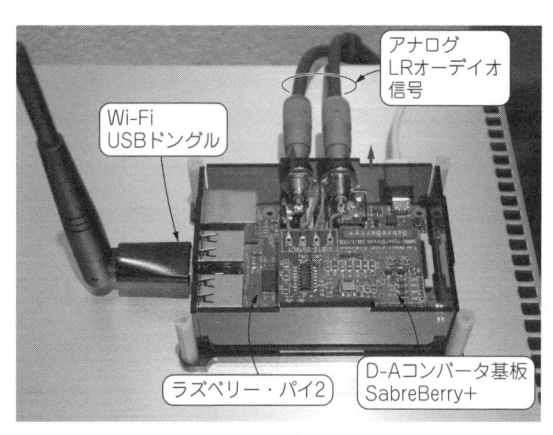

（c）データ受信器の詳細

写真1 すっきりワイヤレスで移動も簡単！Wi-Fiを利用したハイレゾ・オーディオ再生装置
ラズベリー・パイ2で受信したディジタル・オーディオを，D-Aコンバータ基板を使ってアナログ信号に戻し，オーディオ・アンプでスピーカを駆動している．工房Emerge＋の専用ケースに入れた

● あぁノイジー…ラズベリー・パイ2の電源ノイズ対策

D-Aコンバータ基板の電源はラズベリー・パイ2のGPIO端子の電源ピンから供給しました．ラズベリー・

column　オーディオ用Linux　RuneAudioをラズベリー・パイ2にインストールする方法

● ステップ1…ダウンロード

http://www.runeaudio.com/download/ からラズベリー・パイ2 MODEL B用のイメージ・データをダウンロードします（図A）．執筆時点ではv0.3-beta（2015/04/14）が最新です．ダウンロードしたデータはgz圧縮ファイルです．7zipを使って解凍します．

● ステップ2…SDカードに書き込み

DD for WindowsまたはWin32DiskImagerを使って解凍したイメージ・データをSDメモリーカードに書き込みます（図B）．microSDカードは2Gバイト以上の容量が必要です．DD for Windowsは，右クリックから「管理者として実行」します．

● ステップ3…起動

データを書き込んだmicroSDカードをラズベリー・パイ2に挿して電源を投入します．ラズベリー・パイ2の有線LANをルータ（DHCPサーバ）へ接続しておきます．1分半ほど待つと起動完了します．

● ステップ4…D-Aコンバータの設定

起動したラズベリー・パイ2にSSH接続してI²S-DAC設定をします（図C）．

```
Host: runeaudio.local
ユーザ名：  root
パスフレーズ：  rune
nano /boot/config.txt
```

とコマンドを打ってファイルを編集します．

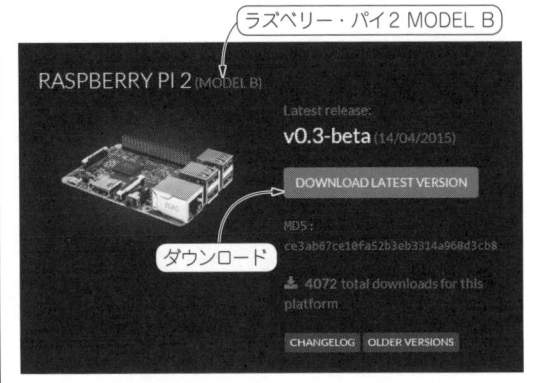

図A　RuneAudioのダウンロード・ページからラズベリー・パイ2 MODEL B用のイメージ・データをダウンロード

図B　イメージ・データをSDメモリーカードに書き込み

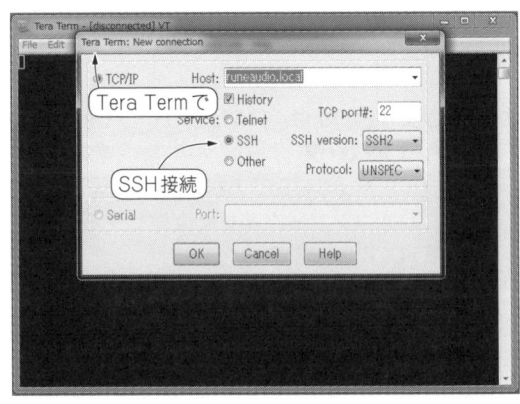

図C　起動したラズベリー・パイにSSH接続してI²S-DACの設定をする

表3　sabreberry+に搭載のD-AコンバータES9023Pの仕様

項目	仕様
型番	ES9023P（ESS）
サンプリング周波数	192kHz
量子化ビット数	24ビット
ダイナミック・レンジ	112dB
電源	3.3～3.6V
オーディオ出力	2.0VRMS

パイ2の基板上にはDC-DCコンバータが搭載されていて，先代のラズベリー・パイ Model Bのリニア・レギュレータと比べると，約7～8倍ほど電源ノイズが多いです．これは計測して判明しました．

そのためD-Aコンバータ基板上の電源部には，異種コンデンサ10μF，2.2μF，1μF，0.01μFという違った容量を多並列接続したフィルタを搭載しました．コンデンサは電源部だけで合計15個使っています．結果的ではあるものの，ES9023Pの仕様のダイナ

たくさんの行がありますが，下記の場所を探します．

```
# Uncomment one of these lines to
enable an audio interface
#device_tree_overlay=hifiberry-
dac   ←この行の先頭の"#"を削除する
#device_tree_overlay=hifiberry-
dacplus
#device_tree_overlay=hifiberry-
digi
#device_tree_overlay=hifiberry-
amp
#device_tree_overlay=iqaudio-dac
#device_tree_overlay=iqaudio-
dacplus
```

「ctrl」+「o（オー）」後，そのまま⏎で保存し，「ctrl」+「x」で閉じます．

再起動します．

`reboot⏎`

再起動したらパソコンのウェブ・ブラウザから，

`http://runeaudio.local/`

にアクセスします．なお，Windows 7のインターネット・エクスプローラでは正しく表示されない不具合があります．表示が更新されない場合はグーグル・クロームを使うとよいでしょう．

非常に洗練されたweb-UIであり，ほとんどの設定がブラウザ上から可能です．

右上のMENU→MPDを選択して，Audio Output InterfaceからHiFiBerryDAC（I²S）を選択します（図D）．

これでI²S接続のD-Aコンバータの準備は完了です．

● ステップ5…Wi-Fi設定

無線LANアダプタを挿します．右上のMENU→Networkを選択してWi-Fiアダプタを設定していきます（図E）．

WLAN0がWi-Fiアダプタです．この時点では有線LANだけ接続されています．

［WLAN0］をクリックしてアクセス・ポイント一覧を表示します（図F）．一覧が表示されたら接続するアクセス・ポイントをクリックします．

WN-G300UAは可傾式アンテナが付いているため感度が高く，たくさんのアクセス・ポイントを発見

図D　HiFiBerryDACを選択

図E　Wi-Fiアダプタ設定の入り口

ミック・レンジ112dBにほぼ一致する111.6dBが実測で得られました．ノイズ対策の効果があったと思います．

使用した音楽再生ソフトウェア

現在，ラズベリー・パイ2用の音楽再生ソフトウェアは複数開発されていて，ユーザ・インターフェースの使いやすさや導入のしやすさからも選択できます．表5に一覧を示します．このようにMPD（Music Player Daemon）を利用した音楽再生ソフトウェアがたくさんあります．2015年5月現在，筆者が調べたもので，ほかにもまだありそうです．いくつか試した中で安定して動作し，Wi-Fi USBドングルの設定が簡単なRuneAudioを使います．MPD（Music Player Daemon）専用のクライアント・ソフトウェアが必要ない点もRuneAudioの優れた部分です．

column　オーディオ用Linux RuneAudioをラズベリー・パイ2にインストールする方法（つづき）

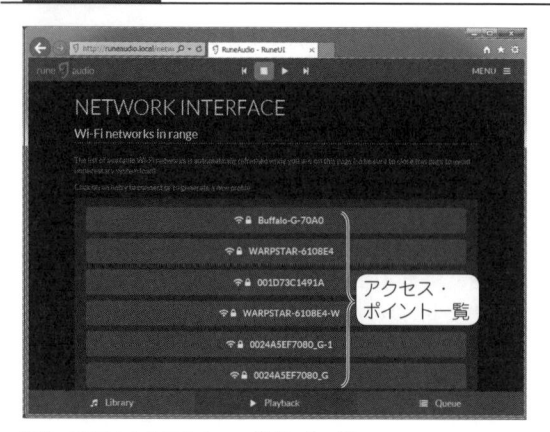

図F　表示されたアクセス・ポイント一覧

図G　受信電波の強度も表示される

図H　無線接続成功

できます．
　受信電波の強度も表示されます（図G）．セキュリティをWPA/WPA2PSKとしてパスワードを設定し保存します．
　接続に成功するとWLAN0にも緑のチェックマークが付きます（図H）．次回起動時には有線LANを抜いてもWi-Fiで接続できます．

● ステップ6…接続データ・レートの確認
　Wi-Fi接続のデータ・レートを知りたいときは，ステップ4と同じ手順でSSH接続して，iwconfigコマンドで確認します．

▶ Wi-Fiルータ 倍速モード：20MHzのとき

```
# iwconfig wlan0
wlan0     IEEE 802.11bgn  ESSID:"
Buffalo-G-A760"   Nickname:"<Wi-
Fi@REALTEK>"
 Mode:Managed  Frequency
:2.422 GHz  Access Point: 74:03:
BD:*******
 Bit Rate:144.4 Mb/s  Sensitivity
:0/0
 Retry:OFF   RTS thr:OFF
Fragment thr:OFF  ・・・略
```
（144.4Mバイトになる）

▶ Wi-Fiルータ 倍速モード：40MHzのとき

```
# iwconfig wlan0
wlan0     IEEE 802.11bgn  ESSID:
"Buffalo-G-A760"   Nickname:"<Wi-
Fi@REALTEK>"
 Mode:Managed  Frequency
 :2
.422 GHz  Access Point: 74:03:BD:
*******
 Bit Rate:300 Mb/s  Sensitivity
```
（300Mバイトになる）

● RuneAudioの起動はあっという間！
　RuneAudioはOSからMPD，ウェブ・サーバまで全て入った音楽再生専用ディストリビューションです．SDメモリーカードにイメージ・データを転送するだけで起動し，同じネットワーク上のパソコンのウェブ・ブラウザから設定や再生コントロールを行います．

　I^{2}S接続のD-Aコンバータの初期セットアップだけは，SSH接続でファイル編集作業が必要（と言っても#を一つ削除するだけ）ですが，Wi-Fi USBドングルのセットアップもウェブ・ブラウザからGUIで設定できるのでとても簡単です．図2にRuneAudio起動までの手順を示します．

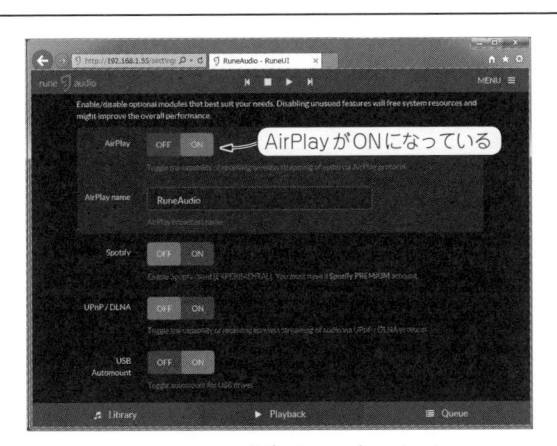

図I　RuneAudioはAirPlay設定がONになっている

```
 :0/0
 Retry:OFF    RTS thr:OFF
 Fragment thr:OFF  ・・・・略
```

● NASの登録

　音楽を楽しむにはNASを設定して楽曲を登録する必要があります．web-UIのMENU→sourcesを選択して，NETWORK MOUNTSからNASを登録します．

　また，インターネット・ラジオやUSBメモリからの音楽再生も可能です．

● スマホやパソコン内のデータを再生する方法

　AirPlayを有効にしておくと，iTunesをインストールしたパソコンやiPhoneなどから，Wi-Fiで高音質な音楽をラズベリー・パイ2へ転送・再生できます．

　AirPlayはアップルが開発したWi-Fiを経由して音楽や映像をストリーミング再生する機能です．Rune Audioは標準でAirPlay設定がONになっています（図I）．

　iTunesからは図Jのように再生先を選択します．iPod touchからRuneAudioを選択する画面を図Kに示します．

図J　パソコン上のiTunesから再生先を設定

図K　iPod touchからRuneAudioを選択する画面

▶ AirPlayとBluetoothの違い

　BluetoothではSBC，aptX，AACなど不可逆圧縮コーデックを使って転送しています．AirPlayではWi-Fi経由でALAC（Apple Lossless Audio Codec）という可逆圧縮コーデックを使って音声を転送するため，Bluetoothによる無線転送と比べて高音質と言われています．ただし転送遅延が大きいため楽器演奏などには適していません．

　ALACはアップルが開発した独自のコーデックで，2011年にオープンソース化されました．Air Playは公開していないはずですが，海外の熱心なユーザ達によって通信内容が解析され，その通信をエミュレートしたShairPortというソフトウェアがフリーで公開されました．RuneAudioでもShair Portを実装しています．

音楽データ・フォーマット別データ転送テスト結果

　Wi-Fi接続で，どのフォーマットのハイレゾ・データまで音飛びなく飛ばせるのかテストしてみました．再生をコントロールするだけではなく，音楽データそのものをWi-Fiで飛ばしながら聞いてみます．

　ハイレゾの音楽データには，いくつかのデータ・フォーマットがあります．表4に代表的な例を挙げました．この中で一番データ・レートが高いのは非圧縮のWAVフォーマットで，192kHz，24ビットの場合は9.2Mbpsと速い速度が要求されます．再生中にバッ

表4　代表的なハイレゾ音楽データのデータ・レート一覧と音飛びなしでの再生の可否

非圧縮のWAVフォーマットはデータ・レートが高い．ルータの倍速モード設定20MHz，40MHzでWi-Fi接続のデータ・レートはそれぞれ144.4Mbps，300Mbps

音楽データ・フォーマット	データ・レート [Mbps]	5分間のデータ量 [Mバイト]	倍速モード 20MHz	倍速モード 40MHz
CD（Compact Disc）相当	1.4	51	○	○
MP3/AAC	0.32	12	○	○
96kHz 24ビット WAV	6.4	170	○	○
96kHz 24ビット FLAC	2〜3	85	○	○
192kHz 24ビット WAV	9.2	340	○	○
192kHz 24ビット FLAC	4〜5	170	○	○
2.8MHz DSD DSF	5.6	210	△	○

表5　ラズベリー・パイ2対応の音楽再生ソフトウェアの一例

ソフト名称	URL	特徴
volumio	https://volumio.org/	ラズベリー・パイ2が発売されて4日後には対応していた．web-UIはRaspyFiから引き継いだ使いやすいものが搭載されている
archphile	http://archphile.org/	ArchLinuxを使ったソフトウェア．Web-UIはympdというシンプルで軽いものを使っている
RuneAudio	http://www.runeaudio.com/	volumioとは兄弟のようなソフトウェア．web-UIも似ている．OSはArchLinuxを使っている
lightMPD	https://sites.google.com/site/digififan/home/lightmpd	リアルタイムLinuxと独自にチューニングされたMPDを搭載した日本製のソフトウェア．唯一5.6M DSDも再生可能
voyage mubox	http://mubox.voyage.hk/	MPDを使ったソフトウェアの中で，多くのユーザが支持している

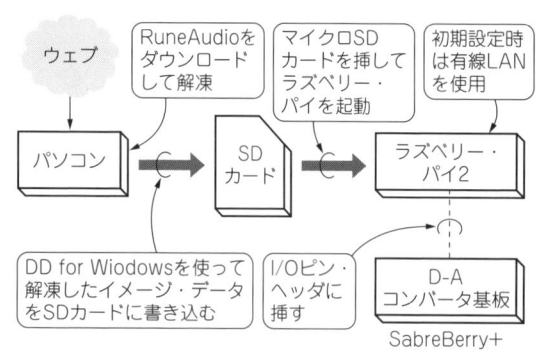

図2　RuneAudio起動までの手順

ファを補充するためには再生レートより転送レートの方が速い必要があります．FLAC形式のデータは可逆圧縮です．伸張したときに完全なデータを取り戻せるため，ハイレゾ配信データの多くでFLAC形式が使われています．

実際にラズベリー・パイ2と接続して，音飛びなく再生できたものには「○」を付けました．DSDはPCMへの変換再生となります．DSD再生はCPU負荷が高いためか，ルータの倍速モード20MHzでは音飛びが発生しやすいようでした．

ここで使ったWi-Fi USBドングルWN-G300UA（アイ・オー・データ機器）は，実測で約80mAと消費電流も少なく，受信感度も良いものでした．有線LAN接続と比較すると，音声出力のノイズ・フロアが上昇してしまいますが，実用上で気になるほどのノイズは聞こえません．

にしあら・たかひと

第6部 ネットワーク解析ツールづくり

第16章

手づくりパケット送信＆受信環境で脱モヤモヤ

実験でステップ・バイ・ステップ！ネットワーク通信超入門

坂井 弘亮

本章の目的…ネットワーク通信の脱モヤモヤ！

● ネットワークがモヤモヤしてピンとこない理由

マイコン基板をネットワークに接続する際は，誰かが用意してくれた接続用のTCP/IPプロトコル・スタックのライブラリなどを利用することがほとんどだと思います．

UNIX系のOSでは，ネットワーク機能を利用する手段としてソケットがあります（図1）．ソケットは，socket()によりオープンし，あたかもファイルのread()/write()のようにネットワーク通信を行えるインターフェースです．TCP/IPなどのネットワーク機能を利用するための事実上の標準であり，BSDやLinux，Windowsなどで広く利用できます．

それらのOS上でソケットを利用するならば，TCPやIPの処理をOSのカーネルが行うため，アプリケーションからは送受信するデータだけを扱えば済みます．

図1に示すように，TCPやUDP，IPといったプロトコルのパケットがどのようになっているか，処理をどのように行っているかをユーザが意識しなくてよいように作られています[1]．

逆にいうと，多くの人にとってネットワークがモヤモヤとしたもので，ピンとこない原因となっているかもしれません．

● 実験すること

そこで，本章では，パケット送信プログラムとパケット受信プログラムを使って，イーサネット・フレームやIPパケット，UDPパケットなどを作成し，送受信の実験を行ってみます．非常にシンプルにパケット単位での通信を試してみることができます．

パケットを手で作成して送信・受信できるツールを作って試すため，脱モヤモヤにつながります．

テスト用の装置や，独自プロトコル開発のベースとしても非常に便利に使えます（column1）．

第6部で紹介する各種ツールやサンプル・プログラムのソースコードは，以下の筆者のサイトからダウンロードできます．ライセンス・フリーとするので，自由に使ってください．
http://kozos.jp/books/interface/ethernet/

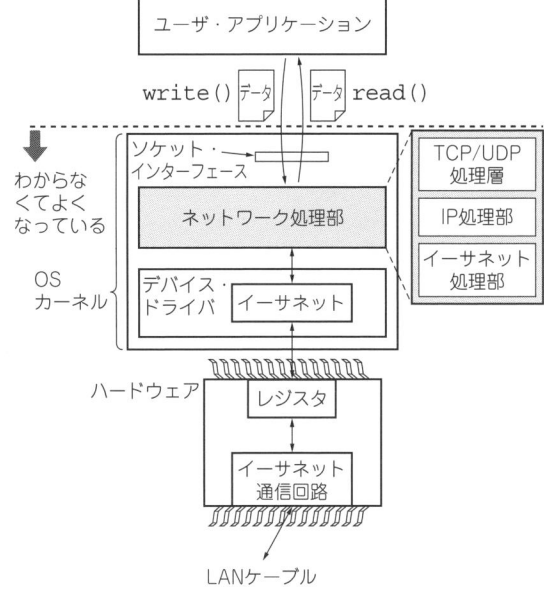

図1 ネットワーク通信の定番インターフェース ソケットはプロトコル処理を隠ぺいする

実験の構成

● 送信と受信のマシンを準備する

実験にはFreeBSD機とGNU/Linuxディストリビューション機を使いました．試すには，2台のPCを用意する必要がありますが，調達が難しければVMwareやVirtualBoxなどの仮想マシン上に構築してもかまいません．

● 想定しているネットワーク接続

ここではFreeBSDとCentOSのPCを図2，図3の構成で接続したネットワークを想定しています．正式

第6部 ネットワーク解析ツールづくり

> **column1** パケット生成ツールの応用のヒント…独自パケット通信プロトコルの開発にも
>
> 本章の実験は，イーサネット・レベルの処理を行いたい場合や，独自プロトコルを設計したい場合などに役立ちます．独自プロトコルが作れるようになると，次のようなことができます
>
> - ロボットの内部に複数あるマイコン同士を接続（低遅延，同期動作）
> - 農園に設置した多数のセンサとマイコンを接続（多数のセンサ・データに優先順位を持たせて処理）
> - EVカーに設置したセンサやモータとマイコンを接続（必ず届く，ノイズに対して冗長性が高い）
> - ラジオ放送を宅内で配信（とにかく低遅延）
> - 防犯対策として家中に取り付けたカメラやセンサとマイコンを接続（他人に解析されにくい）
>
> このような場合，通常のソケット・プログラミングとは異なり，生のパケットを直接送受信する技術が求められます．

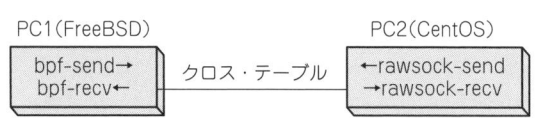

図2 テスト・マシン同士の接続1…クロス・ケーブルで

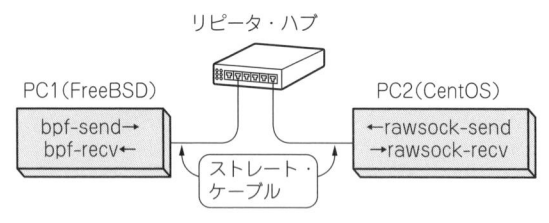

図3 テスト・マシン同士の接続2…リピータ・ハブで

なイーサネット・ヘッダを付加して送信するわけではないため，間はリピータ・ハブで接続するか，またはハブは介さずにクロス・ケーブルによって直接接続しています（column2）．

LANのクロス・ケーブルは，PCとPCやハブとハブを直接接続するために利用できます．ただしこれも，現在はハブが自動判定してケーブルによらずに接続できたりします．

● 実際に使ったテスト環境

筆者はVirtualBoxによって構築した仮想環境上で，FreeBSDとCentOSにより動作確認を行いました（図4）．具体的にはVirtualBoxによって2台の仮想PCを作成し，それぞれにFreeBSDとCentOSをインストールし，間を仮想的にネットワーク接続しています．

● ネットワーク環境設定

ネットワーク・インターフェースはVirtualBoxの仮想ネットワーク機能を利用し，内部ネットワークとして接続しています．これは複数のゲストOSをローカ

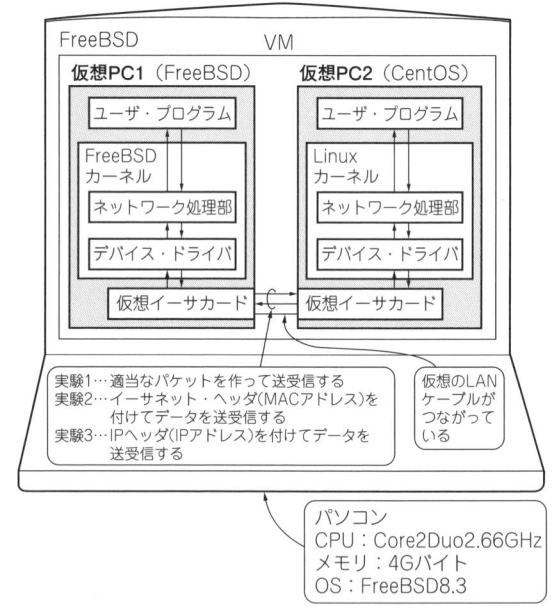

図4 本章のパケット送受信実験環境…VirtualBoxによって構築した仮想環境上でFreeBSDとCentOSにより動作確認を行った

ルでネットワーク接続しているように動作します．それとは別に，外部との通信用にそれぞれIPアドレスを変換するためのNAT（Network Address Translation）インターフェースも定義しています．

その1：FreeBSD側 送受信プログラムの作成

● BSD系OSのパケット送受信機能BPF

FreeBSDやNetBSDなどのBSD系OSには，生のパケットを送受信するしくみとしてBPF（Berkeley Packet Filter）があります．

BPFの使い方は簡単です．/dev/bpf*にあるデバイス・ファイルをopen()によって開き，ioctl()というシステム・コール（詳細は後述）でいくつかの

column2　持っている人は大切に！LAN通信テストの便利アイテム「リピータ・ハブ」

　リピータ・ハブ（**写真A**）は，10BASE-Tの時代に利用されたハブで，受信したパケットを無条件で全ポートに転送します．100BASE-TX以降ではMACアドレスを学習し，それに応じて転送先ポートを決定するスイッチング・ハブが利用されます．

　現在ではスイッチング・ハブが主流ですが，スイッチング・ハブは全てのパケットが，全てのポートに転送されるわけではないため，PCを接続してパケット・キャプチャする実験には不向きです．こ のため旧型のリピータ・ハブが重宝される場合もあります．

　また，通常のLANケーブルはストレート・ケーブルと呼ばれるもので，PCとハブとを接続することはできますが，PC同士やハブ同士を接続することはできません．このため以前のハブには，1ポートだけ**写真A**（**b**）のようなスライド・スイッチがあり，手動で結線を切り替えられるようになっていたりしました．

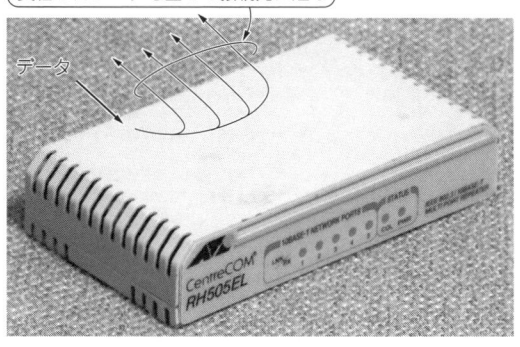

（受信したデータを全ての接続先に送る）
データ

（a）RH505EL（アライドテレシス）

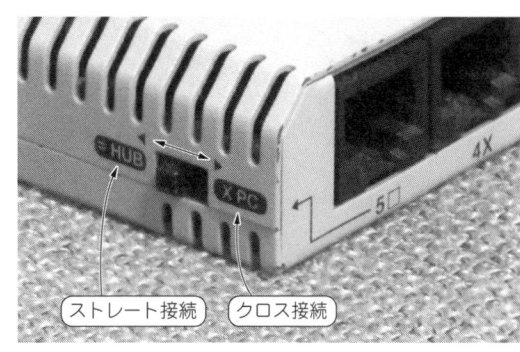

ストレート接続　クロス接続

（b）スイッチでクロス／ストレートを選択可能

写真A　送り先を限定しないリピータ・ハブ

リスト1　マシン1：FreeBSD向けのBPFパケット送信サンプル・プログラム（bpf-send.c）

```
    :
#include <sys/ioctl.h>
#include <sys/socket.h>
#include <net/if.h>
#include <net/bpf.h>
    :
int main(int argc, char *argv[])
{
  int fd, size;
  struct ifreq ifr;
  unsigned int one = 1;
  char buffer[4096];

  fd = open("/dev/bpf", O_RDWR);  /* BPFをオープン */
  if (fd < 0)
    error_exit("Cannot open bpf.¥n");

  memset(&ifr, 0, sizeof(ifr));
  strncpy(ifr.ifr_name, argv[1], IFNAMSIZ);
  if (ioctl(fd, BIOCSETIF, &ifr) < 0)
                          /* インターフェースを設定する */
    error_exit("Fail to ioctl BIOCSETIF.¥n");
  if (ioctl(fd, BIOCSHDRCMPLT, &one) < 0)
                          /* MACアドレスを補間しない */
    error_exit("Fail to ioctl BIOCSHDRCMPLT.¥n");

  size = read(0, buffer, sizeof(buffer));
                          /* 標準入力からデータを読み込む */
  write(fd, buffer, size);  /* パケットの送信 */
  close(fd);

  return 0;
}
```

設定をした後にread()/write()によってパケットをデータリンク層（L2）の生データとして受信／送信できます．イーサネット・フレームを自由に構築して送信したり，直接受信したりできます．

　BPFの詳細についてはmanコマンドによるオンライン・マニュアルが参考になります．

```
% man bpf
```

　BPFはその名前の通り，簡単なフィルタ機能をプ ログラミングすることができます．本章ではフィルタ機能については扱いませんが，詳しくは上記オンライン・マニュアルを参照してください．

● BPFによるパケットの送信

　リスト1はBPFによるパケット送信を行うための，FreeBSD向けのサンプル・プログラムです．**リスト1**では/dev/bpfをopen()で開き，ioctl()で各

表1 BPFの代表的な ioctl()

定義	利用方向	引き数	機能
BIOCSETIF	送受信	struct ifreq	使用するインターフェースをインターフェース名により設定する
BIOCSHDRCMPLT	送信	unsigned int	送信時の送信元MACアドレスの自動補間の有効/無効を指定する（ゼロの場合，自動補間される．デフォルトはゼロ）
BIOCGBLEN	受信	unsigned int	受信バッファのサイズを取得する．デフォルトは4096バイト
BIOCPROMISC	受信	なし	MACアドレスが自分宛てでないパケットも受信する（プロミスキャス・モード）
BIOCIMMEDIATE	受信	unsigned int	受信したら即時read()する．もしくはバッファリングし，まとめてread()に渡す（1で即時モードがON．デフォルトはOFF）
BIOCSSEESENT	受信	unsigned int	自分が出力したパケットも受信する（1で出力パケットも受信する．デフォルトは1）
BIOCFLUSH	受信	なし	受信バッファをフラッシュする

リスト2 マシン1：FreeBSD向けのBPFパケット受信サンプル・プログラム (bpf-recv.c)

```c
:
#include <sys/ioctl.h>
#include <sys/socket.h>
#include <net/if.h>
#include <net/bpf.h>
:
int main(int argc, char *argv[])
{
  int fd, size;
  struct ifreq ifr;
  unsigned int one = 1;
  char buffer[4096];
  char *p;
  struct bpf_hdr *hdr;

  fd = open("/dev/bpf", O_RDWR); /* BPFをオープン */
  if (fd < 0)
    error_exit("Cannot open bpf.\n");

  memset(&ifr, 0, sizeof(ifr));
  strncpy(ifr.ifr_name, argv[1], IFNAMSIZ);
  if (ioctl(fd, BIOCSETIF, &ifr) < 0)
                          /* インターフェースを設定する */
    error_exit("Fail to ioctl BIOCSETIF.\n");

  if (ioctl(fd, BIOCPROMISC, NULL) < 0)
                          /* 自宛でないパケットも受信する */
    error_exit("Fail to ioctl BIOCPROMISC.\n");
  if (ioctl(fd, BIOCIMMEDIATE, &one) < 0)
                          /* 受信したら即時read()する */
    error_exit("Fail to ioctl BIOCIMMEDIATE.\n");
  if (ioctl(fd, BIOCSSEESENT, &one) < 0)
                          /* 出力パケットも受信する */
    error_exit("Fail to ioctl BIOCSSEESENT.\n");
  if (ioctl(fd, BIOCFLUSH, NULL) < 0)
                          /* 受信バッファをフラッシュする */
    error_exit("Fail to ioctl BIOCFLUSH.\n");

  size = read(fd, buffer, sizeof(buffer));
                          /* パケットの受信 */
  hdr = (struct bpf_hdr *)buffer;
  p = (char *)hdr + hdr->bh_hdrlen;
  write(1, p, hdr->bh_caplen);
                          /* 標準出力にデータを書き出す */
  close(fd);

  return 0;
}
```

種設定をしています．

BPFにはいくつかの種類の ioctl() が利用できます．ioctl() はアプリケーションがデバイス・ドライバを制御したり，デバイス・ドライバに対して通常のデータ読み書きの外で通信したりするために用意されたシステム・コールのことです．

BPFの ioctl() については，オンライン・マニュアルに説明があります．表1は代表的な ioctl() の一覧です．

パケットを送信するインターフェース名はプログラムの実行時の第1引き数（argv[1]）によって渡され，BIOCSETIF という ioctl() により設定します．このインターフェース名には ifconfig コマンドによって表示されるもの（fxp0 や em0 など）を指定します．

BPFのパケットの出力は write() によってファイル・ディスクリプタに書き込むだけです．リスト1では標準入力より受け取ったデータをそのまま write() で出力しています．

● BPFによるパケットの受信

リスト2はBPFによるパケット受信を行うための，FreeBSD向けのサンプル・プログラムです．リスト2でもリスト1と同じように，/dev/bpf を open() で開き，ioctl() で各種設定をしています．argv[1] で渡された受信インターフェースを BIOCSETIF によって設定している点も同じです．

パケットの入力は read() によって行いますが，これには struct bpf_hdr という構造体がヘッダとして付加された状態でバッファに保存されます．受信時のタイム・スタンプや受信サイズといった情報は，ヘッダに格納されています．このためリスト2ではヘッダ情報を見て，受信した先頭のパケットのみを標準出力に書き出しています．

struct bpf_hdr は，/usr/include/net/bpf.h によってリスト3のように定義されています．

リスト2ではBIOCIMMEDIATEにより，受信時には即 read() が行われますが，連続して複数のパケットを受信した際には，それら全てを連続して書き出すことになります．このときのパケットの区切りとして

リスト4　マシン2：Linux向けRAWソケットによるパケット送信サンプル・プログラム（rawsock-send.c）

```
    :
#include <sys/ioctl.h>                              if (ioctl(s, SIOCGIFINDEX, &ifr) < 0)
#include <sys/socket.h>                               error_exit("Fail to ioctl SIOCGIFINDEX.¥n");
#include <net/if.h>                                 ifindex = ifr.ifr_ifindex;
#include <net/ethernet.h>
#include <netinet/in.h>                             memset(&sll, 0, sizeof(sll));
#include <netpacket/packet.h>                       sll.sll_family = AF_PACKET;
    :                                               sll.sll_protocol = htons(ETH_P_ALL);
int main(int argc, char *argv[])                    sll.sll_ifindex = ifindex;
{                                                                   /* インターフェースを設定する */
  int s, size, ifindex;                             if (bind(s, (struct sockaddr *)&sll, sizeof(sll)) <
  struct ifreq ifr;                                                                                 0)
  struct sockaddr_ll sll;                             error_exit("Cannot bind.¥n");
  char buffer[ETHER_MAX_LEN];
                                                    size = read(0, buffer, sizeof(buffer));
  s = socket(PF_PACKET, SOCK_RAW, htons(ETH_P_ALL));                /* 標準入力からデータを読み込む */
  if (s < 0)                                        send(s, buffer, size, 0);/* パケットの送信 */
    error_exit("Cannot open raw socket.¥n");        close(s);

  memset(&ifr, 0, sizeof(ifr));                     return 0;
  strncpy(ifr.ifr_name, argv[1], IFNAMSIZ);       }
```

struct bpf_hdrが付加されます．

● 一番の情報源！ BPFのソースコードのありか

BPFのioctl()はオンライン・マニュアルに説明があるのですが，細かい挙動が知りたい場合には，ソースコードを参照するのが最も有効です．BPFのソースコードはFreeBSDでは以下にあります．

`/usr/src/sys/net/bpf.c`

情報が不足している場合には，BPFのソースコードを直接参照することも参考になります．例えばバッファ・サイズのデフォルト値は，オンライン・マニュアルには記述してありません．これはbpf.cを見ると，BPFのオープン時にbpf_buffer_init()という関数によって初期化が行われており，初期値としてbpf_bufsizeという変数の値が設定されていることがわかります．さらにbpf_bufsizeはbpf_buffer.cで以下のように定義されていることから，バッファ・サイズのデフォルト値は4096バイトとなっていることがわかります．

`static int bpf_bufsize = 4096;`

このようにオンライン・マニュアルだけでなく，最終的にはソースコードが一番の情報源になります．

その2：Linux側 送受信プログラムの作成

● Linuxのパケット送受信機能RAWソケット

BSDのBPFに対して，生のパケットを送受信するしくみとして，LinuxにはRAWソケットがあります．RAWソケットに関して詳しくは，以下のオンライン・マニュアルを参照してください．

`% man packet`

RAWソケットの利用の際にはsocket()のドメインにPF_PACKETを指定してソケットをオープン

リスト3　/usr/include/net/bpf.hで定義されたstruct bpf_hdr

```
struct bpf_hdr {
    struct timeval    bh_tstamp;    /*タイム・スタンプ*/
    bpf_u_int32       bh_caplen;/*キャプチャした部分の長さ*/
    bpf_u_int32       bh_datalen;   /*オリジナル・データ長*/
    u_short           bh_hdrlen;    /*bpfヘッダ長*/
};
```

します（このため「PF_PACKET」と呼ばれることもある）．さらにそのソケットに対してsend()/recv()によりパケットを送受信できます．

● RAWソケットによるパケットの送信

リスト4は，RAWソケットによるパケット送信を行うためのLinux向けのサンプル・プログラムです．一般的にはsendto()で送信することが多いようですが，リスト4ではbind()により出力先インターフェースを指定することで，send()で送信しています．

● RAWソケットによるパケットの受信

リスト5はRAWソケットによるパケット受信を行うための，Linux向けのサンプル・プログラムです．なお，RAWソケットは開いた直後から受信が開始されてしまうため，bind()によるインターフェース指定を行う前に，全てのインターフェースで受信したパケットがバッファ上に残り，受信されてしまうという問題があります．このため通常はbind()後にダミーの受信を行い廃棄することでバッファのフラッシュを行うのですが，リスト5ではRAWソケットの基本動作に絞っているため，省略しています．

リスト5 マシン2：Linux向けRAWソケットによるパケット受信サンプル・プログラム（rawsock-recv.c）

```c
#include <sys/ioctl.h>
#include <sys/socket.h>
#include <net/if.h>
#include <net/ethernet.h>
#include <netinet/in.h>
#include <netpacket/packet.h>

int main(int argc, char *argv[])
{
  int s, size, ifindex;
  struct ifreq ifr;
  struct sockaddr_ll sll;
  struct packet_mreq mreq;
  char buffer[ETHER_MAX_LEN];

  s = socket(PF_PACKET, SOCK_RAW, htons(ETH_P_ALL));
  if (s < 0)
    error_exit("Cannot open raw socket.\n");

  memset(&ifr, 0, sizeof(ifr));
  strncpy(ifr.ifr_name, argv[1], IFNAMSIZ);
  if (ioctl(s, SIOCGIFINDEX, &ifr) < 0)
    error_exit("Fail to ioctl SIOCGIFINDEX.\n");
  ifindex = ifr.ifr_ifindex;

  memset(&mreq, 0, sizeof(mreq));
  mreq.mr_type = PACKET_MR_PROMISC;
                           /* 自分宛てでないパケットも受信する */
  mreq.mr_ifindex = ifindex;
  if (setsockopt(s, SOL_PACKET,
                             PACKET_ADD_MEMBERSHIP,
                  &mreq, sizeof(mreq)) < 0)
    error_exit("Fail to setsockopt
                             PACKET_ADD_MEMBERSHIP.\n");

  memset(&sll, 0, sizeof(sll));
  sll.sll_family = AF_PACKET;
  sll.sll_protocol = htons(ETH_P_ALL);
  sll.sll_ifindex = ifindex;
                           /* インターフェースを設定する */
  if (bind(s, (struct sockaddr *)&sll,
                             sizeof(sll)) < 0)
    error_exit("Cannot bind.\n");

  size = recv(s, buffer, sizeof(buffer), 0);
                           /* パケットの受信 */
  write(1, buffer, size);  /* 標準出力にデータを書き出す */
  close(s);

  return 0;
}
```

実験の準備

リスト1のbpf-send.cとリスト2のbpf-recv.cは，FreeBSD上で動作します．また，リスト4のrawsock-send.cとリスト5のrawsock-recv.cは，Linux上で動作します．これらにより，実際にパケットの送信と受信を行う実験をしてみましょう．

● 各マシンに実験的に設定したMACアドレス

実験の構成は図4の通りです．VirtualBoxでは図5のような設定画面でMACアドレスを任意に設定できます．ここではわかりやすくするために，以下のようにしました．

FreeBSD側：00:11:22:33:44:55
CentOS側　：00:66:77:88:99:aa

● テスト・マシン1…FreeBSD機の準備

リスト1のbpf-send.cとリスト2のbpf-recv.cは，FreeBSD上で以下のようにしてコンパイルすることで実行形式を作成できます．

```
user@vboximage:~% gcc
       bpf-send.c -o bpf-send -Wall
user@vboximage:~% gcc
       bpf-recv.c -o bpf-recv -Wall
user@vboximage:~%
```

さらに，利用できるネットワーク・インターフェースを確認できるifconfigコマンドの出力結果をリスト6に示します．

FreeBSDはLANコントローラのデバイス・ドライバごとにインターフェース名を持っています（表2）．リスト6では，VirtualBoxの仮想ネットワーク・イン

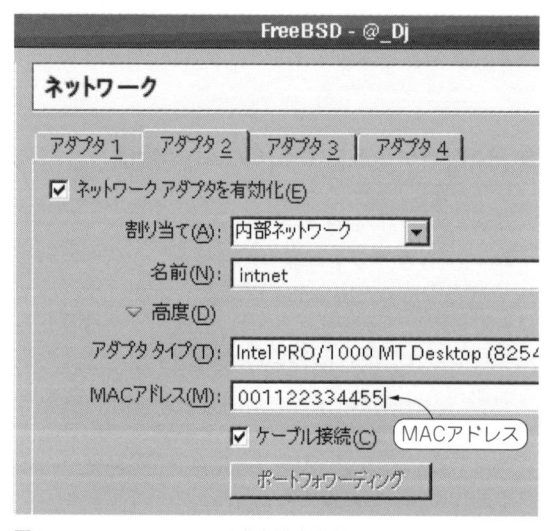

図5 VirtualBoxではこのような設定画面でMACアドレスを任意に設定できる

表2 FreeBSDはLANコントローラのデバイス・ドライバごとにインターフェース名を持っている

インターフェース名	詳細
fxp	インテル コントローラ
em	インテル ギガビット・コントローラ
rl	RealTek コントローラ
bge	Broadcom BCM57xx/BCM590x ギガビット・コントローラ
ed	NE-2000 ドライバ（旧式の10BASE-Tなど）

第16章　実験でステップ・バイ・ステップ！ネットワーク通信超入門

リスト6　ifconfigで利用できるネットワーク・インターフェースを確認…ifconfigの出力例

```
user@vboximage:~% ifconfig
em0: flags=8843<UP,BROADCAST,RUNNING,SIMPLEX,MULTICAST> metric 0 mtu 1500     (MAC)
        options=9b<RXCSUM,TXCSUM,VLAN_MTU,VLAN_HWTAGGING,VLAN_HWCSUM>
(em0)   ether 08:00:27:b9:cf:89
        inet 10.0.2.15 netmask 0xffffff00 broadcast 10.0.2.255                ネットマスク
        media: Ethernet autoselect (1000baseT <full-duplex>)
        status: active                                                        IPアドレス
em1: flags=8802<BROADCAST,SIMPLEX,MULTICAST> metric 0 mtu 1500
        options=9b<RXCSUM,TXCSUM,VLAN_MTU,VLAN_HWTAGGING,VLAN_HWCSUM>
(em1)   ether 00:11:22:33:44:55                                               (MAC)
        media: Ethernet autoselect (1000baseT <full-duplex>)
        status: active
lo0: flags=8049<UP,LOOPBACK,RUNNING,MULTICAST> metric 0 mtu 16384
        options=3<RXCSUM,TXCSUM>
        inet6 fe80::1%lo0 prefixlen 64 scopeid 0x4
        inet6 ::1 prefixlen 128
        inet 127.0.0.1 netmask 0xff000000
        nd6 options=3<PERFORMNUD,ACCEPT_RTADV>
user@vboximage:~%
```

リスト7　VirtualBoxの仮想ネットワーク・インターフェースem1をUP

```
user@vboximage:~% su
Password:
vboximage# ifconfig em1 up ← em1のインターフェースをUP   UPフラグが立った
vboximage# ifconfig em1
em1: flags=8843<UP,BROADCAST,RUNNING,SIMPLEX,MULTICAST> metric 0 mtu 1500
        options=9b<RXCSUM,TXCSUM,VLAN_MTU,VLAN_HWTAGGING,VLAN_HWCSUM>
        ether 00:11:22:33:44:55
        media: Ethernet autoselect (1000baseT <full-duplex>)
        status: active
vboximage#
```

リスト8　/dev/bpfにパーミッションが許されていない場合，スーパーユーザでchmodにより読み書きを可能にする

```
vboximage# ls -l /dev/bpf*
crw-------  1 root  wheel    0, 15  4月 20 17:52 /dev/bpf
lrwxr-xr-x  1 root  wheel       3  4月 20 17:52 /dev/bpf0 -> bpf
vboximage# chmod 666 /dev/bpf*        chmod
vboximage# ls -l /dev/bpf*
crw-rw-rw-  1 root  wheel    0, 15  4月 20 17:52 /dev/bpf
lrwxr-xr-x  1 root  wheel       3  4月 20 17:52 /dev/bpf0 -> bpf
vboximage#
```

ターフェースがインテルのギガビット・コントローラに相当するem0/em1として認識されています．

ドライバの詳細はman ＜インターフェース名＞のようにして見ることができます（例えば上の例ならば，man emでマニュアルを読むことができる）．

リスト6では，em0にはIPアドレスが割り当てられているため，こちらはNAT接続のインターフェースです．em1はMACアドレスが「00:11:22:33:44:55」になっているので，CentOS機と接続されているのはem1側です．

リスト6ではem1のインターフェースがUPしていません（em0ではフラグ表示が＜UP,BROADCAST,…＞のようになっており，UPフラグが立っているが，em1にはUPの表示がない）．よってスーパーユーザで**リスト7**を実行し，インターフェースをUPします．

さらに/dev/bpfにパーミッションが許されていない場合には，スーパーユーザでchmodにより読み書き可能にしておきます（**リスト8**）．

● テスト・マシン2…CentOS機の準備

リスト4のrawsock-send.cと**リスト5**のrawsock-recv.cは，CentOS上で以下のようにしてコンパイルすることで実行形式を作成できます．

```
[user@localhost ~]$ gcc rawsock-
    send.c -o rawsock-send -Wall
[user@localhost ~]$ gcc rawsock-
    recv.c -o rawsock-recv -Wall
```

先ほどと同様に，ifconfigコマンドで利用できるネットワーク・インターフェースを確認しておきます．**リスト9**はifconfigの出力例です．Linuxにおけるネットワークのインターフェース名はeth0, eth1, …のように，eth*に共通化されています．リスト9の例ではeth1のMACアドレス（HWaddr）が「00:66:77:88:99:AA」になっているので，eth0がNAT接続のインターフェース，eth1がFreeBSDと接続されているインターフェースのようです．

第6部 ネットワーク解析ツールづくり

リスト9 ifconfigを使って利用できるネットワーク・インターフェースを確認

```
[user@localhost ~]$ ifconfig
eth0      Link encap:Ethernet  HWaddr                    ← MAC
                               08:00:27:EE:16:A6
    IP →  inet addr:10.0.2.15  Bcast:10.0.2.255
                               Mask:255.255.255.0
          inet6 addr: fe80::a00:27ff:feee:16a6/64
                                           Scope:Link
          UP BROADCAST RUNNING MULTICAST  MTU:1500
                                              Metric:1
          RX packets:75 errors:0 dropped:0
                                 overruns:0 frame:0
          TX packets:59 errors:0 dropped:0
                                 overruns:0 carrier:0
          collisions:0 txqueuelen:1000
          RX bytes:8890 (8.6 KiB)  TX bytes:8870
                                             (8.6 KiB)
eth1      Link encap:Ethernet  HWaddr                    ← MAC
                               00:66:77:88:99:AA
          inet6 addr: fe80::266:77ff:fe88:99aa/64
                                           Scope:Link
          UP BROADCAST RUNNING MULTICAST  MTU:1500
                                              Metric:1
          RX packets:0 errors:0 dropped:0 overruns:0
                                                frame:0
          TX packets:9 errors:0 dropped:0 overruns:0
                                              carrier:0
          collisions:0 txqueuelen:1000
          RX bytes:0 (0.0 b)  TX bytes:1494 (1.4
                                                  KiB)
lo        Link encap:Local Loopback
          inet addr:127.0.0.1  Mask:255.0.0.0
          inet6 addr: ::1/128 Scope:Host
          UP LOOPBACK RUNNING  MTU:16436  Metric:1
          RX packets:0 errors:0 dropped:0 overruns:0
                                                frame:0
          TX packets:0 errors:0 dropped:0 overruns:0
                                              carrier:0
          collisions:0 txqueuelen:0
          RX bytes:0 (0.0 b)  TX bytes:0 (0.0 b)

[user@localhost ~]$
```

■ 送受信実験1…まずは適当なパケットを作って送受信してみる

FreeBSDとCentOSの間で，実際に送受信の実験を行ってみます．なお，ここではとりあえずイーサネット・ヘッダのことなどは考えず，適当な文字列を送信しています．このため間にハブがあったりすると（機器構成によっては），うまく送受信できない可能性があります．うまくいかない場合には，送信文字列をいろいろ変化させるなどして試してみてください（column3）．

● FreeBSD→CentOSへの送信

まずはFreeBSD→CentOSの方向にパケットを送受信してみましょう．

RAWソケットのオープンにはroot権限が必要なため，CentOS側でスーパユーザになって以下を実行します．

column3 VirtualBox環境でうまく通信できないときあり…

パケット送受信の基本実験で，筆者が試してみたところ，VirtualBoxの環境では，先頭に「A」のような奇数のASCIIコードの文字を置くことでマルチキャスト・ビットを立てないと，うまく受信できませんでした．どうやらプロミスキャス・モードがうまく動作していないのかもしれません．最近のVirtualBoxでは，ネットワークにプロミスキャス・モードの設定があるようなので，それを有効化するとうまく通信できるかもしれません．

```
[root@localhost user]#  ./rawsock-
                            recv eth1
```
（コマンド実行が完了せず，ここでブロックする）

実行するとeth1からの受信待ちでブロックした状態になります．この状態でFreeBSD側で以下を実行します．こちらは一般ユーザで実行できます．

```
user@vboximage:~>% echo
"ABCDEFG HIJKLMN" | ./bpf-send em1
user@vboximage:~>%
```

すると，CentOS側で以下のようにして受信できるはずです．

```
[root@localhost user]#  ./rawsock-
                            recv eth1
ABCDEFG HIJKLMN
[root@localhost user]#
```

うまく送受信できない場合には，送信するデータを変えてみてください（column3）．

● CentOS→FreeBSDへの送信

逆方向も試してみましょう．FreeBSD側で以下のようにしてbpf-recvを起動します．

```
user@vboximage:~>% ./bpf-recv em1
```
（コマンド実行が完了せず，ここでブロックする）

やはりem1からの受信待ちでブロックします．さらにCentOS側で以下を実行します．

```
[root@localhost user]# echo "abcdefg
 hijklmn" | ./rawsock-send eth1
[root@localhost user]#
```

すると，FreeBSD側で以下のようにして受信できるはずです．

```
user@vboximage:~>% ./bpf-recv em1
                        abcdefg hijklmn
user@vboximage:~>%
```

● 定番ネットワーク・アナライザWiresharkに取り込んでみる

先ほど送信したデータを，ネットワーク・アナライザで取り込んで（キャプチャして）見てみます．

ネットワーク・アナライザについては別途紹介しますが，ここではWiresharkという定番のオープンソース・ソフトウェアを利用してみましょう．

FreeBSD側でWiresharkを起動し，キャプチャを開始します．CentOSでの送信手順に従って，同じようにパケットを送信してみると，Wiresharkで図6のようなパケットがキャプチャできました．

図6では適当に流したデータをパケットとして解析しているため，MACアドレスやタイプフィールドがASCIIコードになってしまっています．

送受信実験2…イーサネット・フレームを手づくりして送受信してみる

● まだLANにつないでも通信できない

ここまでで任意のデータ（パケット）をネットワーク上に流すことができるようになりました．ですが，これはイーサネットのフォーマットを無視して，勝手なデータを送受信しているだけです．実際にキャプチャしてみてみたところ，イーサネット・ヘッダが不正に解釈されてしまっています．

つまり信号線の上をデータがそのまま流れているわけですが，イーサネットとしては不正なフレームであるため，ハブやルータを挟んだ場合には，正常に通信できる保証はありません．またIPヘッダも存在しないため，IPパケットとしてルーティングすることもできません．

● 正規のパケットに近いものは作れる

逆の言い方をすれば，任意のデータを作成して流すことができるということは，イーサネット・ヘッダやIPヘッダも自作できるはずです．ここではイーサネット，IP，UDPなどの各種ヘッダを自作して送受信し

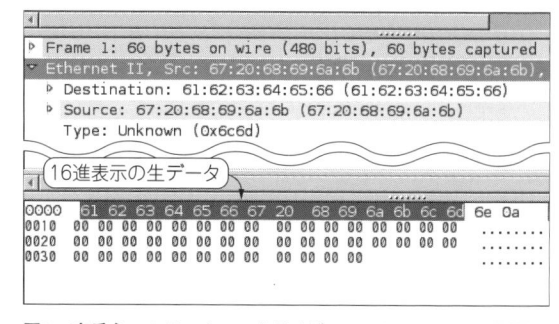

図6 定番ネットワーク・アナライザ・ソフトWiresharkの画面…適当なパケットを送っただけだとおかしなイーサネット・ヘッダとして解析される

ていきます．ビギナの方はAppendix 6も参照しながら読み進めてみるとよいと思います．

● イーサネット・ヘッダの自作

まずは隣接ノードとの通信のために，イーサネット・ヘッダを付加します．イーサネット・ヘッダが不正であると，ハブなどを介したときに，正常にフレームが転送される保証はありません．しかし手作業でイーサネット・ヘッダを作成すれば，正式なイーサネット・フレームを送信できます．

イーサネット・ヘッダの基本構造を図7に示します．各フィールドの値は，表3のようにしてみます．

MACアドレスは，VirtualBox側で定義したものに合わせています．MACアドレスはFreeBSDでもCentOSでも，`ifconfig`コマンドで知ることができます．PCなどの実機で試す場合には，適切に合わせてください．なおタイプとデータはとりあえず適当なものを設定しています．

イーサネットのヘッダ構造に沿って表3のパラメー

表3 作成したイーサネット・ヘッダの各フィールドの値

フィールド	値
宛先MACアドレス	00：11：22：33：44：55
送信元MACアドレス	00：66：77：88：99：aa
タイプ	0xABCD
データ	01 23 45 67

図8 hexeditというバイナリ・エディタによってethernet.binを作成した

図7 イーサネット・ヘッダの構造

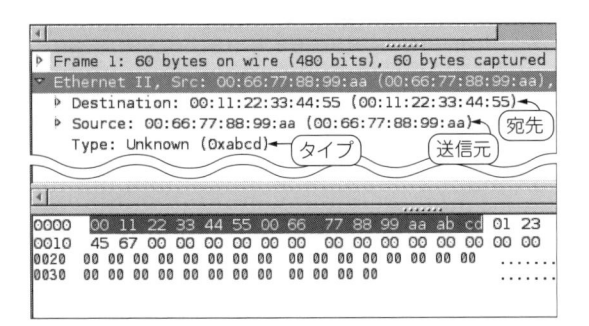

第6部 ネットワーク解析ツールづくり

図9 イーサネット・パケット送受信実験成功! 宛先, 送信元, タイプが表3と一致した

表4 作成したIPヘッダの各フィールドの値

フィールド	値
サイズ	とりあえずヘッダだけのサイズとして, 20 (0x14) とする
TTL	とりあえず64 (0x40) あたりを格納しておく
プロトコル番号	とりあえず0x00にしておく
チェックサム	とりあえずゼロにしておく
送信元IPアドレス	192.168.1.2 (0xC0A80102)
宛先IPアドレス	192.168.1.1 (0xC0A80101)

タを埋め込んだイーサネット・ヘッダを, バイナリ・エディタによってethernet.binというファイル名で作成します.

図8はhexeditというバイナリ・エディタによってethernet.binを作成した例です. 表3のフィールド値が先頭から順番に格納されていることを確認してください.

このethernet.binをそのまま送信すれば, イーサネット・ヘッダが先頭に付加されたフレームとしてネットワーク上を流れます.

● 作ったイーサネット・フレームを送受信してみる

図8のデータ (ethernet.bin) をrawsock-sendにより送信し, FreeBSD側でネットワーク・アナライザであるWiresharkでキャプチャして, 見てみましょう. まずFreeBSD側でWiresharkを起動し, キャプチャを開始します.

CentOS側で以下のようなコマンドを入力してethernet.binの内容を送信します.

[root@localhost user]# cat ethernet.bin | ../rawsock-send eth1

Wiresharkでは図9のようなフレームがキャプチャできました. 解析結果を見ると, 宛先MACアドレスは「00:11:22:33:44:55」, 送信元MACアドレスは「00:66:77:88:99:aa」, タイプ値は「0xabcd」のようになっていて, 表3の値と一致します. バイナリ・エディタでイーサネット・フレームを自作して送

受信することができました.

▶暫定の設定

WiresharkはデフォルトではMACアドレスのベンダ部分などを自動でベンダ名に変換してくれます. しかし実験するうえでは, これはわかりにくいので, 以下のように-nオプションを付加して変換を無効にして起動します.

user@vboximage:~% wireshark -n

送受信実験3…ルータを突破して世界とつながるために! IPパケットを手づくりして送受信してみる

イーサネット・ヘッダを加えることで, 自作のフレームを送受信することができました. しかし, これだけでは, ハブを越えて隣接ノードと通信することができるだけです. つまりルータを介して世界と通信することはできません. イーサネット・ヘッダの後にIPヘッダを加えて, IPパケットにしてみましょう.

● IPパケットの自作

IPヘッダの基本構造を図10に示します. 各フィールドの値は表4のようにしてみます.

IPヘッダはパラメータが多く, 一見して難しそうに思えてしまいますが, とりあえずパケットを自作するために設定が必要なのは, 表4にあるサイズ, TTL, プロトコル, チェックサム, 送信元/宛先IPアドレスくらいです. 表中にないTOSやフラグメント情報などの値はゼロでかまいません.

ethernet.binで作成したイーサネット・ヘッダのタイプ・フィールドをIP (0x0800) にして, さらにそこに続ける形で表4のようなIPヘッダを作成すると, 図11のようなデータ列になります. 図11で

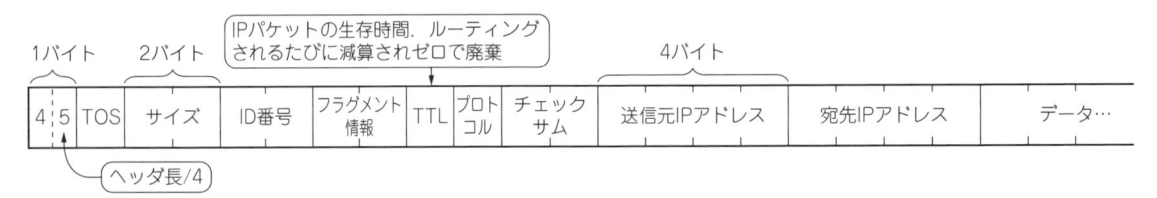

図10 IPヘッダの構造

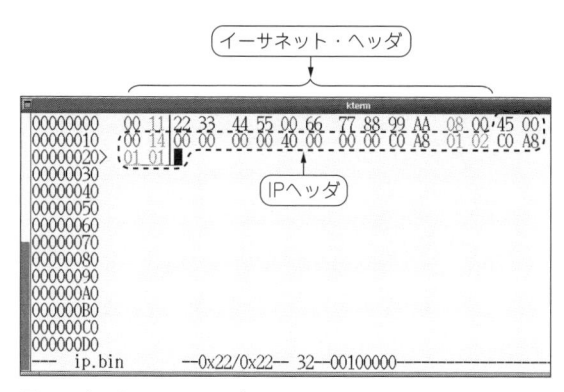

第16章　実験でステップ・バイ・ステップ！ネットワーク通信超入門

図11　表4を元にIPヘッダを作成

図12　IPパケット送受信実験成功！IPヘッダが解析されたがまだチェックサムが不正

は先頭の14バイトがイーサネット・ヘッダ，15バイト目の「45」以降の20バイトがIPヘッダになります．これを`ip.bin`というファイル名で保存します．

ここまで行うとルーティングが可能になります．つまり，ここで作成したパケットはIPアドレスさえ適切に設定すれば，IPルーティングによって世界中に転送されることが可能になります．

● 作ったIPパケットを送受信してみる

自作した`ip.bin`を送信してみましょう．FreeBSD側でWiresharkでキャプチャを開始した状態で，CentOS側で以下を実行します．

```
[root@localhost user]# cat ip.bin | ./rawsock-send eth1
```

図12はWiresharkによるキャプチャです．IPヘッダが問題なく解析されています．ただし，IPヘッダ中のチェックサムが未計算のため，「incorrect」（不正）と表示され，正しいチェックサム値が「0xf796」だと教えてくれています．これはルーティングによる転送はされますが，受信側ではチェックサム・エラーでパケットを廃棄されてしまいます．届くだけは届くものの，チェックサムの確認ができないため，ビット化けなどがあっても検知できない，というものになっています．

送受信実験4…アプリとつながる！UDPパケットを手づくりして送受信してみる

ここまででIPパケットを作成し，データを任意のノードに届けることができるようになりました．しかし，このままでは，データをどのアプリケーションが受信するのかは決定できません．このためアプリケーション側で受信することはできません（TCPでもUDPでもなく，当然ながらポート番号なども存在しないため，このパケットを受信するアプリケーションを通常のソケット・プログラミングによって作成することはできない）．

データをどのアプリケーションに渡すのかを指定するのは，IPのさらに上位であるトランスポート層の役割です．ここではトランスポート層のUDPヘッダを付加して，UDPパケットを作ります．それをソケット・アプリケーションによって受信してみましょう．

● UDPパケットの自作

UDPヘッダの基本構造を図13に示します．各フィールドの値は，表5のように設定します．チェックサムは計算が面倒なので，ひとまずゼロとしてあります．

`ip.bin`のIPヘッダのサイズを0x14→0x2Cに，プロトコル番号をUDPとして0x00→0x11に変更します．さらに表5のUDPヘッダを続けることで，図14のようなUDPパケットを`udp.bin`として作成

図13　UDPヘッダの構造

表5　UDPヘッダの各フィールドの値

フィールド	値
送信元ポート番号	とりあえず32767（0x7FFF）とする
宛先ポート番号	とりあえず32768（0x8000）とする
サイズ	データのサイズを16バイトとして，8 + 16 = 24（0x18）を格納する
チェックサム	ゼロ（チェックサム無効）にしておく
データ	41 42 43…50

171

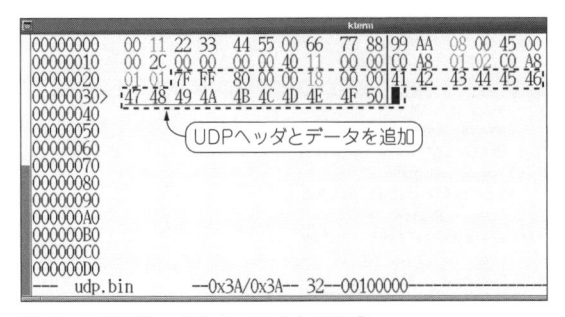

第6部 ネットワーク解析ツールづくり

図14 UDPパケットをudp.binとして作成

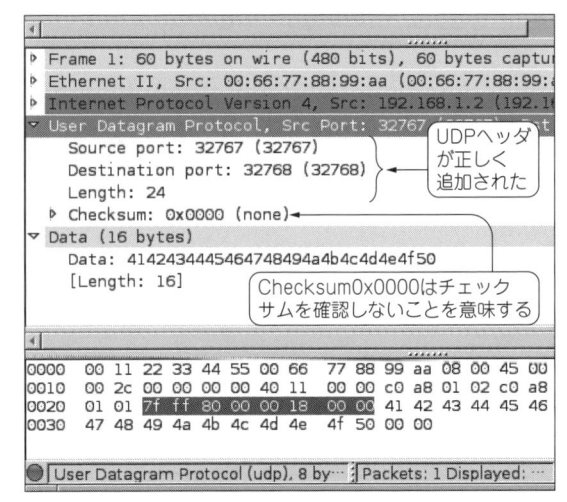

図15 UDPパケット送受信実験成功! UDPヘッダが解析されている
ポート番号などが表5の値と一致している

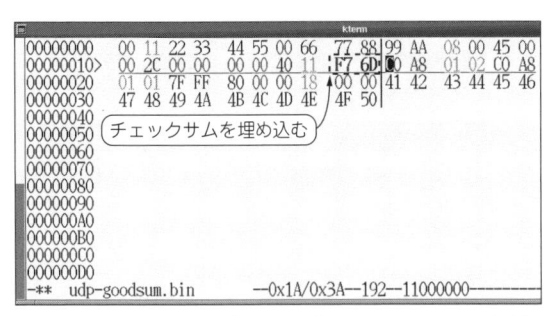

図16 udp.binのIPヘッダに対して「正しいチェックサム」を埋め込んだ

します．

● 作ったUDPパケットを送受信してみる

UDPパケットを送信してみましょう．FreeBSD側でWiresharkによるキャプチャを開始し，CentOS側で以下を実行します．

```
[root@localhost user]# cat udp.bin
 | ./rawsock-send eth1
```

図15はWiresharkに取り込んだ（キャプチャした）パケットです．WiresharkによりUDPヘッダが解析されています．ポート番号などが表5の値と一致しています．

送受信実験5…手づくりUDPパケットをソケット通信してみる

ここまで作成したパケットは，UDPのデータとして，ソケット・プログラムによりアプリケーションで受信できます．試しにUDPのポートを開いてデータを受信してみましょう．まずFreeBSD側で，インターフェースのIPアドレスが未定の場合には，スーパーユーザで以下のようにしてIPアドレスを設定します．CentOS側での受信を試す際には，iptablesが有効だとうまく受信できない可能性があります．この場合には，必要に応じて無効化するなどの対処をしてください．

```
vboximage# ifconfig em1 192.168.
```

1.1/24

自作のUDP受信ツール「udp-recv」（Appendix 2参照）を以下のように実行し，32768番ポートで待ち受けします．

```
user@vboximage:~>% ./udp-recv 32768
```
（ここでブロックしたまま）

なおTCPやUDPによるデータの送受信を手軽に行うための「netcat」というツールがあり，そちらを利用することもできます．ただしnetcatはインストールされていることでバックドアが簡単に開けるなどの危険な側面もあり，セキュリティ・ソフトウェアに検出される場合があるため，Windowsなどで新たにインストールする際には注意してください．

udp-recvの代わりにnetcatを利用する場合には，以下のようにして起動することでUDPの32768番ポートで待ち受けします．

```
nc -l -u 32768
```

● UDPパケットに正しいチェックサムを追加する

ここまででudp-recvまたはnetcatでUDPの32768番ポートを待ち受けしているわけですが，しかしこの状態でCentOSからudp.binを送信しても，IPヘッダのチェックサムが不正なためFreeBSD側で受信することはできず，受信待ちでブロックしたままとなります．

チェックサムの正しい値はWiresharkでキャプチャすると計算してくれます．図15のキャプチャ結果からIPヘッダの部分を探すと，（図中では隠れてしまっているが）チェックサムの正しい値は「0xf76d」となっていました．そこでudp.binのIPヘッダに対してこの値を埋め込むと，図16のようになります．

```
No.    Time       Source         Destination
   1  0.000000   192.168.1.2    192.168.1.1

▷ Frame 1: 60 bytes on wire (480 bits), 60 bytes captur
▷ Ethernet II, Src: 00:66:77:88:99:aa (00:66:77:88:99:a
▽ Internet Protocol Version 4, Src: 192.168.1.2 (192.16
    Version: 4
    Header length: 20 bytes
  ▷ Differentiated Services Field: 0x00 (DSCP 0x00: Def
    Total Length: 44
    Identification: 0x0000 (0)
  ▷ Flags: 0x00
    Fragment offset: 0
    Time to live: 64          ← チェックサムも
    Protocol: UDP (17)          correctになった
  ● Header checksum: 0xf76d [correct]
    Source: 192.168.1.2 (192.168.1.2)
    Destination: 192.168.1.1 (192.168.1.1)

0000  00 11 22 33 44 55 00 66  77 88 99 aa 08 00 45 00
0010  00 2c 00 00 00 00 40 11  f7 6d c0 a8 01 02 c0 a8
0020  01 01 7f ff 80 00 00 18  00 00 41 42 43 44 45 46
0030  47 48 49 4a 4b 4c 4d 4e  4f 50 00 00

○ Header checksum (ip.checksum), 2 ...  Packets: 1 Displayed:
```

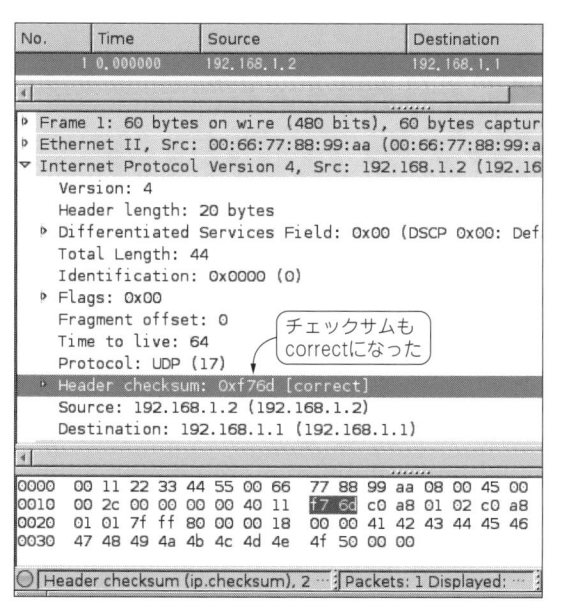

図17 UDPパケット（チェックサム付き）の送受信実験成功！ チェックサムもOKになった

なおチェックサムはUDPヘッダにもありますが，UDPヘッダのチェックサム値は「チェックサムを確認しない」を示すオールゼロを設定しているため，ここでは特に考慮していません．

● ソケット通信してみる

▶ CentOS側から正しいデータを送信

修正したファイルを「udp-goodsum.bin」というファイル名で再度保存して，CentOS側から送信してみます．

```
[root@localhost user]# cat udp-
goodsum.bin | ./rawsock-send eth1
```

▶ FreeBSD側で受信

今度はFreeBSD側で受信できます．

```
user@vboximage:~>% ./udp-recv 32768
ABCDEFGHIJKLMNOPuser@vboximage:~>%
```

問題なく受信できています．なおnetcatを利用している場合には，受信後にも終了せず以下のように引き続き受信待ちでブロックします．この状態で再度udp-goodsum.binを送信すると，続けてデータを受信できます．

```
user@vboximage:~>% nc -l -u 32768
ABCDEFGHIJKLMNOP（この状態でブロック）
```

▶ Wiresharkでキャプチャ

Wiresharkで取り込んで（キャプチャして）みた結果を図17に示します．チェックサムが正しい値（0xf76d）となり，「correct」と表示されました．

パケット送受信装置としてもシンプルで便利！

本章では一般的なソケット・インターフェースによらず，パケットを直接，送受信する方法について説明しました．このソフトウェアを使えば，パケット取り込み装置（パケット・キャプチャ）や簡単な送受信装置ならば自作できるようになります．

パケットの直接送受信には，FreeBSDとLinuxではBPFとRAWソケットという違いがあります．これらのOSの違いは，一般的にはlibpcapというライブラリを利用することで吸収できます．このため実際にはlibpcapが利用される場合が多いのですが，ちょっとした装置を作りたいだけだったり，何らかの理由でlibpcapが使えない場合，libpcapからは利用できないような機能を使いたい場合なども考えられます．

そのようなときには，BPFソケットやRAWソケットを直接扱って送受信することがシンプルで効果的なこともあります．

◆参考文献◆

(1) 特集「わずか50行でつなぐ！マイコンとネットワーク」，2012年9月号，Interface，CQ出版社．

さかい・ひろあき

第6部 ネットワーク解析ツールづくり

Appendix 5
ネットワーク通信の基本中の基本
定番ソケットを利用した UDP通信プログラムの自作

坂井 弘亮

UNIX系のOSでネットワーク機能を利用するための代表的なインターフェース仕様として「ソケット・インターフェース」があります．これはTCP/IPなどのネットワーク機能を利用するための事実上の標準であり，BSDやLinux，Windowsなどで広く利用できます．ソケットを利用して，実際に通信を行ってみます．

本章ではソケット・プログラミングによるUDPデータ通信の例を紹介します．ソケットを利用すると，プロトコルの詳細を意識せずにデータを送受信することができます．

● 実験環境

ここでは図1のように，FreeBSDとCentOSのPCをリピータ・ハブかクロス・ケーブルで直結することで構成したネットワークを想定しています．第16章で利用した構成と同じです．また第16章と同じように，筆者は実際にはVirtualBoxによって構築した仮想環境上で動作確認しています．

● ソケット利用のサンプル

リスト1とリスト2は，ソケット・インターフェースを利用したUDPによるデータグラム通信のプログラム例です．リスト1のudp-send.cがUDPによるデータ送信，リスト2のudp-recv.cがUDPによるデータ受信です．

リスト1とリスト2では，socket()によって，まずソケットをオープンしています．リスト2ではその後bind()によってソケットにアドレスを結び付けます．さらにsendto()とrecv()によってデータを送受信します．これらの呼び出しにより，カーネルがIPやUDPのヘッダを適切に設定して通信を行ってくれます．

リスト1とリスト2のプログラムは，実はFreeBSD/Linux両用です．筆者が実際に試したところ，FreeBSDとCentOSの両方で動作を確認できました．FreeBSDとCentOSの両方で，以下のようにして実行ファイルを作成できます．

```
gcc -Wall udp-send.c -o udp-send
gcc -Wall udp-recv.c -o udp-recv
```

● UDPによるソケット通信

▶ CentOS → FreeBSD

UDPによる通信を実際に行ってみましょう．まずFreeBSD側の設定です．スーパユーザで以下のようにしてIPアドレスを設定します．

```
vboximage# ifconfig em1 192.168.1.1/24
```
（ホスト名vboximage）

CentOS側の設定を行います．iptablesが有効になっているとCentOS側での受信がうまく行えないため，セキュリティに配慮したうえ，必要に応じて無効化します．以下はCentOSでiptablesを一時的に無効化する例です．詳しくは第16章も参考にしてください．

```
[root@localhost user]# service iptables stop
```
（ホスト名localhost）

さらにCentOS側で，必要に応じてDHCPクライアントの動作を無効化し（別インターフェースでDHCPクライアントを有効にしている場合には，インターフェースごとに有効/無効を設定しておく），スーパユーザで以下のようにしてIPアドレスを設定します．

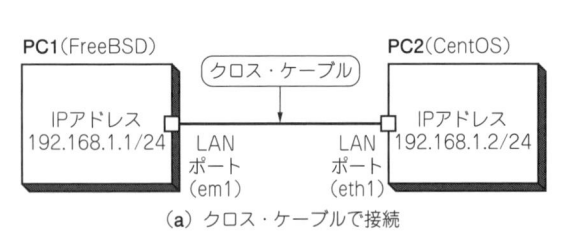

図1 ソケット・プログラムを試すためFreeBSD機とCentOS機を接続する

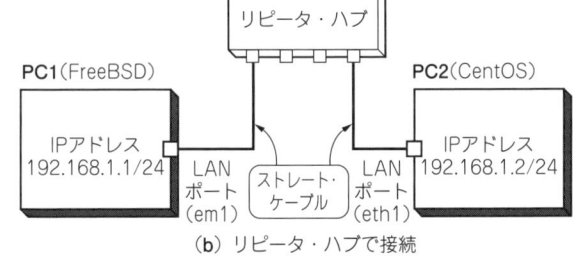

（a）クロス・ケーブルで接続
PC1(FreeBSD) IPアドレス 192.168.1.1/24 LANポート(em1) ─ クロス・ケーブル ─ LANポート(eth1) IPアドレス 192.168.1.2/24 PC2(CentOS)

（b）リピータ・ハブで接続
PC1(FreeBSD) IPアドレス 192.168.1.1/24 LANポート(em1) ─ ストレート・ケーブル ─ リピータ・ハブ ─ LANポート(eth1) IPアドレス 192.168.1.2/24 PC2(CentOS)

Appendix 5 定番ソケットを利用したUDP通信プログラムの自作

リスト1　UDPパケットのソケット送信のサンプル（udp-send.c）

```
    ︙
#include <sys/socket.h>
#include <netinet/in.h>
#include <arpa/inet.h>
    ︙
int main(int argc, char *argv[])
{
  int s, size;
  struct sockaddr_in addr;
  char buffer[4096];

  s = socket(AF_INET, SOCK_DGRAM, 0);
                            /* ソケットをオープン */
  if (s < 0)
    error_exit("Cannot open socket.¥n");

  memset(&addr, 0, sizeof(addr));
  addr.sin_family = AF_INET;
  addr.sin_port = htons(atoi(argv[2]));
  addr.sin_addr.s_addr = inet_addr(argv[1]);

  size = read(0, buffer, sizeof(buffer));
                     /* 標準入力からデータを読み込む */
  sendto(s, buffer, size, 0,
    (struct sockaddr *)&addr, sizeof(addr));
                             /* パケットの送信 */
  close(s);

  return 0;
}
```

リスト2　UDPパケットのソケット受信のサンプル（udp-recv.c）

```
    ︙
#include <sys/socket.h>
#include <netinet/in.h>
    ︙
int main(int argc, char *argv[])
{
  int s, size;
  struct sockaddr_in addr;
  char buffer[4096];

  s = socket(AF_INET, SOCK_DGRAM, 0);
                            /* ソケットをオープン */
  if (s < 0)
    error_exit("Cannot open socket.¥n");

  memset(&addr, 0, sizeof(addr));    ┐ソケットにアドレス
  addr.sin_family = AF_INET;         │を結び付ける
  addr.sin_port = htons(atoi(argv[1]));
  addr.sin_addr.s_addr = htonl(INADDR_ANY);

  if (bind(s, (struct sockaddr *)&addr,
                       sizeof(addr)) < 0)
    error_exit("Cannot bind.¥n");

  size = recv(s, buffer, sizeof(buffer), 0);
                             /* パケットの受信 */
  write(1, buffer, size);
                     /* 標準出力にデータを書き出す */
  close(s);

  return 0;
}
```

```
[root@localhost user]# ifconfig␣
eth1␣192.168.1.2/24⏎
```

　これで準備は完了です．最初にCentOS→FreeBSDの方向にデータを送信してみましょう．ここからのコマンド実行は，一般ユーザでかまいません．FreeBSD側で以下のようにして受信アプリケーションであるudp-recvを実行します．第1引き数には待ち受けを行うポート番号を指定します．

```
user@vboximage:~>% ./udp-recv␣
                   10000⏎ ←ポート番号
（ここで受信待ちでブロックする）
```

　実行するとデータの受信待ちに入るため，コマンドが終了せずに実行がブロックされます．次にCentOS側で以下を実行し，「TEST」という文字列を送信アプリケーションであるudp-sendで送信してみます．引き数は宛先IPアドレス，宛先ポート番号の順に指定します．

```
[user@localhost ~]$ echo␣"TEST"␣|
./udp-send␣192.168.1.1␣10000⏎
```

　するとudp-recvを実行しているFreeBSD側で，以下のようにして「TEST」が受信され，ブロックが解除されるはずです．

```
user@vboximage:~>% ./udp-recv
                           ␣10000⏎
TEST ← TESTが表示される
user@vboximage:~>%
```

▶ FreeBSD→CentOS

　次に，逆方向としてFreeBSD→CentOSの向きを試してみましょう．CentOS側で以下を実行し，受信待ちに入ります．今度はポート番号を10001にしてみましょう．

```
[user@localhost ~]$ ./udp-recv
                           ␣10001⏎
（ここで受信待ちでブロックする）
```

　実行すると，先ほどと同じように受信待ちでブロックします．FreeBSD側で以下を実行します．今度は「test」という文字列を送ってみます．

```
user@vboximage:~>% echo␣"test"␣|␣./
        udp-send␣192.168.1.2␣10001⏎
```

　すると，CentOS側で，以下のようにして受信できるはずです．

```
[user@localhost ~]$ ./udp-recv
                           ␣10001⏎
test ← testが表示される
[user@localhost ~]$
```

　なおうまく受信できない場合には，iptablesが有効化されていないかなどを確認してみてください．

さかい・ひろあき

第6部 ネットワーク解析ツールづくり

Appendix 6

MACアドレス/IPアドレス/UDP/TCP
とりあえずこれだけは！
イーサネット&IP超入門

坂井 弘亮

表1 OSI参照モデル
イーサネット・ヘッダはレイヤ2に該当する

レイヤ	内容	プロトコルや接続手段など
第7層：アプリケーション層	アプリケーションの種類に関する規定	HTTP，FTP，DNS，SMTP
第6層：プレゼンテーション層	どのような表現形式で送るのか．データの種類や送信ビット数に関する規定	
第5層：セッション層	通信モードや同期方式に関する規定．ログイン/ログアウトなどのセッションの手順を規定する	
第4層：トランスポート層	再送，輻輳処理，ノード間の信頼性のある通信を担当	TCP，UDP
第3層：ネットワーク層	ネットワークの経路選択・中継作業を担当．識別アドレスに関する規定	IP，ICMP，ARP
第2層：データリンク層	伝送路の確保と端末の識別方法を規定	IEEE 802.3（イーサネット），IEEE 802.11a/b/g/n MAC，トークンリング
第1層：物理層	物理的な回線や機器類，電気信号に関する規定	RS-232-C，10BASE-T，100BASE-TX，IEEE 802.11a/b/g/n PHY

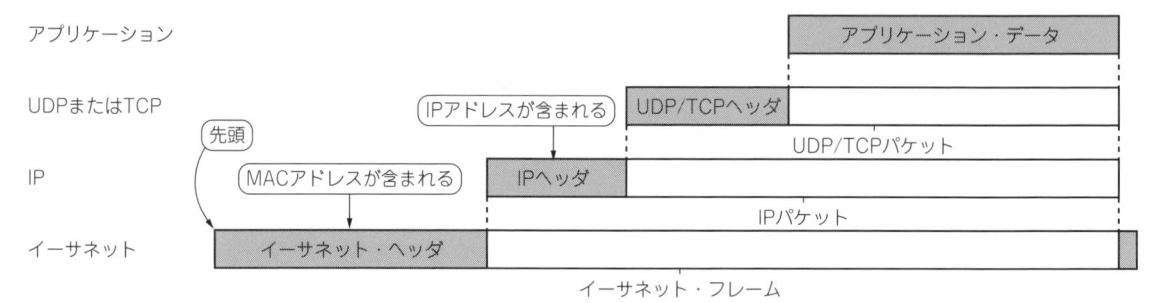

図1 データを送る際には宛先を示すアドレスが必要

われわれが頻繁に目にするネットワーク・アドレスには，「MACアドレス」と「IPアドレス」の2種類があります．なぜ，このような二つのアドレス体系が必要になるのでしょうか．

現在のLANはイーサネットで組まれることが主流ですし，世界はIPネットワークで接続されています．そもそもどちらもアドレスを持っているのならば，ネットワークをイーサネットだけやIPだけで組むことは不可能なものなのでしょうか？

● MACアドレス/IPアドレス/UDP&TCPが基本

教科書にも出てくるOSI参照モデルを**表1**に，ネットワーク通信パケットのおおまかな構成を**図1**に示します．さまざまな階層やプロトコルが定義されており，ネットワーク通信が果てしないもののような気が

するかもしれません．IoT（Internet of Things；もののインターネット）時代を迎えるといわれているのに，それはちょっと不安があります．

本章ではこのうち組み込みプログラマが知っておくべき3種類のプロトコルを紹介します．特に組み込みで最低限知っておいた方がよいMACアドレスとIPアドレス，イーサネットとIPの違いを解説します．

ノード（各端末）とノードを接続し，ネットワークを構築するレイヤ2のプロトコルとしてイーサネットを，ネットワーク同士を接続するレイヤ3のプロトコルとしてIPを取り上げています．実際には，レイヤ2にはPPP，レイヤ3にはIPv6などの別のプロトコルも存在します．しかし本章では，LANとWANを構築するための事実上の標準ともいえるイーサネットとIPを中心に説明していきます．

さらにアプリケーションを作成するにあたって必要

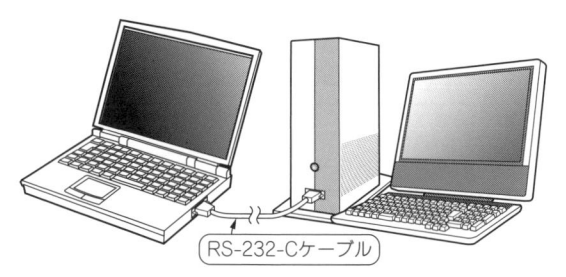

図2 RS-232-Cケーブルなどを使って行われるPear to Pear接続

なUDP/TCPといった上位層のプロトコルについても触れておきます．

その1：イーサネット…近くの機器とLANでつなぐ

● 1：1から多対多へ…LANの接続形態のくふう

手始めにイーサネットが何のためにあるものなのかを説明します．イーサネットはバス型と呼ばれるトポロジ（接続形態）のネットワークを構築するためのしくみです．イーサネットの理解のためには，まずはネットワークのトポロジを知る必要があります．

● 接続形態あれこれ

LANの特徴は，複数のノードが接続されている多対多のネットワークであるということです．ノードとノードを接続して通信をする方法には，大きく分けて二つがあります．それは1対1の接続と，多対多の接続です．

1対1の接続はPear to Pearと呼ばれ，RS-232-Cでのシリアル通信などに代表されます．図2のような構成で，2台のノード間が接続され，お互いに終端されます．

Pear to Pear接続に対して，多対多による「ネットワーク接続」があります．これは複数のノードを接続することで，多対多の通信が可能なネットワークを構築するものです．多対多ネットワークの構造には，大きく3種類があります．一つは図3(a)のようなバス型と呼ばれるもの，もう一つは図3(b)のようなリング型と呼ばれるもの，そして図3(c)のようなスター型と呼ばれるものです．

● 多対多ネットワーク接続で求められること

Pear to Pearの接続では，送信したいデータはただ通信線上にそのまま流すだけでかまいません．受け取るノードは一つで固定されているため，宛先を明示する必要はないし，通信線を占有することもできるためです．

これに対してバス型のネットワークでは，「全員が読むことができる」「通信線を占有する」という特徴があります．またPear to Pear接続に対してネットワー

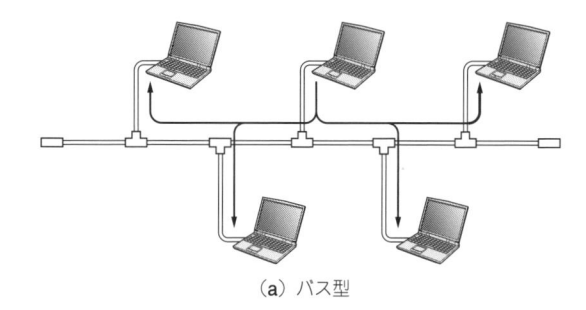

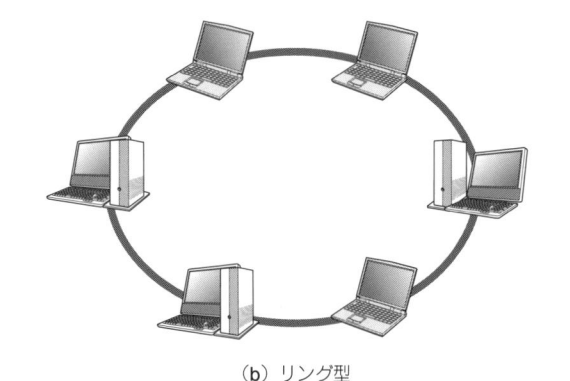

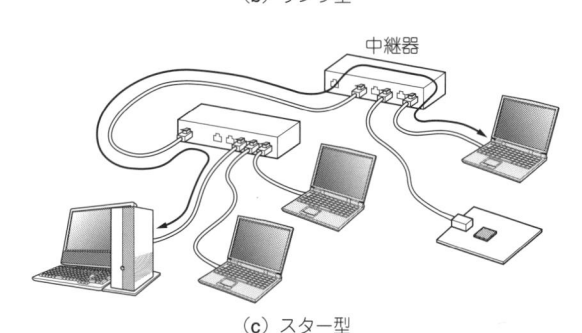

(a) バス型

(b) リング型

(c) スター型

図3 ネットワーク・トポロジあれこれ

ク接続では，通信相手として多数のノードが存在しています．よって，ただデータを流しただけでは，どのノードが受け取ればいいのかが決められません．

このため，以下の二つのことが必要になります．

- 回線を占有しないように，データは細切れにして送信する必要がある（つまりここに「パケット」という考えが生まれる）
- 送信するデータには宛先を明示する必要がある（つまり「ノードにアドレスを割り当てる」）

● 宛先を表すヘッダをパケット先頭に付ける

イーサネットはネットワークにおいて，通信相手のノードを識別するためのしくみです．まずデータは「フレーム」という単位に分割して送信します．データの先頭には「イーサネット・ヘッダ」と呼ばれるメタ・データを付加し，データの受取先を明示します．

第6部 ネットワーク解析ツールづくり

```
       6バイト      6バイト    2バイト
     ┌─────────┐┌─────────┐┌────┐
     │宛先MACアドレス││送信元MACアドレス││タイプ│データ…
     └─────────┘└─────────┘└────┘
```

図4 イーサネット・ヘッダの構造

これにはよく使われる例えとして，「データを小包状に小分けにして，名札を付けて受取先を明示する」というものがあります．小包に付加された宛先表示のラベルが，イーサネット・ヘッダです．

● イーサネット・ヘッダの構造

イーサネット・ヘッダは図4のような構造になっています．全体は14バイトで，先頭6バイトに宛先MACアドレス，後続の6バイトに送信元MACアドレスが格納されています．終端の2バイトは後に続くペイロードのデータの内容を示しています．ここにはIPパケット，IPv6パケットなどの種別が番号として入ります．

ちなみにIPパケットの番号は08 00，IPv6パケットの番号は86 DDです．

イーサネットの処理はLANコントローラがハードウェア的に行います．LANコントローラは通信線上を流れるデータの宛先MACアドレスを見て，自分宛ならばバッファに取り込んでCPUに受信割り込みを発生させます．自分宛でないフレームならば，受信しませんし割り込みも発生しません．つまりLANコントローラがハードウェア的に判断して，必要なフレームだけOSに通知することになっているわけで，OSからすれば，自分宛でないフレームには気づきません．このためMACアドレスは，LANコントローラにくくり付けのハードウェア・アドレスになります．

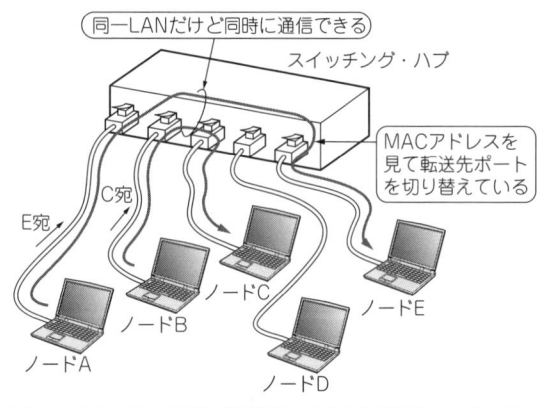

図5 MACアドレスを見て該当端末同士を結び付けるスイッチング・ハブ

その2：IP（Internet Protocol）…ルータ突破！遠くの機器とつなぐ

イーサネットにより，バス型のネットワーク上で隣接ノードと多対多の通信ができます．通常のLANにおける通信ならば，これで十分なようにも思えます．では，IPは何のためにあるのでしょうか？

● 世界中のMACアドレスを暗記するのはムリ

イーサネットは隣接ノードを識別するためのしくみです．その問題点はスケーラビリティに弱いことにあります．あるノード間で通信が行われている時間には，ほかのノードは通信を行えません．

解決するためには，ノードの適当なまとまりごとにネットワークを分割し，間にフレームの宛先MACアドレスを見て振り分けるような機器を置いて，ネットワークを分割すればトラフィックを抑えることができます．

このようにMACアドレス・ベースで中継を行う機器はブリッジと呼ばれます．実際にスイッチング・ハブと呼ばれる最近のハブは，そのような処理を自動で行ってくれます（図5）．

これは学内や社内などの限られたネットワークなら可能ですが，世界規模のネットワークになると問題があります．ブリッジ機器がMACアドレスを見てフレームを各ネットワークに振り分けるためには，通信する全てのノードのMACアドレスを記憶し，転送先を知っていなければなりません．

● 国や地域をある程度識別できるIPアドレスが必須

世界規模のネットワークになると，これは記憶量的にも検索速度的にも不可能です．そしてその原因は，MACアドレスがハードウェアにくくり付けの固定アドレスであり，ネットワーク内で規則性を持っていないことにあります．

そこでMACアドレスとは異なり，ある決められた規則により後付けで割り振られた論理的なアドレス体系が必要となります．これがIPアドレスです．

IPアドレスをベースにパケットを中継する装置をルータ，中継処理のことをルーティングと呼びます．IPアドレスをベースとして構築されたネットワークが，IP（Internet Protocol）ネットワークです．

▶ IPアドレスのメリット…ルールが超シンプルに！

IPアドレスはネットワーク内で規則的に割り当て

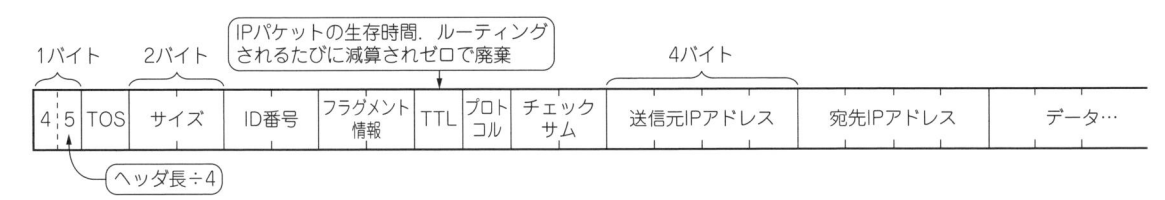

図6 IPヘッダの構造

```
1バイト  2バイト      IPパケットの生存時間.      4バイト
                  ルーティングされるたびに
                  減算されゼロで廃棄
┌─┬─┬───┬────┬────┬────┬───┬───┬─────────┬─────────┬──────
│4│5│TOS│サイズ│ID番号│フラグ│TTL│プロト│チェック│送信元IPアドレス│宛先IPアドレス│データ…
│ │ │   │     │     │メント│   │コル  │サム    │              │            │
│ │ │   │     │     │情報  │   │      │        │              │            │
└┬┴┬┴───┴────┴────┴────┴───┴───┴─────────┴─────────┴──────
 └─┘
  ヘッダ長÷4
```

られます．例として192.168.1.0/24のネットワークでは，192.168.1.*x*のようなIPアドレスが使われる，などの具合です．このためルータが知らなければならない転送ルールが大幅に削減できます．例えば192.168.1.0/24の宛先はこっちだが，192.168.2.0/24の宛先はそっちで，それ以外はすべてあっち，のような単純なルールだけで済みます．これがMACアドレス・ベースだと，全ての装置のMACアドレスとその転送先を登録しなければなりません．

● MACアドレスとIPアドレスの違い

まとめると，MACアドレスはバス型のネットワークで隣接ノードを識別するためのものであり，IPアドレスは複数のネットワークを経由することで全世界と通信するためのものです．

MACアドレスはLANコントローラの都合で先天的に決まるものですが，IPアドレスはネットワーク構成の都合で後天的に決まります．

● イーサネットとIPの違い

イーサネットはLAN（Local Area Network）用，IPはWAN（Wide Area Network）用だと考えられます．

ネットワーク階層でいうと，イーサネットは隣接ノードと通信するためのレイヤ2（データリンク層）に相当し，IPはネットワーク間での通信を行うためのレイヤ3（ネットワーク層）に相当します（**表1**）．

通信データにはIPヘッダが付加されることで宛先ノードが決定し，パケットとして全世界に転送できるようになります．しかし実際の転送のためには，隣接ノードに対してパケットを渡して中継していく下層の処理が必要になります．ノードとルータの間の通信も，隣接ノードとしてノード間通信によって行われるためです．このためIPの下ではイーサネットにより隣接ノードとの通信が行われるという，階層的な構成になっています．

● IPヘッダの構造

IPヘッダは**図6**のような構造になっています．先頭には1バイトで「4」というバージョン番号（IPv4なので4）と，ヘッダ長が格納されています．

その後，パケット・サイズ，ID番号などの値が格納されています．

ネットワークのバイト・オーダ（データの並び順）はビッグ・エンディアン（上位けたを先頭にする）であるため，これらの値はビッグ・エンディアンで格納されます．

▶ちょっと知っ得…先頭1バイトは45が多い

ヘッダ長は常に4の倍数のため，サイズを4で割った値が格納されます．サイズはオプションがなければ20バイトになるため，4で割って5が多くの場合，格納されています．

IPパケットの先頭1バイトは，多くの場合45になります．もちろんオプションなどでヘッダ・サイズが増加すれば「46」などになります．

● イーサネット・ヘッダとIPヘッダの違い
▶MACアドレスは回路で処理がしやすい構造になっている

イーサネットとIPの大きな違いは「どこで処理されるか」にあります．

イーサネットはLANコントローラがハードウェア的に処理します．CPUから見ると，自分宛のフレームだけ受信して割り込みが上がってくるだけです．そうでないフレームはLANコントローラが無視するので，OSは感知しないし，そもそも検知できません．

このためイーサネットは，ビット単位のストリームとしてシフトレジスタによりハードウェア処理しやすい構造になっています．例えば先頭には宛先MACアドレスがあります．最初の6バイトを見れば，自分宛かどうかを判断できるため，その後のビット列を受信バッファに格納するかどうかを最初に判断できます．

実はイーサネットはCRCによるチェックサムも持っているのですが，これもシフトレジスタによるストリーム処理で生成とチェックがしやすいアルゴリズムになっています．

▶IPヘッダはソフトで処理しやすい構造になっている

これに対してIPは，OSが受信割り込みを受け付けて受信処理を行い，プロトコル処理部に渡されます．つまりIPはCPUと処理プログラムによって，ソフトウェア処理されます．したがって，IPヘッダは32ビットCPUによってソフトウェア処理しやすい構造になっています．

送信元ポート番号	宛先ポート番号	サイズ	チェックサム	データ…

(送信元ポート番号・宛先ポート番号は2バイト)

図7　UDPヘッダの構造

　ヘッダ情報はストリームでなく，ブロックとしてランダム・アクセスされることが前提の構造になっています．現在ではハードウェア処理するようなチップもありますが，基本的にはソフトウェアによる処理を前提とした考え方になっています．

　例えば図6を見ると，IPヘッダの各フィールドは2バイトか4バイト単位で区切られており，さらにアラインメントもそろっています．これは32ビットCPUでの処理に向いています．

　イーサネットはストリーム処理されるため，最も重要な宛先MACアドレスが先頭にありました．

　IPでは宛先IPアドレスは後ろの方にあります．これはブロックとしてランダム・アクセスされることが前提のため，先頭に置いておく必要がないからです．それよりも4バイト単位にアラインメントすることを優先して，各フィールドが配置されています．

● IPアドレスは32ビットCPUだと扱いが超簡単！…int型の変数に格納できる

　IPアドレスは4バイトで構成されています．例えば192.168.1.1ならば，C0 A8 01 01の4バイトになります．これは32ビットCPUではint型の変数に格納できます．さらに以下のようなマスク処理によってネットワーク部を取り出したり，比較したりすることが簡単にできます．

```
int ipaddr, mask, networkaddr;
…
if ((ipaddr & mask) == networkaddr)
…
```

　イーサネット・ヘッダは，図4のように横1列に表現することが多く，図6もそのように表現を合わせています．しかしネットなどで探すと，IPヘッダの図は4バイトごとに改行したブロック状に描かれる場合が多いようです．この点も，ストリーム状に処理されるイーサネットと，ランダム・アクセスで処理されるIPヘッダの思想の違いが現れているように思います．

その3：UDP＆TCP…通信の本来の宛先アプリケーションにデータを届ける

　IPによって全世界単位でのノード間通信が行えるようになります．しかしIPが保証するのはあくまでもノード間でのパケット通信であって，これはPCとPC（またはPCとサーバ）の間の通信です．しかし現実には，パソコン上では多数のアプリケーションが動作しています．サーバでも同様で，多数のサーバ・アプリケーションが動いています．

　通信の宛先は，本来はノードではなく，これらのアプリケーション・ソフトウェアです．実際の通信では，これらのアプリケーションを識別する必要があります．このためにあるのがTCPやUDPという，トランスポート層（レイヤ4）のプロトコルです．

　TCP/UDPではポート番号により，アプリケーションを識別します．

● データ抜けを許さないTCP

　TCP（Transmission Control Protocol）はストリーム通信を行うためのプロトコルです．パケット単位で送られてくるデータを順番どおりに再構築したり，データ抜けを検知して再送してもらったりすることが可能なように設計されています．このためTCPはコネクション型であり，通信に先立って通信相手とコネクションを確立する必要があります．

● データ抜けなどあってもとにかく送るUDP

　これに対し，UDP（User Datagram Protocol）は非コネクション型のデータグラムと呼ばれる通信を行うためのプロトコルです．UDPではデータは単発のものとして送られます．再送機能はなく信頼性は少なく，継続した通信には向いていませんが，コネクションを確立する必要がないため，ちょっとしたデータを気軽に送ることには向いています．

● UDPヘッダの構造

　ここではUDPを例に説明します．

　UDPヘッダは図7のような構造になっています．データにはUDPヘッダが先頭に付加され，さらにその前にIPヘッダが付加されることで，全体としてIPパケットになります．IPから見ると，IPヘッダ以降にペイロードとしてUDPヘッダ以降を持っている，という構成になります．

　UDPヘッダはアプリケーションの識別のためのポート番号を持っています．サイズはUDPヘッダとデータ部を合わせたバイト・サイズになります．

　チェックサムはデータ領域の保証のために，後続のデータも含め，さらに疑似ヘッダと呼ばれるIPアドレスなどを含んだ情報も含めた上で計算されます．

　なお，チェックサムをゼロとすると，チェックサムの確認なしという意味になります．UDPもやはりCPUによってソフトウェア処理されるため，IPと同じように32ビットCPUで処理しやすいデータ構造になっています．

さかい・ひろあき

第6部 ネットワーク解析ツールづくり

Appendix 7

専用機器はわかっているほど性能が出せる！
PCと組み込みシステムのネットワーク・パケット処理の違い

坂井 弘亮

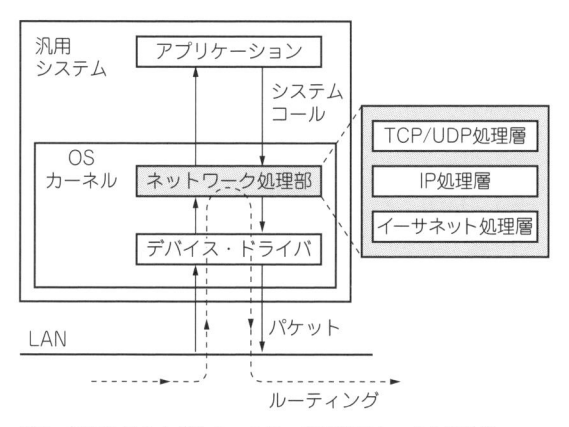

図1 汎用システムだとネットワーク通信はカーネルの仕事

図2 アプリケーションでネットワーク通信を実現するとルーティングに弱い

イーサネット/IPヘッダ処理はどこで行われる？

● ヘッダ付加やヘッダ解析など必要ない

　イーサネットやIP, UDPといった共通仕様をサポートすることで，ノード間の通信が可能になります．逆にいえば，イーサネットやTCP/IPによる通信を行う場合には，それらのヘッダ処理が不可欠です．

　しかし実際にネットワーク・プログラムを書いたことがある人は，そのようなヘッダ処理などしたことはない，と疑問に思うことも多いかもしれません．

　実際にネットワーク・プログラミングをする際に，これらのヘッダ処理まで行うことはまれであり，実感がわかないと思います．これらのヘッダ付加やヘッダ解析処理は，どこで行われているのでしょうか．

　ヘッダ処理をどこで行うべきなのかは，そのシステムがPCやサーバなどの「汎用システム」なのか，ネットワーク機能を持った「組み込みシステム」なのかによって話が変わってきます．

　ここでは汎用システムと組み込みシステムでの，ネットワーク機能の実装の違いを説明します．

パソコンやサーバなどの汎用システムの場合

● ネットワークはカーネルの標準機能

　サーバやPCなどは汎用システムと呼ばれます．汎用システム向けに設計されているOSは汎用OSと呼ばれます．FreeBSDなどのUNIX系，もしくはLinuxなどのUNIX互換OS，さらにWindowsのようなPC向けOSは汎用OSです．

　汎用システムの特徴は「ユーザがアプリケーションをインストールすることで，汎用的に利用する」という点にあります．汎用システムではアプリケーションこそが主役であり，ユーザが使いたいアプリケーションを動かすための枠組みとしてシステムがあります．

　ユーザがアプリケーションを自由にインストールするということは，「ユーザがどのようなバグのあるアプリケーションを動かしてしまうかわからない」ということです．つまり汎用OSは，「ユーザがどのようなアプリケーションを動かしたとしても，システム全体がクラッシュすることはなく守られる必要がある」という性悪説の考えで設計されています．

　このためネットワークのような多数のアプリケーションから標準的に利用されそうな機能は，OSのカーネル内部で処理を行って，アプリケーションに対してはOSがシステムコールとしてサービスを提供する，という形態が向いています．

　これはネットワーク処理をカーネル内にブラック・ボックス化できるため，「性悪説のアプリケーションから主要機能を明確に分離する」という効果もあります．

　これらの理由により，汎用OSでは図1のように，OSのカーネル内部にネットワーク機能を持つ構成が

181

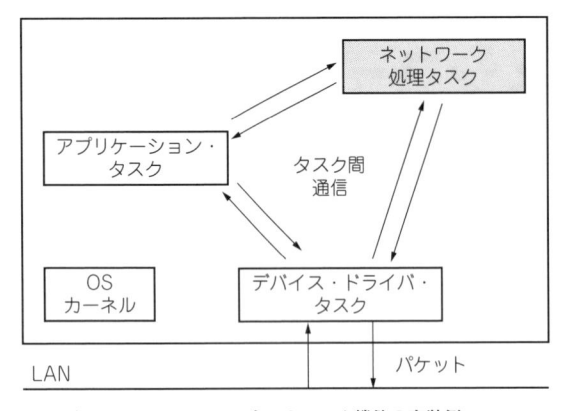

図3 組み込みシステムでのネットワーク機能の実装例

一般的です．アプリケーションからはネットワーク機能はいわゆるソケット・インターフェースのようなシステムコールで呼び出します．

● アプリケーション・レベルでネットワーク機能を実装するとルーティングが遅くなる

実はUNIXには古来より「全てのものをファイルに見せる」という考え方があります．この考えにのっとるならば，図2のようにネットワーク・インターフェースはパケットをそのままの状態で送受信するだけの単なるキャラクタ・デバイスとして，

1. /dev以下にデバイス・ファイルを配置
2. デバイス・ファイルからパケットを生の状態で送受信するアプリケーションを動作
3. アプリケーション・レベルでルーティングやTCP/IPのヘッダ処理を行う
4. ほかのアプリケーションはアプリケーション間通信によってネットワーク処理アプリケーションに通信を依頼する

という構成の方が自然なように感じます．
しかし，この構成はルーティングという点では不利です．ルーティング処理は，ネットワーク処理アプリケーションがアプリケーション・レベルで行うことになるため，処理速度を上げにくいからです．

組み込みシステムの場合

● 想定外のアプリが動くことはないためネットワーク機能を共通化しておく必要性は薄い

汎用システムに対し，組み込みシステムは固定の用途に利用される専用システムです．内部ではさまざまなアプリケーション・プログラムが動作していたりしますが，それらのアプリケーションは開発元が決まったものを用意するだけで，ユーザによってインストールされることはありません．このような専用システム向けに設計されているOSが組み込みOSです．

このため組み込みOSは，基本として性善説の考え方になっています．何か悪さをするような信用のないアプリケーションが動くことはない，という考えだからです．ユーザがアプリケーションを開発することはないため，サービスのインターフェース仕様をシステムコールとして共通化する必要性は薄くなります．

● リアルタイム性を重視するためネットワーク機能はアプリケーションとして実装

組み込みOSではリアルタイム性の確保のため，OSのカーネル内部にあまり機能を組み込みたくないという事情があります．特にネットワーク機能はテーブル検索などのリアルタイム性を確保しにくい処理が必要です．カーネル内部に組み込むのではなく，タスク化してアプリケーションとして分離し，優先度を下げて動作できる（ほかに優先度の高いタスクがある場合に，処理を後回しにできる）必要があります．

このため組み込みシステムでは，図3のように，ネットワーク機能はカーネル内部には含めずにタスク化することで，アプリケーションとして実装しています．そしてOSが提供するタスク間通信によって各種サービスを依頼するというモデルが多く採用されています．アプリケーションは性善説のため，ネットワーク処理のような基本サービスと，ほかのユーザ・アプリケーションが同格でも問題はありません．

● パケットの受信割り込みの中で全てのTCP/IP処理を行うという設計例もある

ほかにも，例えばそもそもマルチタスクOSでない組み込みシステムでは，パケットの受信割り込みの中で全てのTCP/IP処理を行う，というモデルもあり得ます．これは一見すると複雑になりそうですが，イーサネット/IP/TCPなどの一連の処理を階層化し，各階層にパケット・キューを配置し，層ごとにキューから取り出して動作させることで，見通しのよい設計にできます．筆者がInterface 2012年9月号で紹介した自作プロトコル・スタックが，そのような設計になっています．

汎用システムはアプリケーションのインストールが前提であるため仕様の共通化が進められ，集束方向に進化します．一方，組み込みシステムは生き残るためには差別化が必要であり，発散方向に進化します．このためこのような異色とも思える設計であっても，それによってマルチタスク制御が不要になるといったメリットがあれば，十分に有効な場合があるわけです．

さかい・ひろあき

第6部 ネットワーク解析ツールづくり

第17章 ネットワーク・パケット解析環境の構築

よくあるMAC＆IPアドレスの重複やデータ誤りなどをサッと発見！

坂井 弘亮

(a) その1…イーサネット・ヘッダ＆IPヘッダ簡易アナライザ・プログラム

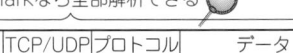

(b) その2…プロも愛用！オープンソースの定番ネットワーク・アナライザ・ソフトWireshark

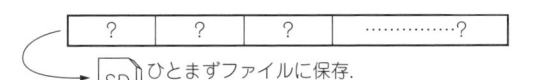

(c) その3…ネットワーク・パケット取り込みプログラム

図1 本章で紹介するネットワーク・パケット解析環境

● ネットワーク・パケットを解析できると上達するし劇的に便利

自作マイコン基板をネットワークにつなぐとき，応答が出てこなかったり挙動がおかしかったりすることがあります．

例えば，MACアドレスは世界に一つだけのはずですが，自作マイコン基板の場合，サンプルのMACアドレス設定をそのまま利用してしまうことがあります．なんとなく装置の挙動がおかしいことには気づくのですが，解決に時間がかかることがあります．

何らかの問い合わせは届いているのに，マイコン基板からの応答がLAN上に出てこないなどの事象もあり得ます（パルス・トランスの断線などの原因が考えられる）．

原因を探るにはLANケーブル上に流れるパケットを見てしまえれば，手っ取り早く解決できます．

● 紹介するソフトウェア

ここでは，用途に応じて三つのネットワーク・パケット解析用のソフトウェアを紹介します．

▶その1…イーサ＆IPヘッダの自作簡易アナライザ

イーサネット・ヘッダやIPヘッダは，それほど複雑な構造をしているわけではないため，簡単なアナライザならば自作可能です［図1(a)］．プログラムの容量も数Kバイト程度なので，ラズベリー・パイに搭載して持ち歩くこともできます．

▶その2…UDP/TCPもOKでフリー！定番ネットワーク・アナライザWireshark

その1の自作簡易アナライザは，イーサネット，IP, ARPの三つのプロトコルにしか対応していません．

世の中には，フリー・ソフトウェアのネットワーク・アナライザtcpdumpやWiresharkなどといったものがあります．ここでは定番のWiresharkについて紹介します［図1(b)］．

Wiresharkは高機能なぶん巨大なツールでもあるので，ラズベリー・パイのような小型CPU基板での動作に不向きな部分もあります

▶その3…自作ネットワーク・パケット・ロガー・ソフト

その1の自作簡易アナライザでは物足りなくて（UDPやTCPも解析したくて），Wireshark搭載パソコンをいちいち持ち歩きたくない場合，ネットワーク・パケット・ロガーがあると非常に便利です．ひたすらパケットを記録した後，パソコン上で動くWiresharkに読み込んで解析できます［図1(c)］．

第18章で示すようにラズベリー・パイで動かせば，非常に便利なネットワーク・パケット取り込み機になります．

その1…イーサ＆IPヘッダの自作簡易アナライザ

● 組み込みではイーサとIPのヘッダが解析できれば事足りる場合も

イーサネットは隣接ノードとの通信，IPはルーティングによる世界中へのパケットの到達性を司ります．対してそれらよりも上位のTCPやUDPなどのプロトコルは，アプリケーション向けのものであり，パケット通信にはそれよりも下のIPやイーサネットが効力

183

を持っています．

このためネットワークの通信可否の診断をするには，まずはイーサネット・ヘッダとIPヘッダを解析できれば，かなりの調査ができます．たとえ対象がイーサネットとIPだけだとしても，簡易アナライザ・プログラムが自作できれば，通信可否の診断のためのオリジナルの解析環境づくりにも応用できます．

● パケット解析の基本…構造体を定義すれば便利

ヘッダ構造を解析するプログラムをコーディングする際には，一般にはまず，ヘッダ上の各フィールドをメンバとした，フィールドへのアクセス用の構造体を定義します．

さらにパケットのヘッダ先頭を指すポインタをそれら構造体にキャストし，構造体のメンバを利用してヘッダの各フィールドにアクセスするようにします．このような書き方により，可読性の高いプログラムにできます．

● FreeBSDやGNU/Linuxならネットワーク・パケット用構造体が用意済み

例えばイーサネット・ヘッダを読み書きするためには，FreeBSDでもGNU/Linuxでも，/usr/include/net/ethernet.hで，struct ether_headerという構造体が定義されています．FreeBSDではカーネル，GNU/Linuxではライブラリが持っているヘッダ・ファイルがユーザランドにインストールされているものです．

またIPヘッダに関しても同じアクセス用構造体があります．FreeBSDでもGNU/Linuxでも /usr/include/netinet/ip.hに，struct ipという構造体が定義してあり，これをIPヘッダの読み書きに利用できます．リスト1はFreeBSDでのethernet.h，リスト2はCentOSのethernet.hからイーサネット・ヘッダの定義部分を抜粋したものです．リスト1とリスト2の構造体の定義は同等になっています．なお，リスト2の__attribute__ ((__packed__))によるアトリビュート指定は，アラインメントのための構造体のパディングを無効化することで，メンバの間にすき間ができないようにするためのものです．リスト1の__packedも，同等の定義になっています．

つまりstruct ether_headerという構造体を利用すれば，リスト3のようにして各フィールドにアクセスできます．なお，パケットのヘッダの読み書きには，ネットワーク・バイトオーダに合わせてntohs()/ntohl()やhtons()/htonl()が必要になる場合があります．

● ヘッダ解析プログラム

struct ether_headerとstruct ipを利用した，パケットのバイナリ・データを解析するプログラムがリスト4になります．なお，リスト4はFreeBSDとGNU/Linux両用で，FreeBSDとCentOSの環境でコンパイルと動作を確認してあります．リスト4のproc_ethernet()という関数にイーサネット・フレームで満たされた受信バッファのアドレスを渡すと，まずイーサネット・ヘッダを解析して各フィールドの内容を出力します．

また，ARP（Address Resolution Protocol）またはIPパケットの場合は，proc_arp()またはproc_ip()に渡し，呼び出し先でさらに解析します．ARPについては第20章で詳しく説明します．

proc_ip()では，struct ipを利用してIPヘッダを解析しています．なお，これは渡されたポインタをstruct ip *にキャストするのではなく，struct ipの実体にmemcpy()によってコピーし，そちらを参照しています．これはアラインメントを考慮したためです．

リスト1 FreeBSDのethernet.hからイーサネット・ヘッダの定義部分を抜粋したもの

```
struct ether_header {
        u_char  ether_dhost[ETHER_ADDR_LEN];
        u_char  ether_shost[ETHER_ADDR_LEN];
        u_short ether_type;
} __packed;
```

リスト2 CentOSのethernet.hからイーサネット・ヘッダの定義部分を抜粋したもの

```
struct ether_header
{
  u_int8_t  ether_dhost[ETH_ALEN];  /* 宛先アドレス */
  u_int8_t  ether_shost[ETH_ALEN];  /* 送信元アドレス */
  u_int16_t ether_type;             /* パケット・タイプIDフィールド */
} __attribute__ ((__packed__));
```

リスト3 struct ether_headerという構造体を利用すれば各フィールドにアクセスできる

```
struct ether_header *hdr;
hdr = (struct ether_header *)buffer;
printf("dst MAC: %s¥n", ether_ntoa((struct ether_addr *)hdr->ether_dhost));
printf("src MAC: %s¥n", ether_ntoa((struct ether_addr *)hdr->ether_shost));
printf("Type: %04x¥n", ntohs(hdr->ether_type));
```

第17章　ネットワーク・パケット解析環境の構築

リスト4　IPヘッダとイーサネット・ヘッダの解析プログラム(analyze.c)

```
    :
#include <sys/socket.h>
#include <net/ethernet.h>
#include <net/if_arp.h>
#include <netinet/in.h>
#include <netinet/ip.h>
#ifdef __linux__
#include <netinet/ether.h>
#endif
#include <arpa/inet.h>

static void proc_arp(char *p, int size)  ← ARPの場合
{
  struct arphdr arphdr;
  struct in_addr ipaddr;
  memcpy(&arphdr, p, sizeof(arphdr));
  printf("ARP\toperation: %d\n", ntohs(arphdr.ar_op));
  p += sizeof(arphdr);
  printf("\tsource MAC:%s\n", ether_ntoa((struct
                                          ether_addr *)p));
  p += arphdr.ar_hln; memcpy(&ipaddr, p,
                             sizeof(ipaddr));
  printf("\tsource IP :%s\n", inet_ntoa(ipaddr));
  p += arphdr.ar_pln;
  printf("\ttarget MAC:%s\n", ether_ntoa((struct
                                          ether_addr *)p));
  p += arphdr.ar_hln; memcpy(&ipaddr, p,
                             sizeof(ipaddr));
  printf("\ttarget IP :%s\n", inet_ntoa(ipaddr));
}

static void proc_ip(char *p, int size)  ← IPヘッダの場合
{
  struct ip iphdr;
  memcpy(&iphdr, p, sizeof(iphdr));
  printf("IP\theader size: %d bytes\n", (iphdr.ip_hl
                                         << 2));
  printf("\ttotal size: %d bytes\n", ntohs(iphdr.
                                           ip_len));
  printf("\tTTL: %d\n", iphdr.ip_ttl);
  printf("\tprotocol: %d\n", iphdr.ip_p);
  printf("\tsrc IP addr: %s\n", inet_ntoa(iphdr.
                                          ip_src));
  printf("\tdst IP addr: %s\n", inet_ntoa(iphdr.
                                          ip_dst));
}
                                    ← proc_ethernet()
void proc_ethernet(char *p, int size, struct timeval
                                                  *tm)
                                    ← イーサネット・ヘッダの場合
{
  struct ether_header ehdr;
  printf("----\nreceived: %d bytes\n", size);
  memcpy(&ehdr, p, ETHER_HDR_LEN);
  printf("%s ->", ether_ntoa((struct ether_addr *)
                             ehdr.ether_shost));
  printf(" %s ", ether_ntoa((struct ether_addr *)
                             ehdr.ether_dhost));
  printf("(type: 0x%04x)\n", ntohs(ehdr.ether_type));
  switch (ntohs(ehdr.ether_type)) {
  case ETHERTYPE_ARP:
    proc_arp(p + ETHER_HDR_LEN, size - ETHER_HDR_
                                               LEN);
    break;
  case ETHERTYPE_IP:
    proc_ip(p + ETHER_HDR_LEN, size - ETHER_HDR_LEN);
    break;
  default:
    break;
  }
}
```

● イーサ＆IPパケット簡易アナライザのプログラムと入手方法

　イーサネット・フレームのバイナリ・データを，リスト4のproc_ethernet()に渡すことで解析ができます．

　パケットの直接受信の方法は第16章で解説しました．受信ツールも作成しています．

　これらを組み合わせることで，パケットを受信して解析するような簡易アナライザとして使えます．

　ソースコード一式は以下からダウンロードできます．

http://kozos.jp/books/interface/
201408/recv-packet/analyzer/

● パケット受信プログラムとリンクする

　第16章で説明したbpf-recv.cとrawsock-recv.cは，BPFまたはRAWソケットによってパケットの直接受信を行い，さらに受信したパケットの内容をそのまま標準出力に書き出して終了するだけのものでした．これらからリスト4のproc_ethernet()を呼び出すように処理を変更すれば，簡易アナライザとして利用できます．

　リスト5はbpf-recv.cに対する変更，リスト6はrawsock-recv.cに対する変更です．実際にはwhileループにより受信処理を続行するように動作変更しています．

　BPFのread()では，バッファ上に複数のパケットが連なった状態で読み出されるため，リスト5の変更でforループによりパケットごとにproc_ethernet()を呼び出すようにします．またproc_ethernet()は引き数として受信した時刻を渡す必要がありますが，受信時刻はstruct bpf_hdrに格納されているため，それをそのまま渡しています．

　対してリスト6の変更では，recv()による受信のたびにproc_ethernet()を呼び出すようにします．また受信時刻はioctl()により取得しています．

　リスト5，リスト6の変更をbpf-recv.cまたはrawsock-recv.cに加え，以下のようにしてanalyze.c（リスト4）と組み合わせてコンパイルすることで，簡易アナライザの実行ファイルを作成できます．

▶ **FreeBSDの場合**

gcc -Wall bpf-recv.c analyze.c -o bpf-recv-analyze ⏎

▶ **CentOSの場合**

gcc -Wall rawsock-recv.c analyze.c -o rawsock-recv-analyze ⏎

● 実験！自作簡易アナライザでパケット解析

　作成した簡易アナライザにより，実際にパケットを

第6部 ネットワーク解析ツールづくり

リスト5 パケット受信プログラムを簡易アナライザとして利用する（FreeBSDの場合）
bpf-recv.cに対する変更点

```
@@ -40,10 +42,15 @@
    if (ioctl(fd, BIOCFLUSH, NULL) < 0)
                        /* 受信バッファをフラッシュする */
        error_exit("Fail to ioctl BIOCFLUSH.\n");

-   size = read(fd, buffer, sizeof(buffer));
                        /* パケットの受信 */
-   hdr = (struct bpf_hdr *)buffer;
-   p = (char *)hdr + hdr->bh_hdrlen;
-   write(1, p, hdr->bh_caplen);
                        /* 標準出力にデータを書き出す */
+   while (1) {
+       size = read(fd, buffer, sizeof(buffer));
                        /* パケットの受信 */
+       for (hdr = (struct bpf_hdr *)buffer; (char *)
                       hdr < buffer + size;) {
+           p = (char *)hdr + hdr->bh_hdrlen;
+           proc_ethernet(p, hdr->bh_caplen, &hdr->bh_
                       tstamp); /* パケット解析 */
+           hdr = (struct bpf_hdr *)
+               ((char *)hdr + BPF_WORDALIGN(hdr->bh_hdrlen
+                       + hdr->bh_caplen));
+       }
+   }
    close(fd);

    return 0;
```

リスト6 パケット受信プログラムを簡易アナライザとして利用する（CentOSの場合）
rawsock-recv.cに対する変更点

```
@@ -47,8 +49,12 @@
    if (bind(s, (struct sockaddr *)&sll, sizeof(sll))
                                         < 0)
        error_exit("Cannot bind.\n");

-   size = recv(s, buffer, sizeof(buffer), 0);
                        /* パケットの受信 */
-   write(1, buffer, size); /* 標準出力にデータを書き出す */
+   while (1) {
+       struct timeval t;
+       size = recv(s, buffer, sizeof(buffer), 0);
                        /* パケットの受信 */
+       ioctl(s, SIOCGSTAMP, &t);
+       proc_ethernet(buffer, size, &t); /* パケット解析 */
+   }
    close(s);

    return 0;
```

受信して解析してみましょう．リスト7はCentOSに対してpingを送信し，CentOS側でrawsock-recv-analyzeによってキャプチャを行った結果です．四つのパケットが受信できていますが，前半二つはping前のARPによるアドレス解決です．また後半の二つが，pingコマンドによるICMP Echo RequestとICMP Echo Replyになります．ARPやICMP（ping）については第20章で解説します．ここではIPヘッダのプロトコル番号が1でICMPを指していることに注目してください．二つのパケットではMACアドレスとIPアドレスが逆転しており，問い合わせに対しての応答が返されていることが確認できました．

リスト7 ping送信で生成されたパケットを解析してみた
CentOSに対してpingを送信し，CentOS側でrawsock-recv-analyzeによってキャプチャを行った結果

```
[root@localhost user]# ./rawsock-recv-analyze eth1
----
received: 60 bytes                    ←（MAC）
0:11:22:33:44:55 -> ff:ff:ff:ff:ff:ff(type: 0x0806)
ARP    operation: 1
       source MAC:0:11:22:33:44:55          ┐
       source IP :192.168.1.1               ┘ ←送信元
       target MAC:0:0:0:0:0:0               ┐
       target IP :192.168.1.2               ┘ ←相手
----
received: 42 bytes
0:66:77:88:99:aa -> 0:11:22:33:44:55 (type: 0x0806)
ARP    operation: 2
       source MAC:0:66:77:88:99:aa          ┐
       source IP :192.168.1.2               ┘ ←返信元
       target MAC:0:11:22:33:44:55          ┐
       target IP :192.168.1.1               ┘ ←問い合わせ元
----
received: 98 bytes        ←（pingによるICMP Echo Request）
0:11:22:33:44:55 -> 0:66:77:88:99:aa (type: 0x0800)
IP     header size: 20 bytes
       total size: 84 bytes          ┌ プロトコルがICMP
       TTL: 64                       │ であることを指す
       protocol: ①  ←────────────────┘
       src IP addr: 192.168.1.1      ←送信元
       dst IP addr: 192.168.1.2      ←宛先
----
received: 98 bytes        ←（pingによるICMP Echo Reply）
0:66:77:88:99:aa -> 0:11:22:33:44:55 (type: 0x0800)
IP     header size: 20 bytes
       total size: 84 bytes          ┌ プロトコルがICMP
       TTL: 64                       │ であることを指す
       protocol: ①  ←────────────────┘
       src IP addr: 192.168.1.2      ←返信元
       dst IP addr: 192.168.1.1      ←宛先
```

その2…UDP/TCPもOKでフリー！プロの定番ネットワーク・アナライザWireshark

その1の自作簡易アナライザは，イーサネットとIP，ARPの三つのプロトコルにしか対応していません．フリー・ソフトウェアのネットワーク・アナライザにはtcpdumpやWiresharkなどといったものがあります．ここではネットワークのプロにも定番として使われているWiresharkを紹介します．

● IPより上位のUDP/TCPなどを解析したいときはネットワーク・アナライザが欲しい！

普段からPCにWiresharkをインストールしているという方は，多くはいないでしょう．Wiresharkは，うまく通信ができない場合の調査の手段として威力を発揮します．これは家庭内ネットワークなどでも有用なため，PCにとりあえずインストールしておいて損はないと思います．

例えば家庭内ネットワークで，パソコンからインターネットに対しての通信ができないときを考えてみましょう．このようなとき，とりあえずパソコン上でキャプチャを行い，以下のような視点で見ることで，原因究明の足掛かりになるかもしれません．

(a) これでは全てのパケットをキャプチャできない

(b) リピータ・ハブを間に挟むことで，全てのパケットをキャプチャする

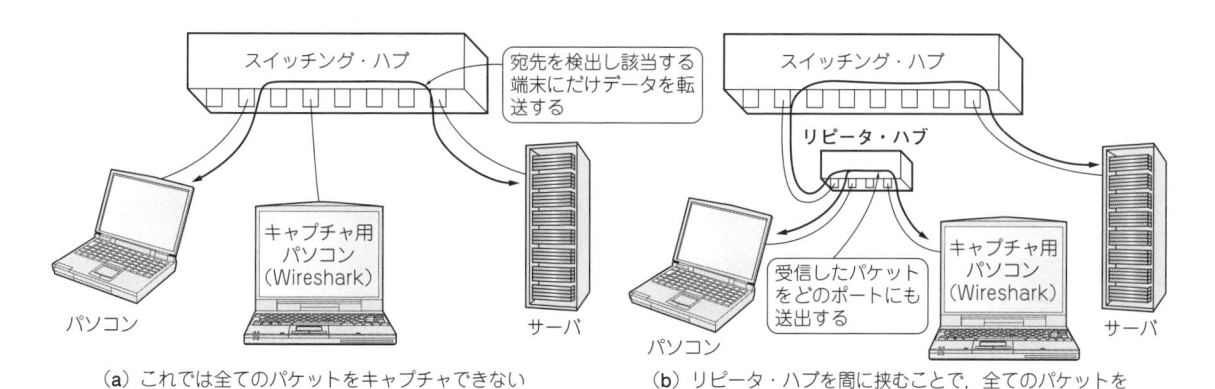

図2 Wiresharkはこんな風に挿入する

- DHCPによるアドレス取得のやりとりが行われているか？
  Wiresharkを起動した状態でDHCPによるアドレス取得を行ってみる（ネットワーク・インターフェースをいったん無効にし，再度有効にするなど）．
- ルータに対してpingを実行した際に，ARPやICMPは発行されているか？
  発行されていなければPCの問題，発行されているが応答が返ってきていないのであればルータ側の問題，と切り分けることができます．
- Webアクセスした際に，TCPは発行されているか？
  発行されていなければPCの問題，発行されているが応答が返ってきていないのであればルータかその先のネットワークの問題，と切り分けられます．

第20章で説明するping応答ソフトと組み合わせてネットワーク調査に利用することもできます．ネットワーク上のノードに対して近い位置のものから順番にpingで応答確認を行い，WiresharkでPCが発行するパケットや応答パケットの状態を見てみるのが，ネットワーク調査の第一歩になります．

● パケット解析のネットワーク構成

ネットワーク調査のためにWiresharkを用いる場合，スイッチング・ハブでは都合が悪い場合があります．例えば図2（a）のような構成でPCとサーバ間に流れるパケットを観測したい場合に，キャプチャ用PCをスイッチング・ハブのポートに接続しても，全てのパケットをキャプチャすることはできません．スイッチング・ハブは，各ノードのMACアドレスを学習し，当該のポートにだけ転送するような動作をするからです．これは必要なポートにだけフレームを中継することでトラフィックを抑えるためです．

ブロードキャスト（宛先MACアドレスがFF:FF:FF:FF:FF:FFのもの）やマルチキャスト（宛先MACアドレスが01:xx:xx:xx:xx:xxのもの）のイーサネット・フレームは，キャプチャ用PCのポートにも転送されるためキャプチャできますが，PC-サーバ間の通常トラフィックはキャプチャできません．

このような場合，第16章column2で紹介したリピータ・ハブを図2（b）のようにPCとスイッチング・ハブの間に挟み，そこにキャプチャ用PCを接続することで，PCとサーバの間を流れる全てのパケットをキャプチャできるようになります．

● PCへのインストール

Wiresharkはキャプチャしたパケットを解析するだけでなく，高度なフィルタリングや各種フォーマットでのパケットの保存など，多彩な機能があります．さまざまなプロトコルにも対応しています．Wiresharkをインストールして，実際に使ってみましょう．

WiresharkはCentOSやUbuntuなどの各種GNU/Linuxディストリビューション，またはFreeBSD，Windows，Mac OS Xなどのさまざまな環境で動作します．多くのOS環境でパッケージ化されているため，インストールはそれほど難しくはないと思います．

例えばCentOSならば，yumコマンドで以下のようにしてインストールできます．

```
# yum install wireshark
```

インストールが完了したら，Wiresharkを起動してみます．オプションなどは特に必要ありません．

```
% wireshark
```

起動すると図3のようなウィンドウが開きます．

● 実験…パケットをキャプチャしてみる

Wiresharkによって，ネットワーク上を流れるパケットを実際に取り込んで見てみましょう．キャプチャする方法は簡単です．初回のキャプチャではメニュー・バーの中から［Capture］-［Options...］を選択し，キャプチャするインターフェースを選択します．図4ではインターフェースにem1を選択しています．

表1 Wiresharkのオプション設定で指定できる項目の一例

項目	デフォルト	内容
Capture packets in promiscuous mode	有効	プロミスキャス・モードに入る．無効な場合，自分宛以外のパケットは受信できない
Update list of packets in real time	有効	キャプチャしたパケットのリストをリアルタイムに更新する
Enable MAC name resolution	有効	MACアドレスをベンダ名に変換して表示する
Enable network name resolution	無効	IPアドレスを名前解決して表示する

図3 Wiresharkの初期画面

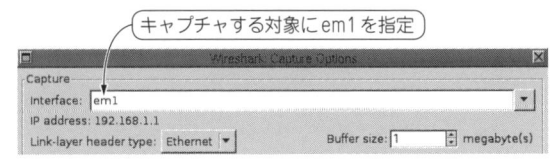

図4 キャプチャするインターフェースを選択

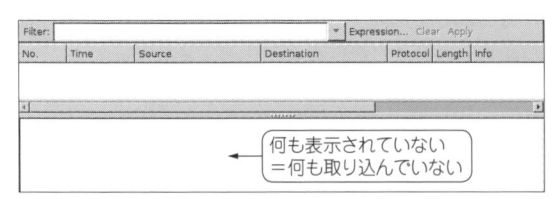

図5 キャプチャ開始時の画面

図6 適当にpingを流したときのキャプチャのようす

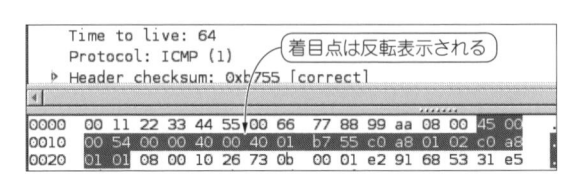

図7 受信したICMP Echo RequestのIPヘッダ部分の解析結果を表示させている

表1はオプション設定で指定できる項目の一例です．ほかにもさまざまな指定ができるので，一度見ておくとよいでしょう．

キャプチャが始まると，図5のような状態になります．この状態では，まだ何も受信されていないので，パケット一覧には何も表示されていません．

この状態でパケットを受信すると，パケット一覧にリアルタイムで表示されていきます．図6は適当にpingを流したときのキャプチャのようすです．

キャプチャしたパケットは，ウィンドウ上の各フィールドをクリックすることで詳細な解析結果を表示できます．指定されたフィールドが対応するバイナリ・データ部は反転表示されるため，どのデータがどのフィールドに対応するのかがひと目でわかります．図7は受信したICMP Echo RequestのIPヘッダ部分の解析結果を表示させている例です．

▶ Wireshark使用上の注意

Wiresharkはバックエンドにlibpcapというパケット操作用のライブラリを使っています．libpcapはFreeBSDのBPFやLinuxのRAWソケットを抽象化し，パケットの送受信方法をOSに依存しない共通インターフェースとして提供するライブラリです．

内部では実際には，FreeBSDならばBPFが，LinuxならばRAWソケットが利用されています．

よってキャプチャのためには，FreeBSDならchmod 644 /dev/bpf* でBPFを一般ユーザでリード可能にしておく必要があります．また，Linux環境ではRAWソケットの利用のために，スーパユーザでWiresharkを起動する必要があります．

● コマンド版tshark

WiresharkにはCUI版のtsharkというツールも付属しています．リスト8はCentOS上でtsharkによりキャプチャを行った例です．-iオプションにより受信インターフェースを指定して起動し，最後はCtrl-Cで強制終了しています．

リスト8の例でキャプチャ結果は簡潔に表示されていますが，起動時に-Vオプションを加えると，詳細な解析結果を表示させることができます．

tsharkは，以下のような場合には有用です．

- パケットの受信確認だけのために，気軽にキャプチャを行いたい場合
- サーバなどで遠隔でキャプチャ操作を行い，キャプチャ結果をファイルに保存したい場合
- スクリプト上から自動でキャプチャを行いたい場合

tsharkは起動時にさまざまなオプションを指定できます．表2は有用と思われるオプションの一覧です．

第17章 ネットワーク・パケット解析環境の構築

リスト8 CentOS上でtsharkによりキャプチャを行った

```
[root@localhost user]# tshark -i eth1
Running as user "root" and group "root". This could be dangerous.
Capturing on eth1
  0.000000 192.168.1.1 -> 192.168.1.2 ICMP 98 Echo (ping) request  id=0x2007, seq=0/0, ttl=64
  0.000040 192.168.1.2 -> 192.168.1.1 ICMP 98 Echo (ping) reply    id=0x2007, seq=0/0, ttl=64
^C2 packets captured
[root@localhost user]#
```

表2 tsharkの主なオプションの一覧

オプション	引き数	意味
-i	<interface>	キャプチャするインターフェースを指定する
-l	なし	標準出力をフラッシュしながら表示する．表示結果をパイプで別プログラムに渡す場合などに有用
-n	なし	MACアドレス，IPアドレス，ポート番号などを数値のまま表示する（未指定の場合にはベンダ名やホスト名，ポート名などに変換して表示する）
-p	なし	プロミスキャス・モードにしないで受信する
-q	なし	サイレント・モード．-wによるファイル保存を行う場合には，指定するとCtrl-Cによる終了時に受信パケット数を表示する（標準では受信のたびに受信パケット数を表示する）．-wが無効の場合には，指定するとパケットの解析結果を表示しない
-S	なし	-wでのファイル保存の際に，解析結果の表示も行う（標準では-wによるファイル保存を行うと，解析結果の表示は行わない）
-V	なし	パケットの詳細な解析結果を出力する
-w	<filename>	受信パケットをpcapフォーマットでファイルに出力する．ファイル名に「-」を指定すると標準出力に出力する
-x	なし	解析結果だけでなく，パケットのバイナリ・ダンプも表示する

その3…自作のネットワーク・パケット・ロガー・ソフト

　定番ネットワーク・アナライザWiresharkは，取り込んだパケットをファイルに保存できます．いったんファイルに保存したパケット・データを再度読み込み，解析することもできます．

　ファイルへの保存は一般的にはpcapというフォーマットによって行われます．ということは，BPFやRAWソケットによりキャプチャしたパケットを，pcapフォーマットで保存できれば，それをWiresharkで読み込んで解析できるはずです．ここではpcapフォーマットについて説明し，受信したパケットをpcapフォーマットで保存する簡易パケット・キャプチャを作成してみます．

● ネットワーク・パケット保存用pcapフォーマット

　pcapフォーマットはそれほど複雑な構造ではないため，読み書きは簡単です．その構造は，図8のように先頭にファイル・ヘッダがあり，後はパケット・ヘッダとパケットのバイナリ・データが繰り返されるような形になっています．ファイル・ヘッダにはファイル全域に関する情報があり，パケット・ヘッダにはパケットごとの情報が格納されています．

● その1：ファイル・ヘッダ用構造体

　リスト9はpcapフォーマットのファイル・ヘッダにアクセスするための構造体の例です．ファイル・ヘッダは先頭に4バイトのマジックナンバを持っており，ここを参照することでpcapフォーマットのファイルであることを判別できるようになっています．さらにタイムゾーン，パケットの最大サイズといった情報も格納されています．

　この中でも特に重要なのは，データリンク層の種別です．これはイーサネットでは1になりますが，レイヤ2がイーサネット以外の場合には別の値になります．例えばループバック・インターフェース（127.0.0.1）では「0」，電話線でのダイヤルアップに用いられるPPP（Point-to-Point Protocol）では「9」という値になります．これが正しく設定されていないと，その後のパケット・データを別のデータリンク層のパケットとして解釈してしまうため，正常に解析できません．

　ファイル・ヘッダやパケット・ヘッダの各メンバのエンディアンは，マジック・ナンバの入り方で決定されるようです．つまり，マジック・ナンバがリトル・エンディアンとして格納されていれば，メンバもリト

ファイル・ヘッダ	パケット・ヘッダ1	パケット・データ1	パケット・ヘッダ2	パケット・データ2	…
	パケット1		パケット2		…

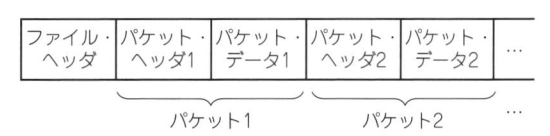

図8 pcapフォーマットはそれほど複雑な構造ではない

リスト9 pcapフォーマットのファイル・ヘッダにアクセスするための構造体

```
struct pcap_file_header {
  unsigned long magic;       /* マジック・ナンバ */
#define PCAP_FILE_HEADER_MAGIC 0xA1B2C3D4
  unsigned short version_major;
                             /* バージョン番号（メジャー・バージョン） */
  unsigned short version_minor;
                             /* バージョン番号（マイナー・バージョン） */
#define PCAP_FILE_HEADER_VERSION_MAJOR 2
#define PCAP_FILE_HEADER_VERSION_MINOR 4
  long thiszone;             /* タイムゾーン */
  unsigned long sigfigs;     /* タイム・スタンプの精度？ */
  unsigned long snaplen;     /* パケットの最大サイズ */
#define PCAP_FILE_HEADER_SNAPLEN 0xFFFF
  unsigned long linktype;
                             /* データリンク層（L2層）の種類（Ethernetは1） */
#define PCAP_FILE_HEADER_LINKTYPE_ETHERNET 1
};
```

リスト10 pcapフォーマットのパケット・ヘッダにアクセスするための構造体

```
struct pcap_packet_header {
  struct {
    unsigned long tv_sec;
    unsigned long tv_usec;
  } ts;                      /* 時刻 */
  unsigned long caplen;      /* ファイル上のパケット・サイズ */
  unsigned long len;         /* 受信パケット・サイズ */
};
```

ル・エンディアンで，マジック・ナンバがビッグ・エンディアンならばメンバもビッグ・エンディアンとなるようです．

Wiresharkはどちらのエンディアンも解釈してくれるので，pcapファイルを生成する側では，ひとまず気にせずにネイティブなエンディアンで値を格納できます．反面，解析ツールを作るならば，正式には両方のエンディアンに対応させる必要があります．

● その2：パケット・ヘッダ用構造体

リスト10はpcapフォーマットのパケット・ヘッダにアクセスするための構造体の例です．パケット・ヘッダの先頭には，パケットがキャプチャされた時刻が格納されています．これは実はstruct timevalのフォーマットなのですが，struct timevalはメンバのビット幅が環境によって異なる場合があり，32ビットであることを明示したいので，リスト10では独自に定義しています．

さらにパケット・サイズの情報には，caplenとlenの二つがあります．caplenは受信したデータのサイズ，lenは本来のパケット・サイズです．

これらは通常は同じ値になりますが，受信バッファ不足でパケット全体が受信できなかった場合には，LANコントローラが受信した本来のサイズはlenに格納されているが，実際にバッファに格納されたサイズはもっと小さな値としてcaplenに格納されている，ということがあり得ます．

よって，pcapフォーマット内のデータの操作はcaplenに従って行うが，caplen < lenになっている場合には，そのパケットは尻切れになってしまっているとして扱うのが正しいように思います．

▶ FreeBSDのBPF受信ヘッダも実はほぼ同じ構造

実は第16章で説明した，BPFの受信データに付加されるstruct bpf_hdrにも，サイズ情報として

同じようにbh_caplenとbh_datalenの二つのメンバがあります．これらはpcapフォーマットのcaplenとlenにそれぞれ対応しているようです．BPFのstruct bpf_hdrは，pcapフォーマットのパケット・ヘッダに非常に近い形になっています．

● 簡易パケット・キャプチャ・ソフトウェアの入手

受信したパケットをpcapフォーマットで保存するような，簡易パケット・キャプチャを製作してみましょう．まずはパケットをpcapフォーマットで保存するライブラリを作成します．さらにパケットの受信プログラムとリンクすることで，パケット・キャプチャとしての動作を可能にします．ソースコード一式は，以下からダウンロードできます．

http://kozos.jp/books/interface/
201408/recv-packet/savepcap/

● Wiresharkで解析できるようにpcap出力するためのプログラム

リスト11は取り込み済みのパケット・データをpcapフォーマットで出力するプログラムです．リスト11の先頭付近では，pcapフォーマットのファイル・ヘッダとパケット・ヘッダのアクセス用の構造体（リスト9とリスト10）を定義してあります．

さらにproc_ethernet()を呼び出すことで，渡されたパケット・データをpcapフォーマットで標準出力に書き出します．なおproc_ethernet()では初回だけmake_packet_header()が呼び出されることで，先頭にはファイル・ヘッダが付加されます．

proc_ethernet()では，渡されたパケットのサイズがアラインメントされていなくても，パディングしてヘッダの先頭をアラインメントにそろえるようなことはしていません．筆者が使ってみた範囲では，特に問題はないようです．逆にいうと，pcapフォーマットを解析するプログラムを作成する場合には，アラインメントに依存しないように，奇数アドレスに対しての読み書きに注意する必要があるでしょう．

第17章 ネットワーク・パケット解析環境の構築

リスト11 取り込んだパケット・データをpcapフォーマットで出力するプログラム（savepcap.c）

```c
struct pcap_file_header {
  unsigned long magic;/* マジック・ナンバ */
#define PCAP_FILE_HEADER_MAGIC 0xA1B2C3D4
  unsigned short version_major;
                       /* バージョン番号（メジャー・バージョン） */
  unsigned short version_minor;
                       /* バージョン番号（マイナー・バージョン） */
#define PCAP_FILE_HEADER_VERSION_MAJOR 2
#define PCAP_FILE_HEADER_VERSION_MINOR 4
  long thiszone;           /* タイムゾーン */
  unsigned long sigfigs;   /* タイム・スタンプの精度？ */
  unsigned long snaplen;   /* パケットの最大サイズ */
#define PCAP_FILE_HEADER_SNAPLEN 0xFFFF
  unsigned long linktype;
                /* データリンク層（L2層）の種類（Ethernetは1） */
#define PCAP_FILE_HEADER_LINKTYPE_ETHERNET 1
};

struct pcap_packet_header {
  struct {
    unsigned long tv_sec;
    unsigned long tv_usec;
  } ts;                    /* 時刻 */
  unsigned long caplen;    /* ファイル上のパケット・サイズ */
  unsigned long len;       /* 受信パケット・サイズ */
};

static void make_file_header()
{
  struct pcap_file_header filehdr;

  memset(&filehdr, 0, sizeof(filehdr));
  filehdr.magic = PCAP_FILE_HEADER_MAGIC;
  filehdr.version_major = PCAP_FILE_HEADER_VERSION_
                                                MAJOR;
  filehdr.version_minor = PCAP_FILE_HEADER_VERSION_
                                                MINOR;
  filehdr.snaplen = PCAP_FILE_HEADER_SNAPLEN;
  filehdr.linktype = PCAP_FILE_HEADER_LINKTYPE_
ETHERNET;
  write(1, &filehdr, sizeof(filehdr));
}

/* proc_ethernet()を呼び出すことで渡されたデータ
   をpcapフォーマットで標準出力に書き出す */
void proc_ethernet(char *p, int size, struct timeval
                                                 *tm)
{
  static int init = 0;
  struct pcap_packet_header pkthdr;

  if (!init) {
    make_file_header();
    init++;
  }

  pkthdr.ts.tv_sec = tm->tv_sec;
  pkthdr.ts.tv_usec = tm->tv_usec;
  pkthdr.caplen = pkthdr.len = size;

  write(1, &pkthdr, sizeof(pkthdr));
  write(1, p, size);
}
```

● プログラムのコンパイル

リスト11のsavepcap.cはFreeBSDとGNU/Linux両用です．先述したanalyze.cと同じように，リスト5とリスト6で修正を加えたbpf-recv.cまたはrawsock-recv.cとリンクすることで，FreeBSDまたはLinux用の簡易パケット・キャプチャの実行ファイルを作成できます．コンパイルは以下のように行います．

▶ FreeBSDの場合
`gcc -Wall bpf-recv.c savepcap.c -o bpf-recv-savepcap`

▶ Linuxの場合
`gcc -Wall rawsock-recv.c savepcap.c -o rawsock-recv-savepcap`

● 動作させる

作成した簡易パケット・キャプチャの実行ファイルを動作させてみましょう．以下のようにして実行することで，キャプチャした結果をcapture.pcapというファイルに保存します．

▶ FreeBSDの場合
`% ./bpf-recv-savepcap em1 > capture.pcap`

▶ Linuxの場合
`# ./rawsock-recv-savepcap eth1 > capture.pcap`

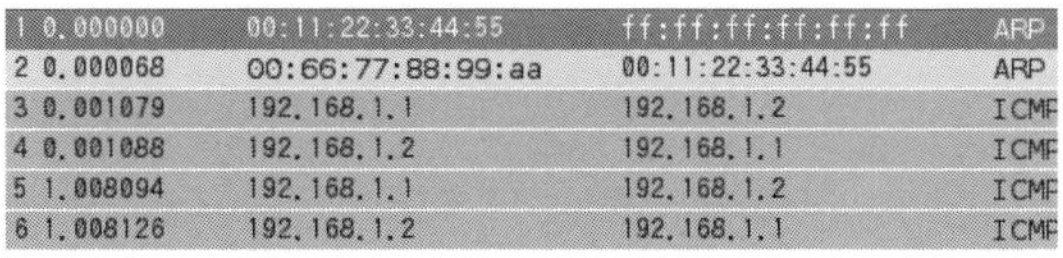

図9 簡易パケット・キャプチャで取り込んだデータをWiresharkに読み込ませた

1 0.000000	00:11:22:33:44:55	ff:ff:ff:ff:ff:ff	ARP
2 0.000068	00:66:77:88:99:aa	00:11:22:33:44:55	ARP
3 0.001079	192.168.1.1	192.168.1.2	ICMP
4 0.001088	192.168.1.2	192.168.1.1	ICMP
5 1.008094	192.168.1.1	192.168.1.2	ICMP
6 1.008126	192.168.1.2	192.168.1.1	ICMP

キャプチャはCtrl-Cで終了できます．

以下はCentOS上でキャプチャを行った例です．実際にはキャプチャ中にpingによる通信を3回行い，通信の終了後にCtrl-Cによってキャプチャを終了しています．

```
[root@localhost user]# ./rawsock-
recv-savepcap eth1 > capture.pcap
^C
[root@localhost user]#
```
（ホスト名）

上で生成したcapture.pcapをWiresharkで開いてみます．Wiresharkは以下のように引き数にpcapファイルを指定して起動すると，pcapファイルをそのまま開いて解析できます．

`wireshark capture.pcap`

Wiresharkでの解析結果は**図9**のようになりました．ARPやICMP（pingで使われているプロトコル）のパケットが問題なく解析できました．

さかい・ひろあき

第6部 ネットワーク解析ツールづくり

第18章

自宅でネットワーク上達の近道！
後から解析も簡単！ラズベリー・パイで作るパケット・ロガー

坂井 弘亮

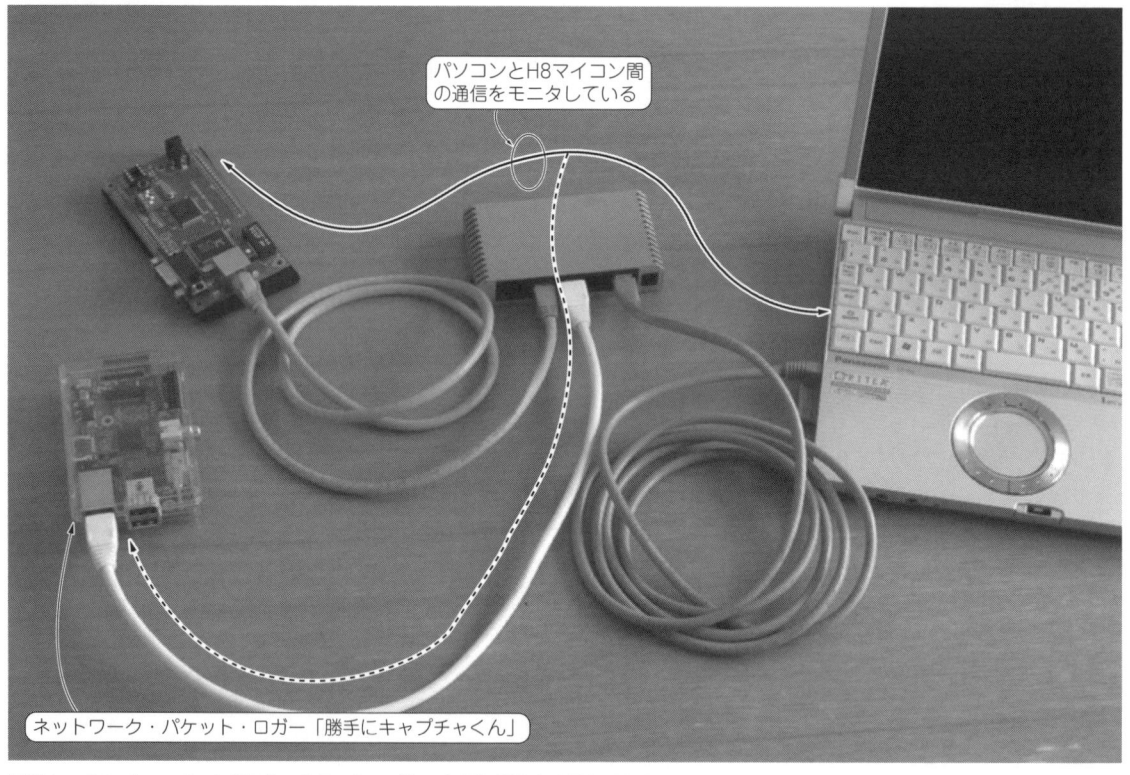

写真1 パソコン-マイコン間のネットワーク・パケットを取り込んで保存できる！

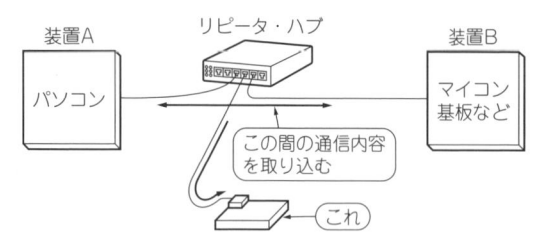

図1 製作したラズベリー・パイ ネットワーク・パケット・ロガー
「勝手にパケット・キャプチャくん」を使ってデータを取り込んでおくと自宅のLAN解析が手軽にできる

本章で紹介するネットワーク・パケット・ロガーは，装置Aと装置Bの間でやりとりされるパケットを，ラズベリー・パイに記録し続けます（図1，写真1）．

記録データは，プロ御用達のネットワーク・アナライザWiresharkで図2のように開くことができます．どの時間にどのようなプロトコルがやりとりされたかを，じっくり解析できます．

第17章で作成した簡易パケット・キャプチャをラズベリー・パイ上で動作させることで，かばんに入れて持ち歩ける自動キャプチャ装置を実現しています．出張先でのネットワーク解析に役立つことがあるかもしれません．機能を表1に示します．

● 準備
▶ラズベリー・パイを動く状態にする
　まずはラズベリー・パイ上で，筆者が製作した簡易パケット・キャプチャを動作させてみましょう．

第18章 後から解析も簡単！ラズベリー・パイで作るパケット・ロガー

表1 ネットワーク・アナライザに取り込める形式でパケットを保存する

項　目	詳　細
データ出力形式	pcapフォーマット（Wiresharkに取り込める）
機能	受信したパケットをファイルに保存
キャプチャ可能速度	CPUやSDカードに依存

リスト1　自動でキャプチャするためのcapture.shスクリプト

```
001: #/bin/sh
002:
003: f=/home/pi/`date +%Y%m%d-%H%M%S`.pcap
004: (sleep 60 ; killall rawsock-recv-savepcap) &
005: /home/pi/rawsock-recv-savepcap eth0 > $f
```

Raspbianを展開したSDメモリーカードを準備し，ラズベリー・パイでの起動後に各種設定を行い，サーバとして動作する状態にします．

▶第17章で作成した簡易パケット・キャプチャ・プログラムをラズベリー・パイでコンパイルする

第17章で説明したanalyze.cとrawsock-recv.cをラズベリー・パイ上にコピーし，以下のようにコンパイルすると，簡易アナライザの実行ファイルを作成できます．

```
pi@raspberrypi ~ $ gcc -Wall
rawsock-recv.c analyze.c -o
rawsock-recv-analyze
```

▶スーパーユーザ権限で起動する

生成した実行ファイルは以下で実行できます．RAWソケットを利用するためスーパーユーザ権限で実行する必要があります．RaspbianはDebianベースのため，sudoによって起動します．

```
pi@raspberrypi ~ $ sudo ./rawsock-
recv-analyze eth0
```

● 簡易パケット・キャプチャ・プログラムを試す

次にラズベリー・パイ上で，簡易パケット・キャプチャを動作させてみましょう．第17章で紹介したsavepcap.cをラズベリー・パイ上にコピーします．以下のようにしてコンパイルし，先ほどのrawsock-recv.cとリンクさせることで，簡易パケット・キャプチャの実行ファイルを作成します．

```
pi@raspberrypi ~ $ gcc -Wall
rawsock-recv.c savepcap.c -o
rawsock-recv-savepcap
```

生成された実行ファイルを以下のように実行することで，ラズベリー・パイ上でパケットのキャプチャを行い，capture.pcapというファイルに保存できます．

```
pi@raspberrypi ~ $ sudo ./rawsock-
recv-savepcap eth0 > capture.pcap
```

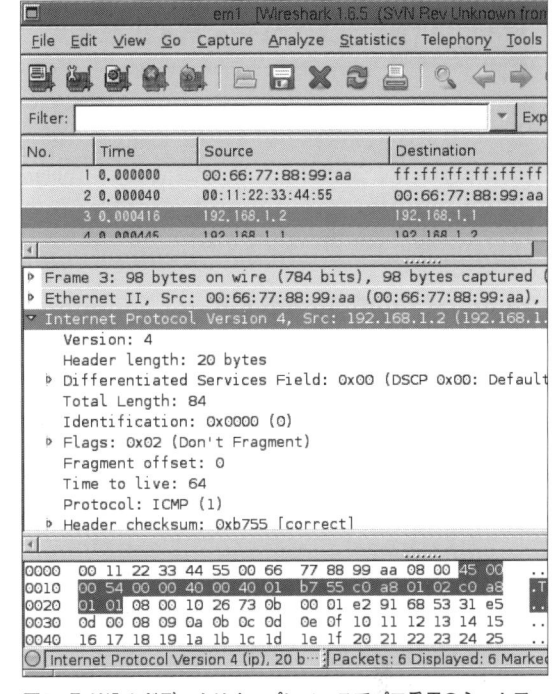

図2　取り込んだデータはオープンソースでプロ愛用のネットワーク・アナライザWiresharkでじっくり解析すればよし

● 自動でキャプチャするスクリプトを作る

これらの簡易アナライザや簡易パケット・キャプチャを，筆者が実際にラズベリー・パイ上で試してみたところ，特に問題なく動作しました．また簡易パケット・キャプチャによって生成されたcapture.pcapは，PC側にコピーしてWiresharkで読み出すことで，解析ができました．くふう次第ではラズベリー・パイをさまざまなネットワーク装置に仕上げることが可能でしょう．

ここではラズベリー・パイの起動時に簡易パケット・キャプチャが自動的に動作するようにセットアップすることで，ラズベリー・パイを，持ち運びができる自動キャプチャ装置にしてみます．筆者は「勝手にキャプチャくん」と命名しました．

まずリスト1のようなスクリプトをcapture.shというファイル名で作成し，Raspbianのユーザのホームディレクトリ上（/home/pi）に置きます．

capture.shに対しては，以下で実行フラグを立てておきます．

```
pi@raspberrypi ~ $ chmod +x cap
ture.sh
```

さらに起動時にcapture.shが自動実行されるように，Raspbianの/etc/rc.localへ以下の1行を記述しておきます．

```
/home/pi/capture.sh &
```

193

column　ラズベリー・パイの準備

ラズベリー・パイはさまざまなOSで動作しますが，ここではRaspbianというGNU/Linuxディストリビューションを利用します．RaspbianはDebianベースのため扱いやすく，パッケージ類のインストールもaptitudeで簡便にできます．

● コンパイル環境を準備する

ラズベリー・パイのような組み込み機器の上で自作ツールを動作させるには，まずはツールのコンパイル環境を整備する必要があります．その場合，組み込み機器ではパソコン上にクロスコンパイル環境を構築し，そちらでビルドしたツール類を機器側で実行するという手順を踏むことが一般的です．

またRaspbianは，Debian/GNU Linux がベースになっていますが，CPUエミュレータQEMU用で動作するDebian/ARMのVM（Virtual Machine）イメージがインターネット上で配布されています．これをパソコン上で動作させれば，その上でビルドしたツール類をラズベリー・パイ側にコピーして動作させられます．このようにVMを利用して，セルフコンパイルに近い環境を構築することもできます．

▶各種アーキテクチャ向けのDebianのQEMU用VMイメージ

Raspbian向けのツールのビルドには，以下のサイトの「armel」（ARMのリトル・エンディアン・ベースのイメージ）が利用できます．

http://people.debian.org/~aurel32/qemu/

Raspbianには，gccが標準でインストールされています．このためセルフコンパイルが可能であり，ちょっとしたツールを動かしたい場合でも，クロスコンパイル環境を構築する必要はなく，初心者でも手軽に扱えます．方法としてはこれが最も簡単なので，今回はセルフコンパイルによりツール類をビルドすることにします．

これでラズベリー・パイを起動すると自動的にキャプチャが開始され，/home/piに<日付>.pcapのようなファイル名でキャプチャ・データがpcapファイルとして保存されるようになります．

● キャプチャを終わらせる方法

標準でキャプチャは60秒で停止するようになっています．tsharkには一定時間の経過や一定量のパケット受信でキャプチャを停止するようなオプションがあります．強制停止したい場合には，Raspbianにログインし，以下でプロセスを強制中断します．

`pi@raspberrypi ~ $ sudo killall rawsock-recv-savepcap`

安全のために，終了時には以下を実行してシャットダウン処理を行ってから電源を切ります．

`pi@raspberrypi ~ $ sudo init 0`

なお，自動キャプチャとして使う場合には，一定時間で上記のシャットダウン処理が自動発行されるようにしておいた方がいいかもしれません．それならばキャプチャ時には電源を入れてしばらく放置し，そのまま電源を抜くというようなPCレスの使い方をしても安全でしょう．

例えばcapture.shのkillallによるキャプチャの停止を以下のように修正することで可能です．

`(sleep 60 ; killall rawsock-recv-savepcap ; sync ; init 0) &`

時間がくると強制終了してしまうため，持ち帰ったデータをネットワーク越しに吸い出したい場合には注意が必要です．**リスト1**では本処理は省いています．

なお，シャットダウン処理が行われたことは，ラズベリー・パイではLEDの状態が変わることでわかります．

さかい・ひろあき

第19章 フリーのパケット操作プログラム群pkttools

受信/送信/解析/変換…組み合わせていろいろ使える！

フリーのパケット操作プログラム群pkttools

坂井 弘亮

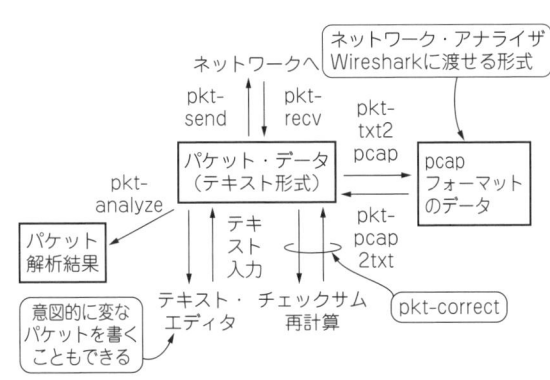

図1 筆者提供のパケット操作プログラム群「pkttools」のできること

表1 pkttoolsに含まれるプログラム

プログラム名	動　作
pkt-recv	パケット・キャプチャして，受信データをテキスト出力
pkt-send	テキスト入力されたパケットを送信
pkt-txt2txt	テキスト入力されたパケットをテキストで再出力（テキストの整形用）
pkt-txt2pcap	テキスト入力されたパケットをpcapフォーマットに変換
pkt-pcap2txt	pcapフォーマットを解読してテキスト出力する
pkt-analyze	テキスト入力されたパケットを解析
pkt-correct	テキスト入力されたパケットのチェックサムを再計算して再出力
pkt-pingrep	pingの応答を生成（後述）

筆者が作成しフリー・ソフトウェアとして公開しているパケット操作プログラム群pkttoolsがあります．

pkttoolsはパケットの送信や受信，解析，チェックサム計算やフォーマット変換などを行う各種プログラムの集合です．各プログラムの組み合わせの柔軟性が高く，図1のように連携させて，さまざまな処理を行うことができます．図中でpkt-xxxxとなっているのが，pkttoolsが提供するコマンドです．

pkttoolsを組み合わせると各種解析や実験に使えます．pkttoolsの活用例として，pingを自動返信させる装置＆プログラムをAppendix 7と第20章で紹介します．

なお，pkttoolsはBPFとRAWソケットの両方に対応しており，FreeBSDとLinuxの環境で利用可能です．

● pkttoolsの利用方法

pkttoolsは表1のツールを含んでいます．リスト1はLinuxでネットワーク・インターフェースのeth0上でパケットをキャプチャしたときの出力例です．なお，利用できるインターフェース一覧はifconfigというコマンドによって知ることができます．

このように出力はテキスト・ベースで行われます．さらに各プログラムをパイプで接続して，図1のように連係動作させることができます．

表2はプログラム群のさまざまな実行例です．表3は各プログラムを実行する時のコマンド・オプション一覧です．

リスト1 ネットワーク・インターフェースのeth0上でパケットをキャプチャしたときの出力例
出力はテキスト・ベースで行われる

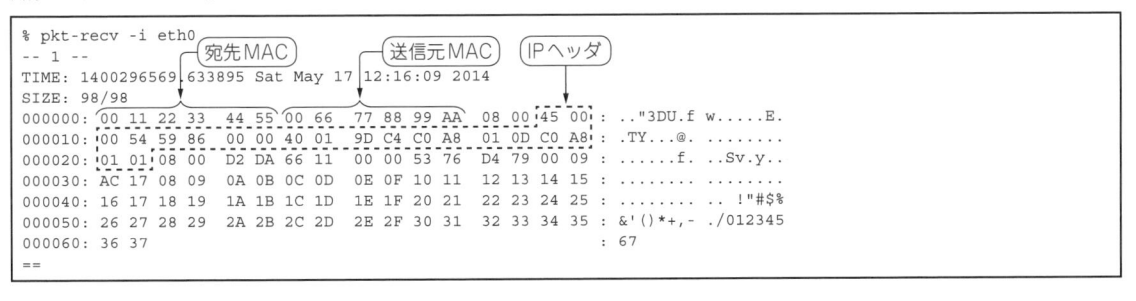

```
% pkt-recv -i eth0
-- 1 --
TIME: 1400296569.633895 Sat May 17 12:16:09 2014
SIZE: 98/98
000000: 00 11 22 33 44 55 00 66 77 88 99 AA 08 00 45 00 : .."3DU.f w....E.
000010: 00 54 59 86 00 00 40 01 9D C4 C0 A8 01 0D C0 A8 : .TY...@.........
000020: 01 01 08 00 D2 DA 66 11 00 09 53 76 D4 79 00 09 : ......f...Sv.y..
000030: AC 17 08 09 0A 0B 0C 0D 0E 0F 10 11 12 13 14 15 : ................
000040: 16 17 18 19 1A 1B 1C 1D 1E 1F 20 21 22 23 24 25 : .......... !"#$%
000050: 26 27 28 29 2A 2B 2C 2D 2E 2F 30 31 32 33 34 35 : &'()*+,-./012345
000060: 36 37                                           : 67
==
```

第6部 ネットワーク解析ツールづくり

表2 pkttoolsプログラム群の実行例

実行例	入力コマンド例
パケットをキャプチャして解析して表示	`% pkt-recv -i eth0	pkt-analyze`
eth0 → eth1 にパケットをブリッジする	`% pkt-recv -i eth0	pkt-send -i eth1`
eth0 ←→ eth1 の間を双方向にブリッジする（簡易ブリッジ）	`% pkt-recv -i eth0 -ro	pkt-send -i eth1` `% pkt-recv -i eth1 -ro	pkt-send -i eth0`
パケットをpcapフォーマットで保存し，Wiresharkで開く	`% pkt-recv -i eth0	pkt-txt2pcap > capture.pcap` `% wireshark capture.pcap`
Wiresharkでキャプチャし保存したパケット（capture.pcap）をeth0に強制送信	`% cat capture.pcap	pkt-pcap2txt	pkt-send -i eth0`

キャプチャしたパケットを改造してチェックサムを再計算し再送信	`% pkt-recv -i eth0 > capture.txt`
	`% vi capture.txt`
	`% cat capture.txt
		pkt-correct	pkt-send -i eth0`

表3 pkttoolsの各プログラムを実行するときのコマンド・オプション一覧

コマンド名	オプション	引き数	意味
pkt-recv	-b	バイト・サイズ	バッファ・サイズを指定（標準では必要サイズを自動設定）
	-i	インターフェース名	受信インターフェースを指定する
	-l	パケット数	指定した数のパケットを受信したら終了する
	-np	なし	プロミスキャス・モードにしない（標準ではプロミスキャス・モード）
	-ro	なし	自分が送信したパケットは受信しない（標準では双方向受信）
pkt-send	-b	バイト・サイズ	バッファ・サイズを指定（標準では80Kバイト）
	-i	インターフェース名	送信インターフェースを指定する
	-w	マイクロ秒	送信時にウェイトを入れる（-fでの送信が速すぎる際に利用できる）
	-c	なし	送信元MACアドレスを，自身のMACアドレスで自動補完して送信する
	-f	なし	パケットの時刻を見ずに連続で送信する（標準では受信時刻の差分を見て，受信時と同じ間隔で送信する）
pkt-txt2txt, pkt-txt2pcap, pkt-pcap2txt, pkt-analyze, pkt-correct, pkt-pingrep	-b	バイト・サイズ	バッファ・サイズを指定（標準では80Kバイト）

● インストール方法

　pkttoolsは以下からダウンロードできます．本章執筆時点での最新版はpkttools-1.1です．
http://kozos.jp/software/
　pkttools-1.1.zipをダウンロード・解凍し，makeを実行することで実行ファイルを生成できます．

```
>% unzip pkttools-1.1.zip
Archive:  pkttools-1.1.zip
   creating: pkttools-1.1/
  inflating: pkttools-1.1/correct.h
  inflating: pkttools-1.1/bpf.h
...（中略）...
>% cd pkttools-1.1
>% make
cc -O -Wall -g pkt-recv.c -c -o pkt-recv.o
cc -O -Wall -g argument.c -c -o argument.o
...（中略）...
>%
```

　生成される実行ファイルは，表1の八つです．これらはスーパユーザでmake installを実行することで，システムにインストールできます．

● 使うための準備

　FreeBSDでは，BPFを利用するため，パケットの送受信を行う場合には，スーパユーザで以下を実行してBPFの読み書きを可能にしておきます．

```
# chmod 644 /dev/bpf*
```
（パケットの受信だけ行う場合）
```
# chmod 666 /dev/bpf*
```
（パケットの送受信を行う場合）

　Linuxの場合は特に準備はありませんが，RAWソケットを利用するため，pkt-recvおよびpkt-sendは，スーパユーザ権限で実行するようにします．

さかい・ひろあき

第6部　ネットワーク解析ツールづくり

ネットワーク・パケット操作プログラムpkttools活用例

Appendix 8　つながっているかを確認できるping応答マシンの製作

坂井 弘亮

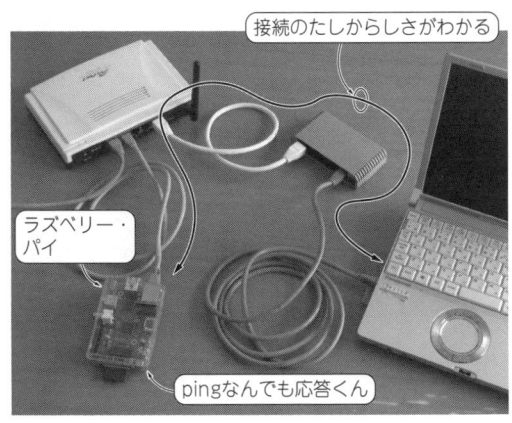

写真1　本当にネットワーク的につながっているか疑いたくなることがちょくちょくある…ping応答マシンがあれば確認がイチコロ
プログラムの詳細は次章参照

表1　ping応答マシンの機能

項　目	詳　細
対応プロトコル	イーサネット，IP，ARP，ICMP
機能	任意のARPに応答．任意のICMPに応答する

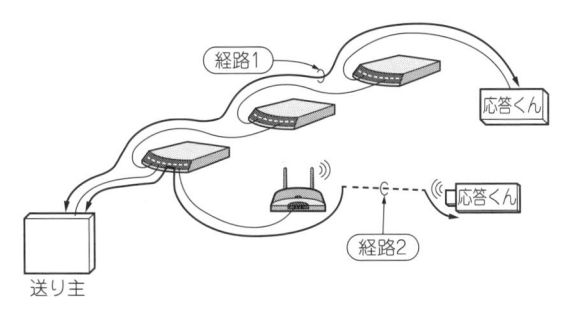

図1　pingなんでも応答くんの使いどころ

● ネットワーク疎通の定番確認方法ping

pingはネットワークの疎通を確認するための常とう手段です．＊BSDや各種GNU/Linuxディストリビューション，Windowsなどでも利用できます．

以下のようにコマンド実行することで，ICMPというプロトコルによって特定のノードへのパケットの到達性を確認できます．

```
user@letsnote:~>% ping 192.168.1.1
```

● 製作した「pingなんでも応答くん」

pingはネットワークの疎通確認に大変有用なのですが，pingによる確認を行うためには，当然ながら通信相手となるノードが必要です．例えばネットワーク上の各所でのパケット到達性を確認したい場合，pingの通信相手としてPCを設置するならば，その都度PCのネットワーク設定（IPアドレスの変更など）が必要になり，これは大変に面倒です．

そこで，ラズベリー・パイを使ってping応答マシンを作ってみました．名付けて「pingなんでも応答くん」といいます（写真1）．機能を表1に示します．

ネットワークの各所に自由に接続し，設定要らずでpingによる疎通確認先にできます．またはラズベリー・パイならば，複数台を準備してネットワーク上の要所に接続しておくことも簡単です（図1）．

● 作り方

pingなんでも応答くんの作り方は簡単です．

▶ステップ1：ping応答ソフトウェアを入手する

まずping応答ソフトウェアreplyer.cを作成もしくは入手します．作成方法の詳細は第20章で説明します．

▶ステップ2：実行ファイルを作成する

まず第20章で紹介するreplyer.cを，第20章で説明するping応答ソフトウェアと同様の手順で，ラズベリー・パイ上でコンパイルし，実行ファイルを作成します．

▶ステップ3：実行スクリプトを作成し自動化する

第18章の勝手にパケット・キャプチャくんの実行スクリプトであるcapture.shを，ping応答ソフトウェアを起動するように修正し，やはり同じように/etc/rc.localから起動するように記述しておきます．

後は電源を入れれば自動的にping応答ソフトウェアが起動し，「pingなんでも応答くん」として動作してくれます．

特定のICMPを送るとinit 0が発行されてシャットダウンされるようにしておくとさらに便利でしょう．

さかい・ひろあき

第6部 ネットワーク解析ツールづくり

第20章

フリーのパケット操作ソフトpkttoolsで物理層の接続確認がパッ！

ping応答ソフトで試して合点！ARP & ICMPのメカニズム

坂井 弘亮

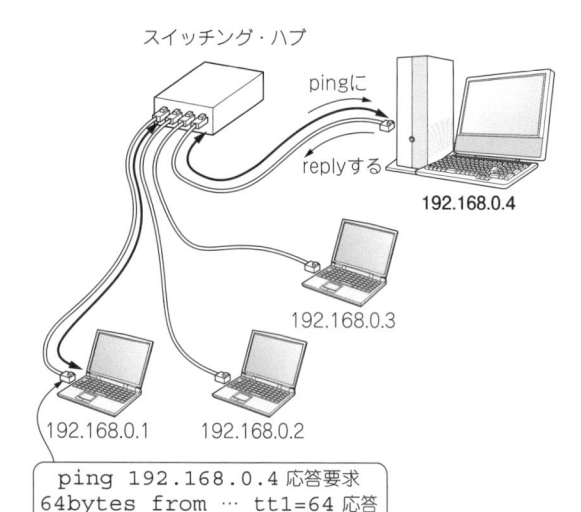

図1 よく使うpingコマンドの動作イメージ

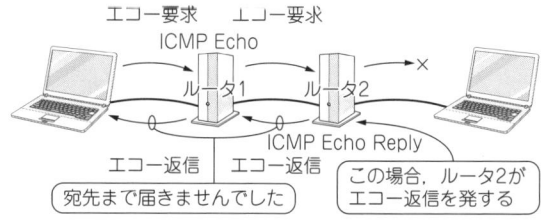

図2 pingコマンドの正式なプロトコル名はICMP（Internet Control Message Protocol）っていう

前章で紹介したパケット操作プログラム群pkttoolsを使って，ping応答ソフトウェアを作ってみました．pkttoolsを組み合わせるといろいろなネットワーク解析ソフトが手軽に作れるので便利です．

制作したping応答ソフトウェアは，IPネットワークのパケット到達性を確かめる際に役立ちます．例えば端末Aと端末Bの通信が不安定だとします．この場合，途中のネットワークに問題があるのか，端末Bの設定に問題があるのかが疑問です．そこで端末Bを端末Cに置き換えて試してみることを考えるわけですが，それだと端末Cの設定を新たに行う必要があり，設定にミスがあるかもしれません．

ping応答ソフトウェアであれば，どのようなIPアドレス宛のpingにも応答します．これにより端末Aと端末Bとの間のネットワーク到達性を確認できます．またネットワーク関連の設定を行わずに利用できるので，設定ミスの問題も避けられます．

ping応答ソフトウェアは，接続が不安定な機器間において，ひとまず途中のネットワークは安定しているかどうかを確認したい場合に有用です．

そもそもpingとは何か？

いわゆるping（図1）の正式なプロトコル名は，ICMP（Internet Control Message Protocol）です．ICMPはその名のとおり，さまざまな制御用の機能を持ったプロトコルなのですが，通常のネットワーク機器には「ICMP Echo」というメッセージに対して「ICMP Echo Reply」を応答するという機能があります．

これはノードへのIPパケットの到達性を調べる際に利用できます．ノードに対して「ICMP Echo」を送信して「ICMP Echo Reply」が返ってくれば，そのノードは存在し，通信ができるということが分かるわけです．

そしてpingは，ICMP Echoを送信してICMP Echo Replyが返ってくることを確認するためのコマンドです（図2）．つまりICMPはプロトコル名，pingはコマンド名ということになります．

リスト1は192.168.1.1というノードでpingを実行し，192.168.1.2というノードに対してパケットの到達性を調べてみた結果です．「icmp_seq」としてシーケンス番号，「time」として応答時間が表示されています．192.168.1.3が存在しない場合には，リスト2のように応答がない状態になります．

● pingの応答動作

通常のネットワーク機器は，自身を宛先としたICMP Echoに対してだけICMP Echo Replyを返します．リスト2では192.168.1.3に対してpingを発行していますが，192.168.1.3というノードは存在しないため

第20章　ping応答ソフトで試して合点! ARP & ICMPのメカニズム

リスト1　pingに応答がある場合…応答にかかった時間が表示される
192.168.1.1というノードでpingを実行し, 192.168.1.2というノードに対してパケットの到達性を調べてみた結果

```
user@vboximage:~>% ping 192.168.1.2
PING 192.168.1.2 (192.168.1.2): 56 data bytes
64 bytes from 192.168.1.2: icmp_seq=0 ttl=64 time=1.464 ms
64 bytes from 192.168.1.2: icmp_seq=1 ttl=64 time=0.300 ms
64 bytes from 192.168.1.2: icmp_seq=2 ttl=64 time=0.635 ms
^C
--- 192.168.1.2 ping statistics ---
3 packets transmitted, 3 packets received, 0.0% packet loss
round-trip min/avg/max/stddev = 0.300/0.800/1.464/0.489 ms
user@vboximage:~>%
```
（シーケンス番号／応答にかかった時間）

応答されず, 不通となっています. これには以下の二つの理由があります.

- (後述するARPに対する応答がないため,) 宛先のMACアドレスが判明せず, そもそもICMP Echoが送信されない
- もしICMP Echoが送信されたとしても, 192.168.1.3というノードが存在しないため, 応答はどこからも返ってこない

▶ ICMP EchoとARPへの応答ができれば「応答ソフトウェア」が作れる

逆にいえば, これら二つに応答できればICMP Echo Replyが返されてpingが通じる, ということになります. ICMPは制御用のプロトコルのため, その応答はIPのプロトコル処理部が行います. これはFreeBSDやLinuxならカーネル内にあります.

第16章で説明したパケットの直接送受信プログラムを利用すれば, 全てのARPとICMP Echoに対して応答を返すようなプログラムを作成できます. これが, 本章で説明する「ping応答プログラム」です. よってping応答プログラムの動作には, 「ARPへの応答」と「ICMPへの応答」の二つの機能が必要になります. ICMPに応答するだけでは不十分で, ARPに応答しないと, そもそもICMPのパケットが送出されないという点に気を付けてください.

ping応答を試す

パケット操作用のプログラム群として, pkttoolsというフリー・ソフトウェアを前章で紹介しています. 実はpkttoolsには「pkt-pingrep」という, ARPとICMP Echoへの応答を行ってくれるようなプログラム(先述)が付属しています. このためpkttoolsを使うと, pingへの応答をひとまず実験してみることができます.

pingに応答するだけならばpkttoolsで可能です. しかし実際にツールを自作すれば, パケット構築と送信への理解はさらに深まることでしょう. 本章ではあえて簡略化したプログラムを自作しています.

本項ではpkt-pingrepによるping応答につい

リスト2　pingに応答がない場合…応答が得られない
192.168.1.3が存在しない場合

```
user@vboximage:~>% ping 192.168.1.3
PING 192.168.1.3 (192.168.1.3): 56 data bytes
^C
--- 192.168.1.3 ping statistics ---
3 packets transmitted, 0 packets received, 100.0%
                                            packet loss
user@vboximage:~>%
```
（応答なし）

て, 紹介だけしておきます.

● お試し1…受信, 応答, 送信プログラムでping応答する

pkttoolsはパケットの送受信などを行うプログラムの集合体で, それらはいわゆるUNIXのパイプによって接続し連携させることができます. 例えばpkt-pingrepは, パケット受信のpkt-recvと送信のpkt-sendというコマンドと以下のように組み合わせて実行すれば, eth0へのpingに必ず応答するような動作をさせることができます.

```
$ pkt-recv -i eth0 -ro | pkt-pingrep | pkt-send -i eth0
```

パケットはpkt-recvで受信され, テキスト形式で標準出力に書き出されます(図3). pkt-pingrepはテキスト形式のパケット・データを標準入力から受け取って, ARPやICMP Echoならばそれに対する応

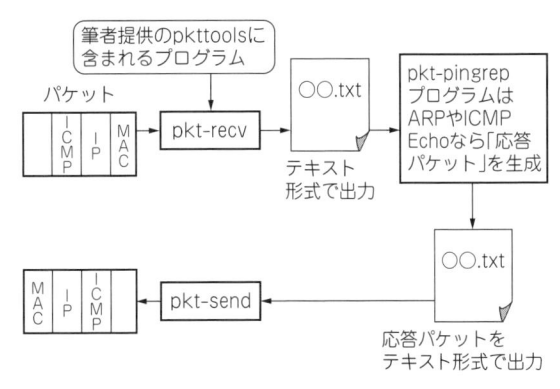

図3　パケット操作プログラム群pkttoolsを使えばping応答プログラムも簡単に作れる

答パケットを，やはりテキスト形式で出力します．さらにpkt-sendは標準入力から受け取ったパケット・データを，指定されたインターフェースにパケットとして出力します．このように受信，応答，送信専用の三つのツールを組み合わせることで，pingへの応答を行えます．

上の例ではpkt-recvに「-ro」というオプションを付加しています．これは自身が送信したパケットは受信しないという意味になります．もっとも，出力されるパケットはARP ReplyとICMP Echo Replyだけであり，どちらもpkt-pingrepでは無視されるため実害はありません．しかしバグなどあったときに入出力がループしてしまうことを懸念して，安全のために付加しています．

● お試し2…IPアドレス・フィルタを作る

pkt-pingrepではIPアドレスのチェックなどは特に行っていないため，どのようなIPアドレスに対するpingであっても，パケットが到達すれば応答します．

特定のIPアドレスに対してだけ応答するようにしたい場合には，pkt-pingrepをそのように改造するか，pkt-filter (pkttools-1.2から付属) というフィルタによってパケットをフィルタリングするとよいでしょう．例えばpkttools-1.1のpingrep.cには，IPヘッダの解析と応答を行うpingrep_ip()という関数があります．ここに以下のような処理を入れれば，192.168.1.0/24に対するICMP Echoにだけ応答するようにできます．これは実は，後述するreplyer.c (リスト3, p.203) でも同じことが言えます．

```
if ((ntohl(iphdr->ip_dst.s_addr) &
0xffffff00) != 0xc0a80100)
return -1;
```

上の処理では宛先IPアドレスを数値として扱い，マスクをして比較するというフィルタ処理が，通常の演算によって実現できています．

このように32ビットCPUでは，IPアドレスは単なる数値として扱うことができます．IPルーティングではIPアドレスにネットマスクを掛け合わせることで転送先ネットワークを判断しますが，こうした処理を単なる数値演算として，高速に実行できるわけです．

Appendix 6ではイーサネット・ヘッダに対するIPヘッダの特徴として「32ビットCPUで処理しやすいように設計されている」という説明をしているのですが，このような処理を見ると，それが実感できるでしょう．

ソフトウェアを自作すると，このようにネットワーク・プロトコルの原理を実践的に理解することができるわけです．理解のためにはソフトウェアなどを自作することを筆者が強くお勧めする理由がここにあります．

pingのための二大プロトコル ARP&ICMP

ping応答プログラムの作成のためには「ARP」と「ICMP」を理解する必要があります．ここではそれらについて，順番に説明していきましょう．

■ ARP…イーサネットで必須！MACアドレス・ゲット！

● 同一LAN上の機器のMACアドレスを常に把握しておく

ARPはAddress Resolution Protocolの略で，MACアドレスとIPアドレスの対応を調べるためのプロトコルです（図4）．イーサネットはバス型の接続が原型となっており，全てのフレームは全てのノードに到達するという考えがベースになっています（Appendix 6参照）．このためMACアドレスにより受信ノードを識別するわけですが，これは本来ならば，通信を行う相手となる隣接ノードのMACアドレスを全て知っておく必要があります．しかしそれでは管理が面倒なため，IPアドレスを問い合わせたら対応するノードが自身のMACアドレスを答える，というプロトコルがあります．それがARPです．

つまりIPによる通信の際には，実際にはその前にARPによってMACアドレスを知り，隣接ノードとイーサネットでの通信ができるように準備する必要があります．逆に言うとこれをノードが自動的に行って

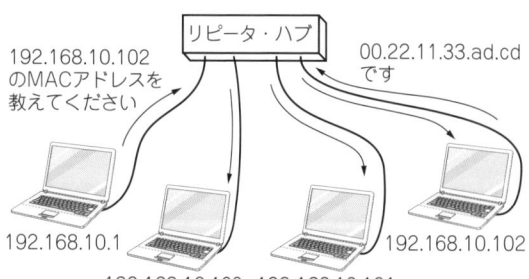

(a) ARPによる問い合わせ

ノード	IP	MAC
1	192.168.10.100	00.11.22.33.44.55
2	192.168.10.101	00.33.11.22.44.55
3	192.168.10.102	00.22.11.33.ad.cd
4	192.168.10.103	00.22.FF.88.44.55

(b) IPアドレスとMACアドレスの対応表をもっておくと処理効率が非常によい

図4　イーサネットで必須！IPアドレスからMACアドレスを調べるプロトコルARP

第20章 ping応答ソフトで試して合点! ARP & ICMPのメカニズム

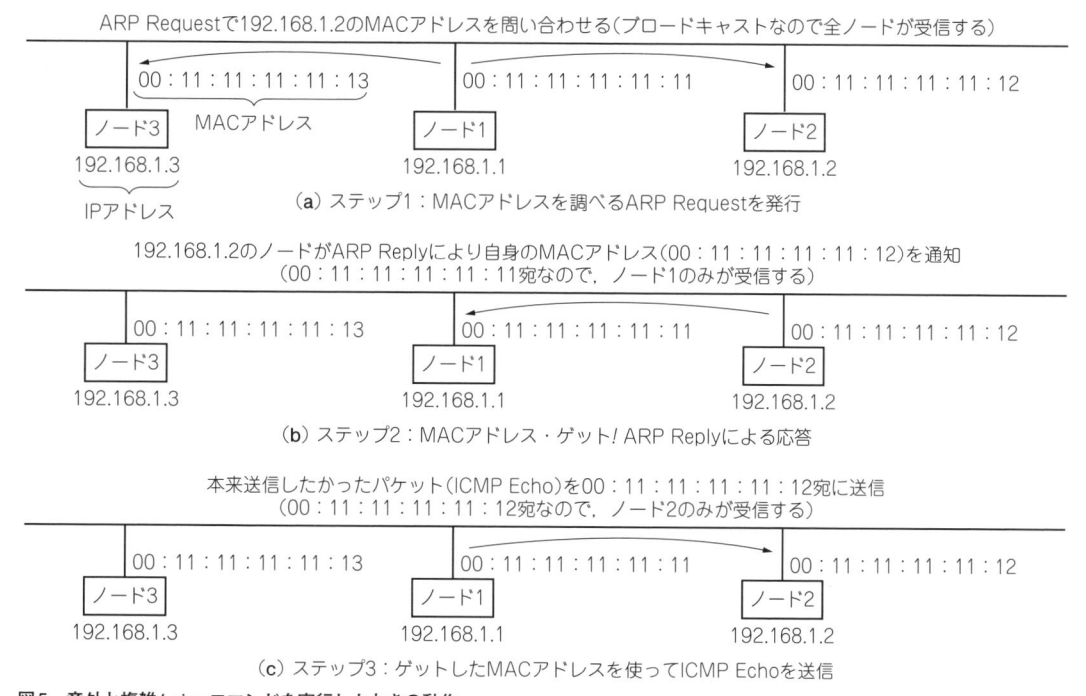

図5 意外と複雑! pingコマンドを実行したときの動作

(a) ステップ1：MACアドレスを調べるARP Requestを発行
ARP Requestで192.168.1.2のMACアドレスを問い合わせる（ブロードキャストなので全ノードが受信する）
ノード3 00:11:11:11:11:13 192.168.1.3
ノード1 00:11:11:11:11:11 192.168.1.1
ノード2 00:11:11:11:11:12 192.168.1.2

(b) ステップ2：MACアドレス・ゲット! ARP Replyによる応答
192.168.1.2のノードがARP Replyにより自身のMACアドレス（00:11:11:11:11:12）を通知
（00:11:11:11:11:11宛なので、ノード1のみが受信する）

(c) ステップ3：ゲットしたMACアドレスを使ってICMP Echoを送信
本来送信したかったパケット（ICMP Echo）を00:11:11:11:11:12宛に送信
（00:11:11:11:11:12宛なので、ノード2のみが受信する）

くれるため，われわれはMACアドレスを意識することはほとんどなく，IPアドレスだけ知っていれば通信を行うことができます．

● ARPの問い合わせ動作

ARPの動作は簡単です．まず，問い合わせたいIPアドレスを格納し，ARP Requestを発行します．このときはブロードキャスト・アドレス「FF：FF：FF：FF：FF：FF」という宛先MACアドレスのイーサネット・フレームとして発行されます．

このイーサネット・フレームはブロードキャスト扱いとなり，全ての隣接ノードが受信します．各ノードはARP Requestを受信すると，格納されたIPアドレスが自分のアドレスと一致しているかどうか確認し，一致していたら自身のMACアドレスを格納してARP Replyとして返します．

ARP Requestの発行元はARP Replyを受信し，MACアドレスを知ることができます．これによりイーサネット・フレームの宛先MACアドレスを補充し，そもそも送信したかったパケットをようやく送るようになります．さらに，一度問い合わせを行った内容はキャッシュされます．よって2度目のパケット送信ではARPによる問い合わせは不要で，送信パケットが即座に送出されます．例えば図5のようなネットワークで詳しく説明しましょう．

ノード1上でping 192.168.1.2を実行し，ノード2に対するICMP Echoの送信要求が発生したとしましょう．この時点ではノード1は192.168.1.2のIPアドレスを持つノードは知らず，どのMACアドレス宛に送信すればよいのかが分かりません．ブロードキャストで送信してしまうと，全ノードが受信してネットワーク負荷が高くなってしまいます．

そこでまず，192.168.1.2に対する問い合わせとしてブロードキャストによってARP Requestを全ノード宛に発行します［図5(a)］．この時点では本来送信したいICMP Echoはキューイングして送信を延期します．

ノード2もノード3もARP Requestを受け取ります．ノード2は受け取ると自身のIPアドレスに対する問い合わせだと判断し，自身のMACアドレス（00：11：11：11：12）をARP Replyで応答します［図5(b)］．しかしノード3は自身に対する問い合わせではないため，ARP Replyによる応答は行いません．また，ノード2が発行するARP Replyは，ARP Requestの送信元のMACアドレス（00：11：11：11：11）に対して送信されるため，ノード1だけが受信することになります．

ノード1がARP Replyを受信すると，192.168.1.2のIPアドレスを持つノードのMACアドレスが判明します．そして，本来送信したかったICMP Echoを，イーサネット・ヘッダの宛先MACアドレスに教えられたMACアドレス（00：11：11：11：12）を補充して，送信します［図5(c)］．これは00：11：11：

201

11：11：12宛に送信されることになるので，ノード2だけが受信します．

　MACアドレス情報は保存されるため，ノード1→ノード2への以降の通信はARPを発行せずに宛先MACアドレスをそのまま補充して行われることになります．なお，ARP Reply以降の通信は，ノード3では自身のMACアドレス宛ではないため，LANコントローラがパケットを廃棄します．よって受信割り込みは発生せず，ソフトウェア的な負荷は発生しません．ノード3のOSにとって認識できるのは最初のARP Requestだけで，それ以外は何も起きていないように見えるわけです．

● 問い合わせMACアドレスを記憶しておくARPエントリ

　ARPにより問い合わせた内容はキャッシュされます．これは「ARPエントリ」と呼ばれ，arpコマンドによって参照できます．以下はFreeBSDとCentOSで，通信後にarpコマンドを実行した結果です．

▶ FreeBSDでの例
```
user@vboximage:~% arp -a
? (192.168.1.1) at 00:11:22:33:44:55
on em1 permanent [ethernet]
? (192.168.1.2) at 00:66:77:88:99:aa
on em1 expires in 955 seconds
[ethernet]
user@vboximage:~%
```

▶ CentOSでの例
```
[user@localhost ~]$ arp -a
? (192.168.1.1) at 00:11:22:33:44:55
[ether] on eth1
[user@localhost ~]$
```

　なおARPエントリは，しばらく時間がたつとタイムアウトして削除されます．またarpコマンドで，手動で削除することもできます（スーパーユーザの権限が必要）．

● ARPヘッダのフォーマット

　ARPのパケット・フォーマットは図6のようになっています．パケットの前半は固定長で各種パラメータなどを格納していますが，後半は可変長でアドレスを格納しています．

　図6はMACアドレスとIPアドレスを格納する例として表記していますが，ARPそのものはMACアドレスやIPアドレス以外も扱うことができます．このためハードウェア・タイプとプロトコル・タイプでその種別を表現し，ハードウェア・サイズとプロトコル・サイズによりアドレスのサイズを表現するようになっています．それぞれのフィールドの意味は表1のようになります．

　図6や表1には「ハードウェア」，「プロトコル」といった用語があります．ここで「ハードウェア」は，データリンク層（つまりLANコントローラによってハードウェア処理される層），「プロトコル」はネットワーク層（つまりプログラムによってソフトウェア処理される層）のことを指します．つまりARPは，データリンク層（レイヤ2）とネットワーク層（レイヤ3）のアドレスを結び付けるためのプロトコルということができます．

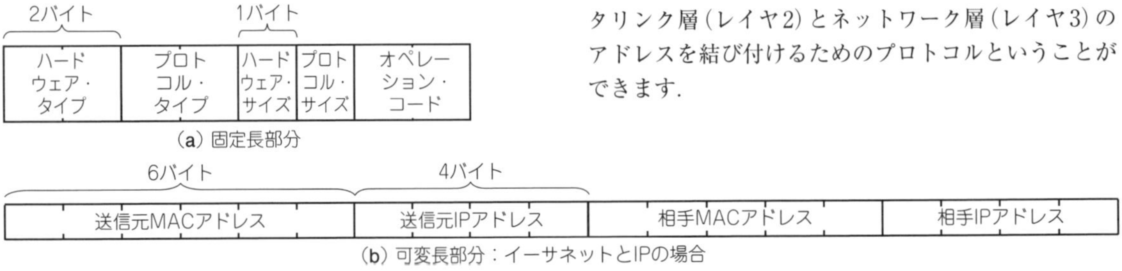

2バイト	1バイト			
ハードウェア・タイプ	プロトコル・タイプ	ハードウェア・サイズ	プロトコル・サイズ	オペレーション・コード

(a) 固定長部分

6バイト	4バイト		
送信元MACアドレス	送信元IPアドレス	相手MACアドレス	相手IPアドレス

(b) 可変長部分：イーサネットとIPの場合

図6　ARPのパケット・フォーマット

表1　ARPパケットの詳細

フィールド	意味
ハードウェア・タイプ	イーサネットでは「1」
プロトコル・タイプ	イーサネット・ヘッダのタイプと同等の値が格納される．IPの場合は0x0800
ハードウェア・サイズ	ハードウェア・アドレスのサイズ．イーサネットではMACアドレス長として「6」が格納される
プロトコル・サイズ	上位のプロトコルのアドレス・サイズ．IPではIPアドレス長として「4」が格納される
オペレーション・コード	パケットの種別を示す．ARP Requestは「1」，ARP Replyは「2」になる
送信元ハードウェア・アドレス	イーサネットの場合には，ARPを発行したノードのMACアドレスになる
送信元プロトコル・アドレス	IPの場合には，ARPを発行したノードのIPアドレスとなる
相手ハードウェア・アドレス	イーサネットの場合には，ARPで問い合わせる相手のMACアドレスとなる
相手プロトコル・アドレス	IPの場合には，ARPで問い合わせる相手のIPアドレスとなる

■ ICMP

先述したように，ICMPはIPによるネットワークの制御用のプロトコルです．ICMPはTCPやUDPと同じように，IPの上位プロトコルとしてIPパケットのペイロード部分に配置されます．

● ICMPヘッダの構造

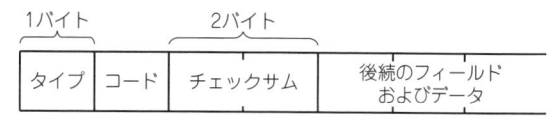

図7はICMPヘッダの構造です．ICMPヘッダの基本部分は，タイプやコード，チェックサムから成っています．タイプにはICMP EchoやICMP Echo Replyなどの種別が格納されます．コードはタイプの詳細分類で，タイプによって変わってきます．ICMP EchoとICMP Echo Replyにコードはなく，常にゼロが格納されます．

ICMPヘッダは図7の構造に後続して，タイプによってさまざまな値が格納されます．ICMP Echo/ICMP Echo Replyの場合には，ID番号とシーケンス番号が2バイト単位で格納されています．

ID番号は，例えば1台のノード上で同時にpingコマンドを複数実行した場合に，どのpingコマンドが発行したICMP Echoなのかを識別するためのものです．これはpingコマンドのプロセスごとに異なる値が格納されます．

シーケンス番号にはICMP Echoを送る際に，通番の番号が格納されます．これはpingコマンドで繰り

1バイト		2バイト	
タイプ	コード	チェックサム	後続のフィールドおよびデータ

図7　ICMPヘッダの構造

リスト3　筆者が作成したping応答用ライブラリ（replyer.c）

```
 :
005: #include <sys/socket.h>
006: #include <net/ethernet.h>
007: #include <net/if_arp.h>
008: #include <netinet/in.h>
009: #include <netinet/ip.h>
010: #include <netinet/ip_icmp.h>
011:
012: static void make_srcmacaddr(char *macaddr, void
                                              *ipaddr)
013: {
014:     macaddr[0] = 0x00;
015:     macaddr[1] = 0x11;
016:     memcpy(&macaddr[2], ipaddr, sizeof(in_addr_t));
017: }
018:
 :
029: static int proc_arp(char *p, int size, char
                                              *macaddr)
030: {
031:     struct arphdr *arphdr;
032:     char *smac, *tmac, *sip, *tip;
033:
034:     arphdr = (struct arphdr *)p;
035:     if (ntohs(arphdr->ar_op) != ARPOP_REQUEST)
036:         return -1;
037:
038:     p += sizeof(struct arphdr); smac = p;
039:     p += arphdr->ar_hln; sip  = p;
040:     p += arphdr->ar_pln; tmac = p;
041:     p += arphdr->ar_hln; tip  = p;
042:
043:     arphdr->ar_op = htons(ARPOP_REPLY);
044:     memswap(sip, tip, sizeof(in_addr_t));
045:     memcpy(tmac, smac, ETHER_ADDR_LEN);
046:     make_srcmacaddr(smac, sip);
047:     memcpy(macaddr, smac, ETHER_ADDR_LEN);
048:
049:     return 1;
050: }
051:
052: static int proc_ip(char *p, int size, char
                                              *macaddr)
053: {
054:     struct ip *iphdr;
055:     struct icmp *icmphdr;
056:     int hdrsize, cksum;
057:
058:     iphdr = (struct ip *)p;
059:     hdrsize = iphdr->ip_hl << 2;
060:     if (iphdr->ip_p != IPPROTO_ICMP)
061:         return -1;
062:
063:     icmphdr = (struct icmp *)(p + hdrsize);
064:     if (icmphdr->icmp_type != ICMP_ECHO)
065:         return -1;
066:
067:     icmphdr->icmp_type = ICMP_ECHOREPLY;
068:     cksum = ~ntohs(icmphdr->icmp_cksum) & 0xffff;
069:     cksum += ((ICMP_ECHOREPLY << 8) - (ICMP_ECHO
                                              << 8));
070:     cksum = (cksum & 0xffff) + (cksum >> 16);
071:     icmphdr->icmp_cksum = htons(~cksum);
072:
073:     memswap(&iphdr->ip_src, &iphdr->ip_dst,
                                      sizeof(in_addr_t));
074:     make_srcmacaddr(macaddr, &iphdr->ip_src);
075:
076:     return 1;
077: }
078:
079: int proc_ethernet(char *p, int size)
080: {
081:     int r = -1;
082:     struct ether_header *ehdr;
083:     char smac[ETHER_ADDR_LEN];
084:
085:     ehdr = (struct ether_header *)p;
086:     p    += ETHER_HDR_LEN;
087:     size -= ETHER_HDR_LEN;
088:
089:     switch (ntohs(ehdr->ether_type)) {
090:     case ETHERTYPE_ARP: r = proc_arp(p, size,
                                         smac); break;
091:     case ETHERTYPE_IP:  r = proc_ip( p, size,
                                         smac); break;
092:     default: break;
093:     }
094:     if (r > 0) {
095:         memcpy(ehdr->ether_dhost, ehdr->ether_shost,
                                          ETHER_ADDR_LEN);
096:         memcpy(ehdr->ether_shost, smac, ETHER_ADDR_
                                                      LEN);
097:     }
098:
099:     return r;
100: }
```

返しICMP Echoが発行された際に，どのリクエストに対しての応答なのかを判別できるようになっています．

ping応答ソフトウェアの作成

ARPとICMPの機能が理解できれば，ping応答ソフトウェアを作成できます．実際には本章で説明していない機能もありますが，ツールを作るだけならばそれら全てを理解する必要はありません．とりあえず主要な機能だけを利用したツールを作ることで，ARPとICMPの基本動作に対する理解を深めましょう．

● 著者が用意したping応答ライブラリの入手方法

今回作成するpingに応答するためのライブラリは，replyer.cという一つのファイルにまとめてあります．replyer.cの全体はリスト3のようになります．なお，ソースコード一式は，以下からダウンロードできます．

```
http://kozos.jp/books/interface/
201408/send-packet/replyer/
```

● ソフトウェアの構成

replyer.cは，以下の4要素で構築されています．
- 各種ライブラリ
- IP/ICMPに対する応答
- ARPに対する応答
- イーサネットに対する応答

これら四つの要素について，リスト3を見ながら順番に説明していきましょう．

● IPアドレスごとに異なるMACアドレスを生成する make_srcmacaddr()

リスト3の12行目～27行目で定義されているmake_srcmacaddr()とmemswap()の二つは，pingへの応答の内部処理で用いるライブラリ関数です．make_srcmacaddr()は，IPアドレスからMACアドレスを生成する関数です．IPアドレスごとに仮想的に異なるノードが存在するように見せかけたいため，IPアドレスごとに異なるMACアドレスを生成しています．MACアドレスは，とりあえず以下のルールで生成することにしています．

```
00:11:<IPアドレスの4バイト>
```

memswap()は，指定された領域のデータを交換するための関数です．受信したパケットをベースとして応答パケットを構築する場合に利用します．

● ARPに応答する proc_arp()

リスト3の29行目～50行目で定義されているproc_arp()は，ARPに対する応答を行う関数です．proc_arp()では，まずARP Requestであることを確認します(35行目)．

ARP Requestならば，43行目以降で応答パケットを作成します．まずオペコードにARP Replyを設定し(43行目)，送信元IPアドレスと相手IPアドレスを単純に入れ替えます(44行目)．さらに送信元MACアドレスを相手MACアドレスにコピーし(45行目)，送信元IPアドレスから自身のMACアドレスを生成して格納しています(46～47行目)．これでARP Requestに対して，ARP Replyの応答パケットを生成できます．

● IPとICMPに応答する proc_ip()

リスト3の52行目～77行目で定義されているproc_ip()は，IPとICMPに対する応答を行う関数です．proc_ip()では，まず先頭付近でIPヘッダとそのサイズを取得し，さらにプロトコルがICMPであるかどうかを調べます(60行目)．ICMPならばICMPヘッダを取得し，ICMP Echoであるかどうかを調べます(64行目)．

ICMPの応答は67～71行目で生成しています．実際には単にタイプをICMP Echo Replyに書き換えて，ICMPのチェックサム計算をし直すだけです．修正部分が局所的なため，チェックサムは全体からでなく修正の差分を加算して再計算しています．

IPヘッダの応答は73行目で生成しています．これはIPアドレスを入れ替えて，応答パケットにしているだけです．なお，IPヘッダについて，チェックサムの再設定はしていません．これはアドレスを入れ替えるだけの操作であり，ヘッダ全体としてのチェックサムは変化しないためです．

74行目のMACアドレス生成は，応答フレームの送信元MACアドレスを作成するためのものです．これは呼び出し元のethernet_proc()に渡され，イーサネット・ヘッダに設定されます．

● イーサネット・ヘッダを見てARPやIPの処理を呼び出す proc_ethernet()

リスト3の79行目～100行目で定義されているproc_ethernet()は，イーサネットに対する応答を行う関数です．proc_ethernet()では，イーサネット・ヘッダのタイプ・フィールドを見て，ARPならばproc_arp()を，IPならばproc_ip()を呼び出します．さらにイーサネット・ヘッダの宛先MACアドレスには，送信元MACアドレスをコピーし，送信元MACアドレスには呼び出し先によって生成されたMACアドレスを補充します．

■ 実行ファイルの生成

replyer.cは第16章で紹介したbpf-recv.c/

リスト4 ping応答実験のためのFreeBSDマシン用bpf-recv.cの修正箇所

```
@@ -39,6 +39,8 @@
    error_exit("Fail to ioctl BIOCIMMEDIATE.\n");
  if (ioctl(fd, BIOCSSEESENT, &one) < 0) /* 出力パケットも受信する */
    error_exit("Fail to ioctl BIOCSSEESENT.\n");
+ if (ioctl(fd, BIOCSHDRCMPLT, &one) < 0) /* MACアドレスを補間しない */
+   error_exit("Fail to ioctl BIOCSHDRCMPLT.\n");
  if (ioctl(fd, BIOCFLUSH, NULL) < 0) /* 受信バッファをフラッシュする */
    error_exit("Fail to ioctl BIOCFLUSH.\n");

@@ -46,7 +48,8 @@
    size = read(fd, buffer, sizeof(buffer)); /* パケットの受信 */
    for (hdr = (struct bpf_hdr *)buffer; (char *)hdr < buffer + size;) {
      p = (char *)hdr + hdr->bh_hdrlen;
-     proc_ethernet(p, hdr->bh_caplen, &hdr->bh_tstamp); /* パケット解析 */
+     if (proc_ethernet(p, hdr->bh_caplen) > 0) /* パケット解析 */
+       write(fd, p, hdr->bh_caplen); /* パケットの送信 */
      hdr = (struct bpf_hdr *)
        ((char *)hdr + BPF_WORDALIGN(hdr->bh_hdrlen + hdr->bh_caplen));
    }
```

rawsock-recv.cを部分的に修正してリンクさせることで，ping応答ソフトウェアの実行ファイルを作成できます．

● `main()`関数の修正

　`main()`関数には，第16章で紹介した`bpf-recv.c`と`rawsock-recv.c`を流用します．ただし，部分的に修正します．第17章で作成した簡易アナライザや簡易パケット・キャプチャは受信だけを行っていたため，受信のことしか想定していませんでしたが，本章のping応答ソフトウェアはパケットの受信と送信を行うため，送信の考慮が必要です．具体的には，FreeBSDマシン用`bpf-recv.c`とLinuxマシン用`rawsock-recv.c`に，リスト4とリスト5のような修正をそれぞれ加えます．

　リスト4ではパケットの送信を行うために，ioctl（BIOCSHDRCMPLT）で送信元MACアドレスが自動補充されない設定を行い，さらにメイン・ループ内では受信後に`proc_ethernet()`による解析の結果を見て，`write()`で送信処理を行います．リスト5も同じ修正です．メイン・ループ内での`proc_ethernet()`による解析後に，こちらは`send()`で送信処理を行っています．

　なおこれらのソースコードは先述したダウンロード先から取得することもできるので，わかりにくい場合にはそれらを比較してみてください．

● プログラムのコンパイル

　`replyer.c`はFreeBSD/Linux共用です．これらのプログラムを以下のようにしてコンパイルすることで，ping応答ソフトウェアの実行ファイルを作成できます．

▶ FreeBSDの場合

```
gcc -Wall bpf-recv.c replyer.c -o bpf-recv-replyer
```

リスト5 ping応答実験のためのLinuxマシン用rawsock-recv.cの修正箇所

```
@@ -53,7 +53,8 @@
  struct timeval t;
  size = recv(s, buffer, sizeof(buffer), 0);
                              /* パケットの受信 */
  ioctl(s, SIOCGSTAMP, &t);
-  proc_ethernet(buffer, size, &t);
                              /* パケット解析 */
+  if (proc_ethernet(buffer, size) > 0)
                              /* パケット解析 */
+    send(s, buffer, size, 0); /* パケットの送信 */
  }
  close(s);
```

▶ Linuxの場合

```
gcc -Wall rawsock-recv.c replyer.c -o rawsock-recv-replyer
```

ソフトウェアを動作させる

　生成したping応答ソフトウェアの実行ファイルを動作させてみましょう．なお，ここではネットワーク構成として，第16章で実験を行った際の2台のPC（FreeBSDとCentOS）を直結したものを想定しています．これはVM上で構築することも可能ですが，プロミスキャス・モードに関しての留意点があります．

● VM上でのプロミスキャス・モードの扱い

　今回作成するping応答ツールでは，本来のノードとは異なるMACアドレスを用いています．このため，ソフトウェア内ではプロミスキャス・モードを利用しています．VirtualBoxの環境で試す場合には，さらに仮想ネットワークの設定でプロミスキャス・モードを有効にしておかないと，うまく受信できません．

　また，これは`make_srcmacaddr()`の`macaddr[0]`の設定部分（リスト3の14行目）を以下のように修正して，マルチキャスト・ビットを立てれば回避することもできます．パケットをうまく受信で

リスト6 FreeBSDから適当なアドレスに対してpingを発行

```
user@vboximage:~>% ping -c 3 192.168.1.100    ← 適当なIPアドレス
PING 192.168.1.100 (192.168.1.100): 56 data bytes
64 bytes from 192.168.1.100: icmp_seq=0 ttl=64 time=1.238 ms   ┐
64 bytes from 192.168.1.100: icmp_seq=1 ttl=64 time=0.450 ms   ├ ping応答ソフトウェアが答えた
64 bytes from 192.168.1.100: icmp_seq=2 ttl=64 time=0.638 ms   ┘
--- 192.168.1.100 ping statistics ---
3 packets transmitted, 3 packets received, 0.0% packet loss
round-trip min/avg/max/stddev = 0.450/0.775/1.238/0.336 ms
user@vboximage:~>%
```

リスト7 FreeBSDから適当なアドレスに対してpingを発行したときの簡易パケット・キャプチャの出力

```
user@vboximage:~>% ./bpf-recv-analyze em1
----
received: 42 bytes                          ← MAC不明, 問い合わせ
00:11:22:33:44:55 -> ff:ff:ff:ff:ff:ff  (type: 0x0806)
ARP      operation: 1
         source MAC:00:11:22:33:44:55
         source IP :192.168.1.1
         target MAC:00:00:00:00:00:00
         target IP :192.168.1.100           ← 呼び出された
----
received: 60 bytes
01:11:c0:a8:01:64 -> 00:11:22:33:44:55  (type: 0x0806)
ARP      operation: 2
         source MAC:01:11:c0:a8:01:64       ← MACを回答
         source IP :192.168.1.100
         target MAC:00:11:22:33:44:55
         target IP :192.168.1.1
----
received: 98 bytes                          ← MACを指定
00:11:22:33:44:55 -> 01:11:c0:a8:01:64  (type: 0x0800)
IP       header size: 20 bytes
         total size: 84 bytes
         TTL: 64
         protocol: 1
         src IP addr: 192.168.1.1
         dst IP addr: 192.168.1.100
----
received: 98 bytes
01:11:c0:a8:01:64 -> 00:11:22:33:44:55  (type: 0x0800)
IP       header size: 20 bytes
         total size: 84 bytes
         TTL: 64
         protocol: 1
         src IP addr: 192.168.1.100
         dst IP addr: 192.168.1.1
```

きない場合には，試してみてください．

```
macaddr[0] = 0x01; /* 0x00 → 0x01 に変更 */
```

この場合，生成されるMACアドレスは以下のようになります．

```
01:11:<IPアドレスの4バイト>
```

MACアドレスの先頭1バイト目の最下位ビットはマルチキャスト・ビットと呼ばれ，ここが立っていると全てのノードがフレームを受信します．なお見かけ上は最下位ビットですが，フレームは実際にはリトル・エンディアンで回線上に送出されるため，最先頭のビットがマルチキャストを表していることになります．

● ping応答ソフトウェアの起動

では，ソフトウェアを動作させてみましょう．ここではCentOS側でping応答ソフトウェアを動作させ，FreeBSD側からCentOS側に対してpingを発行してみます．これらは逆でもかまいません．なお，ソフトウェアを動作させる際には，以下の点に留意しておいてください．

▶ FreeBSD

以下を実行してBPFを読み書き可能にしておきます．ping実行ソフトウェアはパケットの送信も行うため，読み込みだけでなく書き込み権限も必要です．

```
# chmod 666 /dev/bpf
```

▶ CentOS

スーパユーザ権限で実行します．RAWソケットを利用するためです．

まずFreeBSDでIPアドレスを192.168.1.1に設定します．CentOS側はインターフェースがUPしていれば，IPアドレスの設定は不要です．または192.168.1.2あたりを設定しておいてもかまいません．さらにFreeBSDかCentOSのどちらかで，第17章で作成した簡易パケット・キャプチャを動作させておきます．

```
user@vboximage:~>% ./bpf-recv-analyze em1
```

CentOS側でping応答ソフトウェアを以下のようにしてスーパユーザで起動します．

```
[root@localhost user]# ./rawsock-recv-replyer eth1
```

FreeBSDから適当なアドレスに対してpingを発行してみましょう（リスト6）．

192.168.1.100というノードは存在しないにもかかわらず，応答が返ってきています．このときの簡易パケット・キャプチャの出力はリスト7のようになります．まず192.168.1.1→192.168.1.100に対してARP Requestが発行され，対応するARP Replyが返ってきています．IPアドレスはARP RequestとARP Replyで，ちょうど逆になっています．

さらにARPで得られたMACアドレス（01：11：c0：a8：01：64）を宛先としてIPパケットが発行され，応答が返ってきています．これらがICMP EchoとICMP Echo Replyになります．応答なので，IPアドレスはやはり逆になっています．

さかい・ひろあき

第7部 実験研究! Wi-Fi USBドングルの使い方＆実力

第21章 LinuxならUSBも無線LANもネットワークも楽々! Wi-Fiドングル用Linuxドライバ入門

矢野 越夫

ラズベリー・パイ2にWi-Fi USBドングルを接続すると，USBデバイス・ドライバやUSBコア，USBホスト・コントローラ，そしてネットワーク・ドライバが動作します．その役割を説明します．（編集部）

Linuxの無線LANドライバ

今回のラズベリー・パイのOSにはLinux（Raspbian）を使います．Linuxでは無線LANドライバは，WLAN抽象化層（Abstract Layer）として提供されます．

● 無線LANのミドルウェア・パッケージ

図1にLinuxにおける無線LAN（WLAN）関連のソフトウェア・パッケージの位置付けを示します．Linuxの無線LANの各APIは全て抽象化されて実装されています．

▶ WEP

最も簡単な暗号化層です．初期の暗号化システムとして採用されましたが，皆でよってたかって脆弱性を発見したため使用中止が叫ばれています．

▶ WPA2-PSK

現在堅ろうと考えられている暗号化システムです．家庭や小規模オフィスでは，認証サーバを利用せずにPSK（Pre Shared Key）をそれぞれ設定して，双方を認証して接続します．

▶ Wi-Fi Direct

無線親機（アクセス・ポイント）を使わずに直接子機同士を接続する機能です．片方がWi-Fi Directに対応していると，もう片方からはアクセス・ポイントとして見えるので，普通に接続できます．

▶ WPS

「Wi-Fi Protected Setup」のことで，ボタンを押すだけで，無線親機と子機が簡単に接続できます．無線LAN関連の業界団体「Wi-Fiアライアンス」が仕様を固め，対応機器の認定を行っています．

Linuxには，おおよそ以上のようなミドルウェア・パッケージがWLANドライバとして用意されています．実際のラズベリー・パイ2のハードウェアとのインターフェースにはSDIOとUSBがあります．USB

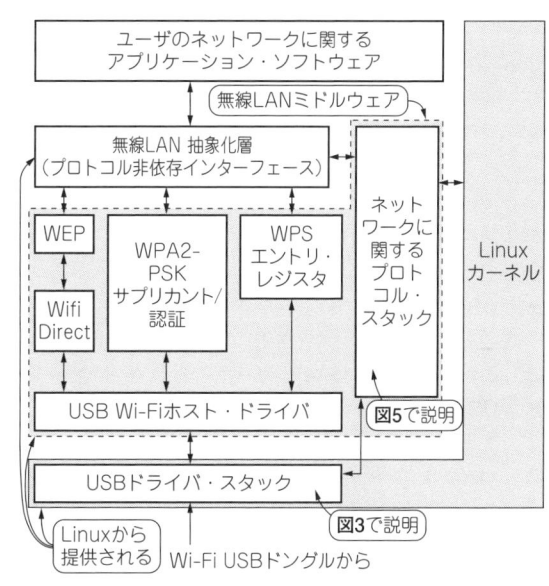

図1 USBもWi-Fiもネットワークも! LinuxにおけるWi-Fiドングル関連のソフトウェア・パッケージ

の場合は各種ドライバ・スタックで構成され，USBプロトコルを解釈します．

● USBからネットワークへの接続

図2に，ラズベリー・パイ2にWi-Fi USBドングルを差したときの無線LANと有線LANの関係を示します．ラズベリー・パイ2はほとんどがソフトウェアで処理されるので，ハードウェアとその中のソフトウェアをごちゃ混ぜで表現しています．

LinuxのUSBドライバ

● ドライバは3層構造

図3に示すように，LinuxのUSBドライバは大きく3階層の構造を持っています．

▶ ①USBホスト・コントローラ・ドライバ

デバイスに一番近いホスト・コントローラ・ドライバは，USBの基本的な通信を制御します．USBホスト・インターフェースのハードウェアには依存します

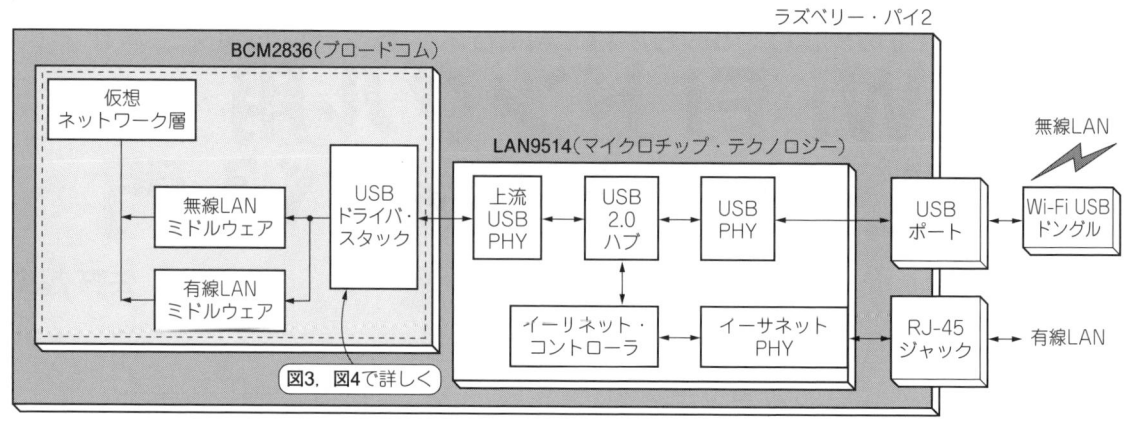

図2 ラズベリー・パイ2は無線LANも有線LANも同じように使える

が，接続されるUSBデバイスからは独立している部分です．

▶②USBコア
次のUSBコアは，プラグ&プレイを司るドライバで，これも基本的にはUSBデバイス未依存です．

▶③USBデバイス・ドライバ
一番上位のUSBデバイス・ドライバは，Linuxからはデバイス・ファイルとして見える部分が各USBデバイスに依存している部分です．

個々のUSBドライバは，汎用的に提供されている用途別のクラス・ドライバと，USBデバイス固有のベンダ・ドライバとに分かれます．

クラス・ドライバは，例えばWi-Fiクラスのように，個々のデバイスから独立した部分が記述されています．これは，USBデバイスがネットワーク・インターフェースとして認識されたら，他の有線LANのネットワーク・インターフェースのデバイス・ドライバと同じような設定になることを意味します．

USBドライバをLinuxに組み込むときは，このサブシステムを利用することになり，組み込みPCの環境によってはカーネルの再構築が必要になる場合があります．

● USBドライバの動作
図4にUSBデバイス挿入から抜き取りまでの流れを示します．

あらかじめUSBコアにUSBデバイス・ドライバを登録しておきます．登録することによってベンダIDとプロダクトIDがUSBコアによって管理されます．

USBデバイスが挿入されると，USBホスト・コントローラは挿入されたUSBデバイス情報をUSBコアに送ります．

USBコアは自分の管理しているドライバの中のプロダクトIDとベンダIDを検索し，該当するUSBドライバのコールバック関数prob()を呼び出します．このあと，必要な情報を取得し，デバイス・ファイルを作成します．これはWindowsのプラグイン・アンド・プレイ（Plug and Play）と同じ動作です．

ユーザ・モードからのopen()やread()といったシステム・コールは，デバイス・ドライバのread()/write()を呼び出すことになります．このへんは一般的なデバイス・ドライバと同じです．

USBデバイスを抜き取ると，USBホスト・コントローラは抜き取り信号をUSBコアに送ります．USBコアはUSBデバイス・ドライバに終了処理を促し，最終的にはUSBデバイス・ファイルは削除されます．

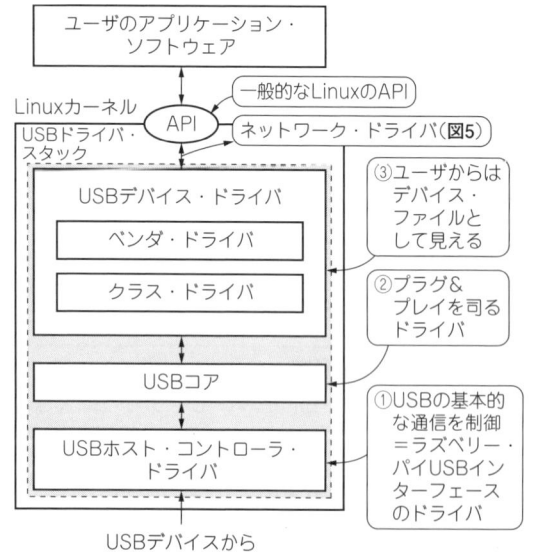

図3 LinuxのUSBドライバは役割別の階層構造になっている

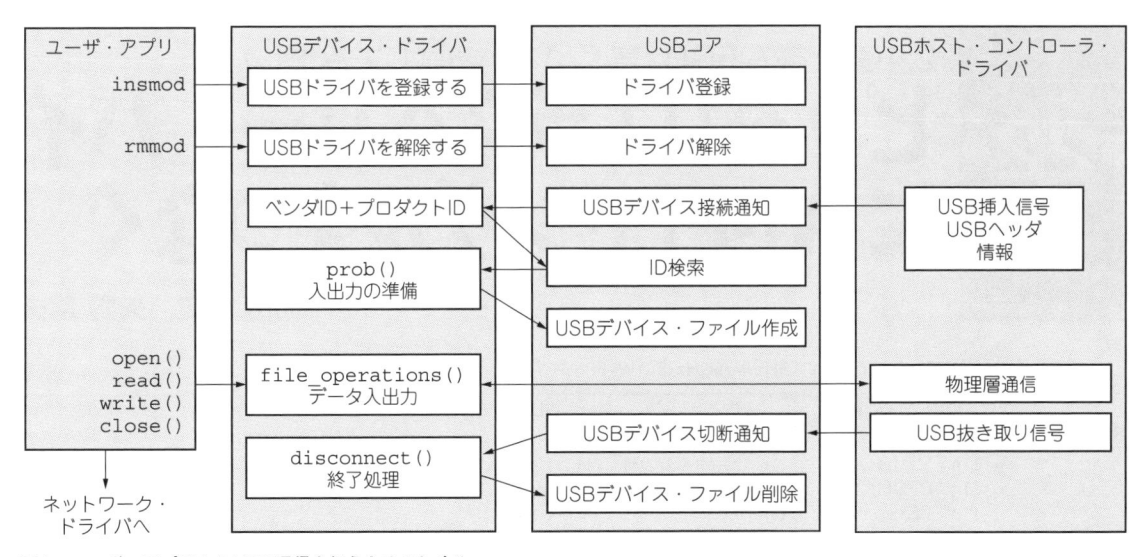

図4 ユーザ・アプリからUSB通信を行うためのしくみ

Linuxネットワーク・ドライバ

　Linuxネットワーク・ドライバの階層を**図5**に示します．

　ソケットAPI層は，Linuxネットワーク入出力を通常のファイル操作にマッピングします．さらに，ここでシステム・コールを多重化します．

　プロトコル非依存インターフェース層は，プロトコルに依存しない一連の共通関数を提供します．IPやSCTP（Stream Control Transmission Protocol）などのトランスポート・プロトコルもここでサポートします．

　ネットワーク・プロトコル層は，TCP（Transmission Control Protocol）やUDP（User Datagram Protocol）などを定義します．ソケット・バッファを利用して個々のプロトコルを記述します．

　デバイス非依存インターフェース層は，デバイス・ドライバへのラッパ環境と言えます．各種ネットワーク・デバイスがネットワーク・プロトコル層にインターフェースできるような関数を提供しています．

　デバイス・ドライバは，物理的なネットワーク・デバイスを動かします．各ネットワーク・チップごとにデバイス・ドライバを用意します．USB Wi-Fiドングルの場合，このデバイス・ドライバがUSBのドライバに接続されています．

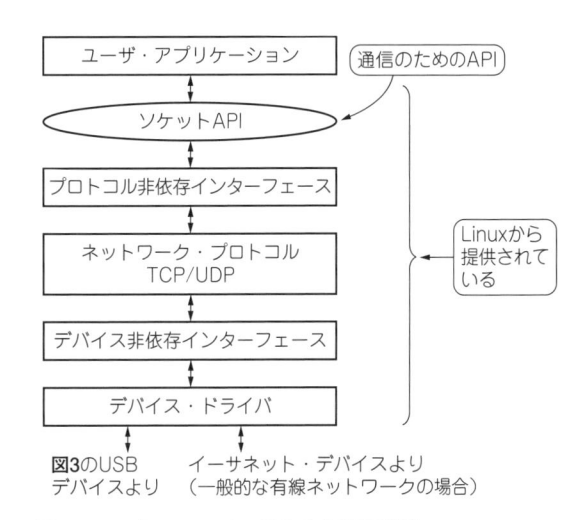

図5 Linuxネットワーク・ドライバの階層構造

◆参考文献◆
(1) 岡野 彰文；特集　USBホスト機能の組み込み機器への実装，第1章　クラス・ドライバとその基本動作，インターフェース 2005年12月号，pp.58-63，CQ出版社．

やの・えつお

第7部 実験研究! Wi-Fi USBドングルの使い方&実力

第22章

2.4GHz帯も5GHz帯もいろいろ試してみました

ピッタリ! ラズベリー・パイにWi-Fiドングルをつなぐ

仙田 智史, 矢野 越夫

表1 ラズベリー・パイで動かしてみた 2.4GHz帯/5GHz帯のWi-Fiドングル

項目＼型名	LAN-WH300NU2 (写真1)	WN-G300UA (写真2)	WLI-UC-GNM (写真3)	GW-USMicroN (写真4)	GW-450S (写真5)
伝送方式[注1]	11n：MIMO-OFDM, 11g：OFDM, 11b：DSSS	11n：MIMO-OFDM, 11g：OFDM, 11b：DSSS	11n/11g/11b準拠 OFDM, DSSS, 単信(半二重)	11n/g：OFDM, 11b：DSSS	11ac/n/a
送信出力	10mW/MHz以下	—	—	—	—
最大データ転送速度 [bps][注2]	11n：300M, 11g：54M, 11b：11M	11n：300M, 11g：54M, 11b：11M	11n：150M, 11g：54M, 11b：11M	11n：150M, 11g：54M, 11b：11M	11ac：433M, 11n：150M, 11a：54M
周波数範囲	2412～2472MHz (中心周波数)	2.4GHz帯	2412～2472MHz (中心周波数)	2.4GHz帯 (2412～2472MHz)	5GHz帯 (W52/W53/W56)
チャネル	1～13				
セキュリティ	WPA2-PSK (AES/TKIP), WPA-PSK (AES/TKIP), WEP (64/128ビット)	WPA2-PSK (TKIP/AES), WPA-PSK (TKIP/AES), WEP (64/128ビット)		WPA2(暗号化方式：TKIP/AES, 認証方式：PSK/IEEE 802.1x), WPA(暗号化方式：TKIP/AES, 認証方式：PSK/IEEE 802.1x), WEP (64/128ビット)	WPA2-PSK (AES/TKIP), WPA-PSK (AES/TKIP), WEP (64/128ビット)
アクセス方式	インフラストラクチャ	インフラストラクチャ, アドホック			
アンテナ	送信×2/受信×2	—	送信×1/受信×1 (内蔵チップ・アンテナ)	—	
インターフェース	USB 2.0/1.1	—	USB 2.0/1.1		
電源	5V, 230mA	5V±5%, 最大270mA	5V		5V, 最大1.5W
外形寸法(幅×奥行き×高さ)	約15×15×150mm (突起部含まず)	約16×152×15mm	16×9×20mm	約16.0×35.5×8.0mm	約16.0×7.3×18.8mm
質量	約13g	約13g	約3g	約4g	約2g
価格 (2015年6月27日Amazon調べ)	1545	1336	713	1580	1809

注1：11xはIEEE 802.11xの略　注2：環境により変動

ラズベリー・パイにはWi-Fiドングルがピッタリ!

● Wi-Fi USBドングルは安くて高速

　ラズベリー・パイは何でもそろっていますが，唯一（?），Wi-Fi機能だけはありません．そこでラズベリー・パイにWi-Fi機能を追加できる方法を模索しました．

　microSDタイプのWi-Fiカードは，まだあまり出回っておらず，ドライバも入手しにくいので今回は試していません．

　ドライバ・レスの組み込み用のWi-Fiモジュールもいくつか発売されていますが，UDPを選択しにくく，価格が高くつく場合も多いです．USBドングルなら実測値で80Mbps(第24章)出るうえ，価格も700円台からそろっています．

写真1　ドングル1：アンテナ×2付きで300Mbps対応Wi-FiドングルLAN-WH300NU2

写真2　ドングル2：こういうこともある…ドングル1（写真1）とほぼ同様でコントローラ・チップまで同じ！WN-G300UA

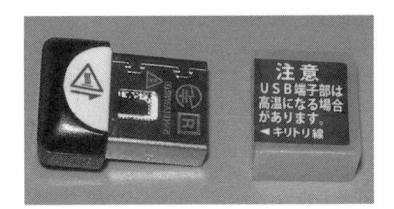

写真3　ドングル3：なんと約700円！Amazon人気No.1の2.4GHz帯Wi-FiドングルWLI-UC-GNM

写真4　ドングル4：2.4GHz帯小型タイプで昔から使われているGW-USMicroN

写真5　ドングル5：最高433Mbpsの最新IEEE 802.11ac対応！5GHz帯Wi-FiドングルGW-450S

● ドライバが入手できそうなUSBドングルを選ぶべし

　ラズベリー・パイは世の中に受け入れられていて，一部の人が既にWi-Fi USBドングルを使っていました．そのようなウェブの記事を参考にして，動かせそうなWi-Fi USBドングルを選択しました（表1）．このような方法をとらないと，ドライバを一から書くのは至難の業です．

　なお，ラズベリー・パイのOSはしょっちゅうバージョン・アップされており，それにドライバが付いていっていません．チップ・メーカの提供しているLinuxドライバは，だいたいおまけ扱いが多いのです．これは，ラズベリー・パイに限ったことではなく，Linuxユーザが皆，通る道なのです．本当はIEEE 802.11ac対応のドングルを2種類取り上げたかったのですが，もう一つがどうしても動きません．いや，正確には一瞬動いたのですが，とても記事にできるレベルには達しませんでした．そのうちリベンジします．

● 2.4GHz帯用と5GHz帯用をできるだけ試してみる

　紹介するドングルを表1，写真1〜写真5に示します．LAN-WH300NU2（写真1，ロジテック）とWN-G300UA（写真2，アイ・オー・データ機器）は，15cmのハイパワー・アンテナを2本内蔵しています．携帯可能なカメラを作った今回のような用途では重宝します．

　WLI-UC-GNM（写真3，バッファロー）は，外部アンテナのない小型のデバイスです．IEEE 802.11b/g/n対応です．713円と安価なためか，Amazonで人気No.1でした（2015年7月1日現在）．2016年1月現在はWLI-UC-GNMEがあります．

　GW-USMicroN（写真4，プラネックスコミュニケーションズ）は，外部アンテナなしの2.4GHzのIEEE 802.11b/g/n対応デバイスです．2008年ころ，発売されたもののようです．

　GW-450S（写真5，プラネックスコミュニケーションズ）は，アンテナなしの小型USBデバイスです．通信に利用するのは5GHz帯だけで，IEEE 802.11ac/n/a対応という仕様で，本体にプリントされた手裏剣マークがなかなか個性的な製品です．

ラズベリー・パイにつなぐ

■ ドングル1：アンテナ×2付きで最高300Mbps！2.4GHz帯 LAN-WH300NU2

　最初に紹介するのは，LAN-WH300NU2（写真1）で，2.4GHz帯のIEEE 802.11b/g/nに対応しています（表1）．このUSBドングルは現在のRaspbianカーネルでドライバが標準装備されており，USBポートに接続するだけで無線LANデバイスとして認識されて使用できます．Raspbianカーネルの詳細は参考文献

リスト1　dmesgコマンドでシステムのログを確認

```
pi@raspi2ss ~ $ dmesg
                          usb 1-1.3    idVendor    idProduct
usb 1-1.3: new high-speed USB device number 7
                                          using dwc_otg
usb 1-1.3: New USB device found, idVendor=0789,
                                          idProduct=016d
usb 1-1.3: New USB device strings: Mfr=1,
                         Product=2, SerialNumber=3
usb 1-1.3: Product: 802.11n WLAN Adapter
usb 1-1.3: Manufacturer: Realtek        rtl8192cu
usb 1-1.3: SerialNumber: 00e04c000001
usbcore: registered new interface driver rtl8192cu
```

リスト2　ifconfig を実行してwlan0デバイスが追加されていることを確認

```
pi@raspi2ss ~ $ ifconfig     ifconfig
eth0        Link encap:Ethernet    HWaddr
                                 b8:27:eb:6c:80:07
 eth0       inet addr:10.37.20.1 Bcast:10.255.255.255
                                    Mask:255.0.0.0
lo   lo     Link encap:Local Loopback
            inet addr:127.0.0.1 Mask:255.0.0.0
            
wlan0       Link encap:Ethernet    HWaddr
                                 34:95:db:0f:73:7f
 wlan0      UP BROADCAST MULTICAST  MTU:1500  Metric:1
```

リスト3　無線LANインターフェースの設定に関するコマンドであるiwconfigでも状態を確認

```
pi@raspi2ss ~ $ iwconfig     iwconfig
wlan0      unassociated Nickname:"<WIFI@REALTEK>"
           Mode:Auto Frequency=2.412 GHz  Access
                                 Point: Not-Associated
 wlan0
lo         no wireless extensions.

eth0       no wireless extensions.
```

リスト4　アクセス・ポイントの検索はiwlistコマンドを使用する

```
pi@raspi2ss ~ $ iwlist wlan0 scanning
wlan0      Scan completed :
           Cell 10 - Address: A4:12:42:73:AB:CE
                    ESSID:"RasPITestSSID"
           :
                    IE: WPA Version 1
           :
                    IE: IEEE 802.11i/WPA2 Version 1
                               iwlist wlan0 scanning
```

(1)を参照してください．

また，接続先となるアクセス・ポイントは，無線LANルータ Aterm WF1200HP（NEC）を使用しました．

● デバイスの認識

まず，ラズベリー・パイがUSBデバイスを認識している状態を確認します．USBポートにドングルを接続したあと，dmesgコマンドでシステムのログを確認されます（リスト1）．

リスト1中のusb 1-1.3は，各USBポートに割り当てられるIDで，USBデバイスを接続した場所を識別できます．また，idVendorとidProductは，USB製品のメーカと製品型名を認識するIDです．このidVendorとidProductの組み合わせは，/var/lib/usbutils/usb.idsに登録されており，lsusb -vコマンドで製品名などを確認できます．

usbcoreドライバは，idVendorとidProductを使って該当するドライバ・モジュールを検索します．ここではrtl8192cu（Realtek）という無線LANコントローラのドライバ・モジュールが読み込まれていることが分かります．

もしも不運なことにドライバ・モジュールが見つからなかった場合，usbcoreは何もしてくれません．idVendorとidProductから，該当するUSBドライバが何なのか自力で検索して導入することになります．

● wlanデバイスが動いていることを確認する

▶wlan0デバイスが追加されていることを確認

無線LANドライバが正しくロードされると，wlan0というネットワーク・インターフェースとして認識されます．ifconfigを実行して，有線LANインターフェースであるeth0やループ・バック・インターフェースのloに加えて，wlan0デバイスが追加されていることを確認できます（リスト2）．

この時点では，まだドライバがデバイスを認識しただけの状態なので，IPアドレスなどの情報は現れません．

ネットワーク・インターフェース全般にかかわるifconfigコマンドに対して，無線LANインターフェースの設定に関するコマンドであるiwconfigでも状態を確認してみます（リスト3）．なんとなくwlan0というのが出来上がったことは分かります．

▶アクセス・ポイント検索

しかし，これでは動いているかどうか不安になるので，とりあえず，アクセス・ポイントを検索してみましょう．アクセス・ポイントの検索はiwlistコマンドを使用します（リスト4）．

オフィス・ビル近辺には無線LANの電波が飛び交っているので，大量のアクセス・ポイントが見つかるかと思います．その中から，使用するアクセス・ポイントのSSIDが見つかればよいです．

もしアクセス・ポイント側でSSIDを公開しないステルス設定になっていると，ESSID:のところが空欄（""）になります．この場合はAddress:で表示されるアクセス・ポイントのMACアドレスから接続対象の状態を確認できます．

● アクセス・ポイントへの接続設定

アクセス・ポイントへ接続するには，ネットワー

第22章　ピッタリ！ラズベリー・パイにWi-Fiドングルをつなぐ

リスト5　ネットワーク・インターフェース設定でwlan0デバイスを有効にする

```
auto lo

iface lo inet loopback
iface eth0 inet dhcp

## ↓↓wlan0用の設定を追加
auto wlan0
allow-hotplug wlan0
iface wlan0 inet manual
wpa-roam /etc/pa_supplicant/wpa_supplicant.conf
## ↑↑ここまで

iface default inet dhcp
```

リスト6　pskで指定するパスワード文字列1…平文で記述

```
ctrl_interface=DIR=/var/run/wpa_supplicant      GROUP=netdev
update_config=1
network={                ← network={}
    ssid="RasPITestSSID"
    psk="RasPITestPass"
    proto=RSN                    ← 平文で記述した例
    key_mgmt=WPA-PSK
    pairwise=CCMP
    auth_alg=OPEN
}
```

表2　アクセス・ポイントへの接続設定

項目名	内　容
ssid	アクセス・ポイントのSSID
psk	パスワード文字列
key_mgmt	鍵管理方式．WPA-PSK（WPA/WPA2）またはNONE（WEP）
proto	WPAまたはRSN（WPA2）
pairwise	暗号方式．CCMP（AES）またはTKIP
auth_alg	OPEN（WPA/WPA2）

ク・インターフェースの設定ファイル/etc/network/interfacesと無線LANインターフェースの設定ファイル/etc/wpa_supplicant/wpa_supplicant.confの修正が必要です．

まずネットワーク・インターフェース設定でwlan0デバイスが有効になるようにします（**リスト5**）．

次に，wlan0デバイスがアクセス・ポイントへ接続するための情報を設定します．先ほどのiwlistコマンドで取得した**リスト4**においてIE:と書かれているブロックが，そのアクセス・ポイントが受け付けている暗号化方式などの情報となっています．今回の場合は，

　WPA-PSK（AES）
　WPA2-PSK（AES）

が有効になっているので，後者のWPA2-PSK（AES）で接続する設定にしてみます（**リスト6**）．

アクセス・ポイントへの接続設定は，SSIDごとにnetwork={}の中に記述します．**表2**に設定内容を示します．企業向けのRadius認証機能（802.1X）など高度な設定も可能ですが，ここでは個人向けの一般的な設定項目について取り上げます．実際に接続するアクセス・ポイントの設定に合わせて記述してください．

pskで指定するパスワード文字列は，**リスト6**の設定例のように平文で記述する以外に，wpa_passphraseコマンドを使うと，暗号化した文字列で記述できます（**リスト7**）．

設定が終わったら，ラズベリー・パイを再起動してみます．再起動後自動的にwlan0が有効になって無事

につながっているようすをiwconfigコマンドで確認したのがリスト8です．

■ ドングル2：ドングル1とコントローラICまでほぼ同じWN-G300UA

WN-G300UA（**写真2**）は，2.4GHzのIEEE 802.11b/g/n対応で，前述のLAN-WH300NU2（**写真1**）と同じような外部アンテナ付きタイプのUSBデバイスです．と思ってよく見てみると製品自体の外観が全く同じでした．仕様を**表1**に示します．

ラズベリー・パイに接続すると，最初からwlan0インターフェースが認識されています．lsusbコマンドで見てみると，USBデバイスのidVendor/idProductから，無線LANコントローラにロジテックと同じ8192CU（Realtek）を使っていることが分かりました．外観だけでなく中身のコントローラも同じようです．ロジテックのデバイス用に記述した設定ファイルをそのまま使用できました．

リスト7　pskで指定するパスワード文字列2…暗号化した文字列で記述

```
pi@raspi2ss ~ $ wpa_passphrase RasPITestSSID     ← SSIDを指定してコマンドを実行する
# reading passphrase from stdin
RasPITestPass          ← パスワードを入力すると，以下の暗号化されたpskが生成される
network={
    ssid="RasPITestSSID"
    #psk="RasPITestPass"
    psk=f9c804c31484cceb202dcd97b3c1f304db95dadc0f925d6c0103b23aa26f2cb6    ← 暗号化した文字列で記述した
}
```

213

リスト8　再起動後自動的にwlan0が有効になって無事につながっているようすをiwconfigコマンドで確認

```
pi@raspi2ss ~ $ sudo wpa_action wlan0 reload
pi@raspi2ss ~ $ iwconfig wlan0         ← iwconfig
wlan0     IEEE 802.11bgn  ESSID:"RasPITestSSID"  Nickname:"<WIFI@REALTEK>"
          Mode:Managed  Frequency:2.437 GHz  Access Point: A4:12:42:73:AB:CE   ← アクセス・ポイントの情報が得られた
          Bit Rate:144.4 Mb/s   Sensitivity:0/0
          ︙
```

■ドングル3：なんと約700円！2.4GHz帯小型軽量WLI-UC-GNM

　WLI-UC-GNM（写真3）は，外部アンテナのない小型のデバイスで，2.4GHzのIEEE 802.11b/g/n対応です．発熱注意のシールが張られているのが印象的です．仕様を表1に示します．

　ラズベリー・パイに接続すると，これもあっさりwlan0インターフェースが認識されました．こちらも設定ファイルはロジテックのデバイス用のものをそのままで接続ができています．

　念のためロードされたドライバを確認すると，lsusbコマンドではRTL8070（Ralink）と出ていて，ドライバはrt2800usbが動いているようです（リスト9）．

■ドングル4：昔から使われているので情報も見つけやすい2.4GHz帯GW-USMicroN

　GW-USMicroN（写真4）は，外部アンテナなしの2.4GHzのIEEE 802.11b/g/n対応デバイスです．仕様を表1に示します．

　本品は接続してもwlan0インターフェースが認識されませんでした．lsusbコマンドではRalink製のコントローラらしいことまでは分かりました．

　そういう場合は，インターネットで検索してラズベリー・パイやLinuxボードで動作させている人がいないか確認してみましょう．うまくいけば動作させる方法そのものが分かります．入手しやすいUSBアダプタの場合，誰かが動作させてブログなどに上げているケースが多いので，大いに参考にさせてもらいましょう．

　Linuxのプラットホームやディストリビューションが違っていても，使っているコントローラの型名や対応するドライバ・モジュールが分かれば，動作させられる可能性は高いです．

　コントローラの種類については，Windows OSに正規のドライバを入れてみて，デバイスマネージャで確認すると分かる場合があります．また，インストールされたInfファイルとセクションから判断できるケースもあります．

　GW-USMicoNの場合，インターネットで検索するとrt2800usbモジュールが対応していることが分かります．rt2800usbモジュールは，前述のWLI-UC-GNMでも使ったモジュールなので，既にドライバそのものはシステムにインストールされています．

　このケースではrt2800usbモジュールに対してGW-USMicroNのidVendorとidProductを追加登録すると動作するようになります．USBデバイスのドライバ・モジュールにID情報を追加登録する方法については後述します．

■ドングル5：いいね！速い・小さい5GHz帯対応GW-450S

　GW-450S（写真5）は，アンテナなしの小型USBデバイスです．本体にプリントされた手裏剣マークと，通信に利用するのは5GHz帯だけで，IEEE 802.11ac/n/a対応という仕様が，なかなか個性的な製品です．仕様を表1に示します．

　これも接続しただけでは認識できず，ラズベリー・パイの標準ドライバには対応するものが含まれていませんでした．このケースではドライバ自体をコンパイルしてインストールする必要があります．

▶メーカのウェブ・ページからドライバ入手

　プラネックスのウェブ・ページからLinux版のドラ

リスト9　lsusbコマンドでロードされたドライバを確認

```
pi@raspi2ss ~ $ lsusb   ← lsusbコマンド
Bus 001 Device 004: ID 0411:01a2 BUFFALO INC. (formerly MelCo., Inc.) WLI-UC-GNM Wireless LAN Adapter
          ︙                                        ロードされたドライバ       → [Ralink RT8070]
pi@raspi2ss ~ $ dmesg                               Ralink RT8070
          ︙
[  349.221204] ieee80211 phy1: rt2x00lib_request_firmware: Info - Loading firmware file 'rt2870.bin'
[  349.221355] rt2800usb 1-1.2:1.0: firmware: direct-loading firmware rt2870.bin
[  349.221378] ieee80211 phy1: rt2x00lib_request_firmware: Info - Firmware detected - version: 0.29
            rt2800usb
```

第22章 ピッタリ！ラズベリー・パイにWi-Fiドングルをつなぐ

```
=========================================
      Software Package - Component
=========================================
  1. ReleaseNotes.pdf

  2. document/
     2.1 Quick_Start_Guide_for_Driver_
           Compilation_and_Installation.pdf
     2.2 Quick_Start_Guide_for_Station_Mode.pdf
        ：
     2.14 Miracast_for_Realtek_WiFi.doc
     2.15 HowTo_debug_BT_coexistence.pdf
```
（ドライバのインストール方法／15もドキュメントがある）

図1　プラネックスのホームページからLinux版のドライバがダウンロードした際に付いてくる資料

イバがダウンロードできるので，まずはそれを確認してみます．

https://www.planex.co.jp/support/download/gw-450s/driver_linux.shtml

ダウンロードしたZIPファイルを展開すると，RealtekのRTL8xxxシリーズ用のドライバが入っています．また，ドキュメント類にはドライバのインストール方法をはじめ，アクセス・ポイント・モードでの動作方法やAndroidでの使用に関する資料などが含まれており，とても充実した内容となっています（**図1**）．

ドキュメントの中で，"Quick_Start_Guide_for_Driver_Compilation_and_installation.pdf"がドライバ・インストールに関する資料となっています．これを見ると，このドライバは基本的にはintel系PC-Linux用のものですが，Makefileを書き換えることでARM版Linuxでも動作するようになっています．

しかし結果的には，このドライバ・ソースではラズベリー・パイで動作しませんでした．モジュールを読み出すときにinsmod Taintedというエラーが発生してしまいます．このドライバ・ソース・コードがカーネル・バージョン3.10以降に対応していないのが原因ということのようです．

▶GitHubからドライバ入手

ネットで検索してみると，ラズベリー・パイで動作するというドライバがありました[2]．

しかし，これもそのままでは実機で動作しなかったため，少しパッチを当てる必要がありました．ドライバ側の実装がカーネルのバージョンに追い付いていない場合によくあることですが，**リスト10**のように，関数定義がカーネル・ヘッダとドライバ・モジュールのソースとで異なっていました．幸いにも，この処理はDEBUG用のコードだったので無効化することで動作するようになりました．**リスト11**のように，DEBUG関係のdefineを無効化しています．

少し気になるのは，このドライバはプラネックスの公式ドライバのバージョン［4.2.4_9533.20131209］より

リスト10　GitHubから入手したドライバの関数定義はカーネル・ヘッダとドライバ・モジュールのソースとで異なっていた

```c
typedef ssize_t (*read_proc_t) (struct file *, char
                __user *, ssize_t, loff_t *);
static inline struct proc_dir_entry *create_proc_
                 read_entry(const char *name,
            mode_t mode, struct proc_dir_entry *base,
            read_proc_t *read_proc, void * data)
{
        struct file_operations fops = {
                owner: THIS_MODULE,
                read: read_proc
        };
        struct proc_dir_entry *res = proc_create_
                 data(name, mode, base, &fops, data);
        return res;
}
```
（カーネル・ヘッダでの関数定義）

(a) rtl8812au/os_dep/linux/os_intfs.c…read_proc_t型の関数を登録する処理

```c
int proc_get_drv_version(char *page, char **start,
                         off_t offset, int count,
                         int *eof, void *data)
```
（カーネル・ヘッダの型定義と全然違う）

(b) rtl8812au/core/rtw_debug.c…実際に登録してる関数の定義

リスト11　GitHubから入手したrtl8812au/include/autoconf.hのDEBUG定義をコメントアウト
PLANEXのオリジナル・ドライバではコメントアウトされている

```
/*
 * Debug Related Config
 */
//#define DBG      1
#define DBG        0    ← 1→0に変更    コメントアウト

// #define CONFIG_DEBUG  /* DBG_871X, etc... */

//#define CONFIG_DEBUG_RTL871X /* RT_TRACE, RT_
            PRINT_DATA, _func_enter_, _func_exit_ */

// #define CONFIG_PROC_DEBUG
                                    コメントアウト
// #define DBG_CONFIG_ERROR_DETECT
//#define DBG_CONFIG_ERROR_DETECT_INT
//#define DBG_CONFIG_ERROR_RESET
```

も古いバージョン［4.2.2_7502.20130507］がベースとなっていたことです．他にプラネックス公式よりも新しいドライバ[3]バージョン［4.3.0_10674.20140509］も見つかりましたが，これもRaspbianでは動作しないようです．

◆参考文献◆
(1) お手軽ARMコンピュータ ラズベリー・パイでI/O, 2013年4月, CQ出版社.
(2) Realtek 802.11n WLAN Adapter Linux driver, GitHub.
https://github.com/negachov/rtl8812au
(3) Realtek Linux driver for RTL8811AU device with RTL8821A extensions, GitHub.
https://github.com/Braklet/rtl8811AU_rtl8821A-linux

せんだ・さとし，やの・えつお

第7部 実験研究！Wi-Fi USB ドングルの使い方＆実力

ドライバをゲットして改造

第23章 Linuxでいろいろな Wi-Fi ドングルを動くようにする方法

仙田 智史

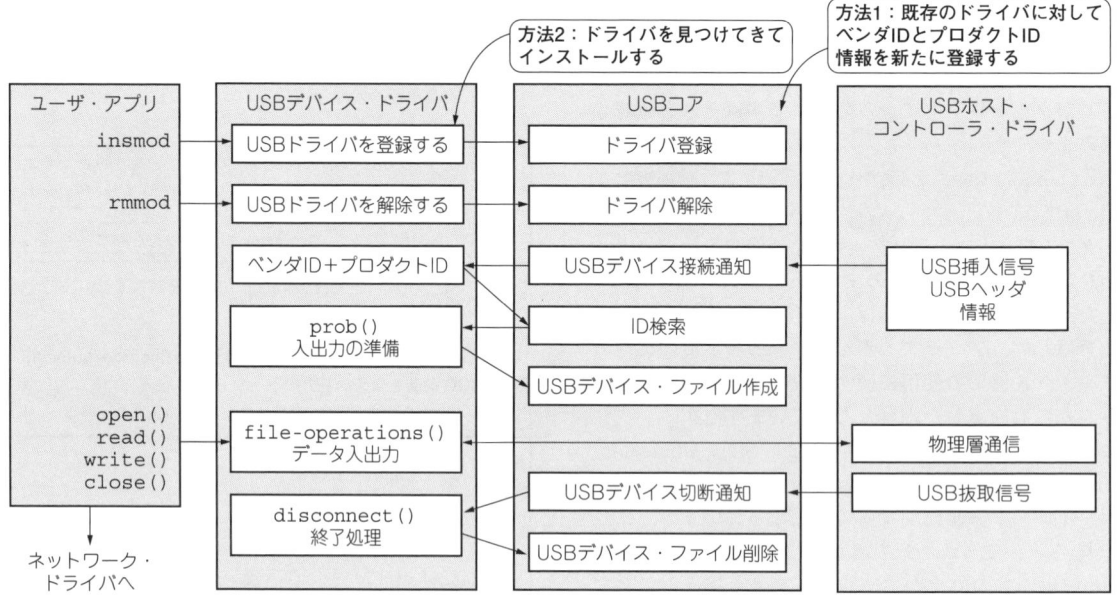

図1 Wi-Fi USBドングルを動かす方法

前章では，ウェブでドライバを検索して，接続できそうな五つのWi-Fi USBドングルを選んでラズベリー・パイに接続して確認を行いました．その際に，挿しただけでは動かないドングルがありました．ここではその対処法を紹介します．　　　（編集部）

現在のLinuxでは，USBポートにデバイスを接続すると，udevサービスからusbcoreを通じて，USBデバイスのidVendor/idProductに対応したドライバがロードされるようになっています．

USBのID情報からどのUSBデバイス・ドライバをロードするかは，各USBデバイス・ドライバ自身にあらかじめ登録されているUSBのID情報を元に検索されます．

Wi-Fi USBドングルを接続したときにOSが認識しない場合は，対応するデバイス・ドライバがインストール済みかどうかによって対応が変わってきます．

以下，二つの対処方法を示します（**図1**）．

方法1：USBのID情報を登録

方法2：ドライバを見つけてきてインストール

方法1：USBのID情報を登録する

対応するデバイス・ドライバそのものはインストールされていても，USBのID情報が登録されていない，というケースです．GW-USMicroN（プラネックスコミュニケーションズ）がこのケースでした（**表1**）．

WLI-UC-GNM（バッファロー）と同じrt2800usbドライバで動作しますが，プラネックスコミュニケーションズの方はドライバにidVendorおよびidProduct情報が登録されていませんでした．

● ドライバ・モジュールがどのUSBデバイスに対応するか確認

まず，rt2800usbのドライバ・モジュールが，どのUSBデバイスに対応しているのかを，modinfoコマンドで確認してみます（**リスト1**）．

第23章 LinuxでいろいろなWi-Fiドングルを動くようにする方法

表1 参考…前章でテストした五つのWi-Fiドングルのドライバ

番号	ドングルの型名	メーカ名	LANコントローラ	USBドライバ	状態
1	LAN-WH300NU2	ロジテック	8192CU (Realtek)	rtl8192cu	アクセス・ポイントへの接続を設定するだけ
2	WN-G300UA	アイ・オー・データ機器	8192CU (Realtek)	rtl8192cu	
3	WLI-UC-GNM	バッファロー	RTL8070 (Ralink)	rt2800usb	
4	GW-USMicroN	プラネックスコミュニケーションズ	Ralink製	rt2800usb	ドライバ・モジュールにID情報を追加登録する
5	GW-450S	プラネックスコミュニケーションズ	Realtek製	rtl8821a	GitHubからドライバを入手．ドライバ・モジュールをコンパイルして動作させた

リスト1 rt2800usbのドライバ・モジュールがどのUSBデバイスに対応しているのかをmodinfoコマンドで確認

```
pi@raspi2ss ~ $ modinfo rt2800usb      modinfoコマンド
 :
alias:     usb:v20F4p724Ad*dc*dsc*dp*ic*isc*ip*in*
alias:     usb:v148Fp5572d*dc*dsc*dp*ic*isc*ip*in*
alias:     usb:v043Ep7A13d*dc*dsc*dp*ic*isc*ip*in*
 :
alias:     usb:v0411p01A2d*dc*dsc*dp*ic*isc*ip
                                          *in*
    ここがidVendor    こっちがidProduct
 :
depends:   rt2x00usb,rt2x00lib,rt2800lib
intree:    Y
vermagic:  3.18.0-trunk-rpi2 SMP preempt
               mod_unload modversions ARMv7
parm:      nohwcrypt:Disable hardware
                        encryption. (bool)
  BUFFALO WLI-UC-GNMのエントリはこれ

以下，alias：の列が並ぶ
```

リスト2 USBデバイスのドライバ・モジュールに対してVendor/ProductのID情報を追加する

```
root@raspi2ss:~# echo "2019 ed14" > /sys/bus/usb/
drivers/rt2800usb/new_id
```

リスト3 ドライバ・モジュールにUSB ID情報を登録

```
alias usb:v2019pED14*ds*dscdp*ic*isc*ip* rt2800usb
install rt2800usb /sbin/modprobe --ignore-install
rt2800usb $CMDLINE_OPTS && /bin/echo "2019 ed14" >
/sys/bus/usb/drivers/rt2800usb/new_id
```

modinfoの出力結果にあるalias：のところに，そのモジュールが対応しているUSBデバイスのID情報が書かれています．WLI-UC-GNMのID情報は，idVendor=0411，idProduct=01a2です．modinfo出力を見ると，リスト1のように登録されていることが確認できます．

● ドライバ・モジュールに対してベンダ／プロダクトのID情報を追加

GW-USMicroNは，idVendor=2019，idProduct=ED14です．modinfoの出力には見当たらないので，IDを追加してモジュールにデバイスを認識させる必要があります．

USBデバイスのドライバ・モジュールに対してベンダ／プロダクトのID情報を追加するには，リスト2のコマンドを実行します．これでrt2800usbドライバに対して新しいUSBデバイスのID情報を登録できます．

● 接続確認

ID情報を登録後，GW-USMicroNを接続し直すと，ifconfig/iwconfigコマンドでwlan0インターフェースが認識されていることを確認できます．

この時点で，実際に無線LANを使って通信してみて動作に問題がないか確認しておきます．ドライバ・モジュールにUSB ID情報を登録するだけでは動作しないとか，何らかの問題があって意図的にIDが登録されていない場合もあり得ます．

動作に問題がなければ，リスト3のように/etc/modprobe.d/へGW-USMicroN用の設定ファイルを書いて，自動的にID情報を追加するようにします．登録したUSB ID情報はOSを再起動すると忘れてしまうからです．

1行目のalias行にあるusb：で始まる文字列は，modinfoで確認したalias：に書かれていたものと同じ書式です．これはUSBデバイスのIDとその接続ツリーを示すもので，idVendorとidProductに該当する箇所が，GW-USMicroNのものになるようにしています．

設定後再起動すると，wlan0インターフェースとして認識されていることを確認できます．

方法2：ドライバを見つけてきてインストールする

接続するUSBデバイスのドライバがインストールされていない場合や，より新しいドライバであれば動くことが分かっている場合は，デバイス・ドライバをインストールすることになります．LinuxでUSBデバイスのドライバをインストールするには，その製品のウェブ・ページなどからドライバをダウンロードしてコンパイルする必要があります．

リスト4　入手可能なカーネルを検索する
apt-cacheで配布パッケージの中からLinux-headersで始まるものを検索

```
root@raspi2ss:~# apt-cache search linux | grep ^linux-headers
linux-headers-3.10-3-all - All header files for Linux 3.10 (meta-package)
linux-headers-3.10-3-all-armhf - All header files for Linux 3.10 (meta-package)
       :
linux-headers-rpi - Header files for Linux rpi configuration (meta-package)
linux-headers-rpi-rpfv - This metapackage will pull in the headers for the raspbian kernel for the
linux-headers-rpi2-rpfv - This metapackage will pull in the headers for the raspbian kernel for the    ← これを使う
```

（a）apt-cacheの中からlinux-headersを検索

```
root@raspi2ss:~# apt-cache depends --recurse linux-
                      headers-rpi2-rpfv | head
linux-headers-rpi2-rpfv
  依存: linux-headers-3.18.0-trunk-rpi2
linux-headers-3.18.0-trunk-rpi2
  依存: linux-headers-3.18.0-trunk-common
  依存: linux-kbuild-3.18
  依存: linux-compiler-gcc-4.7-arm        ← meta-packageの依存関係をチェックする
linux-headers-3.18.0-trunk-common
linux-kbuild-3.18
  依存: libc6
  依存: libgcc1
```

（b）meta-packageの依存関係をチェックする

● ドライバ・モジュールはコンパイルしてから使う

　ドライバ・モジュールをラズベリー・パイに導入するためには，そのドライバのソース以外に，カーネルをビルドする環境とカーネル・ソースが必要です．

　今回のように，カーネル全体ではなくドライバ・モジュールだけを導入したい場合でも，基本的にはカーネル・ソースが必要です．カーネルはモジュールをロードする際に，バージョン番号だけでなく，そのモジュールがエクスポートしている関数プロトタイプをCRCで検査するしくみを持っています．このため，モジュールをコンパイルする際にはカーネル・ソースをビルドしたときに生成されるModules.symversというファイルが必要になります．

　逆に言えば，実行するカーネルのバージョンに合致したカーネル・ヘッダとModules.symversが入手できれば，導入するドライバ・モジュールだけをコンパイルしてインストールできるということです．ここではGW-450Sを例に，ドライバのコンパイルからインストールまでの手順を見ていきます．コンパイルは，ラズベリー・パイ実機でセルフ・コンパイルするか，Linuxマシンでクロス・コンパイルにて行います．

● 方法1…ラズベリー・パイ2実機でセルフ・コンパイル

　まずは一番お手軽な方法として，既存のカーネルをそのまま使って追加したいドライバだけをコンパイル&インストールする手順について解説します．

　残念ながら，RaspbianのSDイメージで実行してい

るカーネルは，バージョンが一致するソース・コードもヘッダも手に入りません．ということで，aptコマンドで入手できるカーネルに切り替えて使うことにします．

　入手可能なカーネルを検索するためapt-cacheで配布パッケージの中からlinux-headersで始まるものを検索します（リスト4）．

　この中でmeta-packageと書かれているものは，依存関係のあるモジュールをまとめてインストールしてくれるパッケージです．ここからlinux-headers-rpi2-rpfvをインストールします．

　このカーネルのバージョンは3.18.0-trunc-rpi2です．本章執筆時点の2015-02-16版Raspbianのカーネル・バージョン3.18.7-v7+よりも少し古いですが，ドライバ・モジュールを導入するには必要十分なものです．

▶カーネル本体とカーネル・ヘッダのインストール

　カーネル本体はlinux-imageで始まるパッケージです．linux-headersと同じバージョンがあるので，これらを一緒にインストールします．

```
# apt-get install linux-image-rpi2-
rpfv linux-headers-rpi2-rpfv
```

　apt-getでインストールしたカーネルは，起動時にそれが読み込まれるようconfig.txtを編集する必要があります．そこで/boot/config.txtに以下を追加します．

```
kernel=vmlinuz-3.18.0-trunck-rpi2
initramfs initrd.img-3.18.0-trunck-
rpi2
```

　ほかの行と違って，initramfsの行はxxxx=yyyyの形式ではなく，xxxx yyyyのようにスペース区切りなので気を付けてください．

▶再起動

　ここまで設定したらラズベリー・パイを再起動して，uname -rコマンドでカーネル・バージョンが変わっているか確認します．再起動後のカーネル・バージョンは，

```
# uname -r
3.18.0-trunck-rpi2
```

と確認できます．なお，config.txtに追加した設

第23章 LinuxでいろいろなWi-Fiドングルを動くようにする方法

リスト5 GW-450Sのドライバはドライバ・ソースのあるディレクトリでmakeとmake installを実行すればインストールできる

```
pi@raspi2ss ~/rtl8812au $ make        ドライバ・モジュール・ソースのある場所で make を実行する
make ARCH=arm CROSS_COMPILE= -C /lib/modules/3.18.0-trunk-rpi2/build M=/home/pi/rtl8812au  modules
make[1]: Entering directory '/usr/src/linux-headers-3.18.0-trunk-rpi2'
Makefile:10: *** mixed implicit and normal rules: deprecated syntax
  CC [M]  /home/pi/rtl8812au/core/rtw_cmd.o
  CC [M]  /home/pi/rtl8812au/core/rtw_security.o
  CC [M]  /home/pi/rtl8812au/core/rtw_debug.o
    :（略）                              ビルドのログ，途中略
  CC [M]  /home/pi/rtl8812au/core/rtw_mp.o
  CC [M]  /home/pi/rtl8812au/core/rtw_mp_ioctl.o
  LD [M]  /home/pi/rtl8812au/8821au.o
  Building modules, stage 2.
  MODPOST 1 modules
  CC      /home/pi/rtl8812au/8821au.mod.o
  LD [M]  /home/pi/rtl8812au/8821au.ko
make[1]: Leaving directory '/usr/src/linux-headers-3.18.0-trunk-rpi2'    make 終わり

pi@raspi2ss ~/rtl8812au $ sudo make install       root権限でinstallを実行
install -p -m 644 8821au.ko  /lib/modules/3.18.0-trunk-rpi2/kernel/drivers/net/wireless/
/sbin/depmod -a 3.18.0-trunk-rpi2
```

定が間違っていると，カーネルが読めずにラズベリー・パイが起動しなくなる場合があります．そのときは，システムのSDメモリー・カードを適当なWindows PCなどにマウントすれば，`config.txt`を書き換えて元に戻すことができます．

▶ドライバ・モジュールのインストール

無事にカーネルが置き換わって，対応するヘッダがインストールされた状態になれば，あとはドライバ・モジュールをインストールするだけです．

ドライバ・モジュールのインストール方法は，そのドライバに同梱されているREADMEなどのドキュメントに書かれているので，まず最初にドキュメントを確認しましょう．ドライバによって違いはありますが，基本的には`make`と`make install`だけでよいことが多いと思います．

GW-450Sのドライバについても，前の章で既にラズベリー・パイ用として入手済みの状態なので，ドライバ・ソースのあるディレクトリで`make`と`make install`を実行すればインストールできます（**リスト5**）．

● 方法2…Debian Linuxマシンでクロス・コンパイル

ラズベリー・パイのカーネル・バージョンをダウン・グレードするのは嫌だとか，最新のカーネルにしたいという場合は，カーネル本体からコンパイルすることになります．

しかし，ラズベリー・パイのCPUはコアが四つになったとはいっても，インテル系PCと比べると非力感は否めませんし，ソースを展開してコンパイルするだけのSDメモリー・カードの容量も必要になります．

そこでインテル系のパソコンに，Raspbianのベースとなっている Debian Linuxをインストールして，ラズベリー・パイのカーネルをコンパイルしてみようと思います．

使用するDebian Linuxは32ビット版でバージョンは7.8です．Raspbianのバージョン番号（`/etc/debian_version`）と同じです．

Debian Linuxをデフォルトでインストールした直後は開発環境など足りないパッケージがあるので，最初に追加しておきます．

リスト6 githubからクロス・コンパイル用ビルド環境のツールチェーンとカーネル・ソースを取得

```
pi@raspi2dev:~$ git clone --depth 1 https://github.com/raspberrypi/tools.git     tools.gitを取得
Cloning into 'tools'...
remote: Counting objects: 8320, done.
remote: Compressing objects: 100% (5162/5162), done.
remote: Total 8320 (delta 4088), reused 5373 (delta 2792), pack-reused 0         ログ
  :（略）

pi@raspi2dev:~$ git clone --depth 1 https://github.com/raspberrypi/linux.git -b rpi-3.18.y    linux.gitを取得
Cloning into 'linux'...
remote: Counting objects: 160914, done.
remote: Compressing objects: 100% (118684/118684), done.
remote: Total 160914 (delta 89359), reused 84713 (delta 40722), pack-reused 0    ログ
  :（略）
```

219

リスト7　GW-USMicroNのUSB IDをrt2800usbドライバに登録

```
/*
 * rt2800usb module information.
 */
static struct usb_device_id rt2800usb_device_
                                          table[] = {
    /* Abocom */
    { USB_DEVICE(0x07b8, 0x2870) },
    { USB_DEVICE(0x07b8, 0x2770) },
    : (略)
    /* Planex */
    { USB_DEVICE(0x2019, 0x5201) },
    { USB_DEVICE(0x2019, 0xab25) },
    { USB_DEVICE(0x2019, 0xed06) },
    { USB_DEVICE(0x2019, 0xed14) },    // GW-USMicroNを追加
    /* Quanta */
    { USB_DEVICE(0x1a3a, 0x0304) },
    : (略)
```

▶クロス・コンパイルするのに足りないパッケージを追加

初期追加パッケージは，

```
raspi2dev:~$ sudo apt-get install git
raspi2dev:~$ sudo apt-get install build-essential
raspi2dev:~$ sudo apt-get install libncurses-dev
```

で追加します．

▶ビルド環境とカーネル・ソースの取得

次に，githubからクロス・コンパイル用ビルド環境であるツールチェーンと，カーネル・ソースを取得します（リスト6）．

gitコマンドのオプションに--depth 1を付けていますが，これはリポジトリの履歴を1階層だけ取得するオプションです．これを付けないと，膨大な履歴までダウンロードしようとするので，付けた方が時間もリソースも節約できます．

ダウンロードが終わったら，カーネルのバージョンを確認しておきましょう．執筆時点では，3.18.12-v7+でした．

▶クロス・コンパイル用の環境変数を追加

クロス開発の準備として，実行ファイル群にPATHを通して，そのほかの環境変数も設定しておきます．

```
raspi2dev:~$ export PATH=$PATH:/home/pi/tools/arm-bcm2708/gcc-linaro-arm-linux-gnueabihf-raspbian/bin
raspi2dev:~$ export ARCH=arm
raspi2dev:~$ export CROSS_COMPILE=arm-linux-gnueabihf-
```

毎回やるのが面倒な場合は$(HOME)/.profileあたりに追加しておくとよいでしょう．

▶configの生成

ここからは一般的なLinux PCのカーネル・ビルド手順と同じです．まず元となるconfigファイルをラズベリー・パイ本体の/proc/config.gzから持ってきて，新しいカーネルのconfigを生成します．

```
raspi2dev:~$ cd /home/pi/linux
raspi2dev:~$ scp raspi2ss:/proc/config.gz ./
raspi2dev:~$ zcat config.gz > .config
raspi2dev:~$ make oldconfig
```

make oldconfigすると，何やら新機能を有効にするか問い合わせてきますが，とりあえず今回の目的はそこではないので，ググっとこらえて最低限の変更にとどめておきます．

または，デフォルトのconfigを使うこともできます．

```
raspi2dev:~$ make bcmrpi_defconfig
```

（ラズベリー・パイ1の場合）

または，

```
raspi2dev:~$ make bcm2709_defconfig
```

（ラズベリー・パイ2）

ラズベリー・パイ2用の場合はできあがった.configでCONFIG_ARCH_BCM2709=yになっているので，念のため確認しておきます．

configができ上がったら，make && make modulesをすれば，カーネルとモジュールができあがります．

▶rt2800usb.cにエントリを追加する

ついでなのでカーネルとモジュールをビルドする前に，先述したGW-USMicroNのUSB IDを，rt2800usbドライバに登録してしまいましょう．そうすれば/etc/modprobe.d/にファイルを書かなくても認識してくれるはずです．

rt2800usbのソース・コードはdrivers/net/wireless/rt2x00/rt2800usb.cにありました（リスト7）．

▶カーネル本体とモジュールのビルド

これでカーネルを構築します．カーネルのビルドにかかる時間は，ラズベリー・パイ実機だと数時間のようですが，今回使ったDebianマシン（Core i3 2120T）で20分程度で済みました．

```
raspi2dev:~$ make
raspi2dev:~$ make modules
```

さて，めでたくビルドが完了すると，システムboot用のカーネル・イメージであるarch/arm/boot/zImageができあがります．

第23章 LinuxでいろいろなWi-Fiドングルを動くようにする方法

▶カーネル・モジュールを開発機に仮インストール

　モジュール群を一度開発環境上に仮インストールして，ファイルのツリーを作っておきます．仮インストールが終わると，sourceとbuildというシンボリック・リンクができています．scpコマンドで転送するときにソース・ツリーまでコピーされてしまうので削除しておきます．

```
raspi2dev:~$ export INSTALL_MOD_
PATH=~/linux-modules
raspi2dev:~$ mkdir $(INSTALL_MOD_
PATH)
raspi2dev:~$ make modules_install
raspi2dev:~$ rm $(INSTALL_MOD_PATH)
/lib/modules/*/{source,build}
```

▶カーネルをラズベリー・パイにコピー

　最後に，できあがったカーネル・イメージ本体とカーネル・モジュール一式をラズベリー・パイ2の実機に転送します．転送前に元のイメージを上書きする場合は，バックアップしておいた方がよいでしょう．
　ここでは，カーネル・イメージのファイル名をvmlinuz-newとしています．

```
raspi2dev:~$ scp -p arch/arm/boot/
zImage root@raspi2ss:/boot/vmlinuz-
new
raspi2dev:~$ scp -pr ~/linux-
modules/* root@raspi2ss:/
```

▶config.txtに追加

　実機へのコピーが終わったら，新しく作成したカーネル・イメージで起動するように，実機側で/boot/config.txtにエントリを追加します．

```
kernel=vmlinuz-new
# initramfsの行は不要なので削除またはコメント・アウトします．
```

▶新しいカーネルが実行されているか確認

　再起動して，新しいカーネルが実行されているかuname -rコマンドで確認してみましょう．
　また，GW-USMicroNがある場合は，接続すれば/etc/modprobe.d/usmicron.confがなくてもすぐに認識することを確認できると思います．
　もしカーネルの立ち上げに失敗して起動できなくなった場合は，SDメモリーカードのconfig.txtを別のPCで直接編集して設定を戻すことができます．

● GW-450Sのドライバも作成してみた

▶ドライバMakefileの変更

　ここまでで，自分のカーネルを作成する環境ができたので，GW-450S用のドライバもクロス開発環境で作成してみます．
　ドライバのソース・コードは実機でビルドしたもの

リスト8　クロス・コンパイル用にMakefileを少し変更

```
ifeq ($(CONFIG_PLATFORM_ARM_RPI), y)
EXTRA_CFLAGS += -DCONFIG_LITTLE_ENDIAN
ARCH := arm
#CORSS_COPMILE :=
KVER := 3.18.12-v7+
KSRC = /home/pi/linux
MODDESTDIR := /lib/modules/$(KVER)/kernel/drivers/
                                        net/wireless/
endif
```

（ビルドしたカーネルの設定に合わせる／環境変数に記述済みなので不要／カーネル・ソースの場所に設定）

と同じです．クロス・コンパイル用にMakefileを少し変更します（リスト8）．
　クロス・コンパイル用の環境変数は既に設定済みなので，ここではカーネル・ソースおよびバージョンの設定（KSRC，KVER）を変更しています．

▶カーネルをラズベリー・パイにコピー

　Makefileを変更後，makeを実行するとカーネル・モジュール（8821au.ko）ができあがるので，これを実機に転送します．

```
raspi2dev:~$ cd rtl8812au
raspi2dev:~/rtl8812au$ make
raspi2dev:~/rtl8812au$ scp 8821au.
ko pi@raspi2ss:/home/pi/

raspi2ss ~$ sudo cp -p 8821au.ko /
lib/modules/$(uname -r)/kernel/
drivers/net/wireless/
raspi2ss ~$ sudo depmod -a
raspi2ss ~$ sudo reboot
```

　これで，インストールは完了です．しかし，実機にインストールしたモジュールを使おうとすると，GW-450Sを接続したときにカーネル・エラーが発生して動作しませんでした．原因は分かっていませんが，やはりGW-450Sのドライバとしては何か不完全なところがあるのかもしれません．このあとの大容量データ伝送テストでは，古いカーネルを使って実験しています．

◆参考文献◆

(1) Building External Modules, Linux Kernel Organization, Inc.
https://www.kernel.org/doc/Documentation/kbuild/modules.txt
(2) Kernel Building, Raspberry Pi Foundation.
https://www.raspberrypi.org/documentation/linux/kernel/building.md

せんだ・さとし

第7部 実験研究！Wi-Fi USBドングルの使い方＆実力

第24章

公称値だけじゃなくて実力もスゴかった！

最高100Mbps級！2.4GHz帯＆5GHz帯Wi-Fiドングル通信速度の実力

仙田 智史

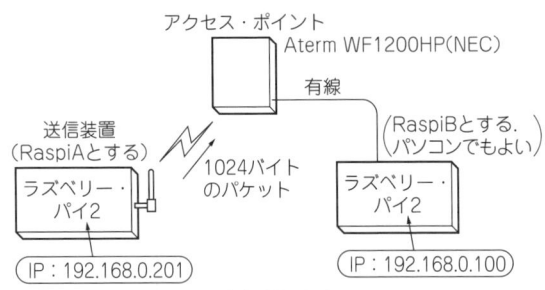

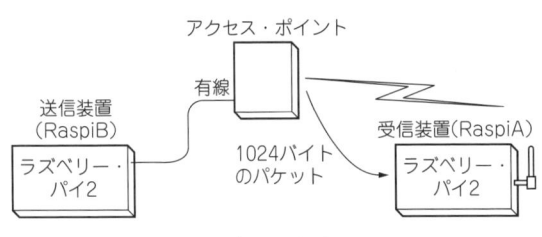

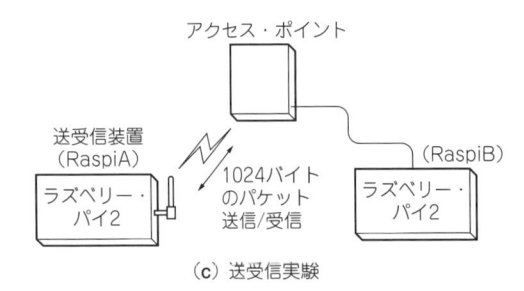

図1 1024バイトのパケットを数万回転送する実験

(a) 送信実験
(b) 受信実験
(c) 送受信実験

第22章，第23章で紹介したWi-Fi通信機能を持つWi-Fi USBドングルを使って，実際に通信させてみて，どのくらいのスピードが出るのかを測定してみます．　　　　　　　　　　　　　（編集部）

TCP接続で通信する簡単な計測プログラムを作成してみました．USBドングルを使ったラズベリー・パイ（RaspiA）と，アクセス・ポイントのLAN側につないだ別のラズベリー・パイ（RaspiB）とでダミーのデータを送受信して，一定サイズの通信にかかった時間を計測します．実際に速度を計測した構成を図1に，測定プログラムをリスト1に示します．

● 検討すること
次のことを検討します．
1. Wi-Fi USBドングルごとの最高転送速度，速度のばらつき
2. 2.4GHz帯と5GHz帯利用による速度差

● テスト・プログラムの動作
テスト・プログラムの動作としては，まずサーバ（raspiB）側でテスト・プログラムを実行して受信用TCPポートをオープンします．その後クライアント（raspiA）側でプログラムを実行し，サーバへ接続します．双方のプログラムがお互いに1024バイトの送受信を20,000回行ったあと，通信にかかった時間を表示します．
ソース中のNOSENDというdefineを有効にすると，TCP接続のあとクライアントからは何も送らずに，サーバからだけ1024バイトを40,000回送ります．これで片方向の通信だけを計測します．同じ動作をraspiAとraspiBを入れ替えて実行し，送信だけと受信だけの通信を計測します．
テスト全体の所要時間からビット・レートを算出し，1024バイトごと（送受信テストでは送受信合計2048バイト）の通信時間の分布から，通信の安定性を見てみます．

● 結果
データ送信の結果を図2に示します．データ受信だけの結果を図3に示します．データ送受信の結果を図4に示します．図の読み方ですが，横軸が1024バイト・パケットの送信，受信，送受信を行った回数（例えば送信/受信なら40000回，送受信なら20000回），縦軸がそのときにかかった時間です．

▶送信だけ/受信だけ
まず，送信だけ/受信だけでの傾向の違いについて，WN-G300UA（アイ・オー・データ機器）のデータを例に比較してみます．送信だけの場合［図2(b)］を見る

注：本章の結果は今回の実験環境によって計測された一例です．無線通信チャネルの混み具合などで状況は変わります．参考程度とお考えください．

第24章 最高100Mbps級！2.4GHz帯&5GHz帯Wi-Fiドングル通信速度の実力

リスト1 転送時間測定用プログラム

```c
#include <stdio.h>
#include <unistd.h>
#include <stdlib.h>
#include <time.h>
#include <sys/socket.h>
#include <netinet/in.h>
#include <arpa/inet.h>
#define LISTEN_PORT    5678  // TCP接続に使用するTCPポート番号
#define BUFFSIZE       1024       // 1回の送受信バッファ・サイズ

//#define NOSEND             ← 送信だけ/受信だけの実験時は有効にする
                              //クライアントからは何も送らないときdefine
#ifdef NOSEND
#   define BUFFCOUNT    20000
                         // BUFFSIZEを何回送るか（送受信用とも）
#else
#   define BUFFCOUNT    40000
                         // BUFFSIZEを何回送るか（サーバのみ）
#endif
int total = 0;
unsigned long begin, end = 0;
static unsigned long clock_()       ← 現在時刻をミリ秒で取得する
{
  struct timespec ts = {};
  clock_gettime(CLOCK_REALTIME, &ts);
  return ts.tv_sec * 1000 + ts.tv_nsec/1000000;
}
static void begin_server(int listen_port)   ← TCPのサーバ側の動作
{
  unsigned char buff[BUFFSIZE];
  int val, sock, listener;
  struct sockaddr_in sin = {};
  fprintf(stderr, "Server mode begin¥n");
  listener = socket(AF_INET, SOCK_STREAM, 0);
  val = 1;
  setsockopt(listener, SOL_SOCKET, SO_REUSEADDR,
                                   &val, sizeof(int));
  sin.sin_family = AF_INET;
  sin.sin_addr.s_addr = INADDR_ANY;
  sin.sin_port = htons(listen_port);
  if (bind(listener, (struct sockaddr*)&sin,
                                sizeof(sin)) < 0) {
    perror("bind"); return;            ← 指定された番号
  }                                       のポートを開く
  listen(listener, 5);
  sock = accept(listener, NULL, 0);
  fprintf(stderr, "Connected.¥n");
  begin = clock_();
#ifdef NOSEND
  val=sizeof(buff);
  for (int i=0; i<BUFFCOUNT; i++) {    ← 受信ループ
#else
  while ((val=recv(sock, buff, sizeof(buff), 0)) > 0) {
    total += val;
#endif
    send(sock, buff, val, 0);   ← 応答送信
  }
  end = clock_();
  close(sock);
  close(listener);
}
                                          ← TCPのクライアント側の動作
void begin_client(const char* server_addr,
                                  int server_port)
{
  unsigned char buff[BUFFSIZE];  // 1パケットのバッファ
  int cl_list[BUFFCOUNT+1];   // パケットごとの時間を記憶
  int sock = socket(AF_INET, SOCK_STREAM, 0);
  struct sockaddr_in sin = {};
  sin.sin_family = AF_INET;
  sin.sin_addr.s_addr = inet_addr(server_addr);
  sin.sin_port = htons(server_port);
  fprintf(stderr, "Client begin¥n");
  if (connect(sock, (struct sockaddr*)&sin,
                                sizeof(sin)) < 0) {
    perror("connect"); return;         ← サーバへ接続する
  }
  fprintf(stderr, "Connected.¥n");
  cl_list[0] = 0;
  begin = clock_();  // 全体の開始時刻
  for (int i=0; i<BUFFCOUNT; i++) {
    int r;
    unsigned long cl;
#ifndef NOSEND
    if (send(sock, buff, sizeof(buff), 0) < 0) {
      perror("send"); return;
    }
#endif
    for (int recved=0; recved<sizeof(buff); ) {
      int r = recv(sock, buff+recved,
                            sizeof(buff)-recved, 0);
      if (r <= 0) { perror("recv"); return; }
      recved += r; total += r;        ← 応答受信
    }
    cl_list[i] = clock_() - begin;
  }
  end = clock_();  // 全体の終了時刻
  // 1パケットごとの時間を出力          ← 送信ループ
  for (int i=1; i<BUFFCOUNT; i++)
      { printf("%d¥n", cl_list[i]-cl_list[i-1]); }
}
int main(int argc, char** argv)
{
  if (argc == 1)   // サーバ・モードで実行
    begin_server(LISTEN_PORT);
  else if (argc == 2)
      // クライアント・モードで実行。接続先をオプションで指定する
    begin_client(argv[1], LISTEN_PORT);
  fprintf(stderr, "Finished. %d bytes received in "
           "%.3fsec. ¥n", total, (float)(end-begin)/1000);
  return 0;
}
```

と，基本的には送信間隔が安定してほぼ一定を保っていますが，時折極端に時間が空く状態が見られます．これに対して受信だけの場合［図3（b）］では，送信側に比べて受信間隔のばらつきが大きく，その代わりに極端に大きな空き時間は見られません．

送信側の現象は，テスト・プログラムが受信側からの応答を確認せずに最速で送り続けるために，受信しきれなくなったところでフロー制御が働き，待ち時間が発生しているものと思われます．

受信側では，伝送空間のノイズなどによって送信データが到着するまでの所要時間にばらつきが出ているものと思われます．そういう意味では，無線LANの通信特性を見るには，送信だけよりも受信だけの結果を見た方がよさそうです．

▶送受信

次に送受信の結果も見てみましょう．送受信の実験データ（図4）は，1024バイトのデータがアクセス・ポイントを経由して往復する時間を計測しているわけですが，送信だけ，受信だけを足した時間よりもはるかに多く時間がかかっています．これは無線通信の輻輳制御が影響しているものと思われます．TCP/IPでの送受信パケットが同じチャネル＝周波数で一時に集

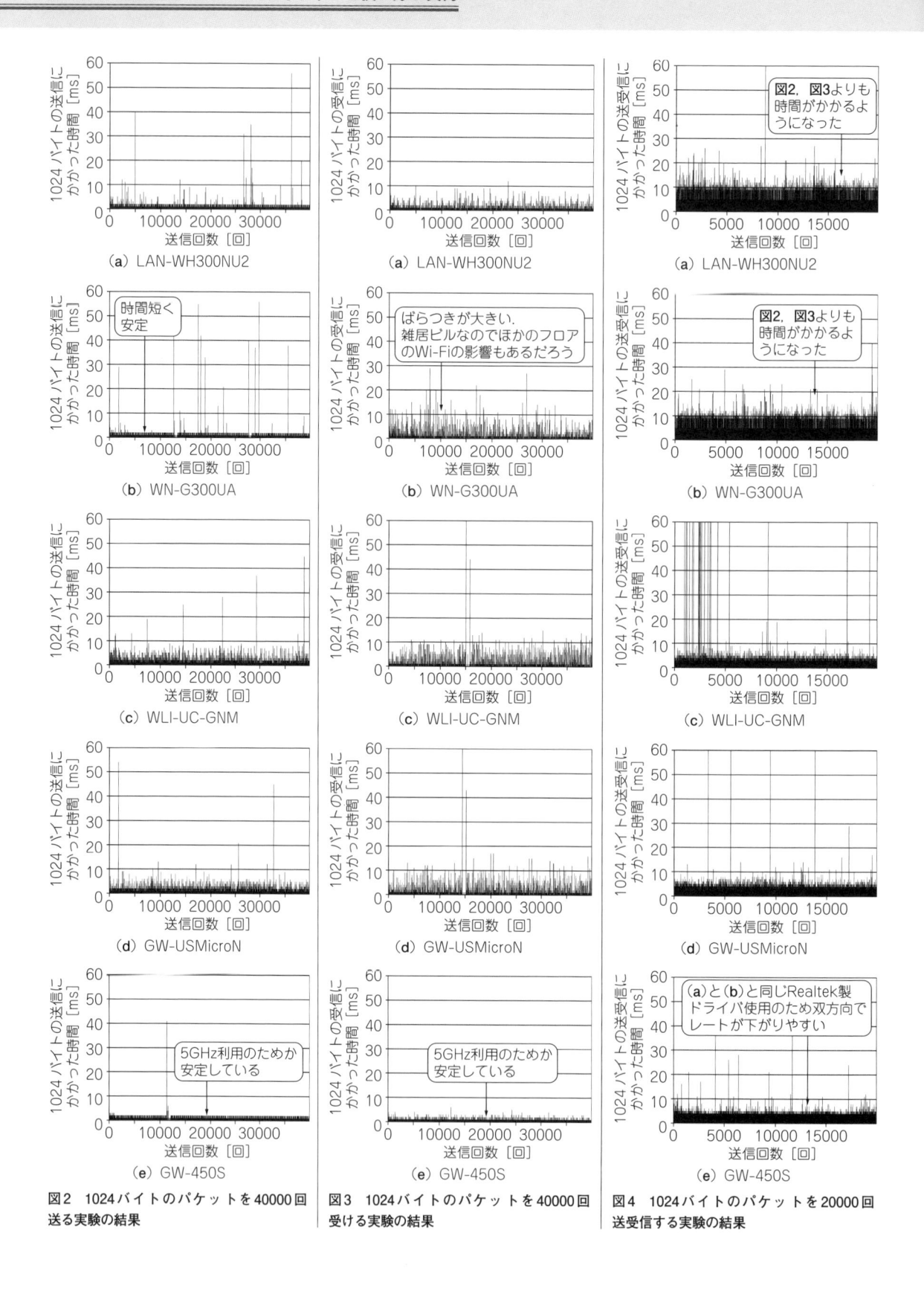

第7部 実験研究！Wi-Fi USBドングルの使い方＆実力

(a) LAN-WH300NU2
(b) WN-G300UA　時間短く安定
(c) WLI-UC-GNM
(d) GW-USMicroN
(e) GW-450S　5GHz利用のためか安定している

図2 1024バイトのパケットを40000回送る実験の結果

(a) LAN-WH300NU2
(b) WN-G300UA　ばらつきが大きい．雑居ビルなのでほかのフロアのWi-Fiの影響もあるだろう
(c) WLI-UC-GNM
(d) GW-USMicroN
(e) GW-450S　5GHz利用のためか安定している

図3 1024バイトのパケットを40000回受ける実験の結果

(a) LAN-WH300NU2　図2，図3よりも時間がかかるようになった
(b) WN-G300UA　図2，図3よりも時間がかかるようになった
(c) WLI-UC-GNM
(d) GW-USMicroN
(e) GW-450S　(a)と(b)と同じRealtek製ドライバ使用のため双方向でレートが下がりやすい

図4 1024バイトのパケットを20000回送受信する実験の結果

第24章 最高100Mbps級！2.4GHz帯＆5GHz帯Wi-Fiドングル通信速度の実力

表1 各ドングルがどのようなUSBドライバを利用しているか
第22章，第23章でも紹介

番号	ドングルの型名	LANコントローラ	USBドライバ	状態
1	LAN-WH300NU2	8192CU (Realtek)	rtl8192cu	
2	WN-G300UA	8192CU (Realtek)	rtl8192cu	アクセス・ポイントへの接続設定だけ
3	WLI-UC-GNM	RTL8070 (Ralink)	rt2800usb	
4	GW-USMicroN	Ralink製	rt2800usb	ドライバ・モジュールにID情報を追加登録する
5	GW-450S	Realtek製	rtl8821a	GitHubからドライバを入手．ドライバ・モジュールをコンパイルして動作させた

表2 1024バイトのパケット送信にかかった時間

時間[ms] \ 型名	WLI-UC-GNM	WN-G300UA	LAN-WH300NU2	GW-USMicroN	GW-450S
0～1	38574	39139	39094	38613	39162
～2	846	799	802	753	823
～3	284	14	25	291	9
～4	111	6	30	147	3
～5	82	8	12	121	0
～6	39	3	6	44	1
～7	32	5	5	8	0
21～	4	11	4	3	1
平均	0.150	0.103	0.103	0.149	0.088
標準偏差	0.726	0.802	0.623	0.726	0.407
全時間[s]	6.37	4.146	4.132	5.948	3.54
ビット・レート[Mbps]	51.441	79.035	79.303	55.091	92.565

表3 1024バイトのパケット受信にかかった時間

時間[ms] \ 型名	WLI-UC-GNM	WN-G300UA	LAN-WH300NU2	GW-USMicroN	GW-450S
0～1	39342	39325	39374	39380	39625
～2	186	205	333	191	308
～3	109	148	120	106	58
～4	87	92	95	74	6
～5	82	62	35	62	1
～6	55	55	19	62	1
～7	47	28	10	35	0
21～	2	3	0	2	0
平均	0.122	0.109	0.092	0.123	0.087
標準偏差	0.824	0.733	0.460	0.868	0.327
全時間[s]	4.884	4.356	3.691	4.912	3.494
ビット・レート[Mbps]	67.093	75.225	88.778	66.710	93.784

表4 1024バイトのパケット送受信にかかった時間

時間[ms] \ 型名	WLI-UC-GNM	WN-G300UA	LAN-WH300NU2	GW-USMicroN	GW-450S
0～1	4470	0	0	4367	0
～2	11894	0	0	11963	19
～3	1838	0	0	1347	7642
～4	1057	10454	10552	1315	11173
～5	455	6906	6944	596	920
～6	147	1	1	227	121
～7	64	0	4	109	70
21～	27	12	16	5	7
平均	2.519	5.126	5.089	2.246	3.708
標準偏差	11.367	2.032	2.027	5.826	0.888
全時間[s]	50.435	102.525	101.772	44.932	74.155
ビット・レート[bps]	6.497	3.196	3.220	7.293	4.419

中して流れることで，無線通信が瞬間的に過負荷状態（輻輳）となる場合があります．このとき，転送レートが一時的に下がったり，通信エラーが発生してその回復のための再送が行われたりします．

以上の動作傾向は，2.4G/5G含めて今回実験に使用したドングル全体におおむね共通していますが，その程度には結構違いが見られます．

2.4GHz系のドングルでは，8192cuドライバ（表1）のWN-G300UAとLAN-WH300NU2は，rt2800ドライバのWLI-UC-GNMおよびGW-USMicroNと比べると，送信/受信それぞれでは比較的速度が出ているものの，双方向になると逆にレートが下がりやすい傾向にあるようです．

802.11ac対応のGW-450Sは，5GHz帯が空いているせいか，送信だけ/受信だけでは最も安定した通信結果が出ています．送受信になると2.4GHzのrt2800ドライバ群に負けてしまっていますが，GW-450Sのドライバは8192cuと同じRealtek製なので，双方向通信でレートが下がりやすいという傾向が似てくるのかもしれません．

図2～図4の時間偏差を表にまとめたのが表2～表4です．送信のみで2.4GHz帯利用なら50M～80Mbps，5GHz帯利用なら90Mbpsが出ています．受信のみで2.4GHz帯利用なら67M～88Mbps，5GHz帯利用なら93Mbpsが出ています．

送受信で3M～7Mbpsが出ています．

せんだ・さとし

第7部 実験研究！Wi-Fi USBドングルの使い方＆実力

第25章 Wi-Fiモジュール図鑑

数Mbpsで済むような小型モバイル用途向け

奥原 達夫

表1 1個から買える！ワンチップ・マイコンでもつながるWi-Fiモジュール

型名	開発元	無線規格 IEEE 802.11 a	b	g	n	ホスト・インターフェース	電源電圧 [V]	アンテナの種類 チップ	外付け	その他	基板との接続	価格[円]（2015年6月10日時点）	取り扱いメーカ	備考
XBee Wi-Fi (S6B)	ディジ インターナショナル		○	○	○	UART	3.14〜3.46		○	パターン	コネクタ	3680〜	東京エレクトロンデバイス，三井物産エレクトロニクス，アイ・ビー・エス・ジャパン，スイッチサイエンス，秋月電子通商，Mouser Electronicsなど	
						SPI				ワイヤ	表面実装	4,580		
STM32F4DIS-WIFI	STマイクロエレクトロニクス		○	○	○	UART SPI	5	○			コネクタ	5,868	Mouser Electronics	技適マークなし
WVCWB-R-022	ウィビコム		○	○	○	UART SPI	3.1〜3.6	○			コネクタ	9,000	ダイトエレクトロン	
WVCWB-R-003		○	○	○	○	SPI SDIO		○	○			13,000		
GS2011MIx GS2011MIxS	GainSpan		○	○	○	UART SPI SDIO	3.3	○			表面実装	22,000（評価キット）	ALTIMA，伯東，加賀デバイス，佐鳥電機など	
CC3100MOD	テキサス・インスツルメンツ		○	○	○	UART SPI	2.3〜3.6			パターン	表面実装	$86.99（評価キット）	テキサス・インスツルメンツ	
CC3200MOD			○	○	○	—						$59.99（評価キット）		CPU/RFIC一体型
WM-RP-Dシリーズ	アルファプロジェクト		○	○	○	UART SPI	3.1〜3.6	○	○		表面実装	5,480	アルファプロジェクト	
WM-RPシリーズ			○	○	○			○	○		コネクタ	7,800		
BP3591	ローム		○	○	○		3.1〜3.5	○				5,800	RSコンポーネンツ，チップワンストップ	
BP3595			○	○	○	UART SDIO USB	3.3			パターン	コネクタ	6,500		
BP3599			○	○	○		3.1〜3.5					6,600		
WYSAAVDX7	太陽誘電		○	○	○	SDIO	3.4〜5.5	○			コネクタ	3,258	Mouser Electronics，太陽誘電	

第25章　Wi-Fiモジュール図鑑

近年，さまざまな種類の無線LANモジュールが発売されています．ここではマイコンからシリアル接続できるものを中心に調査しました（**表1**）．

TCP/IPプロトコル・スタックを搭載していないマイコンでも，シリアル経由でモジュールを制御することで，簡単に無線LAN機能を追加できます．

また，組み込みLinuxのように，プロセッサ側にTCP/IPを搭載している場合は，SDIOにモジュールを接続して，より高性能な無線LAN環境を構築できます．

個人でも扱えるよう，1個から入手できるもの，評価キットが用意されているもの，コネクタ接続やはんだ付けといった簡単な工作でマイコンと接続が可能なものを主にピックアップしています．

最近リリースされた無線LANモジュールは，多くがIEEE 802.11nに準拠し，高速通信が可能です．クライアント機能だけでなくアクセス・ポイントとしても動作するモジュールもあります．

また，無線LAN + Bluetooth，無線LAN + ZigBeeといった，一つのチップで複数の無線規格を扱うことのできるコンボ・タイプのモジュールも登場しました．コンボ・タイプのモジュールは，各種通信規格とインターネットとのゲートウェイとして動作可能で，IoT（Internet of Things）への活用，普及が期待されます．

▶コネクタ接続タイプ

ボード上のコネクタを，はんだ付け可能なスルーホールに変換する基板が用意されている品もあります．簡単な工作でWi-Fiモジュールとマイコンとを接続し，動作を確認できます．

▶基板に直接はんだ付けOKタイプ

2012年8月から日本の電波法で認証取得後にモジュールをはんだ付けしてもよいように法律が緩和されてから，小型のはんだ付けタイプのモジュールが続々と出てきました．基板に直接はんだ付けできるので部品のように使えて小型化，低背化も可能になりました．

▶ホスト・マイコン不要！ワンチップ・タイプ

プログラム書き込みが可能なCPUとRFチップが一体となったWi-Fiモジュールも登場しています．外部のホストCPUが不要となり，Wi-Fiモジュール単体でさまざまなアプリケーションを実装できます．

SPIでちょっと高速なWi-Fi版のXBee！ XBee Wi-Fi（S6B）

XBee Wi-Fi（S6B）（**写真1**，ディジ インターナショナル）は，ZigBeeモジュールの定番であるXBee ZBのWi-Fi版です．既存のXBee ZBとピン配置が同一のため，簡単にZigBeeからWi-Fiに置き換えることができます．アンテナはプリント配線パターン/ワイヤ/外部アンテナ（SMAコネクタ接続）の品が用意されています．

写真1　既存のXBee ZBとピン配置が同一のWi-Fi（S6B）

カメラ&LCDが試せる！評価キットの一部STM32F4DIS-WIFI

STM32F4DIS-WIFI（**写真2**，STマイクロエレクトロニクス）は，Wi-FiチップSN8200（村田製作所）を搭載したWi-Fiモジュールです．単独で動作するほか，UART/SPIを介してマイコンと接続できます．

STマイクロエレクトロニクスが展開しているCortex-M4マイコンの評価ボードSTM32F4 Discoveryに接続してWi-Fi機能を拡張することもできます．STM32F4 Discoveryには，Wi-Fi以外にもカメラや液晶ディスプレイを追加でき，それらが連動したシステム構築が容易に行えるようになっています．

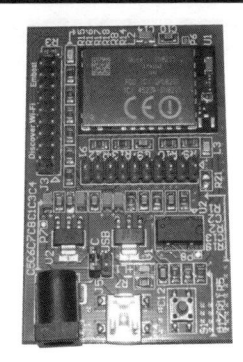

写真2　マイコン評価キットのなかの一つ STM32F4DIS-WIFI
技適マークなしなのが残念

2.4GHz＆5GHzに対応！WVCWB-R-003

　WVCWB-R-003（写真3，ウィビコム）は，IEEE 802.11a/b/g/nに準拠した無線モジュールで，2.4GHz/5GHzの両帯域に対応しています．ダイバーシティのチップ・アンテナを搭載しており，高い通信性能を期待できます．また，外部アンテナも使えます．

　ホスト・プロセッサとの接続はSDIO，SPIで，SDIOについてはWindows XP/CE，Linux対応のドライバが提供されています．アクセス・ポイントとしても動作可能です．

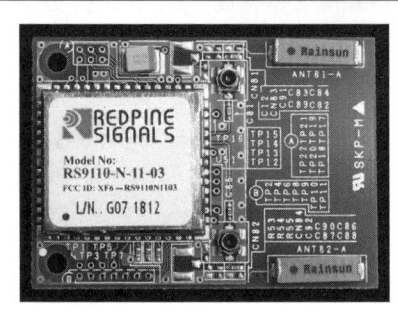

写真3　2.4GHz/5GHzの両帯域に対応のWVCWB-R-003

USB/SDIOでもつながる！BP3591/BP3595/BP3599

　BP3591/BP3595/BP3599（写真4，ローム）は，IEEE 802.11b/g/nに準拠したアンテナ内蔵の無線LANモジュールで，USB/SDIO/UARTを介してマイコンと接続します．国内電波法認証取得済みです．

　BP3595は，BP3591の小型タイプのモジュールです．BP3599はフラッシュ・メモリを内蔵し，ステーション・モードとアクセス・ポイント・モードの両方に対応しています．Linux向けのデバイス・ドライバも公開されています．

（a）BP3591　　（b）BP3595

写真4　UART以外にUSB/SDIOでもつながるBP3591/BP3595/BP3599

SDIO接続で最高150Mbps！WYSAAVDX7/WYSAGVDX7

　SDIO経由でCPUと接続・通信するアンテナ一体型のWi-Fiモジュールです（写真5）．IEEE 802.11b/g/nに準拠し，WYSAAVDX7は最大150Mbpsのデータ転送速度で動作します．WYSAGVDX7は小型化したタイプで，アクセス・ポイントとしても動作でき，マルチBSSID（2BSS）をサポートし，自動チャネル選択機能を備えます．WYSAGVDX7はオープンソースのHostapdをサポートしています．

写真5　SDIO接続で最高150Mbps！WYSAAVDX7（太陽誘電）

HTTPなどの上位プロトコルやWi-Fi Direct/WPS対応！GS2011M

　GS2011M（写真6，Gainspan）は，IEEE 802.11b/g/n対応で，UART/SPI/SDIO経由でマイコンと接続できます．超低消費電力なスリープ・モードをサポートし，TCP/IP，TLS，SNTP，DHCP，DNS，HTTP，XML Parserなどのプロトコル・スタックをモジュール内部に備えています．WPSやWi-Fi Directにも対応しています．

　日本/北米/EUなどの主な地域で電波法認証を取得済みで，アンテナはチップ/配線パターン/外付けに対応した品が用意されています．

写真6　全レイヤのプロトコル・スタックを持つGS2011M

ウェブ・サーバ機能も！CC3100MOD

　CC3100MOD（**写真7**，テキサス・インスツルメンツ）は，ウェブ・サーバ機能およびTCP/IPプロトコル・スタックを内蔵したWi-Fiモジュールで，モジュール単体で国内電波法認証，Wi-Fi認証を取得済みです．SPI/UART経由で任意のマイコンと接続し，マイコン側からWi-Fiを制御できます．WPS（Wi-Fi Protected Setup）やテキサス・インスツルメンツ独自の接続機能に対応しています．

　mDNS，DNS，SSL/TLS，HTTPサーバなどのプロトコル・スタックやインスタント・メッセージ，電子メールといったアプリケーション機能もROM内に格納しています．

　ブースタ・パックといった評価・開発キットなども用意されており，モジュールを基板にはんだ付けしなくても動作を確認できます．

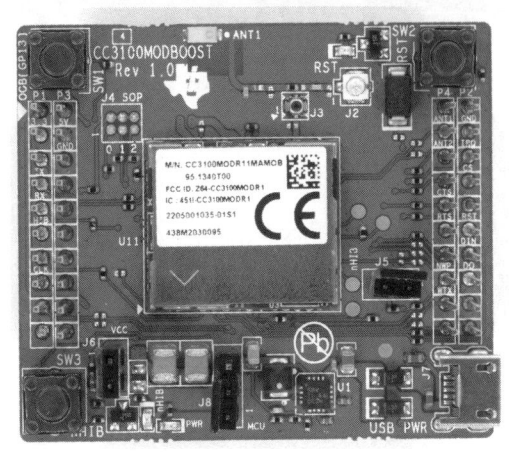

写真7 はんだ付けOK！ウェブ・サーバ機能も！CC3100MOD

ホスト・マイコン不要の直プログラミング・タイプ！CC3200MOD

　CC3200MOD（**写真8**，テキサス・インスツルメンツ）は，単体でホスト・マイコン＋Wi-Fiアプリケーションの役割が果たせる無線モジュールです．言い換えると，Wi-Fi機能とは完全に独立したプログラムをマイコンに書き込むことで任意のアプリケーションを無線モジュール上に実装できます．

　マイコンの周辺機能としては，カメラ（パラレルI/O），I^{2}S（オーディオ），SDMMC，A-Dコンバータ，SPI，UART，I^{2}C，PWM，I/O，内蔵電源管理，RTCなどを備えてます．

　評価・開発プラットホームとして，CC3200MOD Launch Padが用意されています．モジュール単体で国内電波法認証，Wi-Fi認証を取得済みです．

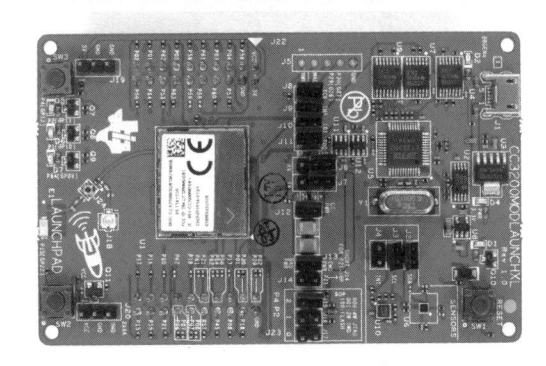

写真8 豊富なプロトコル／周辺機能を搭載するCC3200MOD

内蔵Cortex-M3に直接プログラミング！WYSAAVKXY-XZ-I

　WYSAAVKXY-XZ-I（**写真9**，太陽誘電）は，表面実装タイプのアンテナ一体型Wi-Fiモジュールで，Cortex-M3（200MHz）上にプログラムを直接書き込むことができます．UART，SPI，USBで外部への接続ができ，外部から得た情報をWi-Fi経由でデータ伝送できます．また，UARTに外部マイコンを接続して，外部マイコンから無線モジュールをコマンドで制御することも可能です．

写真9 内蔵Cortex-M3に直接プログラミング！WYSAAVKXY-XZ-I

おくはら・たつお

第7部　実験研究！Wi-Fi USB ドングルの使い方＆実力

Appendix 9

USB ホスト付きマイコンだからといってそう簡単にドングルが使えない理由

Wi-Fiドングルと Wi-Fiモジュールの違い

奥原 達夫

　TCP/IPプロトコル・スタックを持たないマイコン機器では，USBタイプのWi-Fiドングルを使うことは簡単ではありません．

　このようなマイコン機器にはTCP/IPを搭載した無線LANモジュールを使用します．TCP/IPを搭載した無線LANモジュールは，SPI/UARTといった多くのマイコンに標準搭載されている接続インターフェースを使用するものが主流です．簡単にマイコンに無線LANの機能を追加できます．

　本章では，SPIでマイコンと接続可能なTCP/IP搭載の無線LANモジュールCC3100MOD（テキサス・インスツルメンツ）と，USBで接続可能なBP3580（ローム）の構成を解説します．なお，BP3580はTCP/IPを内蔵したUART制御の無線LANモジュールとして動作することも可能ですが，ここではTCP/IPをホスト側で処理するUSB経由で動作する無線LANモジュールとして扱います．

● ワンチップ・マイコン向け…SPI接続のWi-Fiモジュール

▶ハードウェア

　CC3100MODのハードウェア構成は，モジュールの中にRF（高周波）部分とCPU（ARMプロセッサ）を搭載し，SPI/UARTへの接続インターフェースを備えています（図1）．暗号化エンジンはCPUと分かれており，処理の高速化が図られています．

▶ソフトウェア

　CC3100MOD内部のARMプロセッサで，TLS/SSL，TCP/IPといったインターネット接続に必要なプロトコル（Embedded Internet）と，サプリカント[注1]やWi-Fi関連のデータ（Embedded Wi-Fi）をソフトウェア処理します（図2）．

　ホスト側にはCC3100MOD向けのドライバ（Simple Link Driver）を実装します．ドライバはテキサス・インスツルメンツから提供されており，ポーティングの

注1：ネットワーク上のユーザ認証や端末認証において，認証を要求する側のソフトウェア

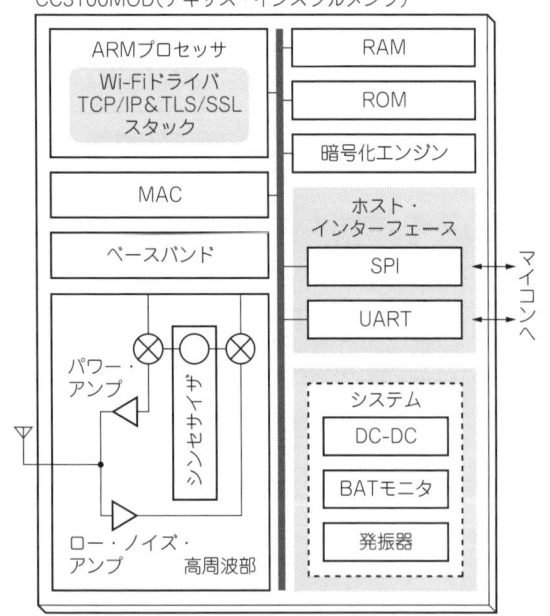

図1[(1)]　モジュールの中にRF部とCPUを搭載するCC3100MOD

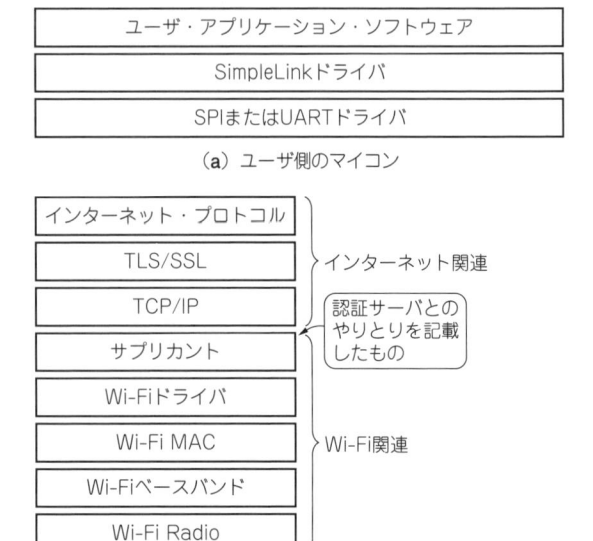

図2[(2)]　CC3100MODはTCP/IPプロトコル・スタックを内部に持つ

Appendix 9 Wi-FiドングルとWi-Fiモジュールの違い

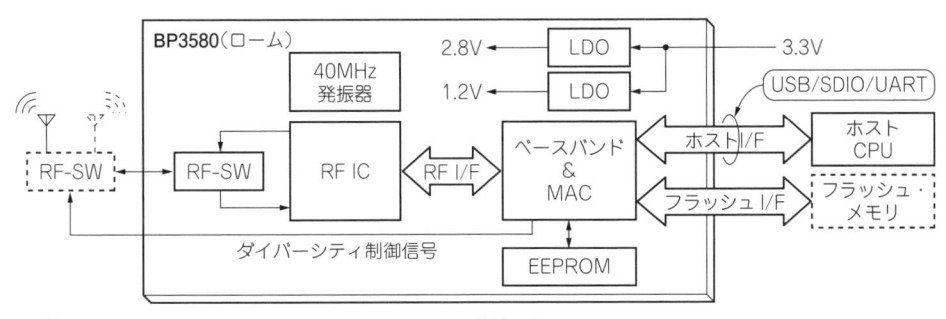

図3[3] BP3580はホストCPUとUSBインターフェースで接続できる

手順についても公開されています．

CC3100MOD側でTCP/IPの処理を負担しているため，SimpleLink Driver自体の処理は軽微で済み，ホスト側の処理負担を軽減します．

CC3100MODは処理速度の遅いマイコンを対象として考慮されており，ホスト側はCC3100MODにデータを流すだけで，インターネットや無線LANに必要な処理は全てCC3100MODが請け負う形となります．そのためホスト側に接続インターフェースさえあれば，マイコンを変更する必要もなく，簡単な工作で無線LAN機能を追加できます．

● Linuxボード向け…USB接続Wi-Fiドングル

ホストとUSBで接続可能なBP3580の基本構成は，CC3100MODと同様，RF部分と各種機能の制御部分，USBへの接続インターフェースで構成されます（**図3**）．BP3580はBU1805GU（ローム）という無線LAN LSIを搭載しており，このLSIにファームウェアをダウンロードして起動することで無線LAN機能を利用できるようになります．

TCP/IPとバス・ドライバは，ホスト・プロセッサ側のOSが提供する形になり，BU1805GUデバイス・ドライバを実装する必要があります（**図4**）．ロームからはLinux版のデバイス・ドライバが公開されています．

BU1805GUはWEP64，WEP128，TKIP，AESそれぞれのハードウェア演算回路を搭載しており，無線LANの認証とセキュリティを扱うサプリカントが，無線モジュール側で処理されるのが特色です．

ほかの機器ではサプリカントをホスト・プロセッサ側で処理しなければならないケースもあり，メーカから提供されるデバイス・ドライバ内にサプリカントが含まれているものもあれば，サプリカントを別途用意しなければならない場合もあります．

BP3580の場合，インターネットに必要な処理はホスト側，無線LANに必要な処理はモジュール側という分担がなされています．ドングル側の処理をホスト側に分担させることで，実効速度への影響を最小限にとどめ，結果として高い通信品質を提供できます．

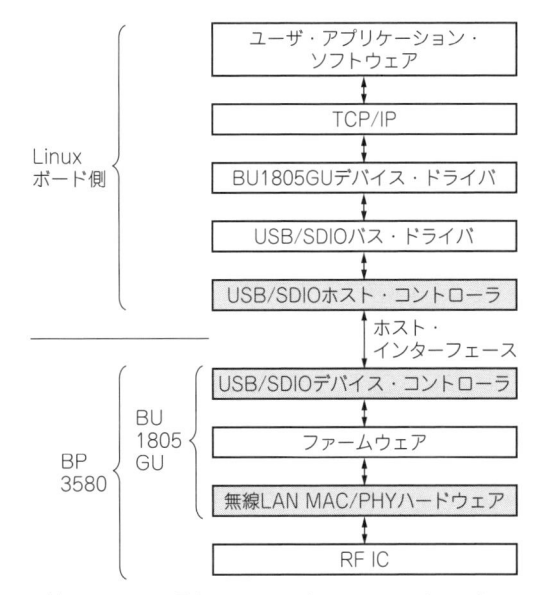

図4[4] BP3580の場合はTCP/IPプロトコル・スタックをLinuxボード側に持ってもらう
灰色のブロックはハードウェア・モジュール，それ以外はソフトウェア・モジュール

◆引用文献◆

(1) CC3100MOD SimpleLink Certified Wi-Fi Network Processor Internet-of-Things Module Solution for MCU Applications, Figure 1-2 CC3100 Hardware Overview, テキサス・インスツルメンツ．

(2) CC3100MOD SimpleLink Certified Wi-Fi Network Processor Internet-of-Things Module Solution for MCU Applications, Figure 1-3 CC3100 Software Overview, テキサス・インスツルメンツ．

(3) IEEE802.11b/g/n (1x1) Wireless LAN Module BP3580，ハードウェア仕様書，p.8，ローム㈱．

(4) IEEE802.11n 1x1 LSI BU1805GU ソフトウェア開発仕様書，p.8，ローム㈱．

おくはら・たつお

付録

Appendix 10

OSの準備や書き込み/設定など
ラズベリー・パイ×ネットワークを始める前に

大谷 清

最初に準備するもの

● ハードウェア

ラズベリー・パイを動かすために必要なハードウェアを表1にリストアップしました．

ラズベリー・パイを起動するにはパソコンでSDHCカードにOSを書き込む必要があります．SDHCカードの価格も安くなっており，16Gバイトでも数百円で購入可能です．書き込み後にSDHCカードをラズベリー・パイに挿入して電源をつなぐと起動します．

▶ラズベリー・パイ1系はACアダプタ付きのUSBハブが必要

図1は接続図です．

ラズベリー・パイ1（モデルA，モデルB）は，電源コネクタの近くに過電流保護用ポリヒューズが実装さ

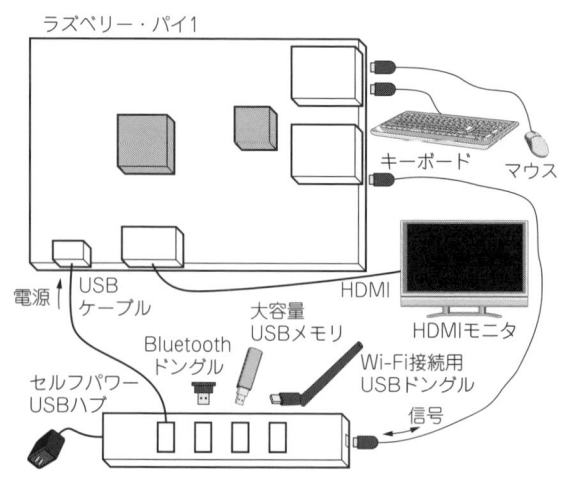

表1 始める際に最低限そろえておきたいハードウェア

内　容	仕　様	備　考
パソコン	ネットワークに接続していること	本章ではMS-Windows 7/8.1/10で動作確認済み
ラズベリー・パイ本体	ラズベリー・パイ2モデルBを推奨	ラズベリー・パイ1モデルB/B+でも可能
キーボード	USB接続	日本語キーボード
マウス	USB接続	
SDHCカード	8Gバイト以上，Class10	Micro SDにする
USB⇔マイクロUSB変換ケーブル	携帯充電用がインピーダンスが低いので推奨される	ラズベリー・パイ本体の電源供給用
無線LANルータ	100BaseTX＋11n/g/b以上	NEC AtermWF1200HPなど
LANケーブル	RJ45ジャック利用．カテゴリ5以上	100Base-TX
USB-SDカード・アダプタ	Micro-SD対応	PCからの書き込みおよびラズベリー・パイUSBからの書き込み
Wi-Fi接続用USBドングル	11n/g/b	プラネックスGW-USNANO2Aなど
電源アダプタ付きセルフパワーUSBアダプタ	5V，2A以上	USBハブからラズベリー・パイの電源を供給する

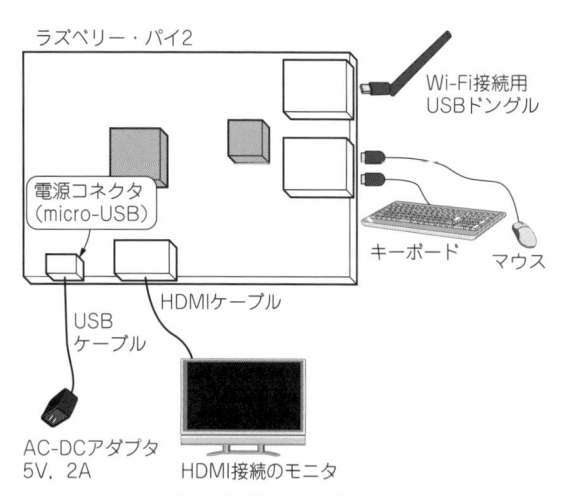

（a）ラズベリー・パイ2のとき

（b）ラズベリー・パイ1使用時に意図しないリセットがかかるとき

図1 ラズベリー・パイを動かすために必要なハードウェア
筆者としてはラズベリー・パイ2使用時でも（b）をすすめたい

232

Appendix 10 ラズベリー・パイ×ネットワークを始める前に

表2 始める際に最低限そろえておきたいソフトウェア

ソフト内容	概　要
ラズベリー・パイのソフトウェア	各種OSまたはNoobsソフトウェア．https://www.raspberrypi.org/downloads/
圧縮展開ソフトウェア	4Gバイト以上に対応したもの．7zipがよい．https://sevenzip.osdn.jp/download.html/
SDカード・フォーマッタ	SDカードのパーティションを削除して再フォーマットする．https://www.sdcard.org/jp/downloads/formatter_4/
SDイメージ・ファイル読み書きツール	Disk Dump for Windows. SDカードのサイズが異なるバックアップに対応．http://www.si-linux.co.jp/techinfo/index.php?DD%20for%20Windows もしくは，Win32 Disk Imager. https://osdn.jp/projects/sfnet_win32diskimager/releases/
SSH，VNC，RDP，MOSHリモート制御	MobaXtermでSSH，VNC，RDP，MOSHの兼用可能．Network Scan機能などが秀逸．http://mobaxterm.mobatek.net/download-home-edition.html

れており，ラズベリー・パイに接続されるUSBデバイスへの電源供給も，このルートに接続されています．このためポリヒューズの電圧降下によって，大きな電流を必要とするUSBデバイスを挿したときに，CPUにリセットがかかる問題が発生します．この問題は電源アダプタの容量を増やしても解決しません．対策は，大電流USBデバイスをセルフパワーUSBハブの出力に接続して，ラズベリー・パイからのUSB電流を消費しないことです[**図1(b)**]．またセルフパワーUSBハブからラズベリー・パイの電源供給できるので専用電源を省略できます．

なお，筆者としてはラズベリー・パイ2使用時でも，**図1(b)**の接続を推奨します．ラズベリー・パイのUSB端子からの出力電流が，接続される全てのデバイスの消費電流をカバーしきれないことがあるからです．

● ソフトウェア

パソコンにラズベリー・パイのOSおよび**表2**の便利ツールをあらかじめダウンロードし，インストールしておきます．

ラズベリー・パイには，動作するためのOS（オペレーティング・システム，Linuxベース）が必要です．パソコン上でOSをダウンロードし，SDカードに書き込んでから，このSDカードをラズベリー・パイに挿入します．**表2**にはこれらを行うためのツールを記載しました．また，ラズベリー・パイをパソコンから遠隔操作するためのツールも必要で，これらも**表2**に記載してあります．便利ツールの機能や使い方は次章で説明します．

これら書き込みやリモート制御などの便利ツールの種類は一つではありません．記事の執筆者によって異なるソフトウェアを利用します．筆者がおすすめのツール，および本書で別の方が利用されていそうなツールを**表3**に整理しておきます．

表3 あると便利なツールあれこれ

機　能	本章で紹介するツール	本書ではこちらを使っている人も	
SDカードのフォーマット	SD Formatter	—	
ラズパイのディスク・イメージをSDカードへ書き込むツール	DD for Windows	Win32 Disk Manager	
IPアドレスとホストネームとを結び付けるツール（ラズベリー・パイ側）	Avahi	—	ペアで使用
IPアドレスとホストネームとを結び付けるツール（パソコン側）	Bonjour (Apple iTunes for Windows)	—	
コンソール・ウィンドウのコマンド送受信で遠隔操作するツール（SSHプロトコル使用）	MobaXterm (SSH Session)	Tera Term，Putty	どちらかを使用
ラズパイとパソコン間の通信が切れたら自動的に再接続するツール．上記の高機能版（SSHプロトコル使用）	MobaXterm (MOSH Session)	Cygwin	
パソコン上でラズパイのディレクトリ情報やファイルの中身を見られるツール	MobaXterm (SFTP Session)	WinSCP	
グラフィックスでリモート操作するツール（VNC使用）	MobaXterm (VNC Session)	Real VNC，Ultra VNC	どちらかを使用
グラフィックスでリモート操作するツール（RDPプロトコル使用）	Windowsリモート・デスクトップ MobaXterm (RDP Session) でも可能	Windowsリモート・デスクトップ	
パソコンから同一ネットワーク上のIPアドレスとホストネームを探索するツール	MobaXterm (Network Scanner)	Soft Perfect Network Scanner	
LAN上のパケット監視ツール	MobaXterm (Packet Monitor)	WireShark	

OSの準備

■ ステップ1…パソコン上で必要なものをそろえる

● OS選択

PCからラズベリー・パイ財団のダウンロード・サイトに接続します．

https://www.raspberrypi.org/downloads/

▶ Raspbian選択の場合

- Raspbian Jessie…Debian Jessieをラズベリー・パイに最適化したものです．これを推奨します．
- Raspbian JessieLite…Jessieですが，X WindowsのGUI機能を含まないバージョンです．
- Raspbian Wheezy…旧バージョンです．

ここではRaspbian Jessieをインストールしてみましょう．

▶ NOOBS選択の場合

- NOOBS…Raspbianのイメージを含めたインストール・ソフトです．
- NOOBS Lite…Raspbianも含まず，ネットワークからダウンロード・インストールします．

NOOBSのメリットは，複数のOSをダウンロード・インストールしたときに，起動時にOS選択ブート・セレクタ機能が組み込まれることです．

デメリットは，その都度ネットワークからダウンロードするため時間がかかること，多くのパーティションが作成され無駄な領域が増えてしまい，パーティションの拡張が困難になることです．最後のパーティションは広げられますが前のパーティションは広げられません．このためNOOBSはあまり勧められません．

● OSイメージのダウンロード

ホストPCに新規ディレクトリを作成して，Raspbian Jessieをダウンロードします．マルチOSにしたい場合はNOOBSを選択してもかまいませんが，起動する前にホストPCから/boot/config.txtの編集ができなくなります．

● ダウンロード・イメージを展開する

7zipを使ってダウンロードしたファイルを展開します．

■ ステップ2…展開したイメージ・ファイルをSDHCカードに書き込む

● カードのフォーマット

データが書き込まれたSDHCカードは，SDメモリーカード・フォーマッタを使って消去します．詳細は次章の「sdformatter」を参照してください．使用済みのSDHCカードの場合はパーティション区画が設定されるので，SD Formatterで初期化フォーマットすることを推奨します．

SD Formatterのオプション設定は，「クイック・フォーマット，論理サイズ調整OFF」のデフォルトのままで問題ありません．非常に長期間使ってエラーが出るようになった場合は，イレース・フォーマットを選択してください．入手先は，

https://www.sdcard.org/jp/downloads/formatter_4/

です．なお，フォーマット終了のメッセージが出たら，SDHCカードを一度抜いて，再挿入してください．

● 手順

ラズベリー・パイ財団から配布されているイメージ・ファイルを，SDHCカードに書き込みます．

SDHCカードへの書き込みには「DD For Windows」を利用します．Win32Disk Managerでも可能ですが，カード・データのバックアップやリストアにはDD For Windowsが秀逸ですので使い方を覚えてみましょう．

DD for Windowsは，シリコンリナックスから無償公開されている，メディアの書き込みとリカバリを行うソフトウェアです．

▶ DD For Windowsの利点…ほかのツールでは書き込めないときでもへっちゃら

Win32DiskImagerでも書き込めますが，機能的に大きな違いがあります．Win32DiskImagerはメディア・サイズより大きいイメージ・データを書き込もうとするとエラーで停止してしまい書き込みできません．DD for Windowsなら，メディア・サイズよりも大きなイメージ・データの場合でもメディア・サイズまで書き込みます．

具体的には，ラズベリー・パイの環境を設定したSDHCカードのイメージ・データをPCにバックアップ保存します．しかしSDHCカードのメーカが違う場合，同じ容量表示でも容量がわずかに異なるため，Win32DiskImagerでは書き込めないことがあります．DD for Windowsではイメージ・データがメディア・サイズより大きくても最後まで書き込めます．メディア・サイズより大きい部分は書き込まれません．

バックアップする際にはext4のパーティションを少し小さくすることが望ましいです．ダウンロードURLは，

http://www.si-linux.co.jp/techinfo/index.php?DD%20for%20Windows

です．

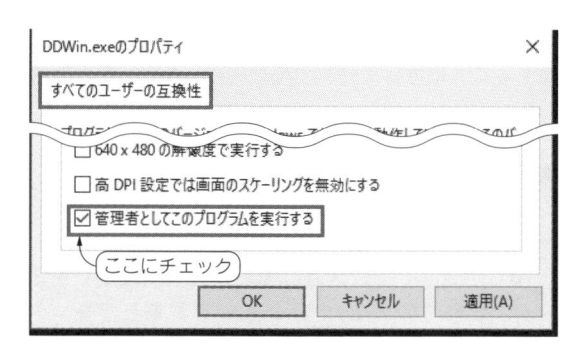

図2　DD for Windows管理者権限の設定

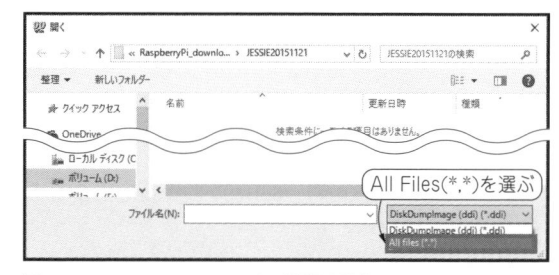

図3　DD for Windowsファイル拡張子設定

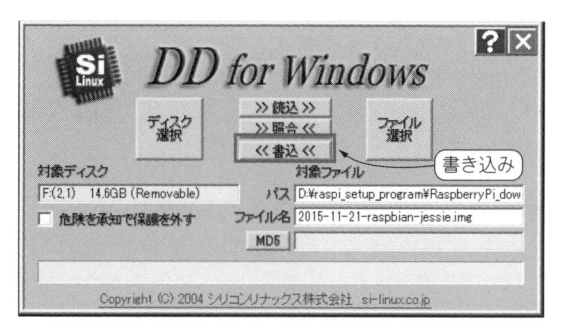

図4　DD for Windows書き込み画面

▶**起動前の設定**

DD for Windowsは，管理者権限で起動する必要があります．マウスの右クリックでプロパティ設定のダイアログを開いて，互換性タブから「管理者としてプログラムを実行する」にチェックを入れておきます（**図2**）．SDHCカードをPCアダプタに挿入してDD for Windowsを起動します．

▶**表示ドライブが正しいか確認**

起動したら「対象ディスク」の表示ドライブが正しいか確認します．複数ある場合は，ディスク選択をクリックして書き込むSDHDカードのドライブを選択します．ディスク選択ボタンをクリックしても空白のままの場合は，上記の「管理者としてプログラムを実行する」設定ができていません．

▶**ファイル選択**

［ファイル選択］ボタンをクリックして，書き込むイメージ・ファイルを指定します．ファイル指定ダイアログが開きます．ファイル名のデフォルト拡張子が*.ddiになっているのでAllFiles(*.*)に変更して，ダウンロードおよびZip展開したイメージ・ファイルを指定します（**図3**）．

▶**書き込み開始**

最後に[<<書込<<]ボタンをクリックして書き込み開始です（**図4**）．

● **SDHCカードのconfig.txtの編集**

/boot/config.txtをPCにコピーしてバックアップ保存します．ディスプレイの解像度に合わせてconfig.txtを編集します．編集したファイルをSDHCの/boot/config.txtに書き込みます．詳細は「config.txtファイルの設定変更」を参照してください．なお，NOOBSでは，作成されるパーティションの関係でこの作業はできません．

▶**手順**

ラズベリー・パイのインストールにおいてトラブルが多いのは，モニタ出力画面に正しく表示されない場合です．特にHDMI-VGA変換アダプタを使う場合に問題が出ます．HDMI対応のモニタでも，高解像度画面に自動設定されると文字が小さくて使いづらい場合があるので，自分の好みの解像度に合わせてconfig.txtを設定しましょう．

Raspbianのイメージは最初のパーティションがFAT32/boot/になるので，そこに含まれるconfig.txtファイルは，Windows PCから読み書き可能になります．Noobsでは，パーティション配置が異なるためできません．

Noobsにおけるconfig.txtの編集は，ラズベリー・パイにSDHCカードを挿入して起動した際にconfig.txtの編集メニューが選択可能になるのでマウスクリックして編集します．

▶1…Raspbian Jessieイメージを書いたSDHCカードをPCに挿入します．ボリューム名がbootになっています．エクスプローラで表示されるSDHCカード領域は/boot/の中身になります．

▶2…config.txtをPCへコピーして編集．SDHCのconfig.txtをコピーして，PCのディレクトリに貼り付けます．config.txtファイルをconfig_org.txtファイルに名前を変えて保存します．さらにconfig.txtファイルを，希望するモニタ解像度設定に合わせて編集します．

● **解像度を変更**

HDMI接続はI^2C通信によってedidと呼ばれる解像度情報を伝送します．もともとedidに対応していな

付録

いモニタに対しては，下記2行を追加します．
▶HDMI強制出力
```
hdmi_force_hotplug=1
hdmi_ignore_edid=0xa5000080
```
▶解像度設定
　例えば1024×768画素，60Hzにする設定する場合は下記2行を追加します．
```
hdmi_group=2
hdmi_mode=16
```
　他の解像度にする場合や，その他の設定の詳細は下記URLを参照してください．
```
https://www.raspberrypi.org/
documentation/configuration/config-
txt.md
```

● 編集したconfig.txtファイルの書き込み
　エクスプローラでコピーしてSDHC（/boot）に貼り付けて上書き保存します．

ラズベリー・パイ起動

　ラズベリー・パイにSDHCカードを挿入して電源を接続します．

● エラーが出たとき
　ラズベリー・パイのOSは圧縮されていて，展開すると4Gバイト以上のものもあります．それが原因で展開できないPC環境がありますが，7zipを使うとエラーなく展開できます．また展開先のパーティションがFAT32であれば，1ファイルを4Gバイト以上にできません．展開時にエラーが出た場合は確認してください．

圧縮イメージ・ファイルをSDHCカードに直接展開することはできません．インストール手順を再確認してください．

● 画面が出ないときは解像度を確認
　ラズベリー・パイの初回起動時にHDMIモニタ表示が出ないことがあります．起動中にF2キーを押すとHDMI-SafeモードでVGA解像度に強制設定できますが，最終的には/boot/config.txtを編集してモニタ解像度を設定してください．

使いやすく設定する

　ラズベリー・パイの設定は，パソコン上のターミナル/コンソール画面から，
```
$ sudo raspi-config↵
```
を実行した場合と同じ設定になります．
Jessie版からGUIでの設定が可能になったのでGUI設定を中心に解説します．

● RaspberryPi Configurationを起動
　X WindowのGUI画面が表示されたら［Preference］→［Raspberry Pi Configuration］をクリックして起動します．

● System設定
▶起動時のオプション設定…Filesystemの拡張
　SystemのExpand Filesystemをクリックします．起動時のオプション設定を変更したい場合は設定を変更します（図5）．
▶位置情報…Rastrack
　Add to Rastrackをクリックして登録することによって登録者の位置情報をGoogle Map上に表示できます．登録は任意なのでプライバシー情報と考える方は登録する必要はありません．国別，地域別などのユーザ数が表示できます．URLは，
http://rastrack.uk/
です．

● 重要！ カメラやシリアル通信をイネーブル…Interfaces設定
　SPI，I²C機能を使う予定がある場合は，Enableに設定します（図6）．

● 地域に関係する設定
▶言語設定
　［Localisation］タブをクリックします（図7）．［Set Locale］をクリックしてLanguageをja（Japanese），CountryをJP（Japan），Character SetをUTF-8に設

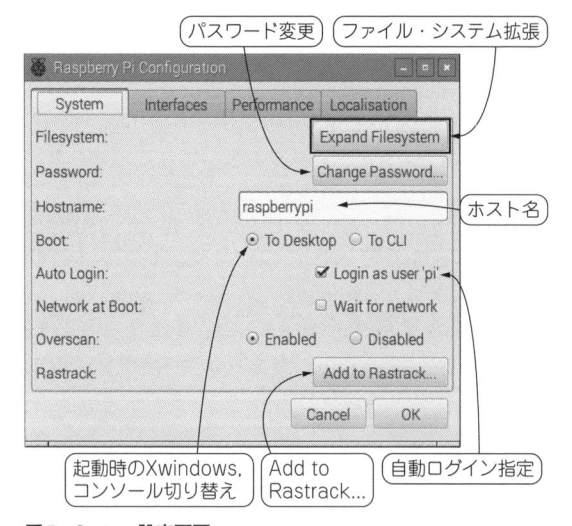

図5　System設定画面

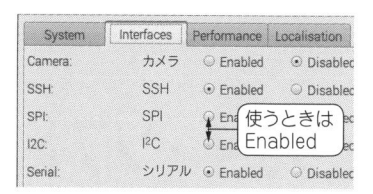

図6 interface設定画面

図7 Localisation設定画面

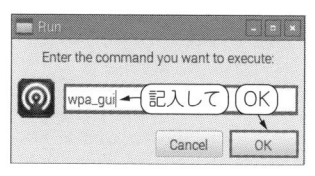

図9 wpa_gui起動

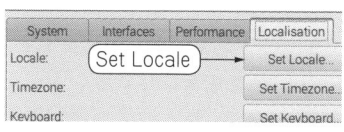

図8 パネル設定画面

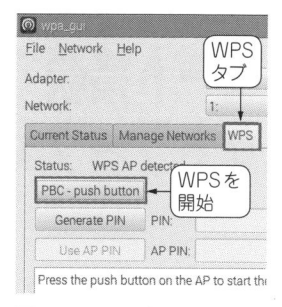

図10 WPS設定画面

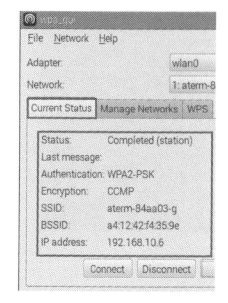

図11 接続完了を確認

定し，[OK]をクリックするとメニュー表示などを日本語に切り替えることができます．しかし表示される日本語訳が適切でなかったり，文字化けしたり，英文のままの方が分かりやすいこともあるので，通常はロケール変更を行わずに必要な場合だけ変更することを推奨します．日本語ロケールへの変更は，フォント・インストール後に行います．

▶Timezone設定

[Set Timezone]をクリックします．AreaをAsia，LocationをTokyoに設定して[OK]をクリックします．

▶Keyboard設定

Country JapanからJapanese (OADG 109A) または各自のキーボードを設定します．GUIから設定できない場合は，$ sudo raspi-configを起動して，「Internationalisation Option」⇒「Change Keyboard Layout」で設定してください．キーボード設定内容は，/etc/default/keyboardファイルに保存されます．

● パネル設定

XWindowのタスクバー上で，マウスの右クリックによりパネル設定を行います（図8）．PositionをBottomに設定すると，Windows PCと同じようにタスクバー・メニューが下側になります．Jessie版のデフォルトはTopになっています．

● Wi-Fi接続用USBドングルの設定

設定するソフトウェアは，inst.shで事前にインストールしておきます．

```
$ sudo apt-get install -y wpagui
```

▶wpa_gui起動

[Menu]→[Run]をクリックして，wpa_guiを記入して起動します（図9）．またはターミナル/コンソール画面から$ gksudo wpa_guiで起動します．なお，X WindowのGUIソフトを管理者権限で起動するときは$ gksudoを使います．

▶WPSによるWi-Fiドングルとの自動接続

[WPS] (WiFi Protected Setup) のタブをクリックして移動します（図10）．[PBC-push button]をクリックしてWPSを開始します．"Press the push button on the AP to start the PBC mode"の表示が出たら，ルータのPBCボタンを5秒以上押して，LED表示が点滅し，PBCモードになったことを確認します．

▶接続完了の確認

数秒で暗号の認証が完了するので[Current Status]タブを開いて確認します（図11）．EncryptionがCCMPになっています．IP addressが確定しています．

デフォルトのパスワードはルータ本体に記載されていますが，キーボード入力しなくても，ボタン押しだけで認証できるのが便利な機能です．ルータはNEC Aterm WF1200HPを使用しました．

▶Wi-FiドングルについてのWPS接続結果

Wi-Fi接続用USBドングルは以下のものを使えます．

GW-USNANO2A（プラネックス）　…WPS設定可能
BT-Micro3H2X（プラネックス）　…WPS設定可能
GNM-UC-GNM（バッファロー）　…WPS設定できず．発熱大．

おおたに・きよし

Appendix 11 無料で揃う リモート接続で快適！ネットワーク実験向きユーティリティ・ソフト

大谷 清

ここではラズベリー・パイにプログラムを書き込んだり，パソコンから遠隔操作したり，通信パケットのようすを観察したりと，プログラミングを快適に進めるためのユーティリティ・ソフトを紹介します．

● ユーティリティ・ソフトは一括インストールすると便利

● 便利な4種類のネットワーク用ユーティリティ

リスト1に，筆者がラズベリー・パイにインストールしているユーティリティ・ソフトを示します．

これらのソフトは，インストール用のコマンドをシェル・スクリプトにしておくと便利です．

中でも，ネットワークの実験を行うのに便利なソフトは以下の四つです（表1）．

(1) IPアドレスでなくホスト名でリモート・アクセスできるようになるAbahi
(2) リモート・デスクトップ用ソフトウェアRDP
(3) リモート・ファイル・サーバSamba
(4) リモート・ログイン用MobaXterm

それぞれの特徴は次項で詳しく解説します．

● インストールの手順

以下の手順でインストールを行います．

▶ステップ1…インストール用のSDカード領域を確保

インストール途中で容量不足になるため，事前にパーティションを広げておきます．`raspi-config`コマンドなどでRaspbianの設定画面を呼び出して，SDカード領域を最大まで使えるようにしておきます．

▶ステップ2…OS Raspbianを最新にしておく

以下のコマンドで，ラズベリー・パイのOS Raspbianを最新版にしておきます．

```
$ sudo apt-get update
$ sudo apt-get upgrade
```

実行後 再起動します．

・コマンドの入力方法

上記のコマンドを入力するには，以下のいずれかを行います．

①ターミナルを起動，またはコンソール画面を開く
②［CTRL］キーと［ALT］キーを押しながら［F1］～［F6］キーのいずれかを押してTTY画面を呼び出す

②の方法を行った場合は，コマンドを記述後に［CTRL］キーと［ALT］キーを押しながら［F7］キーを押して戻ります．

▶ステップ3…一括インストール用スクリプトをSDカードに書き込む

リスト1のスクリプトをSDカードに書き込みます．もちろんインストール不要と判断されるものは記述しなくてもかまいません．スクリプトのインストールを使わずにマニュアルでインストールしてもかまいませんが，作っておくと便利です．

リスト1の内容をパソコンのエディタで作成して，`inst.sh`という名前で保存します．さらにSDカードのbootにファイルをコピーします．boot領域はFAT16なのでWindowsパソコンで直接ファイルを操

リスト1 ユーティリティ・ソフトはシェル・スクリプトで一括インストールすると手間がかからない
ファイル名inst.shとして/boot/に保存する．2行目以降の#から後ろはコメントなので省略可能．-l10nは小文字エル，数字10，小文字エヌ

```
#!/bin/bash
sudo apt-get install -y synaptic              # パッケージ・マネージャ
sudo apt-get install -y fonts-ipafont         # IPAフォント・ゴシックと明朝が入る
sudo apt-get install -y samba                 # ファイル・サーバ
sudo apt-get install -y avahi-daemon          # DNS
sudo apt-get install -y mosh                  # 高機能SSH
sudo apt-get install -y gparted               # パーティション管理
sudo apt-get install -y ibus-anthy            # 日本語入力
sudo apt-get install -y iceweasel-l10n-ja     # Mozilla, FireFox系ブラウザ ja指定で本体も入る
sudo apt-get install -y xrdp                  # リモート・デスクトップ
sudo apt-get install -y tightvncserver        # VNC仮想ネットワーク・サーバ
sudo apt-get install -y wpagui                # 無線LAN設定
sudo apt-get install -y gedit                 # 言語開発用エディタ
sudo apt-get install -y libreoffice-l10n-ja   # Office日本語パッケージ
sudo apt-get install -y libreoffice-help-ja   # Office日本語ヘルプ
sudo apt-get install -y cups                  # プリンタ制御
sudo apt-get install -y system-config-printer # プリンタ設定ユーティリティ
```

Appendix 11 リモート接続で快適！ ネットワーク実験向きユーティリティ・ソフト

表1 ネットワークの実験に向くリモート操作用ユーティリティ・ソフト

機　能	ユーティリティ・ソフト名	
IPアドレスとホストネームを結び付ける（ラズベリー・パイ側）	Avahi	ペアで使用
IPアドレスとホストネームを結び付ける（パソコン側）	Bonjour	
リモート・デスクトップ	Microsoft Remote Desktop	
ラズベリー・パイに差してあるSDカードの中身をパソコンから遠隔で変更	Samba File Server	
コンソール・ウィンドウのコマンド送受信でラズパイを遠隔操作	MobaXterm（SSH Session）	どちらか使用
ラズパイとの接続が切れたら自動的に再接続する	MobaXterm（MOSH Session）	
パソコン上でラズパイのディレクトリ情報を見られる	MobaXterm（SFTP Session）	
グラフィックスでリモート操作するツール（VNC使用）	MobaXterm（VNC Session）	どちらか使用
グラフィックスでリモート操作するツール（RDPプロトコル使用）	Windowsリモート・デスクトップ MobaXterm（RDP Session）でも可能	
パソコンから同一ネットワーク上のIPアドレスとホストネームを探索する	MobaXterm（Network Scanner）	
LAN上のパケット監視ツール	MobaXterm（Packet Monitor）	

作できます．

▶スクリプトの実行

SDファイルに書き込んだスクリプトを実行します．Raspbianを起動し，ターミナル/コンソール画面から，
`$ sudo bash /boot/inst.sh`↵
で実行します．終了したらスクロールしてエラーがないか確認してください．

ラズパイにホスト名で接続できるようにする Bonjour

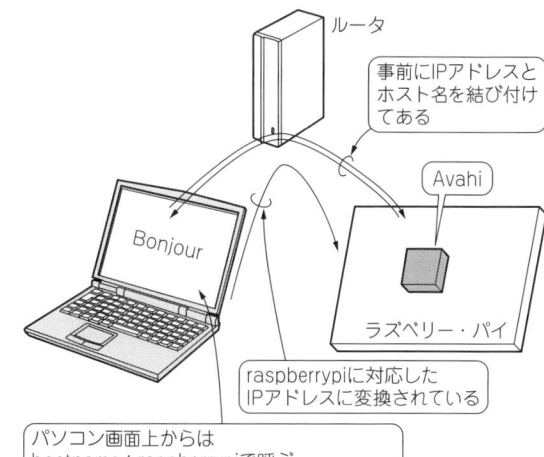

Bonjourは，IPアドレスとホスト名の自動割り当て，サービスの自動探索を行うユーティリティです．

ラズベリー・パイ側にAvahi，ホストPC側にBonjourを導入することによって，IPアドレスでなくホスト名でネットワーク接続が可能になります（**図1**）．

AvahiとBonjourのメリットは，DHCPによってIPアドレスが変わったときでもホストネームをraspberrypiとして扱うことができる点です．

なお，このツールを利用しない場合，電源投入ごとにDHCPサーバから自動で割り当てられるラズベリー・パイのローカルIPアドレスを，毎回確認しなければなりません．または，IPアドレスを固定して対応します．複数のラズベリー・パイを接続する場合でも，hostnameそれぞれに名前を付けるだけで接続・管理できるので，IPアドレスより使いやすいです．

Bonjourは，アップル製です．そのため，MACには標準で搭載されていますが，Windowsの場合はiTunesをインストールすることによって導入されます．iTunesのダウンロードURLは，以下になります．
`http://www.apple.com/jp/itunes/download/`

上記に接続後，左上の［今すぐダウンロード］をクリックします．Apple Software情報の通知を希望しない場合はメール・アドレスを記入する必要はありませ

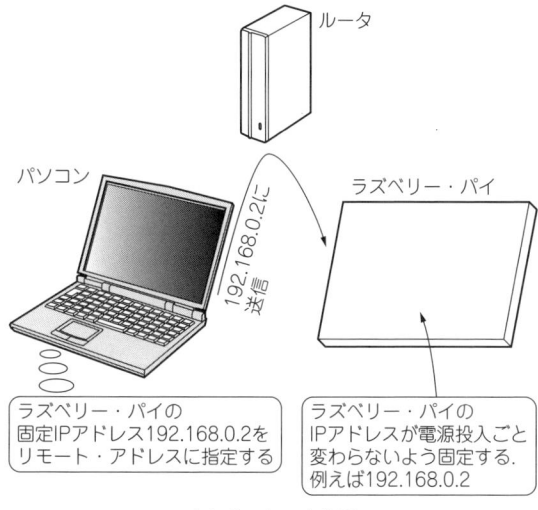

(a) Bonjour未使用　　(b) Bonjour使用時

図1 ユーティリティ・ソフトBonjourとAvahiを使うとラズベリー・パイに固有名称で接続できるようになる

239

ん．ダウンロードが完了するとiTunesSetup実行ファイルができるので，実行してインストールします．

リモート・デスクトップ Microsoft Remote Desktop

RDP（Remote Desktop Protocol）は，機能としてはVNC（Virtual Network Computing）ソフトウェアと同じです．ネットワーク上の離れたコンピュータを遠隔操作するため（リモート・デスクトップ）できるソフト・ウェアです．

このツールが役に立つのは，IoTセンサ・モジュールとしてラズベリー・パイを使うときです．IoTセンサの設置場所が，実験室やテーブルの上でなく屋上や野外の場合を想像してください．Wi-Fiドングルでネットワーク接続していれば，部屋の中からリモート制御できますが，現場にモニタやキーボード，マウスを設置して直射日光の下でデバッグするのは大変です．

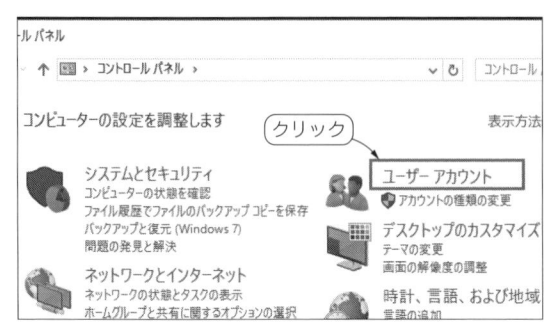

● Windows PCの資格情報にラズベリー・パイを登録

RDPツールとして，Microsoft Remote Desktopを利用する場合について説明します．接続前にWindows資格情報の追加を行います．Windows 10の場合，Windowsアイコンにマウスを移動して，右クリックのメニュー表示から「コントロールパネル」を起動し，「ユーザーアカウント」を開きます（図2）．

「資格情報マネージャー」の「Windows資格情報の管理」をクリックします（図3）．

「資格情報の管理」から「Windows資格情報の追加」をクリックします（図4）．

インターネットまたはネットワーク・アドレス：raspberrypi，ユーザ名：pi，パスワード：raspberryを入力して［OK］をクリックします（図5）．

Windowsの資格情報の追加は，xrdpだけでなくsambaに対しても有効になります．登録できたら資格情報のraspberrypiをクリックして内容を確認します．

● いざ接続

Windowsアクセサリの「リモートデスクトップ接続」をクリックし，起動します．コンピュータ（C）：に「raspberrypi」と記入し，［接続］をクリックします（図6）．

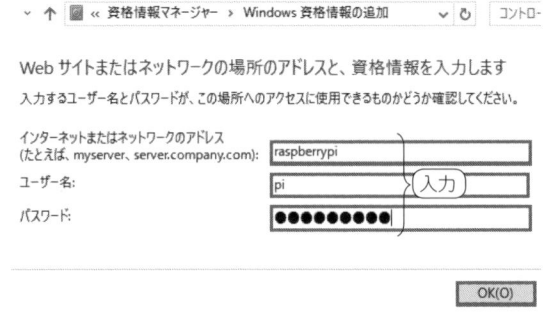

図2 コントロールパネル・ユーザーアカウントの起動

図3 Windows資格情報の管理を起動

図4 Windows資格情報の追加

図5 ユーザー名，パスワードの追加

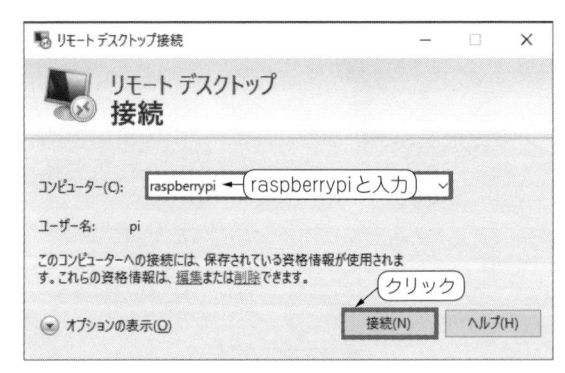

図6 リモート・デスクトップの起動画面

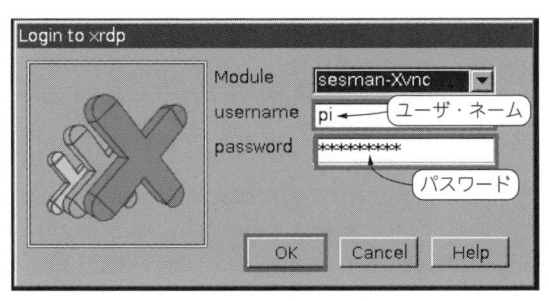

図7 XRDPログイン画面からラズベリー・パイにアクセス

リスト2 Windowsパソコンから直接ファイルを読み書きできるようにする

```
[pi]
path = /home/pi
read only = No
guest ok = Yes
force user = pi

[root]
path = /
read only = No
guest ok  = Yes
force user = root
```

図8 リモート・デスクトップ接続完了後の画面

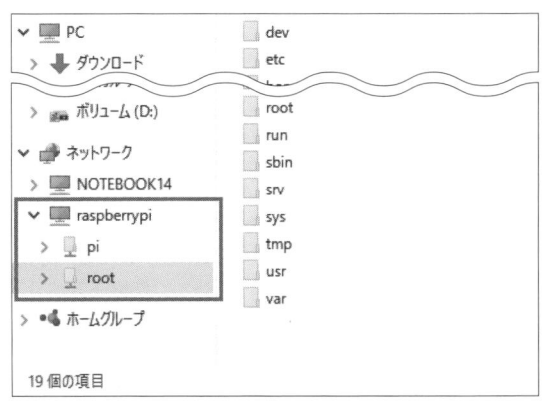

図9 Windowsのエクスプローラでラズベリー・パイのディレクトリが表示できる

「このリモートコンピュータのIDを識別できません．接続しますか？」の表示で，「はい」をクリックします．

▶ XRDPログイン処理

Login to xrdp画面において，username：pi，password：raspberryを入力し，[OK]をクリックします（図7）．接続を始めるとConnection Logが表示され，RDP画面に切り替わります．

▶ XRDP接続完了

接続が完了すると，ホストPCからラズベリー・パイを自在にリモート操作可能になります（図8）．

Windowsとの連携をとれるファイル・サーバ Samba File Server

ラズベリー・パイにファイル・サーバを構築して，LAN接続されたパソコンからファイルへのアクセスを可能にするものです．Raspbianのファイル・システムはExt4ですが，MS-Windowsで使用されるNTFSとは互換性がありません．ファイル・サーバを構築すると，ファイル・システムの違いを気にせずにPCからラズベリー・パイのファイルのコピーや移動，削除，編集を自在に行うことが可能になります．

● インストール

インストールは，リスト1のシェル・スクリプトinst.shでまとめてインストールできます．

シェル・スクリプトを使わない場合は，以下のコマンドでインストールします．

```
$ sudo apt-get install -y samba
```

● 設定ファイルの編集

設定ファイルを編集します．

```
$ sudo nano /etc/samba/smb.conf
```

インストール後，nanoを起動してsmb.confの最後にリスト2の内容を追記して保存してください．便宜上[root]のアクセスを可能にしていますが必要に応じて書き換えてください．

ミソは，[root]権限の設定にすることによりWindowsエクスプローラからラズベリー・パイの全ファイルの読み書きが可能になることです．Windowsのサクラエディタや秀丸が使えますが，Unix系OSなので文字コード：UTF-8，改行コード：LFにします．ラズベリー・パイ上の開発ディレクトリやファイルをWindows PCにバックアップしたりリストアしたりできるので便利です．

● 接続する

再起動してWindows PCのエクスプローラからネットワーク接続でRaspberry Piに接続できていることを確認してください．

この設定ができるとPCのエディタやユーティリティ・ソフトウェアを使ってラズベリー・パイの操作が可能になります．さらに，ファイル・フォーマットの違いを意識せずにファイルのコピーや移動が簡単に

付録

できるので非常に便利です．

Raspbian Jessieのバージョンによって接続できない場合があります．その場合は下記の2行をsmb.confの［global］セクションに追加してください．

```
[global]
wide links = yes
unix extensions = no
```

エクスプローラのネットワーク表示でラズベリー・パイが見えない場合は，上のパス表示部に¥¥raspberrypiまたはIPアドレス¥¥192.168.xxx.xxxを記入します．

図9のようにパソコンからラズベリー・パイのSDカードの中身が見えるようになりました．

多機能リモート接続ソフトウェア MobaXterm

MobaXtermは，パソコンからリモートPCに遠隔ログインするためのツールです．それだけでなく，さまざまな便利機能を備えているので，ここで紹介します．

● Windows PCにMobaXtermをインストール

ブラウザからURL

```
http://mobaxterm.mobatek.net/
download.html
```

をクリックして，Freeの［Download now］をクリックします（図10）．

ダウンロードするファイルを選択します．左側がPortable Edition ZIP圧縮版，右側がInstaller Edition MSI版です．今回は後者で解説します（図11）．

インストーラを起動します．ダウンロードしたファイル「MobaXterm_Setup_8.5.msi」をマウスクリックして起動します．起動画面が出たら［Next］をクリックします（図12）．ライセンス内容を確認し，「I accept the terms in the License Agreement」にチェックを追加して，［Next］をクリックします．

図13のようにインストール先フォルダのパスを確認して［Next］をクリックします．

［Install］をクリックして開始します．インストールが完了するとWindowsデスクトップにMobaXtermのショートカット・アイコンが生成されます．これをマウスクリックすると起動します．

■ 機能1…同一ネットワーク上のほかのデバイスを探すPort Scanner

クライアント・ソフトウェアを起動して接続する際に，ラズベリー・パイのIPアドレスを知りたいときがあります．Port scanすることによって接続できるIPアドレスと名前，プロトコルを一覧表にします．ラズベリー・パイの設置場所が離れていて，IPアドレスが不明なときには超便利な機能です．

● 起動

Port scanの起動はMobaXtermの「Tools」→「Network scanner」をクリックします（図14）．

● スキャン開始

IPアドレスのScan範囲を確認して［Start scan］をクリックします（図15）．数秒で接続可能なホスト名とIPアドレス，セッションが表示されます．

図10 MobaXtermの無償版を選択

図11 Installer版を選択

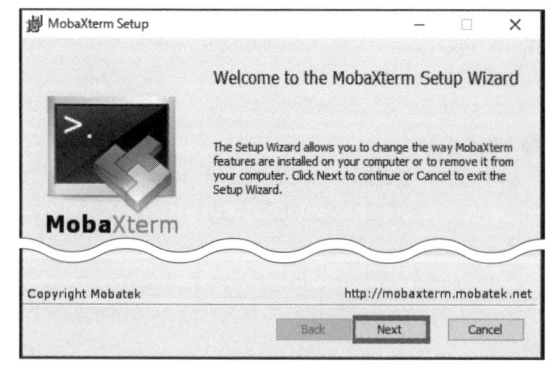

図12 MobaXtermセットアップ起動画面

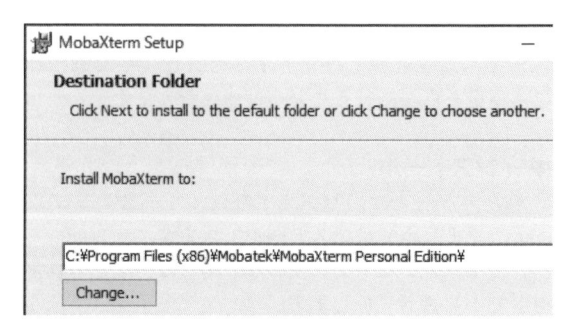

図13 インストール先フォルダの確認

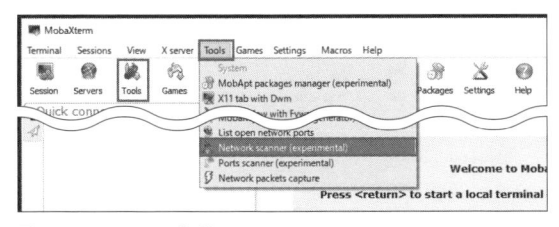

図14　Port scanの起動

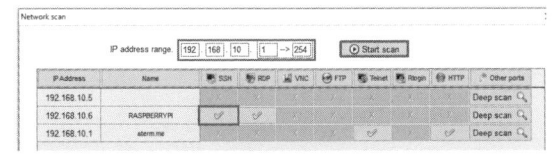

図15　IPアドレスのScan範囲を確認して［Start scan］をクリックすると接続可能なホスト名とIPアドレス，セッションが表示される

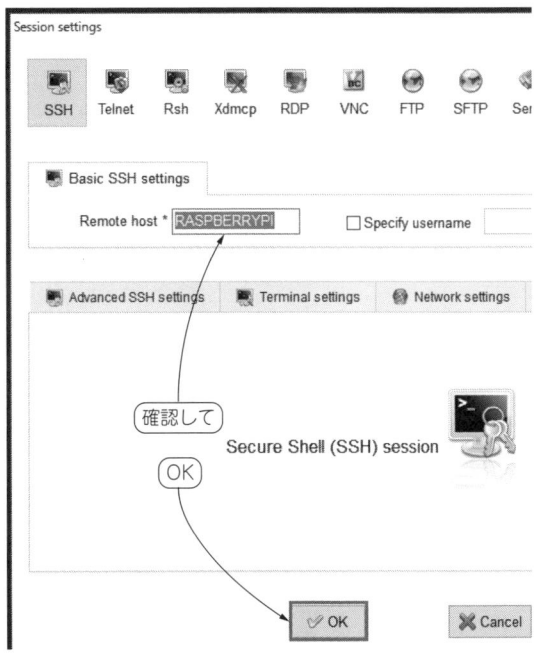

● Port scanからのSSH接続

Nameに「RASPBERRYPI」が表示されたら，SSH欄をクリックするとSSHセッションが起動します（図16）．SSHセッションで「Remote host：RASPBERRYPI」が出たら［OK］をクリックします．

ラズベリー・パイのログイン画面が出るので，password：raspberryを入力します．パスワードを保存すると次回以降の入力は不要になります（図17）．

● ホストに接続できない場合の対処方法

Port scanした後に，SSH接続でエラーが出ることがあります．特にラズベリー・パイがスリープ・モードに入ったときなどにつながらないことがあります．このようなときにはPort scanの［Start scan］と［Stop Scan］のクリックを繰り返します．

あるいはLoginを数回繰り返すことで復帰することがあります．SSH接続そのものを切断しにくくするには別項のMOSH接続にします．

図18にSSH接続画面を示します．左側にSFTPによって取得されたディレクトリが表示されます．

■ 機能2…リモート・デスクトップ接続

先ほど紹介したWindowsアクセサリによるリモート・デスクトップ接続と同じ機能ですが，MobaXtermからRDPプロトコルで接続できます．

［Session RDP］をクリックして起動します．Remote Hostをraspberrypiに，Usernameをpiにして［OK］をクリックします（図19）．

接続できたら「Detach tab」をクリックするとリモート画面を浮かせることができます（図20）．

■ 機能3…遠隔操作ならこちらも　MOSH

SSHの代わりになるモバイル用に高機能化したも

図16　Port scanからのSSH接続

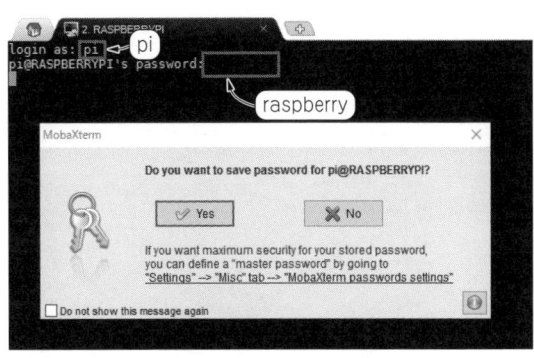

図17　ラズベリー・パイへのログイン画面

のがMOSHモバイル・シェルです．SSHではスリープ状態からの復帰や移動したときにネットワーク接続が切れてしまいます．ネットワークが切れると再接続する必要がありますが，これを自動的にしてくれるのがMOSHです．実際にSSHでは時々"hosts does not exist"が出ることがありますがMOSHの接続安定性は秀逸です．

MOSHサーバを起動します．SSH接続したPCから起動できます（図21）．

```
$ mosh-server
```

SSHセッション右上の［×］をクリックして，Yesをクリックして閉じます（図22）．

MobaXtermのTopMenuから［Session］をクリックします（図23）．

Session Settingから［Mosh］→［OK］をクリックし

付録

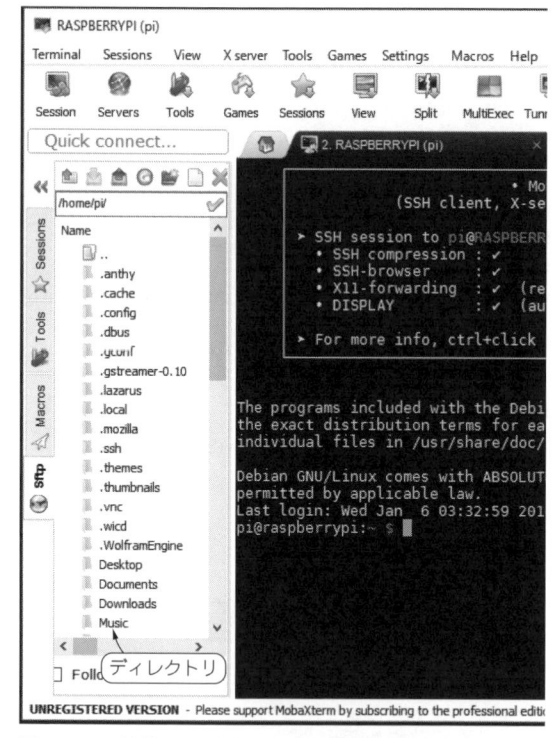

図18 SSH接続画面の左側にSFTPによって取得されたディレクトリが表示された

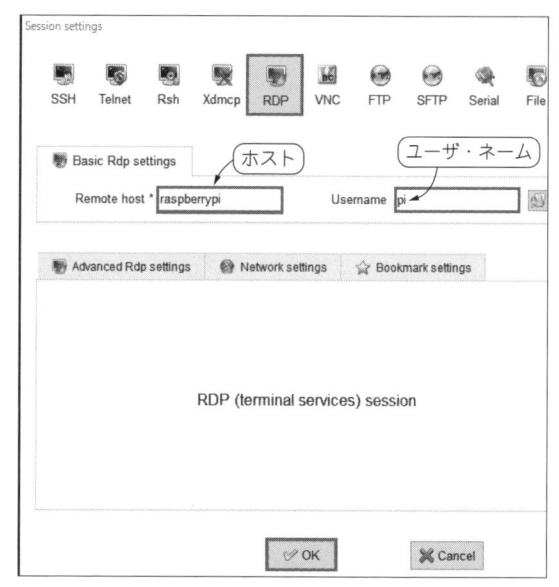

図19 RDPをクリックして起動

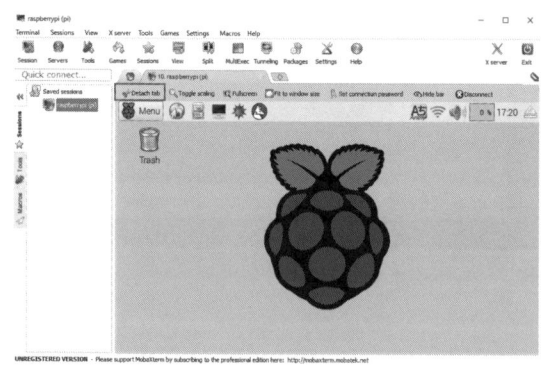

図20 Detach tabをクリックするとリモート画面を浮かせられる

図21 MOSHサーバ起動

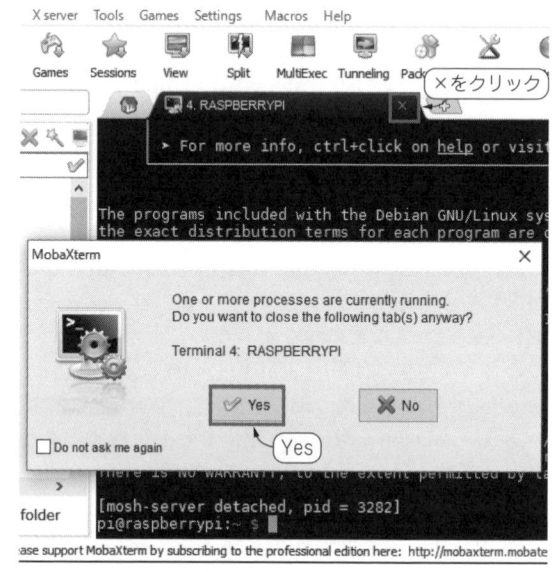

図22 SSHセッション右上の[X]をクリックして[Yes]をクリックして閉じる

ます．

Basic Mosh Settingでホスト名：raspberrypiとUsername：piを入力し，[OK]をクリックします（図24）．

MOSH接続を開始し，password：raspberryを入力します．パスワードは再接続処理にも使用されるのでパスワード保存を[Yes]にします．

図25に接続後の画面を示します．

● セッション終了後の再接続

MobaXtermでセッションを接続するとセッション

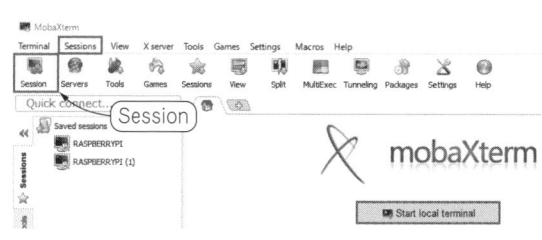

Appendix 11 リモート接続で快適！ネットワーク実験向きユーティリティ・ソフト

図23 MobaXtermのTopMenuから［Session］をクリック

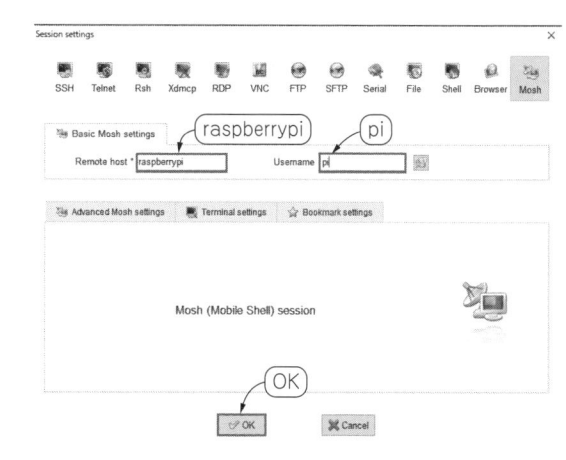

図24 Basic Mosh Settingにおいてホスト名とユーザネームを入力

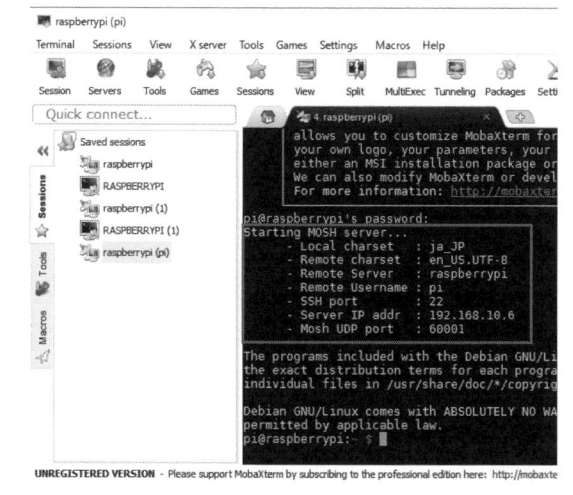

図25 Mosh接続画面

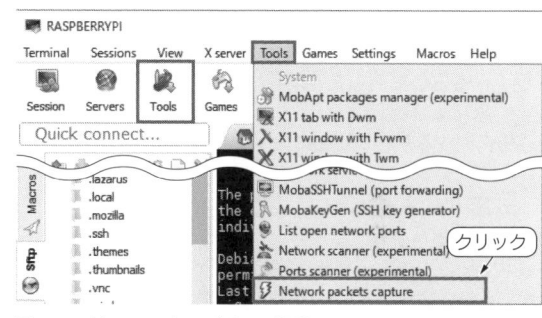

図26 パケット・キャプチャの起動

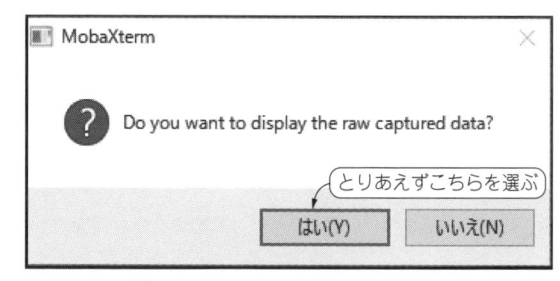

図27 RAWデータを表示するか尋ねられる

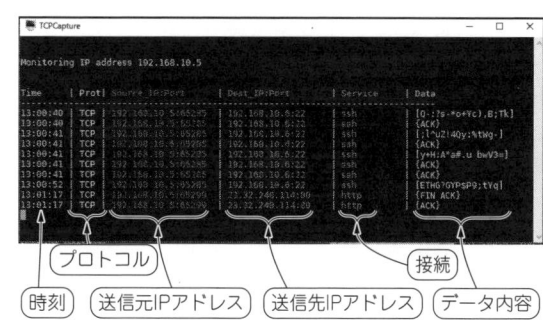

図28 キャプチャ例
ラズベリー・パイとどんなデータをやりとりしたかが分かる

内容が記録されるので，次回からはSSHまたはMOSHセッションをクリックするだけで接続できます．

■ 機能4…パケットのキャプチャ

MobaXtermにはパケットのキャプチャ機能が含まれています．Wiresharkほどの機能はありませんが，通信パケットの概略内容を表示できます．

● パケット・キャプチャ起動

MobaXtermの「Tools」から［Network packets capture］をクリックして起動します（図26）．

● 生データの表示切り替え

RAWデータを表示するか尋ねられます（図27）．

MoTTYの起動許可画面で［はい］をクリックします．

● キャプチャ・データ例

パケット送受信時間，プロトコル，送信IPアドレス：ポート，受信IPアドレス：ポート，サービス内容，データが表示されます（図28）．

おおたに・きよし

著者略歴

矢野 越夫(やの えつお)
京都に生まれ，以後大阪で育つ
1976年防災設備の設備施工に従事．1978年情報処理，主にマイコン関係の仕事に従事．1981年特種情報処理技術者．
現在，(株)オーク代表取締役

仙田 智史(せんだ さとし)
1998年(株)オーク入社．インターネット電話や監視用ネットワーク・カメラなど，主にネットワークと映像・音声に関わるソフトウェア開発に従事．目新しいガジェットやサービスはとりあえずチェックするのが常

松江 英明(まつえ ひであき)
1954年：長野県生まれ
1978年：電気通信大学卒業
1995年：東京工業大学，工学博士
1978年：日本電信電話公社 横須賀電気通信研究所入所(現NTT)．ディジタル無線通信システムの研究開発に従事
2004年：諏訪東京理科大学
無線通信に関する教育と研究に従事し，現在に至る

蕪木 岳志(かぶらぎ たけし)
1970年：東京都生まれ
Future Versatile Group代表．(株)ウェブコミュニケーションズ取締役．
インターネット事業を20年以上担当，現在も人と人とがつながる喜びを追及し続けている．

井原 大将(いはら ひろまさ)
1992年：千葉県生まれ
大学院修士課程在学中．現在，植物工場の計測・制御ネットワーク，機械間通信，設備ネットワークなどの研究に従事．最近は趣味で国会会議録のAPIを使って，国会会議録のオープンデータを眺めたり，加工したりして遊んでいる．

水越 幸弘(みずこし ゆきひろ)
1966年：東京都八王子市生まれ
1989年：沖電気工業(株)入社 マイコン開発支援系の開発に従事
2002年：同社にてIPネットワーク組込みシステム開発に従事
2008年：ラピスセミコンダクタ(株)にて無線LSI関連支援系の開発に従事

木村 実(きむら みのる)
1958年：群馬県生まれ
1985年：三洋電機(株)入社．PC/AT互換機のハードウェア開発に従事
2003年：ニャロ・エンベデッドとして独立開業．組み込み機器開発，サーバ構築などの業務に従事
2014年：(株)ソフトウェア研究所入社．現在，車載用機器の開発に従事

倉田 正(くらた ただし)
1960年：神奈川県横須賀市生まれ
1984年：早稲田大学 理工学部 応用化学科卒業
現在：(株)パイケーク 取締役．ソフトウェア開発を行っている

渕田 信一(ふちた しんいち)
1972年生まれ．名古屋育ち横浜在住．小学生の頃からプログラミングと電子工作を始める．都内の医療関係ソフト会社に勤務

西新 貴人(にしあら たかひと)
1971年：北海道伊達市生まれ
1993年：オーディオ・無線機器メーカ入社
主に業務用機器の回路設計やマイコン・ソフト開発に従事
2001年：半導体輸入商社
輸入LSIを使った光ディスク・サーボの受託開発などに従事
現在：半導体製造装置メーカ勤務

坂井 弘亮(さかい ひろあき)
幼少の頃よりプログラミングに親しみ，趣味であらゆるアーキテクチャのアセンブラをフィーリングで読み解くということを行って以来，今ではC言語よりもアセンブラに触れている時間のほうが長い日も．組込みOS自作(KOZOS)，アセンブラ解析，イベントへの出展やセミナでの発表などで活動中．代表的な著書は「12ステップで作る 組込みOS自作入門」(カットシステム)，「熱血！アセンブラ入門」(秀和システム)．セキュリティ＆プログラミングキャンプ(現セキュリティ・キャンプ)講師(2010年〜)，SECCON実行委員，アセンブラ短歌 六歌仙のひとり(白樺派)，技術士(情報工学部門)

奥原 達夫(おくはら たつお)
1977年：長野県松本市生まれ
2003年：東京都立大学 人文学部社会学科 卒業
2007年：アーズ(株)入社
無線システムのソフトウェア開発や電波法認証等に従事

大谷 清(おおたに きよし)
1975年：国立小山高専 電気工学科卒
1975年：東京三洋電機(株)入社
2012年：三洋電機(株)退社．主にマイコンシステム設計に従事
現在はラズパイ関連記事を執筆中

本書で解説している各種サンプル・プログラムは，本書サポート・ページからダウンロードできます．
URL は以下の通りです．

http://www.cqpub.co.jp/hanbai/books/47/47101.htm

ダウンロード・ファイルは zip アーカイブ形式です．

- ●本書記載の社名，製品名について ── 本書に記載されている社名および製品名は，一般に開発メーカーの登録商標です．なお，本文中では ™，®，© の各表示を明記していません．
- ●本書掲載記事の利用についてのご注意 ── 本書掲載記事は著作権法により保護され，また産業財産権が確立されている場合があります．したがって，記事として掲載された技術情報をもとに製品化をするには，著作権者および産業財産権者の許可が必要です．また，掲載された技術情報を利用することにより発生した損害などに関して，CQ 出版社および著作権者ならびに産業財産権者は責任を負いかねますのでご了承ください．
- ●本書に関するご質問について ── 文章，数式などの記述上の不明点についてのご質問は，必ず往復はがきか返信用封筒を同封した封書でお願いいたします．勝手ながら，電話での質問にはお答えできません．ご質問は著者に回送し直接回答していただきますので，多少時間がかかります．また，本書の記載範囲を越えるご質問には応じられませんので，ご了承ください．
- ●本書の複製等について ── 本書のコピー，スキャン，デジタル化等の無断複製は著作権法上での例外を除き禁じられています．本書を代行業者等の第三者に依頼してスキャンやデジタル化することは，たとえ個人や家庭内の利用でも認められておりません．

JCOPY 〈(社)出版者著作権管理機構委託出版物〉
本書の全部または一部を無断で複写複製(コピー)することは，著作権法上での例外を除き，禁じられています．本書からの複製を希望される場合は，(社)出版者著作権管理機構(TEL：03-3513-6969)にご連絡ください．

すぐに作れる！ラズベリー・パイ×ネットワーク入門

2016 年 3 月 1 日　発行　　　　　　　　　　　　　　　　　　　　　Ⓒ CQ 出版株式会社　2016
2016 年 6 月 1 日　第 2 版発行　　　　　　　　　　　　　　　　　　　　　（無断転載を禁じます）

編　集　インターフェース編集部
発 行 人　寺　前　裕　司
発 行 所　Ｃ Ｑ 出版株式会社
〒 112-8619）東京都文京区千石 4-29-14
電話　編集　03-5395-2122
　　　広告　03-5395-2131
　　　営業　03-5395-2141

ISBN978-4-7898-4710-0

定価は表四に表示してあります
乱丁，落丁本はお取り替えします

編集担当　野村英樹
DTP　クニメディア株式会社
印刷・製本　三晃印刷株式会社
Printed in Japan